丰满水电站重建工程
新老坝相互影响研究

中水东北勘测设计研究有限责任公司
水利部寒区工程技术研究中心　组编
马军　路振刚　李润伟　苏加林　主编

中国水利水电出版社
www.waterpub.com.cn
·北京·

内 容 提 要

本书介绍了丰满水电站重建工程新老坝相互影响研究的最新成果。全书分为三部分，首先，介绍了丰满水电站全面治理重建方案的论证过程和近距离一址双坝布置；其次，对超近距离新老坝之间的相互影响因素、影响机理和影响程度进行了深入研究；最后，对施工期老坝安全管控、过渡期老坝拆除和运行期新老坝联合服役等不同阶段的研究内容进行了详细介绍。

本书可供从事水利水电工程设计、施工和科研工作的人员阅读，亦可供大专院校相关专业师生参考。

图书在版编目（ＣＩＰ）数据

丰满水电站重建工程新老坝相互影响研究 / 马军等主编 ； 中水东北勘测设计研究有限责任公司，水利部寒区工程技术研究中心组编. -- 北京 ： 中国水利水电出版社，2021.5
ISBN 978-7-5226-0509-8

Ⅰ．①丰… Ⅱ．①马… ②中… ③水… Ⅲ．①水力发电站—重建—工程技术—研究—吉林市 Ⅳ．①TV7

中国版本图书馆CIP数据核字(2022)第030159号

书　　　名	**丰满水电站重建工程新老坝相互影响研究** FENGMAN SHUIDIANZHAN CHONGJIAN GONGCHENG XIN - LAOBA XIANGHU YINGXIANG YANJIU	
作　　　者	中水东北勘测设计研究有限责任公司 水 利 部 寒 区 工 程 技 术 研 究 中 心 马　军　路振刚　李润伟　苏加林　主编	组编
出 版 发 行	中国水利水电出版社 （北京市海淀区玉渊潭南路 1 号 D 座　100038） 网址：www.waterpub.com.cn E - mail：sales@mwr.gov.cn 电话：(010) 68545888（营销中心）	
经　　　售	北京科水图书销售有限公司 电话：(010) 68545874、63202643 全国各地新华书店和相关出版物销售网点	
排　　　版	中国水利水电出版社微机排版中心	
印　　　刷	清淞永业（天津）印刷有限公司	
规　　　格	184mm×260mm　16 开本　22.25 印张　541 千字	
版　　　次	2021 年 5 月第 1 版　2021 年 5 月第 1 次印刷	
定　　　价	**80.00** 元	

编 委 会

各篇章人员名单

篇　章　编　号		字数/字	撰写人	审稿人
1　综述	1.1　丰满水电站重建工程概况	2272	郭建业	马　军 路振刚 苏加林 王永潭
	1.2　丰满老坝历程	26128		
	1.3　丰满大坝全面治理方案综合论证	5680		
	1.4　国内外相关技术发展及研究现状	5680		
	1.5　新老坝相互影响研究的由来	2272		
	1.6　技术路线	2272		
2　近距离一址 双坝布置	2.1　重建工程大坝选址	4544	郭建业	马　军 杨成祝 张志福 李润伟
	2.2　重建工程枢纽布置格局	15904		
	2.3　施工导流度汛方案	4544		
	2.4　本章小结	2272		
3　超近距离新老坝 相互影响机理研究	3.1　影响因素及影响机理	2272	郝利勋	马　军 苏加林 张志福 王　刚 王福运
	3.2　研究方法及评价标准	3408		
	3.3　采用的基本资料	4544	瞿英蕾	
	3.4　新坝建设对老坝安全的影响	106784	郭建业 郝利勋 刘　涛 瞿英蕾	
	3.5　老坝拆除对新坝的影响	27264	郝利勋	
	3.6　本章小结	3408		
4　施工期老坝安全管控	4.1　施工期水库调度	12496	王四亭 李晓军 樊祥船	路振刚 王　建 马志强 张志福
	4.2　老坝 F_{67} 断层坝段加固处理	36352	吴允政	
	4.3　新坝基坑开挖爆破振动监测及控制	12496	朱奎卫	
	4.4　老坝廊道下游出口及横缝封堵	7952	刘　涛	
	4.5　度汛期新老坝之间预充水措施及防护	7952	瞿英蕾	
	4.6　老坝安全监测系统升级改造	20448	赵立旺	
	4.7　老坝安全预警	15904	银佳男	
	4.8　建设期非常情况保下游供水	34080	董延超	
	4.9　建设期老坝安全运行管理	1136	苗　强	
	4.10　本章小结	2272	瞿英蕾	

	篇 章 编 号		字数/字	撰写人	审稿人
5 过渡期老坝拆除	5.1	老坝拆除期水库水位控制及影响对策	13632	王富强 张雨豪	马　军 刘亚莲 杨成祝 王福运 朱奎卫
	5.2	老坝缺口拆除爆破控制标准	55664		
	5.3	个性化、精细化老坝爆破拆除方案	51120		
	5.4	老坝爆破拆除全过程跟踪反馈	4544		
	5.5	本章小结	2272		
6 运行期新老坝联合服役	6.1	老坝缺口拆除规模研究	12496	周炳昊	刘亚莲 马志强 王　刚 李润伟
	6.2	利用老坝拆除缺口实现分层取水研究	6816	郭建业	
	6.3	新坝上游坝面地震动水压力研究	13632	吴允政	
	6.4	老坝其他再利用价值研究	3408	周树国 苗国权	
	6.5	本章小结	2272	瞿英蕾	

前　言

丰满水电站被誉为中国"水电之母"和"水电摇篮"，始建于 1937 年，是一座以发电为主，兼顾防洪、供水、灌溉、生态环保等综合利用的大型水电站。自 1943 年蓄水发电以来，已运行超过 70 年，服役期间一直在地区社会经济发展中发挥着极其重要的作用。由于当时特殊的历史时期和建设条件，大坝建成以来一直存在着严重的缺陷，主要包括：大坝整体性差；混凝土强度低，坝体扬压力高，抗渗、抗冻等指标不满足规范要求；混凝土冻融冻胀和溶蚀破坏较严重；F_{67} 断层坝段抗滑稳定安全性不满足规范要求；大坝防洪能力不足。丰满老坝存在的上述这些缺陷是先天的，虽经历后期多次的补强加固和精心维护，但仍没有得到彻底解决，大坝一直在带"病"运行，严重威胁下游人民生命财产安全，与我国经济社会发展水平对工程安全的要求不相适应。为从根本上解决老坝存在的问题，经科学论证、国家核准，按恢复水电站原任务和功能的要求，在老坝坝轴线下游 120m 处重建大坝。

作为世界首座"百万装机、百亿库容、百米坝高"的重建工程，史无前例，涉及问题及制约因素多，工程布置及建设难度大，主要体现在：①距离超近。新老坝最近距离仅 10m，建设期基坑开挖、爆破、度汛等新老坝相互影响问题突出。②气候严寒。极端最低气温 −42.5℃，最大温差 79.5℃，混凝土温控防裂难度大。③条件复杂。工程地处城区及 AAAA 级景区，施工限制条件繁多，周边环境复杂；建设期老坝带"病"挡水，且不得影响水库生态环境和下游用水，建设条件复杂；老坝在挡水条件下拆除溢流、厂房、挡水三种坝段，拆除条件复杂。

本书结合丰满重建工程的设计和实践，针对新老坝相互影响下混凝土坝重建技术难题，在新老混凝土坝相互影响、施工期老坝安全管控和新坝建设、过渡期老坝拆除、运行期新老坝联合运行等方面开展了全面研究，揭示了超近距离新老坝相互影响作用机理，形成了新老坝相互影响下的老坝安全管控及新坝建设成套关键技术，并取得了以下三方面的创新成果：①首创超近间距"一址双坝"布置方式，揭示新老坝相互影响作用机理。②创立了建设期老坝安全管控与新坝建造关键技术。③创新形成了老坝局部拆除及新老坝联合运行关键技术。

　　本书是编写者和广大设计人员在丰满重建工程建设期间，对大量研究、分析、论证成果的总结和凝练，既是设计者智慧的体现，也是工程设计过程中积累下的宝贵知识。本项目研究对象的规模、复杂性和难度在水电工程领域尚属首例，多项核心技术均为国内外首创，填补了大型病险坝全面治理的多项空白。希望通过本书的编著，将丰满水电站重建工程总结出的设计经验和创新成果分享给同行们，为同类工程设计提供借鉴和指导。

　　本书共分 6 章，第 1 章介绍丰满老坝历程、重建方案论证、国内外相关技术现状及相互影响研究的由来；第 2 章介绍近距离一址双坝布置；第 3 章介绍超近距离新老坝相互影响机理研究；第 4 章介绍施工期老坝安全管控；第 5 章介绍过渡期老坝拆除；第 6 章介绍运行期新老坝联合服役。

　　本书在编写过程中得到了丰满水电站参建各方的大力支持，他们提供了丰富的资料，提出了宝贵的意见，在此表示衷心的感谢。

　　本书的编写者为丰满水电站重建工程设计团队中的主要设计人员，在工作繁忙期间开展总结工作，各章节中难免有详略不当、阐述不妥之处，欢迎同行专家和读者给予指正。

编者

2021 年 2 月于长春

目 录

第1章 综 述

1.1 丰满水电站重建工程概况

丰满水电站被誉为"中国水电之母",位于松花江干流上的丰满峡谷口,是一座以发电为主,并承担下游防洪、工农业及城市供水、航运、灌溉、养殖、旅游等综合利用任务的大型水电站。工程所处位置距吉林市16km,对外交通便利。原电站始建于1937年的伪满时期,受当时技术水平及条件限制,建设伊始,大坝就存在严重的先天性缺陷。大坝投运以来,虽然进行了持续的补强加固和精心维护,但固有缺陷无法彻底根除。

原枢纽工程主要建筑物由混凝土重力坝、坝身溢流孔、左岸泄洪洞(后改建成三期引水洞)、右岸坝后式厂房、左岸三期岸边式厂房等组成。拦河坝最大坝高91.7m,坝顶长度1080m,坝顶高程267.70m。大坝正常运用洪水重现期为500年,非常运用洪水重现期为10000年。溢流坝最大泄洪能力10450m³/s,泄洪洞最大泄洪能力1234m³/s。

原丰满水电站平面布置见图1.1。

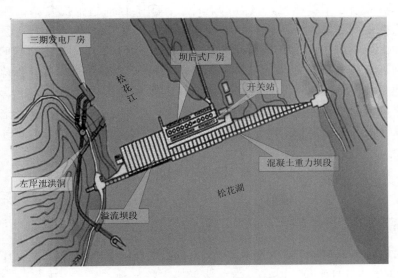

图1.1 原丰满水电站平面布置图

为从根本上解决老坝存在的问题,确保大坝安全可靠运行,经综合论证,选定重建方案作为丰满大坝全面治理方案。重建工程是按照恢复电站原任务和功能的设计原则,在老坝下游120m处新建一座大坝,并利用原三期工程设施。治理工程实施后,不改变水库主要特征水位,不新增库区征地和移民。工程以发电为主,兼顾防洪、城市及工业供水、灌溉、生态环境保护，并具有旅游、水产养殖等效益。丰满水电站供电范围为东北电网，在系统中担负调峰、调频和事故备用等任务。

重建工程为Ⅰ等大（1）型工程，永久性主要建筑物为1级。大坝按500年一遇洪水设计，设计洪水位268.20m；按10000年一遇洪水校核，校核洪水位268.50m，水库总库容103.77亿 m³，为多年调节水库。水库正常蓄水位263.50m，死水位242.00m，汛期限制水位260.50m。新建电站安装6台单机容量200MW的水轮发电机组，继续利用原三期2台单机容量140MW的机组，总装机容量1480MW，多年平均年发电量17.09亿 kW·h。

电站枢纽工程主要建筑物由碾压混凝土重力坝、坝身泄洪系统、左岸泄洪兼导流洞、

图1.2　已建成投运的新丰满水电站全貌

坝后式引水发电系统、GIS开关站、大坝过鱼设施及继续利用的原三期电站设施组成。碾压混凝土重力坝坝顶高程269.50m，最大坝高94.50m，坝顶总长1068.00m，由左右岸挡水坝段、河床溢流坝段、河床偏右的厂房坝段等共计56个坝段组成。新坝建成后，对老坝6～43号坝段进行缺口拆除，拆除后缺口总宽度684.00m，缺口底高程240.20m。建成后的新丰满水电站见图1.2。

丰满重建工程是国内外第一座原址重建的大型水电枢纽工程，坝区周边环境复杂，制约因素多，与一般新建工程相比，具有以下特点：①工程周边情况复杂，环境保护要求高，工程建设要做到对防洪、下游供水和生态环境不产生大的负面影响；②工程建设期间，老坝兼作上游围堰并带"病"挡水运行，新老坝又距离较近，相互影响问题突出，必须确保建设期老坝的安全稳定运行；③新坝建成以后，老坝需要进行缺口拆除形成过流通道，满足新建工程泄洪发电等功能要求。同时工程地处我国东北严寒地区，气候条件恶劣。因此，丰满重建工程存在着枢纽建筑物布置、施工期老坝管控、过渡期老坝拆除、运行期新老坝联合服役等诸多技术问题需要解决。

1.2　丰 满 老 坝 历 程

1.2.1　丰满老坝建设过程

原丰满水电站于1937年11月开工建设，1942年水库蓄水，1943年3月第一台机组发电。至1945年8月日本投降时，丰满电站累计浇筑混凝土约170万 m³。在60个坝段中，左右两侧有26个坝段浇至坝顶，引水坝段及溢流坝段坝体均未完成。

1946年，国民政府资源委员会全国水力发电工程处美籍总工柯登考察丰满，对原设计及施工情况进行了评估，并提出47条施工运行意见。1946年至1949年间，浇筑混凝土12.6万 m³，工程基本处于停工状态。东北解放后的1948年和1949年，工程进行了恢复建设工作。

1951年，苏联电站部全苏设计院针对丰满大坝存在的问题，编制了《366号设计》。1951—1953年按《366号设计》进行了扩建和改建，1953年大坝全部建成，坝顶高程达到266.50m，当年7月，水库蓄水位达到263.50m。

1959年，丰满水电站8台机组安装完成，总装机容量552.5MW。1978年增建左岸泄洪洞，承担非常洪水的泄洪任务。1986—1996年对大坝进行全面加固。1991年进行电站二期（9号、10号）扩机，安装2台单机容量为85MW的机组。1997年利用泄洪洞进行三期（11号、12号）扩机，安装2台单机容量为140MW的机组，并在下游修建永庆反调节水库。

经续建、改建、加固改造及扩建，水库正常蓄水位263.50m，汛限水位260.50m，死水位242.00m，校核洪水位267.70m。电站共安装12台水轮发电机组，总装机容量1002.5MW，多年平均年发电量19.39亿kWh。

丰满水电站因设计与施工存在诸多先天性缺陷，影响大坝安全运行，新中国成立以来对大坝进行了多次加固。

1956—1980年，上游面共补修坝面17324m²，下游面共补修7017m²（至1984年），1963年以后，每年坝面补修面积均在几千平方米。1954—1980年，坝基防渗灌浆处理共钻孔282个，计10483m，灌入水泥167.7t，化学浆液17938.5kg；1955—1974年，坝体防渗灌浆处理共钻孔362个，计13384m，灌入水泥511.17t。

大坝运行到20世纪80年代，上下游坝面的冻融破坏越加普遍，溢流面普遍出现裂缝和冻胀鼓起，有的坝段破坏规模和破坏深度越来越大。为此，1986—1997年，对大坝进行全面补强加固，包括对大坝进行了加高（坝顶加高1.2m，坝顶达到现高程267.70m）、坝体外包混凝土及防渗、坝体预应力锚索加固、灌浆、排水及基础灌浆等综合治理工程。

原丰满水电站工程面貌见图1.3。

图1.3　原丰满水电站工程面貌

1.2.2　丰满老坝运行状态

1.2.2.1　老坝运行状态

（1）老坝存在的问题

经过不断维修、加固和补强，丰满老坝基本维持了安全运行。但受当时设计、施工以及建设管理水平的限制，大坝仍然存在许多缺陷。尤其是坝体整体性差、混凝土强度低、抗渗抗冻等级低、坝体扬压力高、混凝土溶蚀及冻胀、大坝洪水标准低、34～36号断层坝段抗滑稳定不满足规范要求等问题始终未能得到彻底解决，安全隐患突出，严重影响着大坝的安全可靠运行，对下游人民的生命财产构成威胁。

1）纵缝设计缺陷和坝体施工质量缺陷，导致大坝整体性差。

限于当时的施工手段，坝体采用了柱状分块设计，纵缝仅在高程200.00m以下设有键槽联结，高程200.00m以上的纵缝缝面无联结措施，使每个坝段均由三条纵缝将坝体分割为4个独立的较窄的柱状块体。AB缝在1952年做了灌浆和插钢棒处理，BC缝、CD缝未进行处理。为提前挡水发电，A坝块高程240.00m以上，还设有子纵缝和子横缝；施工导流在左右岸预留的18个导流孔口，压力管道安装、上下游过坝交通等工程也在坝体内留下了许多子横缝，缝面均未进行处理。

浇筑层厚度为1.2～2.0m，1940年以后，浇筑层面未进行冲毛和铺设水泥砂浆，使每个水平浇筑缝成为坝体的另一个薄弱面；由于混凝土水灰比很大，骨料大多沉于底层，表面上有10～30cm的稀浆，这些稀浆密实性差，成为水库蓄水后渗漏水的通道，长期渗漏析出钙质，这些水平结合层面疏松，层面的抗剪强度很低。

2007—2008年，中国水电顾问集团华东勘测设计研究院对大坝进行了钻孔勘察。从32个钻孔的芯样中共发现361条水平施工浇筑缝，其中胶结强度高未断开的仅有39条，占总数比例10.8%。混凝土芯样沿浇筑面断开的有322条，占总数比例89.2%，其中断口能吻合、胶结强度较高的121条，断口已磨损、胶结强度低的201条，占断开芯样的62.4%，多数水平施工缝胶结强度较低。

通过孔内电视观察，在32号、35号、36号三个坝段分别发现有5条、6条和6条水平施工冷缝。12号坝段高程233.81～233.78m、28号坝段高程258.32～258.50m、32号坝段高程218.00m、33号坝段高程248.00m和35号坝段高程205.50m均发现水平缝，认为已贯穿A坝块，这类水平缝属浇筑缝或施工冷缝，孔内电视截图见图1.4～图1.7。

坝体钻孔取芯发现，部分施工缝胶结不良处及裂缝表面有白色钙质析出。1991—1992年日本人钻孔电视及芯样观察中也发现坝体中有连续和断续的裂缝出现，多处施工缝胶结不良。

图1.4　35号坝段35A-DC1孔高程205.00m水平缝

图1.5　35号坝段35A-DC2孔高程205m水平缝

图1.6　36号坝段DC1孔高程204m水平缝

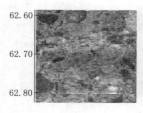

图 1.7　36 号坝段 DC1 孔高程 205m 水平缝

上述情况说明坝体内存在较多的施工缝开裂或胶结不良。

这些纵缝、横缝及水平施工缝将坝体切割成许多块体，坝体竖直方向和水平方向整体性都很差，大坝很大程度上已失去了整体性。

观测资料结果表明，AB 缝的开度多年变幅约 1～2mm，BC 缝的开度达 1～7mm。根据中国水利水电科学研究院和大连理工大学 1997 年的分析成果，在只考虑纵缝的情况下，大坝的抗滑稳定安全性进一步降低，应力状况也有所恶化。

2）坝体混凝土低强，抗渗、抗冻等指标不满足规范要求，大坝整体安全裕度不足。

a. 混凝土配合比设计不合理。设计时仅对坝体混凝土提出了水泥用量和抗压强度要求，水灰比大，没有抗渗、抗冻要求，混凝土耐久性不满足现行规范要求。

b. 混凝土原材料不符合要求。砂砾石骨料主要来自大长屯料场，该料场砂石料天然级配差，大骨料仅占全部骨料的 6％左右，并且 1941 年以后砂石料基本没有进行筛分和冲洗；采用采砂船采天然砂石，部分缺少细砂，级配不合理，质量不满足要求。水泥主要采用大同洋灰公司（今松江水泥厂）的高含碱量普通硅酸盐水泥，水泥标号为 300～500 号，近似中热水泥，其中硅酸盐含量 23.5％，水泥标号偏低。

c. 混凝土拌合工艺不符合要求。水泥浆采用集中拌制，混凝土拌合时，预制的水泥浆经常忽多忽少，常视拌合物情况临时加水，混凝土坍落度难以控制，机口取样试验统计，平均水灰比 0.758，坍落度一般 15～20cm，分离（坍落度大于 20cm 者）很多。混凝土拌和时间原定 1min 以上，但后来不加控制，使混凝土均匀性更差（见图 1.8）。

d. 混凝土施工工艺不符合要求。混凝土浇筑初期振捣较好，1940 年以后，由于坝块升高，压缩空气供应不足，振捣器功率下降，将坍落度放大至 10cm 以上，混凝土浇筑基本不加振捣，通常每层中下部卵石较多，上层 10～30cm 为稀浆水泥层，蜂窝很多。为防侧悬模板坍模，不仅不振捣，还分 2～3 次浇筑，出现很多蜂窝冷缝（见图 1.9）。

图 1.8　溢流坝 A 块混凝土浇筑

图片说明：1940 年汛前 A 块高程 202.00m 混凝土浇筑。混凝土坍落度极大，层面为稀浆，工人腿部陷入很深，仓面人员很少，基本不振捣。由此可见 1940 年高程 220.00m 以下浇筑质量也并不好。

水平施工缝面初期用风水枪冲毛，后期因风水管路不便送至柱状块顶部，仅耙毛处理或不处理。纵缝个别曾打麻面，一般不加处理。初期基岩面处理要求严，以后 38 号以右及溢流坝段稍差，护坦则最差。

图1.9 伪满时期给大坝留下不少这样的蜂窝

1937年，日本人本间德雄曾任老坝施工建设负责人，据他所编制的工作报告可知，坝身流下的水泥浆层均在未清理的情况下即浇筑混凝土。

仓面模板安装不牢、排列不整齐，漏浆或仓内积水严重。施工时停时浇，仓面初凝现象严重。

e. 水泥用量逐年减少，混凝土强度逐年降低。根据施工期试验室机口取样试验报告单统计，混凝土水泥用量从1941年开始由268.5kg/m³降到1943年的214.4kg/m³。平均水灰比0.76，部分大于1.0。混凝土91天强度（相应保证率为80%）从1941年的95.3kg/m²降低到1943年的63.6kg/m²。水泥用量及混凝土强度见表1.1。

表1.1　　　　　　　　　　　施工期试验室机口取样试验结果

年份	水泥用量/(kg/m³)	水灰比/(W/C)	91天平均强度/(kg/cm²)	保证率80% R_{91}强度/(kg/cm²)	浇筑量/万m³	累计浇筑量/万m³	配比 $C:S:G$	变差系数 $C_{v_{91}}$
1938					3.0	3.0		
1939	273.5	0.66	251.3	210.3	11.1	14.1	1:2.1:5.3	0.194
1940	282.9	0.743	180.4	129.5	20.4	34.5	1:2.3:4.9	0.336
1941	268.5	0.762	133.2	95.3	29.0	63.5	1:2.3:5.9	0.330
1942	265.9	0.756	109.6	80.5	50.9	114.4	1:2:5.6	0.316
1943	219.0	0.81	84.2	63.6	32.3	146.71		0.291
1944	214.4			51.5	18.2	164.9		0.309

注　1. 水泥用量、水灰比、混凝土强度均系试验室取样分析成果。

　　2. 强度试验91天试件尺寸 ϕ30cm×60cm。

由于混凝土配比设计不合理、混凝土原材料不符合要求、混凝土施工质量低劣、施工工艺不满足要求，致使混凝土低强，抗渗等级低，密实性差，已不能有效构筑大坝防渗体系；坝体混凝土抗渗、抗冻等耐久性指标不满足规范要求，大坝整体安全裕度不足。

3）坝体渗漏量偏大，渗透压力高，混凝土冻融冻胀和溶蚀破坏较严重，进一步降低了混凝土强度和结构整体性。

图1.10为1948年初拍摄的大坝漏水及结冰的情景。图1.11为1949年9月拍摄的坝内廊道漏水的情景。图1.12为1987年溢流坝面冲毁后处理时拍摄的漏水情景。

图1.10 坝体漏水及结冰情景（1948年春摄）

图 1.11 坝内廊道漏水情景 (1949 年 9 月摄)

图 1.12 溢流坝面混凝土下面漏水情况 (1987 年摄)

从当时的资料图片可以看出，大坝的渗漏情况极为严重。

1950 年，实测坝体渗漏水量 273L/s，下游坝面渗漏水量约 100L/s。1951—1953 年对大坝进行防渗帷幕灌浆，共钻孔 2.5 万 m，单耗 42.8kg/m，补修上游坝面 1.8 万 m²，堵死了廊道内的射流孔，全坝渗漏水量减少到 106.21L/min。1954—1955 年，漏水有所发展，1956 年补充钻灌 34 个坝段，进尺 2000 多 m，水泥单耗 35.5kg/m。1958 年，灌过浆的部分坝段下游坝面仍有漏水，1959 年又对 8 个坝段补充钻灌 800 多 m，单耗 37.71kg/m。

在以后的几年中，对漏水显著坝段进行坝体和伸缩缝灌浆。经过几年努力，下游面渗水大部分被堵住，廊道内漏水也有减少。但到 1969 年，发现原来灌浆堵住的渗漏部位下游面又开始漏水，1987 年坝体灌浆又灌进了很多水泥。可以说当时减少丰满大坝渗漏的措施就是不断地进行灌浆，但始终没有解决大坝渗漏问题。

丰满大坝 1951—2009 年完成的防渗灌浆量见表 1.2。

表 1.2 1951—2009 年完成的防渗灌浆量

时间/a	钻孔孔数/孔	进尺/m	总耗灰量/t	平均单耗/(kg/m)
1951—1972	1110	36462	1562	42.84
1989—1994	287	12355	130	10.53
2007—2009	423	22684	375	16.53
合 计	1820	71501	2067	69.90

大坝渗漏通道多，伸缩缝、水平施工缝、导流中底孔及缺口等都是渗漏水通道，混凝土溶蚀破坏较严重。工程地处严寒地区，由于坝体混凝土低强、抗冻能力差（抗冻等级小于 F50），大坝混凝土普遍冻胀破坏严重。

通过坝体渗压力观测，坝体扬压力高。1996 年，增设 7 个坝体测压断面，平均扬压系数分别为 0.84、0.63、0.46；2004 年，在 15 号和 47 号坝段增设两个坝体测压断面，帷幕后扬压系数值平均为 0.87，远大于规范规定值 0.25，大坝扬压力一直偏高。

4）34～36 号坝段受 F_{67} 断层影响，抗滑稳定不满足规范要求。

34～36 号坝段坝基下有一条宽约 40m 的断层破碎带通过，施工时虽做了一定深挖，但是大坝还是建在软基上，并没有专门的处理（图 1.13）。

图1.13 老坝建设期 F_{67} 断层部位深挖处理

采用《混凝土重力坝设计规范（试行）》（SDJ 21—78）进行复核，抗滑稳定安全系数（正常工况 $K' = 2.89$，地震工况 $K' = 2.28$）低于规范要求；采用《混凝土重力坝设计规范》（DL 5108—1999）进行复核，计算结果为大坝的抗力效应小于作用效应。计算结果表明 34～36 号坝段抗滑稳定不满足规范要求。

5）大坝防洪能力不足，不能满足校核洪水标准要求。

工程设计时基础资料严重不足。一是库容计算误差大，库水位 263.50m 时库容偏大约 25%；二是设计洪水偏小，设计时估算设计洪水为 15000m³/s，15 天洪量约 60 亿 m³，以此选定泄洪设备 11－6×12m 泄流孔口、堰顶高程 252.50m 方案，泄洪流量 7000m³/s，预留调洪库容 2.8 亿 m³，汛期限制水位 262.35m。根据水工模型试验，库水位 266.50m 时泄流量 8366m³/s。

丰满大坝正常运用洪水重现期为 500 年，非常运用洪水重现期为 10000 年。按国汛〔2004〕8 号文批复的《白山、丰满水库联合调度方案》，当遇万年一遇洪水时，起调水位 260.50m，与白山水库联合调度，根据洪水预报，提前 12 小时泄流，丰满水库设计总下泄流量为 12984m³/s，其中，11 个溢流孔下泄流量 10450m³/s，左岸泄洪洞下泄流量 1234m³/s，坝后厂房 10 台机组过流量下泄 1300m³/s，万年一遇洪水方可安全下泄，水库洪水位为 267.70m，使大坝防洪标准达到万年一遇洪水标准。

但由于原发电厂房的尾水平台高程和厂坝间导墙高程为 198.80m，略低于 500 年一遇洪水时的下游水位 198.90m，厂房防洪标准只能达到 500 年一遇洪水，超过 500 年一遇洪水时厂房就将进水，不能保证机组过流。并且，按照《水电站厂房设计规范》（NB 35011—2016）规定，大于厂房校核标准时机组不参与调洪。

可见，原设计库容偏大、设计洪水偏小，大坝泄洪能力不足，大坝及厂房防洪标准都不满足现规范要求，对工程及下游安全构成严重威胁。

6）大坝钻孔取芯检查。

为进一步查明大坝混凝土性态，2007—2008 年，华东院对坝体进行了钻探，钻孔 39个，总进尺 3003.44m。其中大坝 A 坝块混凝土钻孔取样共 27 孔，进尺 2394.84m。B、C坝块混凝土钻孔取芯共 5 孔，进尺 338m。根据混凝土芯样的状况将坝体混凝土按芯样的长度、表面光滑度、混凝土的观感性态划分为Ⅰ类混凝土、Ⅱ类混凝土、Ⅲ类混凝土三种类型：

Ⅰ类混凝土：混凝土芯样连续、完整、呈柱状～长柱状，芯样表面手感光滑、胶结好，用手不能抠碎砂浆，断口吻合，芯样长度一般可达 30～50cm 以上，最长可达1.81m，该类混凝土属坝体相对良好混凝土（图 1.14）。

Ⅱ类混凝土：混凝土芯样较连续、完整，呈短柱状～柱状，芯样表面手感明显粗糙，但胶结较好——一般，部分芯样骨料与砂浆脱离，形成凹坑，断口基本吻合，粗糙部位砂浆用手易抠碎，芯样侧面仅见少量气孔，所占比例 5％～10％，芯样长度一般 20～30cm 以上，最长达 50cm 以上，该类混凝土属坝体内一般混凝土（图 1.15）。

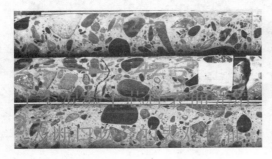

图 1.14　28 号坝段 28A－DQ1　　　　　图 1.15　35 号坝段 35A－DC1

（高程 220～218m）Ⅰ类混凝土　　　（高程 245.70～213.70m）Ⅱ类混凝土

　　Ⅲ类混凝土：大部分混凝土芯样胶结差，表观缺陷明显，多见蜂窝、狗洞、砂浆骨料胶结差、骨料脱落、骨料表面无或者仅少量砂浆黏结等混凝土缺陷，芯样呈饼状或块状、碎块状，芯样侧面砂浆脱落严重，断口磨损较明显，芯样侧面气孔所占比例大于 10％，该类混凝土属坝体不良混凝土（图 1.16～图 1.19）。通过钻孔取芯发现，坝体中不良混凝土较多，混凝土中有蜂窝、空洞、砂浆骨料胶结不良、无砂浆胶结、卵石脱落或者混凝土芯柱表面粗糙、混凝土有裂缝等缺陷（图 1.20～图 1.24）。

　　38 号坝段（DQ1 号孔）在坝顶 1.40～8.48m 段几乎未能取出块状混凝土芯样，孔口水返砂（图 1.25）。

图 1.16　36 号坝段 36A－DC1　　　　　图 1.17　33 号坝段 33A－DQ1

（高程 213.00m）Ⅲ类混凝土中的蜂窝特征　　（高程 263.70～261.70m）Ⅲ类混凝土

图 1.18　38 号坝段 38A－DQ1　　　　图 1.19　38 号坝段 38A－DQ1（高程 261.70～

（高程 266.50～265.80m）Ⅲ类混凝土（碎块状）　　257.80m）Ⅲ类混凝土（骨料与砂浆分离现象）

图 1.20 36 号坝段 36A-DC1 孔内
混凝土中砂夹层和木块

图 1.21 28 号坝段 28B-DQ1（孔深
29.2～30.8m）混凝土骨料与砂浆胶结差

图 1.22 35 号坝段 35A-DC1（孔深
63.5m）混凝土内的空洞

图 1.23 38 号坝段 38A-DQ2（孔深 4.6～
5.1m）混凝土中砂浆与骨料分离和蜂窝现象

图 1.24 34 号坝段 34A-DC1（孔深
23m、高程 244.00m）竖向缝内泥夹层

图 1.25 38 号坝段 38A-DQ1 孔深
8.6m 以上钻孔时回水中返砂现象

混凝土芯样统计结果，Ⅲ类混凝土出现频度较高，6 号、28 号、32 号、34 号、35 号等坝段，每 4m 左右坝高即出现一次破碎混凝土，平均频度是 6.67m 坝高出现一次不良混凝土。Ⅲ类混凝土的分布高程无明显界线，各坝段从上到下均有分布。

Ⅱ类混凝土芯样占全孔段比例平均值为 46.4%，芯样表面手感明显粗糙，部分芯样骨料与砂浆脱离，断面基本吻合，粗糙部位砂浆用手易抠碎，说明该类混凝土存在质量缺陷，水泥用量也达不到要求。Ⅲ类混凝土芯样占全孔段比例平均值为 24.2%，分布高程无明显界线，各坝段沿坝高均有分布。很多坝段是每 4m 左右坝高即出现一次，平均是 6m～7m 坝高出现一次，出现的几率是很高的，坝体混凝土质量极不均匀，大坝总体混凝土质量很差。根据钻孔芯样及孔内电视观察，大坝存在贯通的施工缝，无法构筑大坝防渗体系，大坝渗漏溶蚀、冻融冻胀破坏严重，至今无法解决。

7）溢流闸墩及堰顶。

经现场调查发现，溢流坝每个闸墩均出现裂缝，位于工作门门槽内，为垂直缝，闸墩顶部缝宽约 10mm，向下逐渐变窄，一直到堰顶 252.50m 高程，裂缝将闸墩分为上下游两块，经分析已影响安全运行。

采取对闸墩上下游表面外包钢筋混凝土，厚度分别为 1.0m、1.5m，顶部加高 1.2m，并在闸墩中部沿水流方向布置 2 排对穿预应力锚索，缝内灌注水泥浆，闸墩顶部骑缝做防渗止水，在闸墩两侧挖除 0.4m 深不良混凝土并补上新钢筋混凝土。1999 年 4 月开始采用补充预应力锚索、缝内灌浆、溢流孔口侧面混凝土补强等措施，加固工程于 2002 年 10 月结束。

（2）老坝稳定应力复核

按照《混凝土重力坝设计规范》（DL 5108—1999）规定的计算方法及评价标准，根据老坝原有水位、泥沙资料等，采用重建工程可研阶段地质勘查得到的材料力学参数，对老坝典型坝段 14 号溢流坝段、22 号引水坝段、35 号断层坝段以及 49 号岸坡挡水坝段，针对非地震工况，运用材料力学法和刚体极限平衡法主要对老坝现状建基面应力、稳定进行计算复核。

1）应力复核。

采用规范规定的材料力学法，主要对老坝各典型坝段现状的坝踵和坝趾应力进行了复核计算，应力符号拉为正、压为负。计算结果见表 1.3。

表 1.3　　　　　　　　**老坝坝体应力复核计算结果**　　　　　　　单位：MPa

典型坝段编号	计算工况	承载能力极限状态，坝趾			正常使用极限状态，坝踵		
		$\gamma_0 \varphi S(\cdot)$	$R(\cdot)/\gamma_d$	备注	效应	限值	备注
14 号溢流坝段	正常蓄水位	1.180		满足规范要求	−0.803		满足规范要求
	设计洪水位	1.570	3.630	满足规范要求	−0.704	≤0	满足规范要求
	校核洪水位	1.420		满足规范要求	−0.550		满足规范要求
22 号引水坝段	正常蓄水位	1.204		满足规范要求	−0.772		满足规范要求
	设计洪水位	1.386	5.296	满足规范要求	−0.649	≤0	满足规范要求
	校核洪水位	1.237		满足规范要求	−0.505		满足规范要求
35 号断层坝段	正常蓄水位	1.625		满足规范要求	−0.697		满足规范要求
	设计洪水位	1.863	5.296	满足规范要求	−0.527	≤0	满足规范要求
	校核洪水位	1.685		满足规范要求	−0.449		满足规范要求
49 号岸坡坝段	正常蓄水位	0.962		满足规范要求	−0.597		满足规范要求
	设计洪水位	1.155	3.630	满足规范要求	−0.457	≤0	满足规范要求
	校核洪水位	1.038		满足规范要求	−0.403		满足规范要求

根据应力复核计算成果，老坝各典型坝段现状坝踵和坝趾应力均满足规范要求。

2）稳定复核。

采用规范规定的刚体极限平衡法，按照承载能极限状态设计，主要对老坝各典型坝段现状情况下的建基面抗滑稳定进行了复核计算。计算结果见表 1.4。

表 1.4　　　　　　　　　　　老坝稳定复核计算结果

典型坝段编号	计算工况	建 基 面			
		$\gamma_0 \varphi S(\cdot)$	$R(\cdot)/\gamma_d$	比值	备注
14 号溢流坝段	正常蓄水位	532450	1288085	2.42	满足
	设计洪水位	575628	1278360	2.22	满足
	校核洪水位	503598	1275971	2.53	满足
22 号引水坝段	正常蓄水位	569297	661074	1.16	满足
	设计洪水位	613753	653912	1.07	满足
	校核洪水位	536537	652013	1.22	满足
35 号断层坝段	正常蓄水位	556068	400552	0.72	满足
	设计洪水位	599601	396413	0.66	满足
	校核洪水位	524132	395342	0.75	满足
49 号岸坡坝段	正常蓄水位	296440	391516	1.32	满足
	设计洪水位	329266	386662	1.17	满足
	校核洪水位	291453	384720	1.32	满足

根据稳定复核计算成果，老坝除断层坝段外其他各典型坝段建基面现状情况抗滑稳定均满足规范要求，断层坝段现状建基面抗滑稳定不满足规范要求。

3）应力、稳定复核结论。

通过对老坝现状情况下非地震工况建基面稳定、应力计算复核成果可知，老坝各典型坝段现状坝踵和坝趾应力均满足规范要求。老坝除 F_{67} 断层坝段外其他各典型坝段建基面现状情况抗滑稳定均满足规范要求，F_{67} 断层坝段不满足。

（3）丰满大坝二次定检批复意见

根据原国家电力公司关于第二轮水电站大坝安全定期检查的部署及要求，2003—2006年，东北电网有限公司组织开展了丰满大坝安全第二次定检工作，国家电力监管委员会（以下简称"电监会"）大坝安全监察中心组织专家对第二次定检报告进行了审查，2007年 12 月，国家电力监管委员会大坝安全监察中心以坝监检〔2007〕62 号文印发了《丰满水电站大坝安全第二次定期检查报告的审查意见》并转发电监会批复意见。鉴于丰满大坝存在"（一）坝体混凝土施工质量差，造成渗漏冻胀，影响大坝耐久性，特别影响防洪安全；（二）大坝施工时未处理好的三条纵缝及若干条横缝影响大坝整体性；（三）大坝混凝土先天质量缺陷，加上坝体渗透压力长期居高不下，造成溶蚀、冻胀、开裂，使大坝稳定性和结构应力储备降低；（四）大坝防洪校核洪水工况下必须考虑机组参与泄洪，不满足现行规范规定"四方面的问题，对照《水电站大坝运行安全管理规定》第二十四条，将丰满大坝安全等级评为"病"坝。

鉴于丰满大坝存在的缺陷，尤其是溢流面混凝土冻胀开裂严重影响泄洪安全，为了确保大坝安全运行，需抓紧进行以下工作：

1）按照现行规范对目前的防洪调度方案进行复核，增加大坝防洪安全性，并报防汛指挥机构重新批准后实施。防洪调度方案复核中，请考虑 12～14 号坝段的溢洪道存在再次冲坏不能参与泄洪的可能性，复核结果水库库容不足部分，考虑降低汛限水位。

2）对丰满大坝存在的问题应按照"综合治理、远近结合、尽快实施"的原则开展工作。对溢流面混凝土冻胀开裂问题，按照《丰满大坝溢流坝段降低渗水压力设计方案审查会会议纪要》的要求，抓紧实施，争取 2008 年内完成，尽快构建溢流坝段防渗排水体系，遏制溢流面冻胀损坏进程。

3）落实人力、物力、财力，抓紧开展丰满大坝全面综合治理的各项前期工作，加快进程，争取早日实施，彻底消除安全隐患。全面综合治理方案的确定应贯彻国家发展和改革委员会的"彻底解决、不留后患、技术可行、经济合理"的方针，充分论证，科学选择。选定的设计方案应能有效构建坝体防渗排水体系，使坝体抗滑稳定性和应力水平满足现行规范要求，彻底解决渗漏冻胀和整体性不足问题，提高大坝耐久性和安全储备，延长大坝寿命 50 年以上。

4）按照《国务院办公厅关于开展重大基础设施安全隐患排查工作的通知》（国办发〔2007〕58 号）的要求，开展丰满水电站大坝安全隐患排查，加强运行管理和现场巡查、监测工作，做好汛期水库调度，制订应急预案，保障丰满大坝运行安全。

（4）丰满大坝二次定检后续完成的工作

按照坝监检〔2007〕62 号文要求，国家电网公司积极组织有关各方开展工作。

1）防洪调度方案复核。

2008 年 5 月，东北电网有限公司组织编制完成的《白山、丰满水库防洪联合调度临时方案》通过水利部松辽水利委员会组织的技术审查，松花江防汛总指挥部并以松汛〔2008〕8 号文印发实施。

2）老坝溢流面补强。

2006 年，丰满 9～19 号溢流坝段下游面均出现不同程度的裂缝和破损，表现为各坝段均有大量纵、横、斜裂缝，裂缝总长度约 4377m，裂缝宽度 0.10～10.00mm 不等，深度 1.06～4.50m，裂缝数量多，分布广，深度甚至达到新老混凝土接合面。破损面积约 47m^2，混凝土骨料出露、起鼓和出现破损坑，混凝土骨料出露局部最大面积达到 10m^2，破损坑深度最深为 20cm，有些部位破损骑缝出现，造成裂缝部位缝变宽，破损范围加大，甚至出现了缝漏水。

针对裂缝和破损部位进行开挖和灌浆处理。裂缝灌浆采用化学灌浆，灌浆后表面采用磨光机打磨，清理干净后，涂刷改性水泥浆，达到色泽与混凝土接近。具体处理情况如下：

a. 对大面积破损面、裂缝集中处、漏水点进行开挖，开挖深度 35cm，以不露钢筋为宜，开挖面尽可能平整。

b. 对未开挖的裂缝，缝宽 0.2mm 以上沿裂缝走向开 U 形或 V 形槽，钻孔时浅表裂缝（裂缝深度 <1000mm）灌浆孔为骑缝孔，深裂缝（裂缝深度 ≥1000mm）采用斜孔。钻孔后对裂缝表面封闭，再进行灌浆。

c. 缝宽 0.2mm 以下仅作表面封闭处理。

本次虽然对裂缝密集部位进行了补强加固处理，但由于仅为表面处理，未从根本上解决溢流坝面冲刷破坏可能性。

3）坝体降低渗水压力工程。

2008 年 4 月 25 日，降渗工程正式开工，灌浆单位工程于 2009 年 2 月 26 日完工，排水孔单位工程于 2009 年 6 月 30 日完工，降渗工程于 2009 年 12 月通过竣工验收。

a. 降渗工程布置。

坝体防渗灌浆采用垂直钻孔、双排孔布置，排距 0.3m，孔距 1.0m，上、下排错孔布置，每个坝段共布置 35 个灌浆孔。

新增排水孔采用单排孔布置，孔距 2.25m，每个坝段布置 8 个，孔径 150mm。

原上游基础廊道内新钻设三排扇形排水孔，仰角分别为 60°、30°、10°，孔距均为 2.25m，孔径 110mm。

另对 13 号、15 号坝段原导流中孔进行加强封堵灌浆，分别布置 5 个灌浆孔，孔距 1.0m；对 11 号、12 号、13 号、14 号坝段原导流底孔进行加强封堵灌浆，分别布置 5 个灌浆孔，孔距 1.0m。

灌浆合格标准为：灌后坝体混凝土透水率不大于 0.15Lu。

b. 降渗工程效果。

根据施工质量检查结果，总体上看施工质量优良，满足《丰满大坝溢流坝段降低渗水压力设计方案审查会会议纪要》要求的标准。

坝体新钻排水孔排水效果明显，对降低坝体渗水压力有一定的作用。

根据恢复后的坝体扬压力观测资料分析，在水位相近条件下，有 50% 观测孔渗压未得到降低，从渗压观测结果来看，未达到降渗预期的效果。

根据历次丰满大坝灌浆经验，灌后 7~10 年均出现反复现象，此次防渗灌浆并不能彻底、永久解决溢流坝渗压过高的问题。

综上所述，总体认为此次溢流坝段降渗工程在降低坝体渗压、减小坝体渗漏方面有一定的作用，在一定程度上缓解了泄洪时存在的潜在安全隐患，对溢流坝段泄洪安全起到了改善作用。但坝体未灌浆的部位整体性差和抗渗性降低的问题仍然存在，溢流面冻胀破坏是否仍然存在尚无定论，溢流面新老混凝土接合面是否存在缝面，构成泄洪安全潜在威胁的问题尚未彻底查清，溢流坝存在的诸多问题仍没有得到彻底解决。

1.2.2.2 泄洪设备运行状态

（1）溢流坝金属结构

原溢流坝金属结构设有 11 个溢流孔，其上设有 1 道 12 扇潜孔式定轮工作闸门（其中 1 扇为备用门），原设备为 20 世纪 50 年代苏联设计制造的，运行了近 50 年。由于大坝加高了 1.2m，闸门最高挡水水头提高了 2m，经检测，闸门及启闭设备均不满足现行规范要求，因此，2001—2002 年对泄洪设备进行了改造。其中 3 孔闸门采用 3 台液压启闭机操作，可局部开启，调节下泄流量，其余 8 孔闸门采用 2 台门式启闭机配合自动抓梁进行操作，开启方式为全开全关。

经调查，闸门每年汛前做一次提门试验，有振动现象。冬季闸门前冰层厚度 1m 左右，至运行以来，对闸门没有造成不利影响。

（2）老坝泄洪供电系统

老坝泄洪设施的供电电源是由丰满一期、二期厂用电高压母线引接两回 3.3kV 电缆线路（甲堰堤、乙堰堤）作为工作电源；另设有 1 台 135kW 的柴油发电机作为大坝泄洪设施的保安电源。大坝分设坝中变电所、坝西变电所为整个大坝用电设施供电；坝中变电所设有 3 台 400kVA、变比为 3.3kV/0.4kV 的变压器；电源由 3.3kV 母线引来，主要供电负荷有：溢流门油泵电源 74kW、电梯室动力 56kW、检查廊道照明 20kW、检查廊道观测电源 30kW、操作廊道检修 30kW、水检施工电源 200kW、1～10 号取水门 277kW、35 号坝段水位计电源 20kW、36～56 号坝段照明 20kW、检查廊道施工电源 100kW、坝上大小水泵电源 40kW、变电所电热照明 28kW、溢流门油泵室电源 5kW、充电机电源 5kW、35 号坝段水位房电源 15kW、29 号坝段南北侧照明、散射临时电源 10kW、电梯 15kW；坝西变电所设有 3 台 315kVA、变比为 3.3kV/0.4kV 的变压器，电源由 3.3kV 母线引来，主要供电负荷有：溢流门吊车 74kW、变电所二、三楼电热 102kW、变电所检修 20kW、吊车库照明 2kW、变电所一楼照明 5kW、坝西水泵 22kW、坝西岗哨 5kW、1～26 号坝段照明 12kW、观测地下室检修 6kW、变电所二、三楼照明 4kW、地下室照明 2kW、坝西变电所照明 5kW、观测班电热 2kW、浅水班电热 2kW、坝西激光室电源 5kW、变电所一楼电热 45kW、坝西真空泵 14kW、备战山小盘电源 30kW、平板门电源 150kW、吊车库检修电源 10kW、观测楼电热 78kW。

经调查，上述供电方案基本满足每年汛期大坝泄洪要求，机电设备运行灵活可靠。

丰满重建工程建设期间，由于原电站一期、二期厂房及其机电设备需要拆除，坝上泄洪设施将失去工作电源。为解决供电电源，根据三期选定的厂用电电源方案，对其工作电源进行了改造，确保了重建工程建设期间原泄洪系统的正常运行，继续承担建设期间洪水的泄洪任务。

1.2.2.3 压力钢管及坝后电站厂房

2009 年 1 月 12 日，一期厂房 7 号、8 号机附近的 2 号、3 号榀屋架下弦杆出现无预兆断裂破坏，个别腹杆发生断裂及压弯破坏。同时，1～4 号榀屋架之间的垂直支撑由于屋架下沉造成个别杆件弯曲。

根据东北电力科学研究院关于截取的屋架材料的检测成果及分析报告，厂房钢屋架材料系日本 20 世纪 30 年代产品，按照 IEC 标准，已经超过技术寿命，达到了经济寿命上限；实验检测结果表明，断裂构件的冷弯试验指标不合格，抗冲击功指标较低，不能满足现行国家标准，材料呈脆性老化。

由于一期厂房现有屋架体系出现了无预兆的脆性断裂现象，表明存在重大安全隐患，须进行厂房钢屋架的更新以及排架柱的加固和改造。

通过对一期工程压力钢管检查后发现，一期工程压力钢管因锈蚀严重且材质有问题，后经改造和更换得以延续运行。但由于上弯段无法施工，仅对下平段进行更新改造。

1.2.2.4 引水发电系统金属结构设备

（1）发电系统进水口

原丰满发电厂安装有主机 10 台，包括二期扩机的 9 号、10 号两台机组、2 台厂用机组。全部机组均布置在 21～31 号坝段。每台主机各设一进水口和压力钢管，厂用机则由一主管分岔成两条管。主钢管前面均设有一道斜式固定拦污栅，其后设有一道检修闸门，检修闸门采用 2×300kN 固定卷扬式启闭机操作。厂内机压力钢管前面亦设有拦污栅，拦污栅后面设有一道检修闸门，采用临时启闭设备启闭闸门。为了静水启闭检修闸门，在拦污栅与压力钢管之间设有旁通管及闸阀作为充水装置。经过调查了解，进水口充水装置操作麻烦，不宜采用。电站进口处污物很少，多为渔网，每年做一次水下检查，多年才需清理一次。

（2）发电系统尾水

发电系统尾水金属结构设备主要包括1~10号机的4扇检修闸门及20孔检修闸门埋件、2台厂用机的1扇检修闸门及2孔埋件、1台2×160kN移动式启闭机（主机及厂用机共用）、门机轨道等。

（3）丰满三期扩机

扩机规模为2台140MW机组。引水发电系统位于三期扩机调压井内，每条发电洞进口布置有2扇直立式固定拦污栅，共4扇，拦污栅的清污可在机组关闭后进行，放空引水洞，人工清污。在拦污栅的下游侧闸门井内设有一道快速闸门，共2孔2扇，用于保护机组安全。闸门由QPKY-5000/2500kN液压启闭机操作。在机组尾水末端设有一道检修闸门，共4孔2扇，用于检修机组和尾水管用。尾水闸门由QM-2×320kN单向门机配自动抓梁来操作。

经过调查了解，每年汛前对泄洪洞金属结构设备做启闭试验，启闭设备操作运行灵活可靠，闸门无卡阻现象。

1.2.2.5 老坝运行状态评价

丰满水电站是我国第一座大型水力发电工程，是东北电网的骨干电厂，在东北电力系统中承担调峰、调频、事故和检修备用等任务，并承担着防洪、灌溉、城市及工业供水、养殖和旅游等综合利用，在东北地区经济社会发展中发挥着十分重要的作用。

根据上述老坝存在的主要问题分析、丰满大坝安全第二次定检主要结论、二次定检后续工程处理及效果、老坝运行现状及稳定应力复核等的介绍，老坝现状评价结论如下：

（1）由于丰满水电站建设于特殊性的历史时期，受当时设计、施工以及建设管理水平的限制，大坝设计与施工存在严重的先天性缺陷：①大坝整体性差；②混凝土强度低，坝体扬压力高，抗渗、抗冻等指标不满足规范要求；③混凝土冻融冻胀和溶蚀破坏较严重，大坝整体安全裕度不足；④34~36号坝段受F_{67}断层影响，抗滑稳定安全性不满足规范要求；⑤大坝防洪能力不足，不能满足校核洪水标准要求。自大坝投运以来，虽然持续的补强加固和精心维护维持了大坝的运行，但固有缺陷无法彻底消除。

（2）采用现行设计规范对老坝进行稳定计算复核，根据复核成果，老坝34~36号断层坝段建基面抗滑稳定不满足规范要求。

（3）鉴于丰满大坝存在诸如上述的一系列主要问题，2003—2006年，东北电网有限公司组织开展了丰满大坝安全第二次定检工作，国家电力监管委员会大坝安全监察中心组织专家对第二次定检报告进行了审查，丰满大坝安全等级评定为"病坝"。二次定检后，虽然对大坝进行了老坝溢流面补强及坝体降低渗水压力等后续处理工程，但收到的效果是局部的。大坝整体性差、混凝土强度低、坝体抗渗性降低、混凝土冻融冻胀和溶蚀破坏较严重、大坝整体安全裕度不足等问题仍然存在，大坝存在的诸多问题仍然没有得到彻底解决，目前现有大坝在带"病"运行。

目前大坝可靠性水平低，抵御风险能力差，严重影响着电站的安全可靠运行，对下游人民的生命财产构成威胁，与我国经济社会发展水平对工程安全的要求不相适应。鉴于丰满水电站在流域和地区经济社会发展中的重要地位与巨大作用，对丰满水电站大坝进行全面治理是非常必要的。

1.3 丰满大坝全面治理方案综合论证

1.3.1 全面治理方案论证过程

为从根本上解决大坝存在的问题，确保大坝安全可靠运行，原国家电网公司积极组织开展丰满大坝全面综合治理的前期工作。根据国家发展改革委员会办公厅发改办能源〔2006〕683号文的要求，按照"彻底解决、不留后患、技术可行、经济合理"的原则，东北电网有限公司先后委托中国水利水电科学研究院、中国水电顾问集团华东勘测设计研究院以及中水东北勘测设计研究有限责任公司等设计科研单位，开展了丰满水电站大坝全面治理工程勘测设计科研工作，对大坝加固及重建等各种技术方案进行深入研究和充分论证，科学选择丰满大坝全面加固技术方案。

2006年8月和2007年4月，中国水利水电科学研究院先后完成《丰满大坝长期安全性评价报告》和《丰满大坝全面治理方案的可行性研究报告》。并经多方案研究比较，在结合对国内外大坝加固工程进行调研以及科研试验工作成果的基础上，2008年5月提出了《丰满大坝PVC柔性防渗方案可行性调研报告（国际调研）》和《丰满水电站大坝全面治理工程丰满9♯坝段水下清淤方案可行性调查报告（国内调研）》。

2008年5月，中国水电顾问集团华东勘测设计研究院在整理分析丰满大坝设计和施工等历史资料，补强加固处理工作及其效果，以及第一次和第二次大坝安全定检结论意见的基础上，提出了《丰满大坝工作性态及安全性评价专题报告》和《吉林省丰满大坝全面治理工程勘测设计工作情况汇报》。

2008年5月，中水东北勘测设计研究有限责任公司在进行必要的地勘工作的基础上，对重建方案进行了研究和设计工作，提出了《丰满水电站重建工程设计进展情况报告》。

经过有关科研、设计单位的共同努力，先后提出了五个综合治理方案。

方案一：大坝上下游外包混凝土、坝顶加高、降低库水位干地施工治理方案。

坝顶高程由267.70m加高至271.40m，上游坝面外包防渗混凝土，挡水坝段和溢流堰体以下厚5.0m，引水坝段厚度不小于6.5m，检修门槽等设施前移至混凝土防渗层内；下游坝面外包混凝土，挡水坝段厚4.0～7.0m，溢流坝体高程225.00m以下部位厚6.0～7.0m，225.00m以上部位厚度渐变至堰顶厚5.0m。引水坝段厚4.0～6.0m，溢流坝段5.0～7.0m。同时，左右岸道路相应加高。

上游围堰为库内水下填筑，挡水标准为20年一遇洪水，围堰顶高程253.40m，围堰高度63.4m，施工期内水库水位降至242.00m。围堰填筑量481.9万 m³，其中水下抛投459.1万 m³，混凝土防渗墙5.05万 m²。

方案二：坝内置换混凝土防渗墙、下游外包混凝土、坝顶加高方案。

在坝内设置自上而下的连续混凝土防渗墙，坝下游面外包混凝土，并加高坝顶。此方案坝内连续混凝土防渗墙施工难度大。

方案三：大坝上游面设置土工膜、下游外包混凝土、坝顶加高方案

从坝顶到坝踵设置防渗膜（PVC 土工膜），防渗膜下部与坝基相接。坝下游面外包混凝土，并加高坝顶。此方案没有解决大坝上游面抗冻问题，且上游防渗体在低高程难以闭合。

方案四：局部干地上游面设置防渗层、下游外包混凝土、坝顶加高方案

采用水下钢筋混凝土拱形空腔围堰（或双壁钢围堰）等方式，在坝体上游面形成局部干地施工环境，进行大坝上游面防渗层施工。坝下游面外包混凝土，并加高坝顶。

方案五：原坝址下游新建大坝，老坝部分缺口拆除的方案。

重建方案初步规划设计比较了上、中、下三个坝址，上坝址位于水库内，在原坝址上游约 900m 处，中坝址为原大坝坝址，下坝址位于原坝址下游约 120m 处。经比较，推荐下坝址为推荐坝址，即在原坝址下游 120m 处新建大坝，并保留原丰满三期工程。坝型采用碾压混凝土重力坝，坝顶高程 269.50m，泄洪方式采用坝身泄洪，挑流消能。左岸坝后厂房设 4 台 180MW 发电机组，新建工程装机容量 720MW。新坝建成后，引水发电和泄洪坝段对应的老坝部分拆除至高程 240.00m，拆除宽度为 522m（29 个坝段）。新建大坝施工利用老坝上游挡水，下游修筑钢木围囹围堰。一期工程采用机组过流、二期采用三期机组过流和左岸导流洞过流的导流方式。

为加快工程前期工作进程，受东北电网有限公司委托，2008 年 5 月 27—28 日，中国水利水电建设工程咨询公司在北京主持召开了丰满水电站大坝全面治理工程前期工作咨询会议，会议形成《丰满水电站大坝全面治理工作咨询报告》。会议就大坝存在的问题、安全性和大坝治理各种比较方案进行了讨论，咨询会议认为，从方案可靠性、技术可行性、方便施工、减少水库综合利用的影响和经济合理等方面综合比较，下坝址重建方案、干地施工全包加固处理方案，均能体现对丰满大坝存在的问题进行彻底解决，不留后患，技术上不存在不可预见、难以克服的困难，建议在下一步工作中作为重点研究的方案，同时要求要针对上述重点研究方案，开展全面分析论证工作，设计内容和深度原则上要达到水电工程预可行性研究阶段的要求，对各方案的关键技术问题，要在预可行性研究工作基础上适度加深，论证清楚。

为科学选择丰满大坝全面加固技术方案，加快工程前期工作，2008 年 7 月 24 日，东北电网有限公司以发策部〔2008〕22 号文《关于委托中水东北勘测设计研究有限责任公司开展丰满大坝重建方案预可行性研究的函》，委托中水东北公司开展丰满大坝重建方案预可行性研究阶段的勘测设计工作。2008 年 10 月，中国水利水电建设工程咨询公司对《丰满大坝全面治理工程（重建方案）预可行性研究勘测设计科研大纲》进行了咨询，2008 年 11 月，中水东北公司编制完成《丰满大坝全面治理工程（重建方案）预可行性研究报告》（咨询本），2008 年 12 月编制完成《丰满大坝全面治理工程（重建方案）预可行性研究报告》。华东院于 2008 年 11 月编制完成加固方案《吉林丰满水电站大坝全面治理工程预可行性研究报告》（咨询本），2008 年 12 月编制完成加固方案《吉林丰满水电站大坝全面治理工程预可行性研究报告》。

2008 年 11 月，中国水利水电建设工程咨询公司对《丰满大坝全面治理工程（重建方案）

预可行性研究报告》及加固方案《吉林丰满水电站大坝全面治理工程预可行性研究报告》进行了咨询，并形成了《丰满水电站大坝全面治理工程预可行性研究中间成果咨询报告》。

2009 年 1 月 19 日，水电水利规划设计总院在北京主持召开了丰满水电站大坝全面治理预可行性研究成果汇报会议，会议形成了《丰满水电站大坝全面治理预可行性研究成果汇报会会议纪要》（水电规划〔2009〕10 号）。根据会议纪要要求，2009 年 4 月，中水东北公司补充编制完成《丰满大坝全面治理工程（重建方案）预可行性研究报告》、《丰满大坝全面治理工程（重建方案）预可行性研究施工期原大坝安全评价专题报告》和《丰满大坝全面治理工程（重建方案）预可行性研究导流及度汛试验报告》；华东院编制完成加固方案《吉林丰满大坝全面治理工程预可行性研究报告》及《吉林丰满大坝全面治理工程预可行性研究阶段电站治理报告》。

2009 年 7 月 30—31 日，国家电网公司在北京主持召开了丰满水电站大坝全面治理方案论证会议，并成立了以潘家铮院士为组长，四位院士、三位设计大师等 13 名专家组成的专家组，形成了《丰满水电站大坝全面治理方案论证会议纪要》。会议认为，设计单位对治理方案的筛选是适当的，对重点比选方案"坝体防渗灌浆加厚坝体综合治理方案"和"下坝址重建方案"的研究论证也是充分的。与会专家对两个重点比选方案进行了充分论证，从方案的技术可行性、治理效果及可靠性、耐久性、施工难度、施工期环境影响、水库综合利用以及社会经济发展水平对安全生产的要求等多方面综合分析，并考虑进一步提高大坝的防灾减灾能力，保障松花江流域的防洪安全，专家组最终确定了投资相对较大、技术难度较高但安全更有保障的重建方案，并同意推荐"下坝址重建方案"作为丰满大坝的全面治理方案。下坝址重建方案于 2009 年 8 月上报国家能源局备案。

1.3.2 重建方案的选定

2009 年 9 月 12—14 日，水电水利规划设计总院会同吉林省发展和改革委员会，在吉林市主持召开了丰满水电站全面治理工程（重建方案）预可行性研究报告审查会议并通过审查（图 1.26）。

预可行性研究报告通过审查后，为加快工程前期工作，吉林省发展和改革委员会以吉发改协调〔2010〕14 号文向国家发展改革委报送了《关于申请吉林丰满水电站全面治理工程（重建方案）开展前期工作的请示》，国家电网公司以国家电网发展〔2009〕1514 号文向国家发展改革委报送了《关于开展吉林丰满水电站全面治理工程（重建方案）前期工作的请示》。

图 1.26　丰满水电站大坝全面治理（重建）
方案论证会

2010 年 2 月，国家发展改革委办公厅以发改办能源〔2010〕356 号文复函，同意按国家电网公司组织科研设计单位和专家充分研究论证后拟定的重建方案作为丰满水电站全面治理工程方案并开展前期工作。重建方案按恢复电站原任务和功能，在原丰满大坝下游 120m 处新建一座大坝，并继续利用原丰满三期工程。治理工程实施后，不改变水库主要特征水位,不新增库区征地和移民。新坝建设期间必须确保原大坝安全稳定运行,并做好新老机组运行衔接的相关工作,同时,要协调好与发电、防洪和供水的关系,做到建设期间对防洪和供水不产生大的影响。同时要求按照项目基本建设程序,认真组织开展项目的各项前期工作,落实技术方案、环境保护、水土保持、建设用地、防震抗震、资金筹措等条件,并取得有关部门和单位对项目的相关支持文件。

1.4 国内外相关技术发展及研究现状

1.4.1 病险坝治理技术研究现状

截至 2019 年我国已建成大、中、小型水库 9.8 万余座,数量居世界第一,这些水库在防洪、灌溉、发电、航运、供水、改善生态环境等方面发挥着巨大作用,是我国防洪、减灾、保安全工程体系的重要组成部分,也是保证国民经济可持续发展的重要基础设施。

我国的水库大坝主要建于 20 世纪 40—70 年代,受当时水文资料欠缺、设计标准不完善、管理技术水平较低、财力不足等条件限制,很多工程建设标准偏低,质量较差,导致了现今病险水库大量存在的现状。据统计,新中国成立以来,我国水库垮坝 3500 余座,给人民生命财产安全和社会经济造成了重要影响。据 2006 年全国水库大坝安全状况普查,我国有病险水库 3.7 万余座,约占水库总数的 40%,这些带病运行的大坝不仅难以发挥应有的功能效益,而且容易酿成溃坝灾难,严重威胁下游人民生命财产安全。

我国病险坝的治理技术起始于 20 世纪 50 年代,形成了主要包括灌浆加固和防渗、土工合成材料防渗排水、防渗墙、振冲加固以及混凝土补强加固材料等比较完善的治理技术。但是仍然存在一批建库早、服役时间长的大坝,无法通过常规加固手段彻底解决存在的问题。

1.4.2 大坝重建工程技术研究现状

考虑恢复河流生态环境、保护濒危鱼类、年久失修存在安全问题以及维修费用高昂等原因,国内外对大坝直接进行拆除的案例较多。据有关报道,截至 2015 年,美国境内拆除了超过 1300 座大坝,其中,2019 年怀特萨蒙(White Salmon)河康迪特水电站完成的大坝拆除,是美国有史以来最大的大坝拆除工程,坝高 38.1m。

但是由于大坝重建工程涉及因素多、技术难度大、投资较高等因素,国内外大坝拆除后进行重建的案例很少,能够收集到的主要有以下三个。

(1)我国的长坑三级水库大坝。水库位于广东省中山市,是一座以防洪、供水为主,兼有发电功能的小(1)型水库,始建于 1972 年,由浆砌石坝和土坝组成。为解决水库的渗漏问题并提高水库供水能力,对原大坝进行重建扩容。新建大坝为拱形堆石混凝土重力坝,坝高 26.5m,主要建筑物为 4 级。

(2)美国的卡拉维拉斯大坝。水库位于加利福尼亚州,水库大坝为土石坝,坝高 64m,坝长 366m,始建于 1913 年,采用水力充填法施工,1925 年完工。20 世纪 70 年代初对大坝进行了稳定性评估,评估结果认为大坝抗震稳定性不足。为了恢复水库的蓄水能力并满足抗震要求，在老坝下游重建一座新的粘土心墙土石坝，并且不考虑老坝与新坝的相互影响问题。

（3）美国的托姆索克（Taum Sauk）抽水蓄能电站。电站位于密苏里州，上水库为混凝土面板非压实堆石坝，坝高约 27m，工程完工于 1963 年。2005 年 12 月 14 日上水库发生垮坝事故。后经综合论证，决定将上库拆除后沿原大坝轴线重建一座碾压混凝土坝，新坝最大坝高 36.6m，蓄水量 379 万 m^3。新坝是在老坝拆除后的原址上进行建设，不存在新老坝之间的相互影响问题。

综上所述，国内外在大坝拆除重建方面的案例还比较少，规模一般也局限于小型，更未开展在老坝正常运行条件下的新老坝相互影响和老坝拆除等方面的研究工作。

1.4.3　混凝土坝拆除技术研究现状

对于水库正常运行下的大规模混凝土坝体拆除，尚未查到相关文献和报道，可供借鉴的相类似的工程多为混凝土、浆砌石围堰或岩坎的爆破拆除施工。

1.4.3.1　近年来国内典型围堰拆除工程统计

近年来国内典型围堰拆除工程统计见表 1.5。

表 1.5　　　　　　　　　　　国内典型围堰拆除工程统计表

序号	工程名称	围堰类别	围堰结构	距建筑物最近距离/m	工程量/m³	炸药单耗/(kg/m³)	总药量/t	爆破方案	完成时间
1	三峡三期碾压混凝土围堰爆破拆除	大江围堰	碾压混凝土	0	186000	1.03	192	倾倒爆破	2006 年 6 月
2	构皮滩电站下游大江围堰		碾压混凝土	100	475000	0.30～0.80	38	炸碎清渣	2006 年 12 月
3	大朝山电站尾水出口围堰	尾水围堰	混凝土＋岩石	15	6600	1.60	9.5	冲渣爆破	2004 年 9 月
4	小湾电站导流洞进出口围堰		混凝土＋岩石	5	29000	1.90	55	冲渣爆破	2004 年 10 月
5	构皮滩电站导流洞进出口围堰		混凝土＋岩石	25	11000	1.49	16.4	冲渣爆破	2004 年 11 月
6	彭水电站导流洞进出口围堰		岩石	30	12000	1.50	18	冲渣爆破	2004 年 12 月
7	溪洛渡导流洞进出口围堰	导流洞进出口围堰	浆砌石＋岩石	5	410000	1.50～2.00	280	冲渣＋机械清渣	2007 年 9 月
8	深溪沟导流洞进出口围堰		混凝土＋岩石	0.3	11000	0.60～0.75	15	冲渣爆破	2007 年 11 月
9	东风水电站导流洞进出口围堰		混凝土＋岩石	40				冲渣爆破	
10	瑞丽江电站导流洞进出口围堰		岩石	10	38000	0.80～1.50		冲渣＋机械清渣	2006 年 11 月

续表

序号	工程名称	围堰类别	围堰结构	距建筑物最近距离/m	工程量/m³	炸药单耗/(kg/m³)	总药量/t	爆破方案	完成时间
11	永跃船厂围堰爆破拆除		砌石＋桩基＋岩石	3	35000	1.10		竖直孔充水开门爆破	2006年2月
12	舟山中远船务围堰爆破拆除		挡墙＋岩石	1.5	53410	1.15		倾斜孔不充水关门爆破	2007年5月
13	金海湾3号、4号船坞围堰拆除		桩基＋岩石	2	26670	1.20		倾斜孔不充水开门爆破	2008年1月
14	隆昇船厂2号船坞围堰拆除	船坞围堰	浆砌石＋岩石	3	5000	1.20		倾斜孔不充水开门爆破	2008年5月
15	半岛船业船坞围堰爆破拆除		挡墙＋岩石	5	28000	1.10		倾斜孔不充水开门爆破	2008年12月
16	龙山船厂船坞围堰爆破拆除		全桩基	7	33000	0.85		竖直孔充水关门爆破	2009年7月
17	中基船业船坞围堰爆破拆除		钢支撑＋桩基＋岩石	2	52100	1.05		竖直孔充水开门爆破	2009年11月

注 从表中可见国内可供参考的、最具代表性的类似工程为长江三峡水利枢纽的三期围堰爆破拆除施工。

1.4.3.2 长江三峡水利枢纽的三期围堰爆破拆除

三峡水利枢纽三期上游碾压混凝土围堰为重力式结构型式，堰顶宽度8m，堰体最大高度121m；迎水面高程70.00m以上为垂直坡，高程70.00m以下为1:0.3的边坡；背水面高程130.00m以上为垂直坡，高程130.00m至50.00m为1:0.75的台阶边坡，其下为平台。

（1）拆除范围

为满足三峡工程右岸电站12台机组投产发电的要求，三期上游围堰需拆除至110.00m高程，拆除高度为30m（从高程140.00m至110.00m）。经水力学模型试验，围堰拆除范围为：右岸5号堰块，长40m；河床段6～15号堰块，长380m；左连接段，长60m，拆除总长度为480m。

（2）爆破拆除方案

根据围堰结构特点和堰前水下地形，经充分论证，三期碾压混凝土（RCC）围堰爆破拆除方案为：河床段（7～15号堰块）采用倾倒爆破，右岸坡段5号堰块和左连接段采用钻孔爆破方案，6号堰块采用倾倒与钻孔爆破相结合的方案。

倾倒爆破部分利用修建围堰时预留的药室和炮孔进行装药，在6～15号堰块共预埋药室354个，其中1号药室178个，2号药室78个，3号药室98个；1号、2号、3号单个药室设计装药量分别为60kg、690kg、160kg。在高程109.70m处预埋有376个断裂孔。

为减小堰块触地产生的振动，以每一个堰块作为倾倒单元（其中 15 号、14 号堰块为一个倾倒单元），并在每个堰块分界处布置了一排切割孔，共布置 8 列切割缝。

为确保爆破不对大坝等建筑物的影响，对爆破振动、水击波、飞石等进行严格控制。

爆破振动的控制措施：严格控制爆破单响药量，并采用目前世界上最先进的数码雷管，对爆破段与段之间的时差进行精确控制。本次爆破共使用数码雷管 2506 发，这也是首次将数码雷管应用到国内爆破工程中，一次使用的规模处于世界领先水平。

爆破水击波的控制措施：除严格控制爆破单响药量、加强堵塞质量、对裸露在水中的导爆索进行覆盖外，还在大坝前布设了一道气泡帷幕，对水击波进行削减，从而确保大坝、闸门等建筑物的安全。

爆破总的起爆顺序为：左连接段深孔爆破→15～6 号倾倒爆破→5～6 号深孔爆破；一次爆破的延期时间、分段数为当时国内之最。

三峡水利枢纽三期上游碾压混凝土围堰于 2006 年 6 月 6 日 16 时进行了爆破拆除，实际总装药量 191.3t，爆破总延期时间 12.888s，共分了 961 段，爆破总方量 18.6 万 m^3，爆破拆除取得了成功。

综上所述，不同于三峡水利枢纽三期上游碾压混凝土围堰爆破拆除，丰满重建工程老坝坝体断面大于三峡三期围堰，且其结构形式更为复杂，布置有发电进水口、溢流孔等结构，并历经多次加固补强，其坝体表面布置有加固钢筋网、锚筋、预制混凝土挂板、沥青混凝土等，坝体设有不同方向的预应力锚索；同时工程地处松花湖 AAAA 级风景区，周边环境及现有建筑物等对老坝拆除制约因素多、要求高。尤其是老坝拆除应保证超百亿库容的水库正常发挥防洪、供水和发电等综合功能，由此可见丰满重建工程老坝拆除更复杂、难度更大、更具有挑战性。

1.5　新老坝相互影响研究的由来

丰满重建工程不同于常规的新建工程，涉及问题及制约因素多，地位特殊，社会影响大，受关注度极高，具有以下主要特点和难点：

（1）丰满重建工程是国内外第一座原址重建的大型水电枢纽工程，无成功经验可供借鉴。水库下游分布有吉林市、松原市、哈尔滨市等重要城市，是松花江流域的防洪骨干工程，在地区国民经济发展中发挥了重要的作用。

（2）重建工程地处松花湖 AAAA 级风景区和吉林市饮用水水源地，紧临已有乡镇和厂区建筑物，周边情况复杂，环境保护要求高，工程建设要做到对防洪、供水及生态环境不产生大的影响。

（3）工程建设期间，老坝兼作上游围堰并带"病"挡水运行，新老坝最近距离仅有 10m，老坝安全以及新老坝相互影响问题突出，边界条件极其复杂，工程建设难度大。

（4）新坝建成以后，老坝需要拆除缺口形成过流通道，满足新建工程泄洪发电等功能要求。老坝缺口拆除部位横跨挡水、溢流、厂房三种坝段，结构复杂，混凝土种类繁多，性能极不均匀，拆除设计和施工难度大。

（5）工程地处严寒地区，多年平均气温仅 4.9℃，极端最高气温 37℃，极端最低气温达到 -42.5℃，最大温差 79.5℃，冬季漫长，气候条件恶劣，对重建工程施工及工期进度等要求很高。

由以上可以看出，丰满重建工程建设期间，老坝兼作上游围堰并带"病"挡水运行。新建大坝位于老坝下游，两者之间轴线距离为 120m，老坝下游坝趾与新坝坝踵距离最近约 60m，下游挑坎末端与新坝坝踵之间的距离仅有 10m 左右，新老坝比肩而立（图 1.27、图 1.28）。因此，新坝建设诸如基坑开挖、爆破、混凝土浇筑及度汛等各种因素必然会改变老坝原有的边界条件和运行状态，并对老坝的正常安全运行产生影响。

新坝建成以后，新老坝比肩而立，一址双坝。由于老坝拆除后剩余部分最高达 64m，会在库水和新坝之间产生显著的阻隔作用。这种阻隔作用能够替代叠梁门实现分层取水，降低作用于新坝上游坝面上的地震动水压力，同时具备给新坝提供干地检修的条件、拦挡泥沙、作为过鱼设施的停靠码头、作为历史遗迹保存以及提高整个工程抵御风险的能力等功能。

图 1.27　建设期新老坝超近距离相邻实景

图 1.28　蓄水后新老坝并存实景

综上，丰满重建工程在建设期及运行期，新老坝之间相互影响因素众多，工程规模大，周边环境复杂，无成功经验可供借鉴。如何实现新坝建设顺利推进，同时确保老坝在新坝建设期的安全稳定运行，以及不对工程的防洪和下游供水产生大的影响，是丰满重建工程需要研究的重点，也是重建工程能够顺利实施的关键。

1.6　技　术　路　线

本书根据丰满重建工程新老坝超近距离相邻和复杂周边条件，研究并解决了新建工程枢纽布置、新老坝相互影响研究、施工期老坝管控、新老坝平稳衔接过渡、老坝拆除等一系列关键技术难题，提出了大中型水电工程病险坝全面治理的新老坝超近距离重建方案（中国方案）和体系方法。丰满重建工程新老坝相互影响研究技术路线如图 1.29 所示。

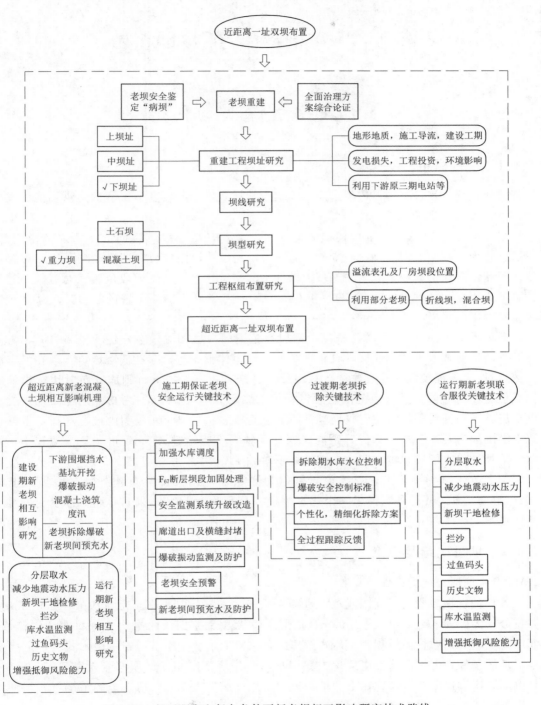

图 1.29　超近距离和复杂条件下新老坝相互影响研究技术路线

第 2 章　近距离一址双坝布置

2.1　重建工程大坝选址

2.1.1　坝址拟定

重建工程大坝选址主要遵循适应工程地形地质条件，不改变原工程的防洪功能、发电效益及水库淹没指标等原则。

老坝上游约 1.5km 范围内河道相对较窄，建坝较为有利，再向上游河道急剧变宽，不适宜建坝。在距老坝坝轴线约 500m 范围内，左岸地形向岸坡内凹进，亦不适宜布置坝线。因此，从地形条件来看，在老坝上游侧适宜布置比选坝址的河段位置相对有限，其大致范围为距原坝址坝轴线距离 500～1500m，同时考虑施工围堰布置的需要，上坝址布置在距离老坝轴线上游约 900m 处。

老坝下游约 400m（下游江桥以上河段）范围内河道相对较窄，建坝较为有利，再向下游，河道变宽，不适宜建坝，且跨江桥处左岸山体不完整，存在低矮垭口（现在的丰满街区），地表高程较低，不宜建坝。从地形条件来看，在老坝下游侧适宜布置比选坝址的河段位置相对有限，其大致范围为距老坝坝轴线距离 80～400m。考虑利用原三期扩机发电厂房，下坝址代表坝线位置仅能够在距原坝址坝轴线约 200m 范围内进行选择，考虑布置下游围堰需要，下游坝脚位置距离原坝址坝轴线不能超过 200m，可调整余地较小，因此，下坝址代表坝线布置在距离老坝轴线下游约 120m 处。

综上所述，除考虑在老坝线位置（称为原坝址）进行拆除重建外，在原坝址上游 900m 和下游 120m 处各选择了一个比选坝址，分别称为上坝址和下坝址。各坝址位置示意图见图 2.1。

2.1.2　坝址比选及结论

2.1.2.1　地形、地质条件

各坝址筑坝地段均为开阔式宽 U 形河谷，上、原、下坝址在正常蓄水位 263.50m 时，谷宽分别为 1038m、1040m、1003m，地形条件无显著差别，两岸均无垭口布置溢流坝，河床宽度均满足布置溢流坝和坝后式厂房的要求。上坝址左岸虽有布置引水式发电厂房的地形地质条件，但引水式发电厂房方案同坝后式厂房方案相比增加电能损失和工程投资，且考虑原丰满枢纽布置及原、下坝址仍可利用原三期扩机发电厂房发电的情况，各坝址均采用坝后式地面厂房布置。

上坝址位于松花湖库内，河床覆盖层经近 70 年的淤积相对较厚，开挖工程量远大于原、下坝址，原丰满大坝需要大部分拆除，且施工条件复杂；原坝址位于现丰满坝址处，

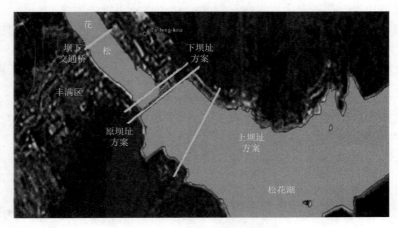

图 2.1 各坝址位置示意图

坝基虽无覆盖层，但需要将老坝彻底拆除，拆除量巨大，施工较复杂；下坝址坝基覆盖层除右岸阶地部位相对较厚外，其余部位相对较薄，老坝仅需拆除过流部分以满足发电引水及大坝泄流的要求即可。各坝址坝基岩石均为变质砾岩，无全风化带，强风化带厚度不大，弱风化带多属较完整～完整岩体。上坝址坝基分布 F_{85} 断层，为陡倾角断层；原坝址和下坝址坝基分布的断层多与坝轴线大角度相交，且倾角较陡，除 F_3、F_{61}、F_{67}、F_{68} 和 F_{84} 断层破碎带宽度较大外，其他断层规模均较小。

从地形、地质条件看，下坝址优于原坝址和上坝址。

2.1.2.2 枢纽布置及建筑物

各坝址枢纽布置基本相同，均采用坝后式地面厂房及河床溢流坝，总装机容量1000MW。不同之处在于新建工程装机容量不同，上坝址新装机容量1000MW，原坝址及下坝址由于可利用原三期工程的 280MW 装机容量，新装机容量720MW。

（1）上坝址主要缺点：①老坝体混凝土需大部分拆除，拆除量 150 万 m^3，坝体拆除及弃渣堆放对环境影响较大；②施工期间不能发电，电量损失大；③主体工程量较大；④工程完工后原泄洪洞和原三期扩建引水发电系统不能被利用，增加工程投资。

（2）原坝址具有的主要优、缺点

优点：①工程完工后，原三期扩建引水发电系统能够利用，可减少另建装机 280MW，减少工程投资；②原泄洪洞可以利用。

缺点：①原大坝需拆除，拆除量 230 万 m^3，坝体拆除及弃渣堆放对环境影响较大；②施工期间不能发电，电量损失大。

（3）下坝址具有的主要优、缺点

优点：①原大坝除高程 240.00m 以上 522.00m 长坝体全部拆除外，大部分坝体不必拆除，混凝土拆除量仅为 22.40 万 m^3，相对原坝址可少拆除 207.60 万 m^3，减少了拆除费用及弃渣堆存；②施工期间原工程可以发电，电量损失最小；③工程完工后，原三期扩建引水发电系统能够利用，可利用三期装机280MW，减少工程投资。

缺点：①坝基弱风化岩相对原坝址埋藏略深、坝高相对略高，主体工程量略大；②下坝址位于原大坝和原三期扩建引水发电系统之间，工程施工难度较大。

综上所述，从枢纽布置及建筑物来看，下坝址方案明显优于上坝址及原坝址。

2.1.2.3　施工导流及施工组织

各方案优缺点比较见表 2.1，从表中可以看出：

表 2.1　　　　　　　　　　各坝址施工方案优缺点对比表

项　目	上　坝　址	原　坝　址	下　坝　址
一、施工条件			
施工导流	采用分期导流，导流程序相对复杂，投资较大	采用分期导流，导流程序相对复杂，投资较大	利用老坝作为上游施工围堰，投资较小
施工布置	在坝址两岸上、下游侧的坡地上，适时布置施工临建设施	在坝址两岸上、下游侧的坡地上，适时布置施工临建设施	在坝址两岸上、下游侧的坡地上，适时布置施工临建设施
施工进度	总工期 78 个月	总工期 78 个月	总工期 62 个月
评价	需对老坝体大部分拆除，工期较长，施工导流工程量较大，施工期发电损失大，对防洪及下游供水影响大	需对老坝体彻底拆除，但保留了三期厂房，施工工期长，导流工程量较大，施工期发电损失大，对防洪及下游供水影响大	老坝体拆除量小，保留了三期厂房，工期相对较短，施工导流工程量小，施工期发电损失小，对防洪及下游供水没有影响
二、电量损失/（亿 kW·h）	100.02	92.41	15.70
三、投资估算			
直接费/万元	335752	280858	263152
计入电量损失后直接费/万元	612808	536834	306641

上坝址方案混凝土量和开挖量较大，老坝体混凝土大部分都要拆除，拆除量较大，三期扩建厂房亦不能利用。其施工导流工程量大，施工工期较长，发电损失量大，总的工程投资较大。

原坝址方案老坝体需全部拆除，拆除量巨大，但新建坝体混凝土量、坝基石方开挖量相对较小。同时保留了三期厂房，可利用原泄洪洞泄洪，但其施工导流工程量大，施工工期较长，发电损失量较大，考虑发电损失总的工程投资较大。

下坝址方案新建坝体混凝土量、坝基石方开挖量略大，但老坝体混凝土只需部分拆除，拆除量较小，三期扩建引水发电系统还能利用。工程施工导流简单，导流工程量少，其施工工期较短，而且在施工期整个电厂还能全部发电，施工期间电能损失很少，工程投资也最少。

综上所述，从施工方面看下坝址方案明显优于上坝址及原坝址。

2.1.2.4　坝址比选结论

根据三个坝址比选方案的地质条件、水工建筑物布置、施工条件、施工期发电量损失、施工期对防洪及下游供水的影响、工程投资等方面进行综合比较，可以看出：

三个坝址地形、地质条件无本质差别，枢纽布置及建筑物型式基本相同。但上坝址及原坝址重建方案，原大坝混凝土需大部分拆除或彻底拆除，拆除量大。两个方案的施工导流工程量大，施工工期较长。同时，施工期间需放空水库并失去调蓄作用，对防洪及下游供水等综合利用的影响巨大，经济损失严重，特别是对库区生态环境影响难以估计。

下坝址重建方案，老坝拆除量小，施工期可利用老坝作为施工围堰，导流工程量少。下坝址方案没有改变水库的功能及运行方式，对防洪、城市供水、灌溉、养殖、航运及库区生态环境没有影响，对旅游的影响轻微。同时，下坝址方案施工期间，三期机组能全部发电，施工工期较短，工程投资也最少。因此，下坝址在可选坝址中最优。

综上所述，丰满重建工程选择下坝址作为新建大坝坝址。

2.2 重建工程枢纽布置格局

2.2.1 枢纽布置格局比选

碾压混凝土坝型将泄洪系统布置于坝身，并利用坝体引水，厂房布置于坝后。根据坝址地形、河谷宽度及左岸三期厂房的位置，枢纽布置格局主要为发电厂房位置的选择。从地形条件看，发电厂房可以考虑布置在主河床左岸、主河床右岸，结合丰满老坝一、二期厂房的运行，发电厂房还可以布置在两岸或右岸缓坡地段。同时，考虑老坝再利用方案，枢纽布置比选总共比较了六种方案。其中，方案一～方案四为新建坝方案，方案五、方案六为在方案四（右岸厂房方案）的基础上，考虑利用老坝的枢纽布置方案，各布置方案如下：

方案一：碾压混凝土重力坝＋坝身溢流表孔＋左岸坝后式厂房枢纽布置方案（简称左岸厂房方案）

方案二：碾压混凝土重力坝＋坝身溢流表孔＋两岸坝后式厂房枢纽布置方案（简称两岸厂房方案）

方案三：碾压混凝土重力坝＋坝身溢流表孔＋极右坝后式厂房枢纽布置方案（简称极右厂房方案）

方案四：碾压混凝土重力坝＋坝身溢流表孔＋右岸坝后式厂房枢纽布置方案（简称右岸厂房方案）

方案五：在方案四的基础上，在右岸用竖向的混凝土连接坝段连接新、老坝段，并对老坝右岸坝段进行加固、防渗处理的枢纽布置方案（简称折线坝方案）

方案六：在方案四的基础上，利用部分右岸老坝作为面板坝趾板基础，在老坝下游修建混凝土面板堆石坝的枢纽布置方案（简称面板堆石坝方案）

先不考虑利用老坝，对枢纽布置方案一～方案四进行技术经济比较，各比选方案优缺点如下。

2.2.1.1 地形地质条件方面比较

枢纽建筑物区工程地质条件较好，可满足工程建设需要。F_{67} 断层为坝址内规模最大的不良地质体，需采取特殊的工程处理措施以满足设计对基础地质条件的要求。

厂房左岸边坡为顺向坡，岩层层面与节理构成不利结构面组合，加之断层切割破坏了岩体的完整性，开挖边坡稳定性较差，左岸厂房边坡处理量大。右岸阶地覆盖层厚一般7～

20m，最厚可达 33m，极右厂房方案开挖量大。同时，为使极右厂房早日投入运行，修建的竖向坝位于 F_{67} 断层上，基础处理量较大。

从地形地质条件方面比较，方案四优于方案一和方案二，更优于方案三。

2.2.1.2　枢纽布置条件方面比较

方案一、方案三厂房坝段及方案二左岸厂房坝段因结合压力钢管布置需降低该坝段建基高程，从而相应增加混凝土工程量。方案四和方案一、方案二、方案三相比，混凝土量分别节省了 3.77 万 m^3、1.2 万 m^3、17 万 m^3。从挡水建筑物工程量比较，方案四占优。

方案一溢流坝布置于主河床偏右岸，方案二、方案三布置于主河床中间，方案四布置于主河床偏左岸。溢流坝布置于左岸，泄洪水流对下游三期厂房尾渠有一定影响，但不影响其安全运行；布置于右岸，泄洪水流冲刷下游右岸岸坡，需对右岸岸坡进行防护。泄洪系统布置于主河床中间，对下游基本无影响。从溢流坝布置方面比较，方案二、方案三优于方案一、方案四。

枢纽布置比选各方案引水系统结构布置基本相同，方案二由于厂房分成左右岸两个，下游尾水闸门启闭系统及厂内桥机较其余各方案多了一套。方案三由于厂房和溢流坝之间过渡坝段较多，增加了门机轨道长度，对于电站的运行管理不太方便。从引水系统布置分析，方案一、方案四优于方案二和方案三。

方案一、方案二中左岸厂房紧邻现有三期发电厂房，受地形条件限制，厂区布置较困难，进厂交通受到一定影响，需对三期厂房尾水平台进行改造。另外，左岸厂房与原三期厂房同时发电运行时，尾水相互干扰，影响发电效益。方案三极右厂房位于右岸阶地上，主厂房及尾水渠开挖深度及长度大于其余各方案，土石方开挖量达到 390 万 m^3，远大于其余各方案。同时方案三由于占用右岸阶地的面积远大于其余各方案，管理区用地较为紧张，开关站布置于右岸上坝公路下，出线不方便。方案四右岸厂房位于主河床偏右岸，水流顺畅，进厂交通便利，该方案厂房开挖及回填工程量较其余各方案低。从厂房布置方面比较，方案四优于其他方案。

根据新建工程发电及泄水要求，方案一、方案二、方案四原坝缺口拆除安排在施工后期，利用电站发电一次性降低库水位进行拆除；方案三由于新建电站前期发电和工程建成后泄水要求，需要两次降低库水位，原坝需要进行两次拆除。从原坝缺口拆除方面比较和库水位降低对综合利用方面的影响，方案一、方案二、方案四优于方案三。

综上所述，从枢纽布置条件上看，方案四优于其他方案。

2.2.1.3　施工组织设计方面比较

枢纽布置格局比选各方案在施工条件、施工交通、料源、施工方法上不存在本质上的差别，在施工组织设计方面主要为施工导流方式、施工占地及施工总工期的差异。

施工导流：方案一与方案四均采用一次拦断的施工导流方式，方案二采用分期导流方式。导流建筑物上，方案一、方案二、方案四设有泄洪兼导流洞，方案三一期采用原 12 台机组发电泄流，二期采用新建厂房机组发电泄流，取消了导流洞，但增加混凝土竖向坝。

施工占地：方案三厂房位于右岸阶地上，尾水渠开挖较长，占地面积远大于其余各方案。在占用房屋面积上，方案三比方案一、方案二、方案四多占用东北电网培训中心 24310 m^2，不但征地费用较大，异地选址搬迁也比较困难。

施工工期：方案三工期较长，总工期为 90 个月，其余方案总工期均为 78 个月。方案三工程电站受益最早，6 台机组 54 个月即可全部运行发电。

总体上看，各枢纽布置方案在施工组织设计方面，差别不大，不存在控制枢纽布置方案比较的因素。但从占地面积和占用房屋面积上，方案一、方案二、方案四优于方案三。

2.2.1.4 运行方面比较

方案四右岸厂房位于主河床偏右岸，厂区地形开阔，进厂交通便利，从水库运行、引水发电、泄洪等运行管理方面考虑，方案四优于其他方案。

2.2.1.5 主要工程量及投资方面比较

方案四工程动态总投资为 885582 万元，与其余三个方案相比，分别节省了 10954 万元、38556 万元、64189 万元，从枢纽总体工程量及投资角度讲，方案四占优。

2.2.1.6 枢纽布置综合比较

枢纽布置综合比较见表 2.2。

表 2.2　　　　枢纽布置比选各方案综合比较表

项　目	方案一　左岸厂房方案	方案二　两岸厂房方案	方案三　极右厂房方案	方案四　右岸厂房方案
地形地质条件	受地形及现有三期厂房限制，溢流坝及厂房布置困难；左岸边坡为顺向坡，厂房开挖边坡稳定性差，处理量大	左岸厂房条件同方案一，右岸厂房不受地形条件影响	右岸阶地覆盖层厚，尾渠长、开挖量大；竖向坝位于 F_{67} 断层上，基础处理难度大	右岸厂房不受地形条件影响，优于其他方案
枢纽布置条件及工程管理	1. 溢流坝位于主河道右岸，泄洪时对左岸厂房及三期厂房影响最小，但需对右岸岸坡进行开挖和防护处理。 2. 新建厂房与三期尾水相互影响较大；进厂交通受限，需对三期厂房尾水平台及进厂公路进行改造。 3. 因压力钢管布置，需降低厂房坝段建基高程，相应增加开挖及混凝土工程量。 4. 开关站布置在右岸，管理不便。 5. 受地质条件影响，左岸厂房永久边坡需加固	1. 溢流坝泄洪时水流条件优于方案一、方案四。 2. 左岸厂房与三期尾水相互影响较大；进厂交通受限，需对三期厂房尾水平台及进厂公路进行改造。 3. 因压力钢管布置，需降低左岸厂房坝段建基高程，相应增加开挖及混凝土工程量。 4. 厂房两岸布置，开关站布置在右岸，运行管理不便。 5. 受地质条件影响，左岸厂房永久边坡需加固。 6. 增加了一个安装间，并增加了一套尾水闸门启闭设备	1 溢流坝位于主河床中间，泄洪时水流条件与方案二相当，优于方案一、方案四。 2. 右岸阶地覆盖层厚，厂房尾渠长，开挖边坡较高，开挖量大。与方案一、方案二相比，发电时无水流干扰问题。 3. 因压力钢管布置，需降低厂房坝段建基高程，相应增加开挖及混凝土工程量；进水口上游地面高于进水口底板高程，上游边坡需处理。 4. 开关站布置在右岸边坡上，出线不如其余各方案便利。 5. 6 台机组 54 个月全部运行发电	1. 溢流坝泄洪时，泄超标洪水影响三期尾渠，可考虑分区泄洪，水流条件优于方案一。 2. 右岸厂房布置便利，与三期尾水相互影响最小，水流顺畅，进厂交通便利，优于其他方案。 3. 电站厂房、厂区及开关站布置在右岸，厂区地形开阔，进厂交通便利，亦便于出线及工程管理。 4. 工程量最小。 5. 枢纽布置条件及工程管理方面优于其他方案
建设征地与移民安置	不占培训中心	不占培训中心	征占培训中心，占地费用高，异地安置难度大	不占培训中心

续表

项　目	方案一　左岸厂房方案	方案二　两岸厂房方案	方案三　极右厂房方案	方案四　右岸厂房方案
原坝缺口拆除	1. 原坝缺口拆除宽度 594m，拆除高程 240.00m；厂房拆除发电机层以上。 2. 缺口拆除时，库水位需降至 243.00m 高程	同方案一	原坝缺口需两期拆除，一期拆除宽度 198m（39～49 号坝段），拆除高程 235.50m；二期拆除宽度 594m（6～38 号坝段），拆除高程 240.00m；厂房拆除发电机层以上；缺口拆除时，库水位需降至 238.50m、243.00m 高程	同方案一
环境影响			原坝缺口两次降水拆除，降水对综合利用影响大；建设占地面积大，工期长，环境影响大	
施工导流	1. 一次拦断、泄洪兼导流洞＋三期机组发电联合泄流的导流方式。 2. 下游围堰采用钢木围图围堰	1. 分期导流，一期原 12 台机组发电泄流；二期采用泄洪兼导流洞＋三期机组发电联合泄流。 2. 一期下游围堰采用钢木围图围堰，纵向围堰采用土石围堰；二期下游围堰采用土石围堰	1. 分期导流，一期原 12 台机组发电泄流；二期采用新机组＋三期机组发电联合泄流。 2. 下游围堰采用土石围堰。 3. 无导流洞，但增加了竖向坝。 4. 电量损失最小	1. 导流方式同方案一。 2. 下游围堰采用土石围堰
施工总工期/月	78	78	90	78
首台机组发电/月	63	63	54	63
工程总投资/万元	89.65	92.41	94.98	88.56

从地形地质条件、枢纽布置、施工、运行管理、工程投资等方面综合分析，方案四明显优于其余各方案，因此，采用方案四作为推荐方案。

在选定的右岸厂房枢纽布置方案的基础上，进一步考虑利用老坝的经济合理性。经比较，方案六工程投资比方案四多 1.40 亿元，方案五工程投资最小，但仅比方案四减少 0.12 亿元，差别微小。

综合坝址处的地形地质条件、枢纽建筑物布置、水流条件、环境保护、建设征地和移民、施工条件、施工工期、工程量、工程投资和运行条件等方面的分析成果，本着安全可靠的原则，推荐枢纽布置格局为右岸厂房方案，即左右岸挡水坝段、溢流坝段、厂房坝段、右岸坝后式地面厂房、右岸 GIS 开关站、左岸泄洪兼导流洞和利用的三期电站厂房的枢纽布置格局。

2.2.2 溢流坝消能方式选定

丰满重建工程采用下坝址方案，新坝位于老坝和三期电站之间。在选定枢纽建筑物布置的基础上，进行了溢流坝消能方式的模型试验研究，试验结果表明：

丰满水电站下游河谷宽阔，河道岩石抗冲能力较强，采用挑流消能是可行的。但新建坝位于老坝坝轴线下游 120m，相距保留的三期电站厂房仅 227m，水舌落水点在三期电厂出口附近，形成的涌浪和水流冲击比白山电站二期电站尾水渠附近的还要大，所以挑流消能的使用受到了限制。底流消能布置中消力池长 80m，是基于三期电厂长度和大坝下游开挖深度所能达到的最大尺度。通过新坝挑流和底流消能方式对比研究，消力池方案水流流态较理想，在下游冲刷、涌浪、溅水和雾化等方面均满足要求，说明丰满重建工程消能工采用消力池方案是合理的。因此，为减小泄洪水流对三期电站的影响，新建大坝采用底流消能方式，有效控制了泄洪水流的消能影响范围，保证了原三期电站的安全运行。

同时，由于消力池出口距三期电站仅 65m，泄洪水流通过消力池后，下游水位不平稳，对原三期电站发电会产生一定影响。为减小常遇洪水对原三期电站发电的影响，将大坝左岸导流洞与永久泄洪洞结合，形成泄洪兼导流洞。泄洪兼导流洞出口位于原三期电站下游 300m 处，通过模型试验研究，泄洪兼导流洞出流不会对原三期电站产生影响，因此，选定 50 年一遇以下洪水通过泄洪兼导流洞泄洪，保证常遇洪水对三期电站无影响，满足了原三期电站正常运行的要求。

2.2.3 重建工程枢纽布置

丰满重建工程枢纽建筑物主要包括碾压混凝土重力坝、坝身泄洪系统、左岸泄洪兼导流洞、坝后式厂房、GIS 开关站、过鱼设施及利用的原三期电站。新坝建成后，为保证新建机组发电过流和大坝泄洪要求，对老坝 6~43 号坝段缺口及原一期、二期厂房发电机层以上部分混凝土予以拆除。老坝拆除范围为 6~43 号坝段，全长 684m，拆除高程 240.2m。

丰满重建工程枢纽平面布置见图 2.2。

碾压混凝土重力坝坝轴线方位 NE66°36′，坝顶高程 269.50m，最大坝高 94.50m，坝顶全长 1068m，由左岸挡水坝段、溢流坝段、厂房坝段及右岸挡水坝段组成。大坝共分 56 个坝段，左岸 1~9 号布置 9 个挡水坝段，总长 162m；10~19 号布置 10 个溢流坝段，总长 180m；20~25 号布置 6 个厂房坝段，总长 168m；26~56 号布置 31 个挡水坝段，总长 558m。

溢流坝段布置于主河床上，共 10 个坝段，布置 9 孔开敞式溢流表孔，前缘总宽 158m，堰顶高程 249.60m，每孔净宽 14m，最大泄量 20830m³/s。下游采用底流消能方式，消力池底板高程 182.00m，底板厚 3.00m。

引水建筑物布置在厂房坝段，为单机单管引水形式，由分层取水进水口和坝后垫层式浅埋管组成，前缘总宽 168.00m。压力管道管径 8.8m，壁厚 22~32mm，管道外侧距下游坝面 1.5m，单机引用流量 390.23m³/s。

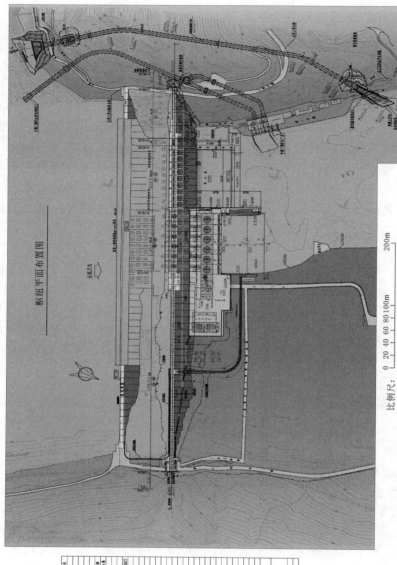

图 2.2　丰满重建工程枢纽平面布置图

坝后式地面厂房布置于主河床偏右岸，厂内安装 6 台水轮发电机组。机组安装高程 187.00m，发电机层高程 205.10m，厂前区地面高程 205.00m，机组段长 28.0m，厂房尺寸为 227.00m×32.00m×70.95m（长×宽×高）。考虑进场交通，安装间布置在主机间右端部。主厂房上游侧布置上游副厂房，长度为 239.40m，宽度为 11.40m，分四层布置。尾水副厂房位于主机间下游侧，分四层布置，尾水平台与厂区地面高程相同。端部副厂房布置在主厂房右侧，分七层布置。主变压器布置在厂坝间 205.00m 高程平台上，GIS 室及出线场布置在端部副厂房右侧，地面高程 205.00m。进厂交通布置在右岸，从安装间下游进入主厂房。

泄洪兼导流洞布置在左岸山体内，为有压洞，全长 846.02m（进洞点至出洞点），由进口明渠段、井前压力段、进口闸门井、有压洞身段、出口闸室段及消能防冲段等部分组成。进口明渠底板高程 224.00m，有压洞为内径 10.5m 的圆形断面，末端出口为 8.8m×8.8m 矩形断面，出口闸室底板高程 193.00m，采用挑流消能方式，挑坎高程 193.00m。

过鱼设施位于右岸，采用升鱼机结合鱼道的方式。利用的原三期发电厂房位于新建大坝坝轴线下游 200m 处。

大坝各典型坝段剖面布置见图 2.3～图 2.5。

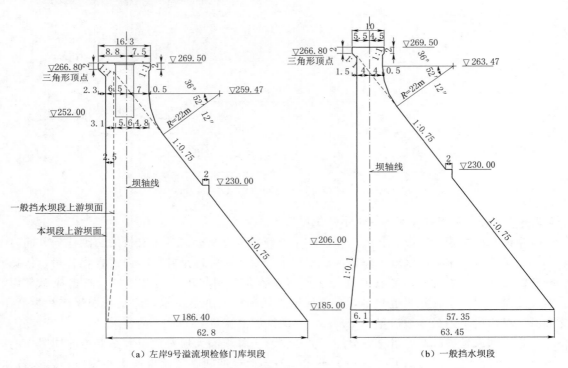

(a) 左岸 9 号溢流坝检修门库坝段　　　　　　(b) 一般挡水坝段

图 2.3　挡水坝段剖面布置图（单位：m）

2.2.4　解决的关键问题

丰满水电站全面治理工程最终选择重建方案，坝址为下坝址，新建大坝轴线位于老坝下游 120m 处，新老坝比肩而立，一址双坝。

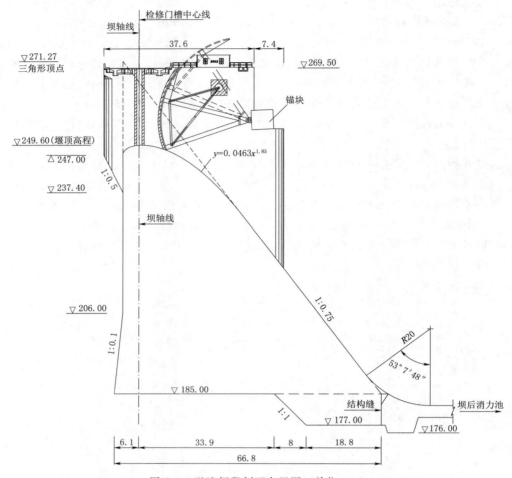

图 2.4 溢流坝段剖面布置图（单位：m）

2.2.4.1 对水库防洪及下游供水不产生影响

丰满水库承担着下游吉林、松原、哈尔滨等城市以及沿江广大农村的防洪任务，同时承担下游地区的工业、农业、城市和环境供水等要求，特别是吉林市内的吉化公司，依托松花江不间断取水运行，若松花江出现断流，吉化公司将不能正常运转，将造成恶劣影响，后果严重。工程施工过程中，必须保证不间断地向下游供水，满足下游生产、生活、灌溉、城市供水的最小放流量 161m³/s，春灌期下泄流量 361m³/s 的要求。

根据国家发展改革委员会办公厅《关于同意吉林丰满大坝按重建方案开展前期工作的复函》（发改办能源〔2010〕356 号）要求，新坝建设期间必须确保原大坝安全稳定运行，并做好新老机组运行衔接的相关工作，同时，要协调好与发电、防洪和供水的关系，做到建设期间对防洪和供水不产生大的影响。

重建工程采用下坝址方案，正常运用洪水重现期为 500 年，非常运用洪水重现期为 10000 年，防洪标准与原大坝相同，建设期老坝正常挡水运行，没有改变水库的功能及运行方式，工程施工期调度运行严格遵循白丰联合调度临时方案，对水库防洪能力没有影响。

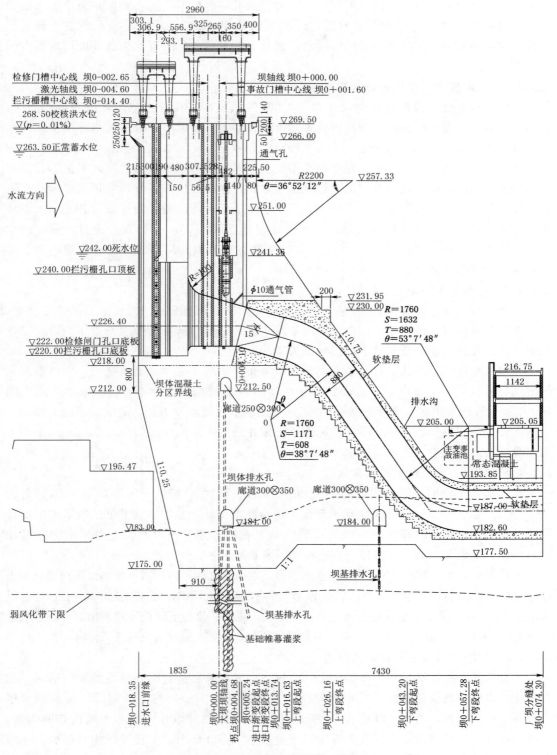

图 2.5 厂房坝段剖面布置图（单位：m）

同时，下坝址方案保留了丰满三期电站，并对三期电站进行了改造，确保在整个施工过程中，三期机组（11 号、12 号）正常发电，发电流量 584m³/s。通过丰满水电站下游永庆反调节水库的调节，实现对下游均匀供水，满足了下游城市、灌溉及生态环境用水等方面的要求。

2.2.4.2　对库区水质及生态环境不产生影响

重建工程坝址上游的松花湖为国家 AAAA 级风景区，具有旅游及养殖功能，同时，松花湖及下游江段是桦甸市、蛟河市、吉林市、长春市、松原市、哈尔滨市等城市饮用水及吉林省中部引水的重要水源地，重建工程应充分考虑对库区水质及生态环境的要求。

重建工程采用下坝址方案，建设期无须放空水库，水库正常蓄水位及死水位等特征水位与原大坝相同，没有改变水库的功能及运行方式，对库区生态环境没有造成影响。工程施工期，老坝缺口拆除安排在冬末初春，控制水库最低水位出现时间尽量与各业用水量最高的季节错开。通过设计优化，降低水库水位至最低 243.00m 运行仅一个月时间，比水库死水位 242.00m 还高 1.00m，属于水库的正常运行范围，从而对松花湖风景旅游、冬季雾凇景观、水产养殖、航运等均不产生影响。

2.2.4.3　有利于工程导流及度汛

重建工程是在已有建筑物的基础上重新建设，新老坝轴距仅 120m，工程建设期间，老坝兼作上游围堰，保留原三期电站不间断发电运行，水库具备的强大调蓄作用以及三期机组充当的导流功能非常有利于施工导流方案的设计。

经多方案研究，重建工程采用左岸新建泄洪兼导流洞与三期机组泄流、一次拦断河床的施工导流方式。大坝施工导流标准采用大汛 20 年重现期洪水标准，度汛标准采用大汛100 年洪水重现期洪水。老坝除保证 20 年重现期洪水控制水库水位、溢流坝不泄流外，其余情况完全按照白丰联调的临时调度原则，正常开启老坝溢流坝闸门防洪度汛。施工期采用淹没基坑、坝体缺口过水的度汛方式。

2.2.4.4　保留了原三期电站正常运行

丰满水电站利用左岸泄洪洞进行三期（11 号、12 号）扩机，安装两台单机容量为140MW 的机组，工程于 1997 年建成至今，运行状况良好。鉴于丰满水电站在系统中担负调峰、调频和事故备用等任务，同时三期电站兼有施工期导流以及为下游供水的重要功能，因此，重建工程必须保障原三期电站的正常运行。

重建工程采用下坝址方案，新坝位于老坝和三期电站之间。由于新坝坝轴线距离原三期电站较近仅 227m，为减小泄洪水流对三期电站的影响，新建大坝采用底流消能方式，以减小泄洪水流的消能影响范围，保证了原三期电站安全运行。左岸新建的泄洪兼导流洞出口位于原三期电站下游 300m 处，承担 50 年一遇及以下的泄洪任务，泄洪水流对三期电站无影响。

2.2.4.5　实现老坝剩余价值的再利用

一址双坝布置在满足新坝泄洪发电的前提下，老坝只需进行部分坝段的缺口拆除，剩余坝体可以代替叠梁门实现分层取水功能，可以降低作用于新坝上游坝面的地震动水压力，有效拦挡泥沙，改善新坝的应力状态和稳定状况，也可以作为新坝干地检修的围堰。同时，老坝缺口局部拆除，混凝土拆除工程量较小，弃渣量小，工程投资相对最少，亦减少了弃渣堆放对环境的不利影响。

2.3 施 工 导 流 度 汛 方 案

2.3.1 施工导流

2.3.1.1 导流标准

主体工程施工是在老坝的下游，老坝可兼作本工程施工的上游围堰，根据《水电工程施工组织设计规范》（DL/T 5397—2007）的规定，其施工导流标准为5～10年重现期洪水；而下游采用土石围堰，其挡水标准为10～20年重现期洪水。

经施工导流标准的综合比较，最终选择大汛20年重现期洪水标准，但需考虑洪水预报进行提前预泄。

2.3.1.2 导流方案拟订

根据施工洪水特点及地形地质条件，并结合水工枢纽布置方案的具体情况，考虑导流是否分期，有无导流洞等因素，初步拟订了四个施工导流方案进行研究：

方案一：导流洞＋三期机组泄流、一次拦断河床施工导流方案；

方案二：导流洞＋三期机组泄流、分期施工导流方案；

方案三：三期机组泄流、一次拦断河床施工导流方案；

方案四：底孔＋三期机组泄流、分期施工导流方案。

（1）方案一：导流洞＋三期机组泄流、一次拦断河床施工导流方案

该方案在左岸山体内新建一条导流隧洞，导流通道利用导流洞＋三期丰满机组发电联合泄流，并考虑上游水库的调蓄作用。上游利用老坝挡水，下游修建挡水围堰。

施工导流采用导流洞＋丰满三期机组联合泄流、一次拦断河床的导流方式。第二年汛后进行大汛围堰施工，在围堰的保护下进行河床坝段和厂房的施工。在导流洞施工期间，可进行右岸岸坡坝体的施工。

（2）方案二：导流洞＋三期机组联合泄流、分期导流方案

在方案一的基础上，考虑在导流洞施工期间，先围厂房基坑，使得厂房及引水发电坝段能够尽早施工，争取新机组尽早发电。施工导流分为两期，一期施工导流（导流洞施工期间）先围右岸，进行21号坝段右侧坝体及厂房的施工，一期施工导流通道为老溢流坝＋三期丰满机组发电联合泄流；二期施工导流拦断河床，进行21号坝段以左的坝段左侧坝体和一期主体工程的加高施工，二期导流通道为新建导流洞＋丰满三期机组发电联合泄流。上游利用老坝挡水，下游需要修建一、二期横向挡水围堰及纵向围堰。

（3）方案三：三期机组泄流、一次拦断河床施工导流方案

该方案上游利用老坝挡水，仅修建下游挡水建筑物，不需要新建导流泄水建筑物，施工导流期间的泄流通道仅为三期11号、12号机组发电泄流，对导流标准的洪水主要依靠降低水库水位进行调蓄。施工导流采用三期机组泄流、一次拦断河床的导流方式，在围堰的保护下进行河床挡水坝段、溢流坝段、引水发电坝段及坝后式厂房的施工。

（4）方案四：底孔＋三期机组泄流、分期施工导流方案

该方案考虑在新坝内设置导流底孔，根据水工枢纽布置特点，厂房位于右岸，溢流坝

位于左岸，导流底孔拟设在新建溢流坝段底部。为了先形成导流底孔，导流分为二期进行。一期施工导流先围左岸，进行 21 号坝段左侧的坝体施工，一期导流通道为丰满一期机组（1～8 号机组）＋三期机组（11、12 号机组）联合发电泄流；二期施工导流围右岸，进行 21 号坝段右侧坝体的施工，二期施工导流通道为导流底孔＋丰满三期机组联合泄流。上游利用老坝挡水，在下游河床修建一、二期横向挡水围堰及纵向围堰。

2.3.1.3　导流方案研究

方案三采用一次性拦断河床的导流方式，在一个基坑内进行河床坝段的施工，其施工导流程序简单。导流工程量最小，工期最短（总工期为 63 个月，从准备工程至第一台机组发电工期为 48 个月），但该方案的泄流通道仅为丰满三期机组发电泄流，泄流能力较小，最大不超过 600m³/s，可见其宣泄超标洪水的能力较差，且大汛期控制水位为 248.60m（其多年运行保证率 25.77％），大汛期水位控制很难实现，该水位较多年平均库水位（253.37m）低 4.77m，较汛限水位低 9.30m，其对水库养殖、旅游和环境影响很大。因此不再对该方案做进一步的比较。

方案四采用分期导流方式，其导流程序相对复杂，需要形成一、二期基坑，且在一期施工时形成导流底孔，导流工程量较大，工期最长（总工期为 88 个月，从准备工程至第一台机组发电工期为 73 个月），其导流程序很复杂：一期泄流通道为丰满一期 8 台机组（二期的 2 台机组被一期纵向围堰占用，退出运行）＋三期 2 台机组联合发电泄流，最大泄流能力为 1600m³/s；二期泄流通道老坝溢流坝、导流底孔＋三期机组联合发电泄流，控制最大泄流能力为 2500m³/s。由于新老坝相距为 120m，溢流坝段泄流后紧接导流底孔，使得二期施工导流的水流流态较为紊乱，通过老坝的溢流坝段开闸控制施工期导流下泄流量，增加了闸门调度的复杂性和闸门操作频次。

该方案一期大汛期控制水位为 255.13m（其多年运行保证率 71.16％），较多年平均库水位高 1.76m，较汛限水位低 2.77m，因此其对水库养殖、旅游和环境略有影响。

该方案由于底孔所处的溢流坝段上下游基坑均处于有水状态，因此在施工通道上难度很大，新坝上游不能布置门（塔）机的运行轨道，因此需要在溢流坝段上设置一长约 240m、宽约 15m 的混凝土栈桥，用于坝体上部混凝土及金结安装施工。由此可见该方案的施工难度最大，施工方案最不灵活，需要的施工道路投资也最大。因此该方案不再做进一步的比较。

因此，方案一和方案二有做进一步比较的价值。最终经各方面综合比较，并考虑施工导流方案的安全性、可实施性，可操作性，新老机组的发电间隔工期等各方面因素，选择方案一（导流洞＋三期机组泄流、一次拦断河床施工导流方案）作为丰满重建工程的施工导流推荐方案。

推荐方案施工导流布置图见图 2.6。

2.3.1.4　导流程序

施工导流为 2014 年汛后进行下游横向围堰施工，一次拦断河床，利用导流洞＋丰满三期机组泄流，2014 年汛后至 2015 年 5 月仅采用丰满三期机组泄流，在围堰的保护下进行左右岸挡水坝段、溢流坝段、厂房等的施工。具体导流程序安排如下：

2013 年 5 月至 2015 年 5 月进行导流洞施工，与此同时进行右岸岸坡挡水坝段施工。

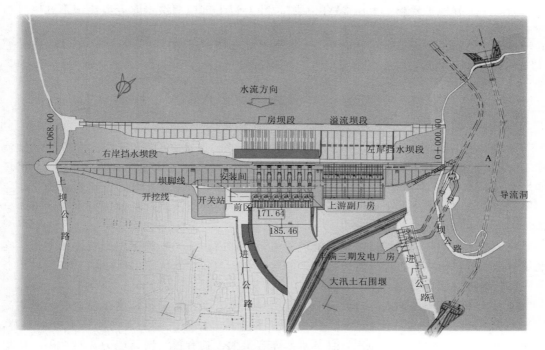

图 2.6 推荐方案施工导流布置图

导流洞施工在导流洞进出口围堰的保护下进行，丰满电站原一期、二期、三期机组可按原有的运行方式正常发电。

2014 年汛后一次性拦断河床填筑下游横向围堰，形成全基坑。在围堰的保护下，进行大坝和厂房的施工，此时原一期、二期机组退出运行。

2014 年汛后至 2015 年大汛前，由三期厂房机发电组泄流，并通过水库的调蓄作用，保证汛后期 20 年重现期洪水导流标准下，老坝溢流坝不开闸，从而保证新坝开挖干地施工。

2015—2018 年大汛期间，导流洞（导流洞于 2015 年大汛前完成并具备泄流条件）和三期机组发电联合泄流，并利用丰满水库库容调蓄作用，满足施工导流标准下的泄流要求。

至 2017 年汛后，基本完成溢流坝段、挡水坝段、厂房坝段和厂房混凝土浇筑，并于 2018 年 5 月末完成厂房坝段和溢流坝段的金属结构安装。

导流期间，当洪水小于等于 10 年重现期洪水时，经调洪计算，水库控制水位为丰满水库目前的汛限水位 257.90m，一次洪水历时库水位不超过 263.50m，导流洞与三期厂房机组联合泄流的设计最大泄量不超过白丰联合调度临时方案规定大汛期 10 年重现期洪水的最大下泄流量 2500m³/s。当预报洪水大于 10 年、小于等于 20 年重现期洪水时，经调洪计算，提前预泄将库水位降至 257.20m，一次洪水历时库水位不超过 263.50m，导流洞与三期厂房机组联合泄流的设计最大泄量为 2500m³/s，不超过白丰联合调度临时方案规定大汛期 20 年重现期洪水的最大下泄流量 4000m³/s。

为满足工程施工要求，大汛 20 年（含 20 年）以下重现期洪水时老溢流坝不开闸，由导流洞与三期厂房机组泄流。当施工洪水大于大汛 20 年重现期洪水时，老坝溢流坝正常开启泄洪，按照白丰联合调度临时方案的原则，正常防洪度汛，以满足施工期度汛要求。

2.3.2　施工度汛

2.3.2.1　度汛标准

（1）老坝度汛标准

老坝在施工期兼作新坝施工上游围堰使用，因此除保证 20 年重现期洪水原丰满溢流坝不开闸，由导流洞＋三期机组泄流的导流要求外，对于原丰满水库大坝 20 年以上重现期洪水（不含 20 年）的度汛方案仍采用松花江防汛抗旱指挥部批复的设计洪水为 500 年一遇，校核洪水为万年一遇时调度原则，按其要求的正常防洪调度标准进行水库防洪调度运行。最大出库流量为 11680m³/s。

在工程施工期间，应保证老坝的泄流通道，不能因新建工程施工而影响老坝泄流。在老坝的防洪度汛标准下，保证各下泄流量能够顺利翻越新坝基坑或坝体缺口下泄。

（2）新坝度汛标准

考虑新建工程施工期间导流、度汛方案不能影响老坝正常运行、度汛泄流、水库防洪运行要求，同时以不改变下游防洪、供水等要求为基本原则。由于新坝址位于老坝下游，老坝可兼作新建工程的围堰使用，且其水库库容很大，具有很大调蓄能力，整个施工期均在老坝的保护下施工。而新坝与老坝之间的库容较小，因此本工程度汛不同于以往新建工程的坝体度汛。对于新坝的度汛就是老坝溢流坝开闸泄洪，新坝过水或挡水，因此新坝的度汛安全仅受老坝的溢流坝开闸泄洪影响。

新建厂房在机电设备安装施工期间，若厂房过水或进水施工损失很大，对于第一台机组发电的施工工期影响较大，因此厂房施工期度汛标准在 50～100 年洪水重现期之间进行选择。

经综合分析与比较，施工度汛标准采用大汛 100 年洪水重现期洪水虽然电量损失较大，但计入风险损失后与大汛 50 年洪水重现期洪水的标准基本相当，但风险率明显减小，因此本工程施工度汛标准采用大汛 100 年洪水重现期洪水。

2.3.2.2　度汛方式

（1）老坝度汛方式

根据拟定的施工导流方案，大坝施工期间的施工洪水是导流洞＋三期机组泄流，同时考虑水库调蓄，老坝除保证 20 年重现期洪水控制水库水位、溢流坝不泄流外，其余情况完全按照白丰联调的临时调度原则，正常开启老坝溢流坝闸门度汛。

（2）新坝度汛方式

新坝施工期超标洪水度汛采用淹没基坑、坝体或坝体缺口过水的方式。新坝的施工期度汛以老坝水库防洪调度为基本原则，没有改变下游防洪现状，不会影响下游防洪安全。

由于坝体度汛在新老坝之间产生的水量，考虑在新坝坝体内埋设钢管自排至新坝下游，工程结束后对其进行封堵，或者采用水泵抽排方式解决。

2.3.2.3　新坝施工期各年度汛

施工度汛标准为大汛期 100 年重现期，相应流量为 5500m³/s，施工期度汛方式为溢流坝段（10～19号坝段）预留缺口泄流。

（1）2014年大汛期施工度汛

大汛洪水经一期、二期、三期机组和老坝溢流坝泄流，原河床泄洪。

（2）2015年大汛期施工度汛

2015年大汛期间，河床坝段混凝土浇筑高程为187.00m以下，仅右岸34～56号坝段混凝土浇筑到223.00m高程，坝体度汛洪水由已浇筑的河床坝段顶面通过。

（3）2016年大汛期施工度汛

2016年大汛前，10～19号坝段浇筑高程为198.00m，其余坝段均浇筑到高程为210.00m以上，大汛洪水从溢流坝段（10～19号坝段）形成的缺口通过（缺口宽度144m），溢流坝段缺口高程为198.00m。

（4）2017年大汛期施工度汛

2017年大汛前，除溢流坝段（10～19号坝段）浇筑至240.00m外，其它坝段浇筑高程252.00m以上，大汛洪水从溢流坝段（10～19号坝段）形成的缺口通过（缺口宽度144m），溢流坝段缺口高程为240.00m。

（5）2018年大汛期施工度汛

2018年大汛前，溢流坝段（10～19号坝段）浇筑至249.60m，其他坝段浇筑至坝顶。大汛洪水从溢流坝段（10～19号坝段）通过，溢流坝段堰顶高程为249.60m。

2.4 本 章 小 结

丰满水电站以发电为主，兼顾防洪、城市及工业供水、灌溉、生态环境保护，并具有旅游、水产养殖等效益，在系统中担负调峰、调频和事故备用等任务。大坝重建恢复了电站的原有任务和功能，工程实施后，不改变水库主要特征水位，不新增库区征地和移民，彻底解决了老坝存在的各种隐患，确保了丰满大坝的长治久安以及松花江流域的防洪安全。

（1）丰满水电站由于建设于特殊的历史时期，受当时设计、施工以及建设管理水平的限制，建设伊始大坝就存在诸如整体性差、混凝土强度低、冻融破坏严重等先天性缺陷。自大坝投运以来，虽然持续的进行补强加固和精心维护，但固有缺陷无法彻底根除。老坝可靠性水平低，抵御风险能力差，严重影响着电站的安全可靠运行，对下游人民的生命财产安全构成威胁，与我国经济社会发展水平对工程安全的要求不相适应。鉴于丰满水电站在流域和地区经济社会发展中的重要地位与巨大作用，对丰满水电站大坝进行全面治理是非常必要的。

（2）为从根本上解决丰满老坝存在的问题，确保大坝安全可靠运行，经前期多轮比选和科学论证，按照国家发展改革委"彻底解决、不留后患、技术可行、经济合理"的十六字方针，最终选定重建方案作为丰满水电站全面治理方案，同时必须满足"新坝建设期间必须确保原大坝安全稳定运行，并做好新老机组运行衔接的相关工作，同时，要协调好与发电、防洪和供水的关系，做到建设期间对防洪和供水不产生大的影响"的要求。

（3）考虑上游库区生态环境要求、建坝对库水水质影响、下游各业生态及用水要求、新坝建设期老坝兼作上游围堰使用、兼顾保留原三期电站等因素，经综合研究，丰满重建工程最终选择下坝址方案，并提出了超近距离布置新老混凝土坝的方法。

（4）丰满重建工程新建大坝轴线位于老坝下游 120m 处，新老坝比肩而立，一址双坝。以上枢纽布置格局没有改变水库的功能及运行方式，无须放空水库，对防洪、城市供水、灌溉、旅游、养殖、航运及库区生态环境不产生影响，保留了原三期机组正常运行，避免了大规模拆除老坝以及弃渣堆放对环境的破坏，并充分实现了老坝剩余价值的再利用。

（5）根据本工程特点，采用左岸新建导流洞＋三期机组泄流、一次拦断河床施工的导流方案。并提出了老坝正常运行条件下淹没基坑、新坝预留缺口、新老坝联合泄流的度汛方式。

第3章 超近距离新老坝相互影响机理研究

重建工程新建大坝位于老坝下游，两者之间轴线距离为120m。老坝下游坝脚与新坝坝踵距离最近约60m，下游挑坎末端与新坝坝踵之间的距离甚至仅有10m左右，新老坝超近距离相邻。因此，新坝建设诸如基坑开挖、爆破、混凝土浇筑及度汛等各种因素必然会改变老坝原有的边界条件和运行状态，并对老坝的正常安全运行产生影响。

新坝建成以后，新老坝比肩而立，一址双坝。由于老坝拆除后剩余部分最高达64m，会在库水和新坝之间产生显著的阻隔作用。这种阻隔作用具有能够替代叠梁门实现分层取水、降低作用于新坝上游坝面上的地震动水压力、给新坝提供干地检修的条件、拦挡泥沙、作为过鱼设施的停靠码头、作为历史遗迹保存以及提高整个工程抵御风险的能力等功能。

工程建设期及运行期，新老坝之间相互影响因素众多，因此，必须系统定量分析和研究新坝建设各种因素对老坝的影响机理和影响程度，确定不利影响因素和环节，为后续的工程措施设计提供科学依据。

3.1 影响因素及影响机理

3.1.1 建设期新老坝相互影响因素及机理

建设期新老坝相互影响主要体现在新坝建设对老坝的影响以及老坝缺口拆除对新老坝的影响这两个方面。

3.1.1.1 新坝建设对老坝的影响

（1）新坝建设期下游围堰的存在对老坝稳定应力的影响

新坝建设期间，开挖基坑下游修筑土石围堰和基础防渗结构，使老坝下游暂时处于无水运行状态，改变了老坝正常运行对应的下游水位条件，进而对老坝的稳定应力等产生影响。

（2）新坝基坑开挖和混凝土浇筑对老坝稳定应力的影响

由于新老坝比肩而立，同部位老坝建基高程较高而新坝开挖基坑较深，新坝基坑开挖对老坝的影响主要表现在以下两个方面：①下游新坝基坑开挖引起老坝基础下游尾岩体的应力重新分布，进而对老坝稳定应力产生影响；②由于新坝开挖基坑较深，老坝下游出现临空面，增加了老坝产生深层滑动的可能。

另外，新坝混凝土浇筑过程中，不断改变了老坝基础下游尾岩体的受力状态，会对老坝的稳定应力产生影响。

（3）新坝建设期度汛对老坝稳定应力及对新坝上游坝面冲击影响

建设期采用新坝预留缺口、新老坝联合泄流的度汛方式，新坝建设期遭遇不同频率洪水需要泄洪时，老坝下游水位会随新坝浇筑高程抬升而逐年抬高，与原正常运行状态对应的下游水位相比发生了较大的变化，会对老坝的稳定及应力产生影响。同时老坝泄流也会对新坝上游坝面产生冲击影响。

（4）新坝建设期度汛对老坝监测系统的影响

新坝建设期在遭遇超过 100 年一遇洪水时，老坝需要开启溢流坝闸门进行泄洪度汛，而新坝预留缺口高程随时间逐年升高，这样会导致新老坝之间下游水位的抬升，致使老坝基础排水通道被淹没，进而影响老坝安全监测系统的正常运行。

（5）新坝基坑开挖爆破对老坝稳定应力的影响

老坝混凝土强度低，整体性差，需要特别关注新坝基坑开挖爆破会对老坝产生的振动影响。

3.1.1.2　老坝缺口拆除对新老坝的影响

首先，老坝缺口拆除爆破会对新坝产生不同程度的振动影响，同时爆破飞石也可能会对新坝上游面辅助防渗以及永久保温系统产生破坏，需要进行防护。另外，新老坝之间充水期间，下泄水流会对老坝坝脚产生冲刷，需要采取相应的防冲措施。

3.1.2　运行期新老坝相互影响因素及机理

新坝建成以后，新老坝比肩而立，一址双坝。由于老坝拆除后剩余部分最高达 64m，会在库水和新坝之间产生显著的阻隔作用。通过专门研究，这种阻隔作用具有以下功能。

（1）利用剩余老坝前置挡墙效应实现分层取水。老坝拆除后，剩余坝体形成的前置挡墙效应，可以起到分层取水的效果，使电站获取水库表层高温水，对改善夏季下泄水温和丰满下游鱼类产卵场水温起到积极作用。经综合研究，老坝前置挡墙＋常规进水口方案与叠梁门方案下游水温温升幅度基本相同，完全可以实现分层取水的功能，大幅降低了工程投资和后期维护费用。

（2）利用剩余老坝降低作用于新坝上游坝面上的地震动水压力。老坝拆除后，剩余坝体与新坝之间形成了独特的半开放区域，通过比例边界有限元方法对新坝在地震动作用下的动水压力进行了深入研究，计算结果表明，在地震工况下，由于老坝的存在，降低了作用在新坝坝体上的动水压力。

（3）剩余老坝具有显著的再利用价值，如特殊情况下，老坝剩余坝体可以为新坝干地检修提供有利条件；可以作为历史文物和爱国主义教育基地。同时剩余老坝还具有拦沙、作为过鱼设施运鱼船码头、作为库水位和水温监测载体以及提高整个工程抵御风险能力等重要价值。

3.2　研究方法及评价标准

3.2.1　研究方法

项目研究采用的方法主要见下。

3.2.1.1　方案比较和设计

针对老坝 F_{67} 断层坝段，制定提高其抗滑稳定安全的多种工程措施以及非工程措施，通过技术经济综合比较，选择合适的工程措施并细化设计。

3.2.1.2 计算分析

通过材料力学法、有限元数值分析法等定量研究新坝基坑开挖、混凝土浇筑、度汛、爆破等对老坝稳定和应力的影响。涉及的主要计算原理和方法为：

（1）仿真数值模拟新坝基坑开挖和坝体混凝土浇筑。选取不同坝型的老坝典型坝段14号溢流坝段、22号引水坝段、35号断层坝段以及49号岸坡挡水坝段进行分析。爆破安全性分析中选取具有安全控制意义且有代表性的14号溢流坝段、22号引水坝段和35号断层坝段进行分析。

（2）有限元数值模拟新坝基坑开挖和坝体混凝土浇筑过程。采用刚体极限平衡法和有限元法，按照《混凝土重力坝设计规范》（DL 5108—1999）的要求，复核老坝应力及抗滑稳定安全性。

（3）新坝施工期度汛，对老坝典型坝段进行了坝体稳定与下游水位的敏感性分析。

3.2.1.3 模型试验

开展丰满水电站重建工程导流、度汛水工模型试验研究，分析老坝度汛下泄不同标准洪水时对新老坝冲击的影响程度。

开展现场实际生产性爆破试验（如新坝基坑开挖爆破试验、老坝拆除水中爆破试验），确定爆破参数。

3.2.2 评价标准

老坝建筑物级别为1级，其结构安全级别为Ⅰ级。

3.2.2.1 混凝土重力坝坝体强度和稳定设计标准

（1）静力工况下混凝土重力坝坝体强度和稳定设计标准

根据《混凝土重力坝设计规范》（DL 5108—1999），混凝土重力坝坝体强度和稳定应满足下列承载能力极限状态设计表达式。

对基本组合，应满足下列极限状态设计表达式：

$$\gamma_0 \psi S(\gamma_G G_K, \gamma_Q Q_K, a_K) \leqslant \frac{1}{\gamma_{d1}} R\left(\frac{f_K}{\gamma_m}, a_K\right)$$

对偶然组合，应满足下列极限状态设计表达式：

$$\gamma_0 \psi S(\gamma_G G_K, \gamma_Q Q_K, A_K, a_K) \leqslant \frac{1}{\gamma_{d2}} R\left(\frac{f_K}{\gamma_m}, a_K\right)$$

（2）静力工况下混凝土重力坝坝体上、下游面拉应力设计标准

根据《混凝土重力坝设计规范》（DL 5108—1999），混凝土重力坝坝体上、下游面拉应力应满足下列正常使用极限状态设计表达式。

对短期组合，应满足下列正常使用极限状态设计表达式：

$$\gamma_0 S_s(G_K, Q_K, f_K, a_K) \leqslant C_1/\gamma_{d3}$$

对长期组合，应满足下列正常使用极限状态设计表达式：

$$\gamma_0 S_l(G_K, \rho Q_K, f_K, a_K) \leqslant C_2/\gamma_{d4}$$

①计扬压力时，长期组合和短期组合情况下，坝踵垂直应力不出现拉应力。

②计扬压力时，长期组合和短期组合情况下，坝体上游面的垂直应力不出现拉应力。

③短期组合情况下，下游坝面的垂直拉应力不大于0.1MPa。

（3）地震（或爆破）工况下混凝土重力坝坝体强度和稳定设计标准

根据《水工建筑物抗震设计规范》（DL 5073—2000），地震工况下混凝土重力坝坝体强度和稳定应满足下列承载能力极限状态设计表达式。

施工期新坝基坑开挖爆破工况下老坝的坝体强度评价参照地震工况下的评价标准：

$$\gamma_0 \psi S(\gamma_G G_K, \gamma_Q Q_K, \gamma_E E_K, a_K) \leqslant \frac{1}{\gamma_d} R\left(\frac{f_K}{\gamma_m}, a_K\right)$$

3.2.2.2 作用和材料性能分项系数、结构系数

作用和材料性能分项系数、结构系数等参照《混凝土重力坝设计规范》（DL 5108—1999）和《水工建筑物抗震设计规范》（DL 5073—2000）的规定执行。

（1）作用和材料性能分项系数取值见表3.1。

表3.1　　　　　　　　　　　　　　作用和材料性能分项系数

计算方法		作　　用		材　料　性　能		
静力计算		自重	1.0	混凝土/基岩	摩擦系数 f'_R	1.3
		静水压力	1.0		黏聚力 c'_R	3.0
	扬压力	渗透压力	1.2	混凝土/混凝土	摩擦系数 f'_c	1.3
		浮托力	1.0		黏聚力 c'_c	3.0
	动水压力	时均压力	1.05	基岩/基岩	摩擦系数 f'_d	1.4
		离心力、冲击力	1.1		黏聚力 c'_d	3.2
		脉动压力	1.3	软弱结构面	摩擦系数 f'_d	1.5
	浪压力		1.2		黏聚力 c'_d	3.4
	冰压力		1.1	混凝土强度	抗压强度 f_c	1.5
动力分析	动力法	自重	1.0	坝基	摩擦系数 f'_R	1.3
		静水压力	1.0	抗剪断强度	黏聚力 c'_R	3.0
	扬压力	渗透压力	1.2			
		浮托力	1.0	混凝土强度		1.5
	拟静力法		1.0	1.0		

注：表中"抗剪断强度"为跨行合并项。

（2）结构系数取值见表3.2。

表3.2　　　　　　　　　　结　构　系　数

项　　目	组　合　类　型	结构系数
抗滑稳定极限状态设计表达式	基本组合	1.2
	偶然组合（校核洪水情况）	1.2
	偶然组合（地震情况，拟静力法）	2.7
	偶然组合（地震情况，动力法）	0.65

项　目	组　合　类　型	结构系数
抗压极限状态 设计表达式	基本组合	1.8
	偶然组合（校核洪水情况）	1.8
	偶然组合（地震情况，拟静力法）	2.8
	偶然组合（地震情况，动力法）	1.3
抗拉极限状态 设计表达式	偶然组合（地震情况，拟静力法）	2.1
	偶然组合（地震情况，动力法）	0.7

3.3　采用的基本资料

3.3.1　水位资料

（1）新坝施工前，老坝的水位见表3.3。

表 3.3　　　　　　　　　老坝水位资料（新坝施工前）　　　　　　单位：m

坝　段	水位名称	上游水位	下游水位	备　注
14号溢流坝段	正常蓄水位	263.50	194.50	根据二次定检报告选用
	设计洪水位	266.50	198.90	
	校核洪水位	267.70	199.00	
35号断层挡水坝段	正常蓄水位	263.50	202.00	地下水
	设计洪水位	266.50		
	校核洪水位	267.70		
22号引水坝段	正常蓄水位	263.50	194.50	正常尾水位
			192.10	1台机发电尾水位
	设计洪水位	266.50	198.90	
	校核洪水位	267.70	199.00	
49号岸坡挡水坝段	正常蓄水位	263.50	208.00	地下水
	设计洪水位	266.50		
	校核洪水位	267.70		

（2）新坝建设期，老坝的水位（根据二次定检报告选用）见表3.4（a）。当新坝施工期，遭遇超标洪水时老坝泄流、新坝预留缺口过流，此时基坑淹没，老坝的下游水位即是新老坝之间的存水水位，见表3.4（b）。

表 3.4（a）　　　　　　　老坝水位资料（新坝建设期）　　　　　　单位：m

正常蓄水位	对应下游水位	设计洪水位	对应下游水位	校核洪水位	对应下游水位
263.50	无水	266.50	198.90	267.70	199.00

注　正常蓄水位工况，因为下游有围堰所以对应下游无水。

表 3.4（b）　　　　　　　　　新坝度汛计算成果表

度汛时段	新老坝之间水位/m	备　　注
第三年	189.00	根据每年汛前，新坝建设缺口高程确定
第四年	198.00	
第五年	240.00	
第六年	249.60	

（3）新坝建成后正常运行，新坝的水位见表 3.5。

表 3.5　　　　　　　　　　新坝特征水位及流量表

水位名称	上游水位/m	下游水位/m	下泄流量/(m³/s)	备　　注
正常蓄水位	263.50			新坝设计成果
汛限水位	260.50			
校核洪水位（$P=0.01\%$）	268.50	205.10	20830	
设计洪水位（$P=0.2\%$）	268.20	198.90	7500	
死水位	242.00			
厂房设计洪水位（$P=0.5\%$）		198.90	7500	
厂房校核洪水位（$P=0.1\%$）		203.70	17620	
8 台机发电尾水位		195.70	2937.58	
最低尾水位（半台机发电）		192.60	195.12	

（4）施工期水库调度实施方案。

为了减少老坝溢流坝开闸概率、避免基坑过水，在不影响现有水库及其下游防洪目标安全的情况下，通过对水库进行合理调度，充分发挥现有水库的调蓄作用，尽最大可能保证施工期在发生 100 年一遇洪水时，老坝闸门不开启，为工程建设创造干地施工条件，确保重建工程按期完工。

为满足新坝施工期 100 年一遇及其以下洪水原溢流坝不开闸泄洪的条件，经洪水调节计算，丰满水库汛限水位为 251.00m 时，新坝施工期间老坝特征水位见表 3.6。

表 3.6　　　　　新坝施工期保证 100 年及其以下洪水不开闸泄洪的老坝特征水位

洪水频率	出库洪峰流量/(m³/s)	计算出的最高洪水位/m	老坝特征库水位/m	差值/m
5%（20 年一遇）	2393	258.65	—	—
2%（50 年一遇）	2425	260.65	264.10	−3.45
1%（100 年一遇）	2449	262.28	264.60	−2.32
0.2%（500 年一遇）	7500	263.72	266.50	−2.78
0.01%（10000 年一遇）	10237	266.20	267.70	−1.5

3.3.2　水文气象资料

多年平均最大风速：17.4m/s；

重现期 50 年的年最大风速：28.7m/s；

风区长度 D：3000m。

3.3.3 泥沙资料

老坝的淤沙资料根据二次定检报告选用，见表 3.7。新坝由于老坝起到挡沙作用，新坝上游按无淤沙考虑。

表 3.7　　　　　　　　　　老坝淤沙资料

坝　段	上游淤沙高程/m	淤沙浮容重/(kN/m³)	淤沙内摩擦角/(°)
8 号、14 号、22 号	199.78	12	30
35 号	208.54	12	30
49 号	225.07	12	30

3.3.4 材料力学参数

（1）混凝土容重：23.5kN/m³。

（2）坝基抗剪断参数。

一般坝段：根据丰满水电站大坝全面治理工程预可行性研究阶段中国水电顾问集团华东勘测设计研究院做的坝基基岩分析，除坝基存在 F_{67} 大断层带的 34～36 号坝段外，一般坝段的坝基岩石坚硬，岩体属于 Ⅱ～Ⅲ 类，工程地质条件较好，建基面岩体为弱风化中部，裂隙较不发育，局部裂隙发育段完整性差，考虑到坝基存在已近 70 年，非 F_{67} 断层坝段坝基岩体抗剪强度指标按照 Ⅲ₁ₐ 类岩体取值，其抗剪断强度指标建议值为 $f'=1.0～1.05$，$c'=0.9～0.95$MPa（大坝第一次定检的抗剪断强度指标采用值为 $f'=1.2$，$c'=1.0$MPa），计算时出于安全取下限值，即坝体混凝土与基岩之间的抗剪断参数：$f'=1.0$，$c'=0.9$MPa，相应标准值取 $f'_{Rk}=0.82$，$c'_{Rk}=0.61$MPa；深层抗滑稳定计算采用 Ⅲ₁ₐ 类岩体岩石/岩石的抗剪断参数：$f'=1.0$，$c'=1.1$MPa，相应标准值取 $f'_{Rk}=0.82$，$c'_{Rk}=0.77$MPa。

F_{67} 断层坝段（对应老坝 34～36 号坝段）：F_{67} 断层坝段由挤压破碎带、强烈挤压破碎带及断层影响带组成，F_{67} 断层带岩体完整性差～破碎，以 Ⅲ₂～Ⅳ 类为主。根据可行性研究阶段地质勘查成果以及老坝历史资料，F_{67} 断层坝段挤压破碎带及断层影响带基岩与基岩之间的抗剪断参数采用 $f'=0.85$，$c'=0.6$MPa，所占比例为 44%；强烈挤压破碎带基岩与基岩之间的抗剪断参数采用 $f'=0.7$，$c'=0.5$MPa，所占比例为 56%；加权平均综合得 F_{67} 断层坝段基岩与基岩之间的抗剪断参数：$f'=0.77$，$c'=0.55$MPa，相应标准值取 $f'_{dk}=0.607$，$c'_{dk}=0.35$MPa。（大坝前两次定检的抗剪断强度指标采用值为 $f'=0.85$，$c'=0.5$MPa。）

老坝基岩/基岩、基岩/混凝土抗剪断参数设计采用值见表 3.8。

（3）老坝坝体混凝土和基岩力学参数见表 3.9。

表 3.8　　　　　老坝基岩/基岩、基岩/混凝土抗剪断参数设计采用值

部　位		均　值		标准值		备　注
		f'	c' /MPa	f'_{dk}	c'_{dk} /MPa	
一般坝段	坝基混凝土/岩石	1.0	0.9	0.82	0.61	根据中国水电顾问集团华东勘测设计研究院预可研勘测成果资料选用
	坝基岩石/岩石	1.0	1.1	0.82	0.77	
F_{67} 断层坝段（坝基岩石/岩石）		0.77	0.55	0.607	0.35	根据中水东北勘测设计研究有限责任公司可研阶段地质勘查成果资料选用

表 3.9　　　　　　　　老坝坝体混凝土和基岩力学参数

项　目	混　凝　土					基　岩		备　注
	C5	C10	C15	C20	C30	一般岩石	破碎带	
弹性/变形模量/MPa	9000	12000	15000	26000	30000	15000	3000	根据二次定检报告选用
泊松比	0.167					0.25	0.30	

注　说明：动力计算时，坝体混凝土动弹性模量取静态弹性模量的 1.3 倍。

3.3.5　老坝典型坝段坝基和坝体扬压力折减情况

结合老坝实测情况，老坝不同典型坝段的扬压力折减系数取值见表 3.10 所示。

表 3.10　　　　　　老坝典型坝段坝基和坝体扬压力折减情况

坝　段	溢流坝段（14 号）		取水坝段（22 号）		断层坝段（35 号）		岸坡坝段（49 号）	
部　位	坝基	坝体	坝基	坝体	坝基	坝体	坝基	坝体
扬压力折减系数 α	0.12	0.60	0.16	0.43	0.14	0.81	0.35	0.40

3.4　新坝建设对老坝安全的影响

3.4.1　新坝基坑开挖及混凝土浇筑对老坝稳定应力的影响

新坝基坑开挖期，由于新坝下游围堰的存在，使老坝下游暂时处于无水运行状态，与老坝原正常运行状态相比，坝基渗流及受力条件发生了变化。同时，由于新坝开挖基坑较深，老坝下游出现临空面，影响了老坝基础下游尾岩体的应力状态，同时增加了老坝产生深层滑动的可能。

新坝混凝土浇筑过程中，不断地改变老坝基础下游尾岩体的受力状况，会对老坝的稳定及应力产生影响。

本次针对老坝各典型坝段，采用有限元法对新坝基坑开挖及混凝土浇筑过程进行模拟，对新坝施工期对老坝稳定、应力及变形的影响进行了研究。

3.4.1.1　计算工况及荷载组合

计算工况及荷载组合见表 3.11。

表 3.11　　　　　　　　　　　　　　计算工况及荷载组合表

设计工况	作用组合	主要考虑情况	荷载						
			自重	静水压力	扬压力	泥沙压力	浪压力	动水压力	土压力
持久工况	基本组合	正常蓄水位	√	√	√	√	√		√
		设计洪水位	√	√	√	√	√	√	√
偶然工况	偶然组合	校核洪水位	√	√	√	√	√	√	√

3.4.1.2 变形分析

表 3.12 列出了新坝基础开挖前后不同荷载组合老坝关键部位有限元法计算出来的位移值。

表 3.12　　　　　　　　　新坝基础开挖前后老坝关键部位位移计算结果　　　　　　　单位：mm

坝段	施工阶段和计算工况		坝顶		坝踵		坝趾	
			X 向	Y 向	X 向	Y 向	X 向	Y 向
14 号溢流坝段	新坝施工前	正常蓄水位	3.082	−7.456	2.314	−1.541	1.235	−2.322
		设计洪水位	5.128	−6.788	2.464	−1.406	1.330	−2.474
		校核洪水位	6.066	−6.452	2.527	−1.327	1.384	−2.513
	新坝基础开挖后	正常蓄水位	3.254	−7.755	2.390	−1.781	1.279	−2.556
		设计洪水位	5.167	−6.782	2.482	−1.399	1.394	−2.468
		校核洪水位	6.107	−6.445	2.546	−1.319	1.452	−2.507
22 号引水坝段	新坝施工前	正常蓄水位	10.023	−6.481	2.802	−1.727	1.770	−3.462
		设计洪水位	13.482	−5.361	2.988	−1.443	1.967	−3.605
		校核洪水位	14.733	−4.962	3.062	−1.339	2.044	−3.666
	新坝基础开挖后	正常蓄水位	10.424	−6.790	2.901	−1.983	1.812	−3.881
		设计洪水位	13.533	−5.330	2.994	−1.411	1.985	−3.597
		校核洪水位	15.084	−4.820	3.073	−1.296	2.069	−3.665
35 号断层坝段	新坝施工前	正常蓄水位	21.608	−7.880	7.346	−3.035	6.680	−10.323
		设计洪水位	27.478	−5.927	7.914	−2.007	7.273	−11.047
		校核洪水位	29.658	−5.218	8.139	−1.623	7.508	−11.336
	新坝基础开挖后	正常蓄水位	22.472	−8.405	7.491	−3.474	6.905	−11.139
		设计洪水位	27.595	−5.869	7.957	−1.958	7.346	−11.019
		校核洪水位	29.778	−5.160	8.183	−1.573	7.584	−11.308
49 号岸坡挡水坝段	新坝施工前	正常蓄水位	5.382	−3.417	1.305	−0.952	0.830	−1.739
		设计洪水位	8.050	−2.682	1.544	−0.722	1.019	−1.859
		校核洪水位	8.841	−2.456	1.597	−0.652	1.065	−1.891
	新坝基础开挖后	正常蓄水位	5.387	−3.417	1.308	−0.951	0.837	−1.737
		设计洪水位	8.058	−2.681	1.549	−0.721	1.029	−1.855
		校核洪水位	8.849	−2.454	1.602	−0.651	1.076	−1.887

根据有限元位移计算结果可知，新坝基础开挖后老坝坝体位移分布规律与施工前相比，总体上坝体变形有所增大，但变化不明显，基础开挖没有引起老坝坝体不利变形。

3.4.1.3　应力分析

老坝断层坝段因本身地质缺陷的问题，是丰满水电站老坝的薄弱部位和薄弱环节，因此本次研究仅以老坝35号断层坝段正常蓄水位工况计算成果为代表进行对比分析，对其他典型坝段的坝体应力、老坝尾岩应力以及坝基应力的影响趋势基本上是一样的，不再一一列举。

（1）坝体应力情况

图3.1和图3.2分别给出了老坝在正常蓄水位工况及新坝施工前、施工后35号断层坝段的第一和第三主应力分布情况。

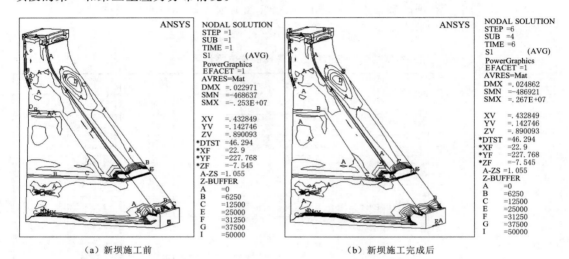

（a）新坝施工前　　　　　　　　　　　　（b）新坝施工完成后

图3.1　正常蓄水位工况老坝35号断层坝段坝体第一主应力分布（单位：Pa）

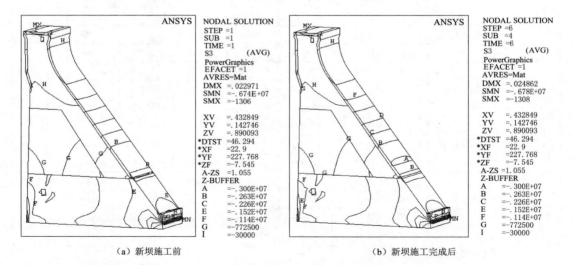

（a）新坝施工前　　　　　　　　　　　　（b）新坝施工完成后

图3.2　正常蓄水位工况老坝35号断层坝段坝体第三主应力分布（单位：Pa）

根据坝体应力分布图可知，新坝施工前后老坝的应力分布基本没有变化。施工期新坝开挖和浇筑作用对老坝的应力分布规律不造成明显影响。

（2）老坝尾岩应力情况

图 3.3 和图 3.4 分别给出了老坝在正常蓄水位工况及新坝施工前、施工期、施工后 35 号断层坝段尾岩局部区域的第一和第三主应力分布情况。

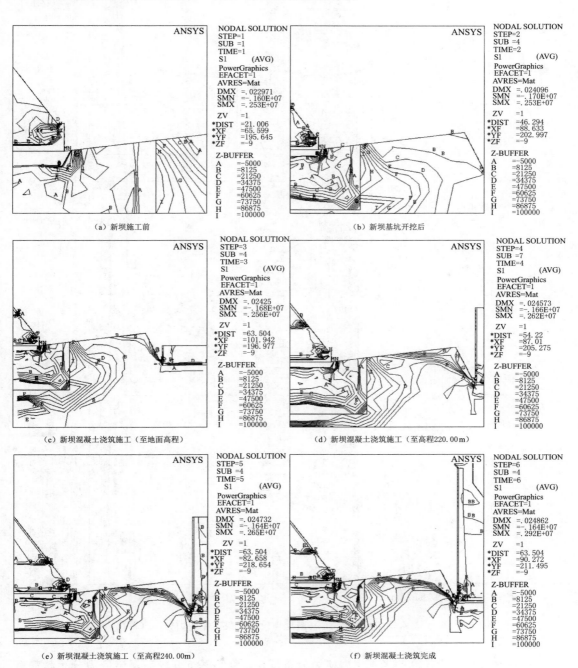

（a）新坝施工前

（b）新坝基坑开挖后

（c）新坝混凝土浇筑施工（至地面高程）

（d）新坝混凝土浇筑施工（至高程 220.00m）

（e）新坝混凝土浇筑施工（至高程 240.00m）

（f）新坝混凝土浇筑完成

图 3.3　正常蓄水位工况老坝 35 号断层坝段尾岩第一主应力分布（单位：Pa）

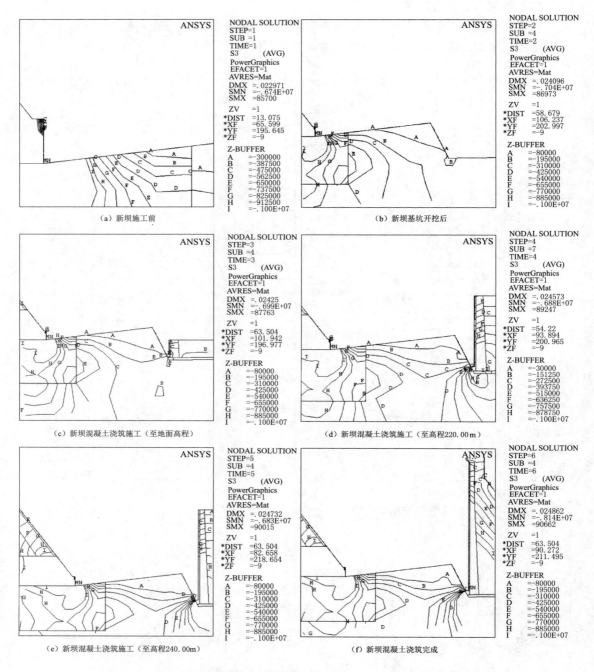

图 3.4　正常蓄水位工况老坝 35 号断层坝段尾岩第三主应力分布（单位：Pa）

　　根据有限元方法计算的老坝尾岩应力分布可知，新坝基坑开挖后尾岩应力分布趋势有所变化，而新坝坝体浇筑过程中，拉应力分布规律变化不明显，压应力分布规律略有变化。整个施工期老坝尾岩区域应力值变化不大，仍以压应力为主。

（3）老坝建基面应力情况

表3.13列出了材料力学法新坝施工前老坝35号断层坝段坝踵和坝趾应力复核情况，应力符号拉为正、压为负。

表3.13　　　　　　　　　　35号断层坝段坝体应力计算成果　　　　　　　　　单位：MPa

施工阶段	计算工况	承载能力极限状态，坝趾			正常使用极限状态，坝踵		
		$\gamma_0\psi S(\cdot)$	$R(\cdot)/\gamma_d$	备注	竖直应力	限值	备注
新坝施工前	正常蓄水位	1.625		满足规范要求	−0.697		满足规范要求
	设计洪水位	1.863		满足规范要求	−0.527		满足规范要求
	校核洪水位	1.685		满足规范要求	−0.449		满足规范要求
新坝基坑开挖后	正常蓄水位	1.765		满足规范要求	−0.779		满足规范要求
	设计洪水位	1.863		满足规范要求	−0.527		满足规范要求
	校核洪水位	1.685		满足规范要求	−0.449		满足规范要求
新坝混凝土浇筑（至原地面线）	正常蓄水位	1.765		满足规范要求	−0.779		满足规范要求
	设计洪水位	1.863		满足规范要求	−0.527		满足规范要求
	校核洪水位	1.685	5.296	满足规范要求	−0.449	≤0	满足规范要求
新坝混凝土浇筑（至高程220.00m）	正常蓄水位	1.765		满足规范要求	−0.779		满足规范要求
	设计洪水位	1.863		满足规范要求	−0.527		满足规范要求
	校核洪水位	1.685		满足规范要求	−0.449		满足规范要求
新坝混凝土浇筑（至高程240.00m）	正常蓄水位	1.765		满足规范要求	−0.779		满足规范要求
	设计洪水位	1.863		满足规范要求	−0.527		满足规范要求
	校核洪水位	1.685		满足规范要求	−0.449		满足规范要求
新坝混凝土浇筑完成	正常蓄水位	1.765		满足规范要求	−0.779		满足规范要求
	设计洪水位	1.863		满足规范要求	−0.527		满足规范要求
	校核洪水位	1.685		满足规范要求	−0.449		满足规范要求

根据材料力学法复核成果可知，老坝坝踵、坝趾应力均满足规范强度安全性要求。

图3.5给出了正常蓄水位工况新坝不同施工阶段35号断层坝段沿建基面竖向正应力分布情况，提取老坝建基面沿上游到下游方向中间一排单元在正常蓄水位工况下不同阶段的竖向正应力。

根据建基面的正应力分布情况可知，施工前、施工期与施工后建基面正应力几乎无变化，且没有拉应力区，应力值不大。

3.4.1.4　抗滑稳定分析

分别采用刚体极限平衡法和有限元法，对14号溢流坝段、22号引水坝段、35号断层坝段以及49号岸坡挡水坝段进行新坝施工期老坝建基面抗滑稳定安全复核。为阐明新坝基坑开挖对老坝深层抗滑稳定的影响，以35号断层坝段为典型代表进行分析，说明问题即可，其他典型坝段不再一一列举。

（1）建基面浅层抗滑稳定分析

表3.14～表3.17分别给出了新坝基坑开挖及坝体浇筑施工前、施工期和施工后的老

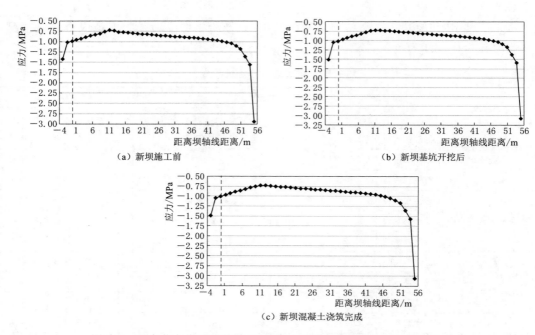

（a）新坝施工前

（b）新坝基坑开挖后

（c）新坝混凝土浇筑完成

图 3.5 正常蓄水位工况老坝 35 号断层坝段沿建基面竖向正应力分布

坝抗滑稳定计算成果。

表 3.14　　　　　　　　老坝 14 号溢流坝段沿建基面抗滑稳定计算成果　　　　　　单位：kN

施工阶段	计算工况	刚 体 法			有 限 元 法		
		$\gamma_0\psi S(\cdot)$	$R(\cdot)/\gamma_d$	比值	$\gamma_0\psi S(\cdot)$	$R(\cdot)/\gamma_d$	比值
新坝施工前	正常蓄水位	532450	1288085	2.42	513925	1513865	2.95
	设计洪水位	575628	1278360	2.22	543347	1527383	2.81
	校核洪水位	503598	1275971	2.53	474615	1528040	3.22
新坝基坑开挖后	正常蓄水位	532473	1288061	2.42	521045	1506432	2.89
	设计洪水位	575628	1278360	2.22	543347	1527393	2.81
	校核洪水位	503598	1275971	2.53	474619	1528069	3.22
新坝混凝土浇筑（至原地面线）	正常蓄水位	532473	1288061	2.42	521050	1506460	2.89
	设计洪水位	575628	1278360	2.22	543351	1527422	2.81
	校核洪水位	503598	1275971	2.53	474631	1528176	3.22
新坝混凝土浇筑（至高程 220.00m）	正常蓄水位	532473	1288061	2.42	521069	1506566	2.89
	设计洪水位	575628	1278360	2.22	543363	1527539	2.81
	校核洪水位	503598	1275971	2.53	474635	1528229	3.22
新坝混凝土浇筑（至高程 240.00m）	正常蓄水位	532473	1288061	2.42	521077	1506618	2.89
	设计洪水位	575628	1278360	2.22	543370	1527582	2.81
	校核洪水位	503598	1275971	2.53	474635	1528229	3.22

续表

施工阶段	计算工况	刚 体 法			有 限 元 法		
		$\gamma_0\psi S(\cdot)$	$R(\cdot)/\gamma_d$	比值	$\gamma_0\psi S(\cdot)$	$R(\cdot)/\gamma_d$	比值
新坝混凝土浇筑完成	正常蓄水位	532473	1288061	2.42	521081	1506645	2.89
	设计洪水位	575628	1278360	2.22	543373	1527609	2.81
	校核洪水位	503598	1275971	2.53	474638	1528257	3.22

表 3.15　　　　　　　　　　老坝 22 号引水坝段沿建基面抗滑稳定计算成果　　　　　　　　　单位：kN

施工阶段	计算工况	刚 体 法			有 限 元 法		
		$\gamma_0\psi S(\cdot)$	$R(\cdot)/\gamma_d$	比值	$\gamma_0\psi S(\cdot)$	$R(\cdot)/\gamma_d$	比值
新坝施工前	正常蓄水位	569297	661074	1.16	539715	839417	1.56
	设计洪水位	613753	653912	1.07	582351	839785	1.44
	校核洪水位	536537	652013	1.22	509182	839837	1.65
新坝基坑开挖后	正常蓄水位	582820	718082	1.23	550099	839417	1.53
	设计洪水位	613753	653912	1.07	582395	839785	1.44
	校核洪水位	536537	652013	1.22	509220	839890	1.65
新坝混凝土浇筑（至原地面线）	正常蓄水位	582820	718082	1.23	550033	839469	1.53
	设计洪水位	613753	653912	1.07	582318	839837	1.44
	校核洪水位	536537	652013	1.22	509164	839890	1.65
新坝混凝土浇筑（至高程 220.00m）	正常蓄水位	582820	718082	1.23	550022	839469	1.53
	设计洪水位	613753	653912	1.07	582307	839837	1.44
	校核洪水位	536537	652013	1.22	509154	839890	1.65
新坝混凝土浇筑（至高程 240.00m）	正常蓄水位	582820	718082	1.23	550000	839469	1.53
	设计洪水位	613753	653912	1.07	582296	839837	1.44
	校核洪水位	536537	652013	1.22	509145	839890	1.65
新坝混凝土浇筑完成	正常蓄水位	569297	661074	1.16	539715	839417	1.56
	设计洪水位	613753	653912	1.07	582351	839785	1.44
	校核洪水位	536537	652013	1.22	509182	839837	1.65

表 3.16　　　　　　　　　　老坝 35 号断层坝段沿建基面抗滑稳定计算成果　　　　　　　　　单位：kN

施工阶段	计算工况	刚 体 法			有 限 元 法		
		$\gamma_0\psi S(\cdot)$	$R(\cdot)/\gamma_d$	比值	$\gamma_0\psi S(\cdot)$	$R(\cdot)/\gamma_d$	比值
新坝施工前	正常蓄水位	556068	400552	0.72	547129	492689	0.90
	设计洪水位	599601	396413	0.66	590546	493015	0.83
	校核洪水位	524132	395342	0.75	516410	493052	0.95
新坝基坑开挖后	正常蓄水位	565586	429510	0.76	555588	492471	0.89
	设计洪水位	599588	388382	0.65	590700	493015	0.83
	校核洪水位	524120	387312	0.74	516550	493052	0.95

续表

施工阶段	计算工况	刚 体 法			有 限 元 法		
		$\gamma_0 \psi S(\cdot)$	$R(\cdot)/\gamma_d$	比值	$\gamma_0 \psi S(\cdot)$	$R(\cdot)/\gamma_d$	比值
新坝混凝土浇筑 （至原地面线）	正常蓄水位	565586	429510	0.76	555555	492471	0.89
	设计洪水位	599588	388382	0.65	590667	492979	0.83
	校核洪水位	524120	387312	0.74	516522	493052	0.95
新坝混凝土浇筑 （至高程 220.00m）	正常蓄水位	565586	429510	0.76	555478	492471	0.89
	设计洪水位	599588	388382	0.65	590590	492979	0.83
	校核洪水位	524120	387312	0.74	516466	493052	0.95
新坝混凝土浇筑 （至高程 240.00m）	正常蓄水位	565586	429510	0.76	555445	492471	0.89
	设计洪水位	599588	388382	0.65	590557	492979	0.83
	校核洪水位	524120	387312	0.74	516429	493052	0.95
新坝混凝土 浇筑完成	正常蓄水位	565586	429510	0.76	555423	492471	0.89
	设计洪水位	599588	388382	0.65	590535	492979	0.83
	校核洪水位	524120	387312	0.74	516410	493052	0.95

表 3.17　　　　　　老坝 49 号岸坡坝段沿建基面抗滑稳定计算成果　　　　　单位：kN

施工阶段	计算工况	刚 体 法			有 限 元 法		
		$\gamma_0 \psi S(\cdot)$	$R(\cdot)/\gamma_d$	比值	$\gamma_0 \psi S(\cdot)$	$R(\cdot)/\gamma_d$	比值
新坝施工前	正常蓄水位	296440	391516	1.32	283118	476828	1.68
	设计洪水位	329266	386662	1.17	313585	477469	1.52
	校核洪水位	291453	384720	1.32	276292	477680	1.73
新坝基坑开挖后	正常蓄水位	296440	391516	1.32	283150	476828	1.68
	设计洪水位	329266	386662	1.17	313630	477480	1.52
	校核洪水位	291453	384720	1.32	276338	477690	1.73

　　根据计算结果，除老坝断层坝段外，其他典型代表性坝段在新坝施工期各阶段以及各计算工况下，建基面抗滑稳定均能满足规范要求。

　　老坝 35 号断层坝段在现状情况下，沿建基面的抗滑稳定在各工况下均不满足规范要求，有限元法的计算结果总体上高于刚体极限平衡法计算结果。

　　计算成果亦表明，采用有限元法计算施工期相对于施工前老坝坝基稳定安全度有少许的降低，但降低的幅度极其有限。

　　总体而言，由于 35 号断层坝段坝基存在断层破碎带，建坝时基础处理不彻底，建基面物理力学参数偏低，造成抗滑稳定安全裕度不足，这一结论和历次大坝安全定期检查的结论是一致的，断层坝段是丰满水电站老坝的薄弱环节。

　　通过刚体极限平衡法和有限元法计算结果对比可知，刚体极限平衡法结果更为保守。

　　（2）深层抗滑稳定分析

　　仅以 35 号断层坝段为典型代表进行对比分析。

　　1）新坝基坑开挖后，沿新坝基坑开挖底面可能滑裂面稳定性分析。假定坝基存在如

图 3.6 所示的单斜滑动面，即老坝坝基基岩内存有连贯上下游而切穿地表的软弱结构面 AB，其中，B 点为新坝基坑临空面上的点。计算中将滑动面以上的坝体和地基视作刚体，需计算出滑动面以上的全部荷载，包括坝体和岩基自重、上游水压力、扬压力以及水重压力等。

表 3.18 给出了新基坑开挖时的老坝深层单斜滑动面抗滑稳定计算成果。从计算结果可以看出，沿建基面下部岩基内部可能滑裂面的深层抗滑稳定安全裕度远大于沿建基面抗滑稳定安全裕度，且满足规范要求。主要原因是由于该层面的下游延伸部分较大，抗剪断粘聚力很高，说明该层面不是最薄弱的可能危险滑动面。

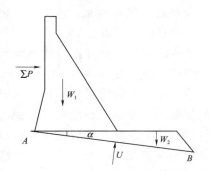

图 3.6 沿坝基岩石内部
单斜滑动面示意图

W_1—坝体垂直力；W_2—岩体重量的垂直作用；
$\sum P$—作用于深层滑动面的全部水平向作用之和；
U—AB 面上的扬压力

2）新坝基坑开挖后沿最小抗力的可能滑裂面稳定性分析。新坝基坑开挖后，老坝坝基还可能存在双斜滑动面，如图 3.7 所示。

表 3.18 老坝 35 号断层坝段深层抗滑稳定计算成果 单位：kN

计算工况	刚 体 法				有 限 元 法			
	$\gamma_0\psi S(\cdot)$	$R(\cdot)/\gamma_d$	比值	备注	$\gamma_0\psi S(\cdot)$	$R(\cdot)/\gamma_d$	比值	备注
正常蓄水位	781395	965355	1.24	满足规范要求	573265	681559	1.19	满足规范要求
设计洪水位	777899	896749	1.15	满足规范要求	547228	697239	1.27	满足规范要求
校核洪水位	678379	895001	1.32	满足规范要求	475102	699468	1.47	满足规范要求

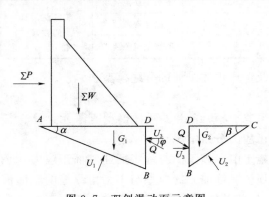

图 3.7 双斜滑动面示意图

这里参考重力坝深层抗滑稳定计算方法，用刚体极限平衡法来分析此类滑裂面的稳定安全性。计算的滑动面考虑如下：AB 面是一个缓倾夹层或软弱面，为主滑面；另外一条辅助滑裂面 BC，切穿地表；C 点为滑裂面 BC 在新坝基坑临空面上的出露点。当拟定了破裂面之后，为了用常规的刚体极限平衡法核算其稳定性，常常需要一个分界面 BD（内裂面）将块体 ABC 分成两块来进行计算。

为搜索最危险的滑动模式，在标准双滑面的前提下，对下游剪出角度 β（次滑裂面与水平面的夹角）从 $-16°$ 到 $-56°$ 每间隔 $5°$ 进行一次计算，得到最不利的剪出面。

通过计算，可以得到抗力与作用力的比值［即比值 $= \dfrac{R(\cdot)/\gamma_{d1}}{\gamma_0\psi S(\cdot)}$］随下游剪出角的变化规律，如图 3.8 所示。从图中可以得出，抗力与作用力的比值随下游剪出角的变化成近似抛物线的规律，在曲线顶点，即下游剪出角约为 $-36°$ 时，两者比值最小。

针对最不利滑裂面，各工况下抗滑稳定计算结果见表3.19。

刚体法新坝基坑开挖后建基面抗滑稳定计算结果见表3.20。

从上述计算结果可知，标准双滑面的前提下，搜索的最危险滑动面的抗滑稳定安全裕度大于沿建基面的抗滑稳定安全裕度。因此，最不利的滑动面仍然是建基面。

3.4.1.5　坝体纵缝安全影响分析

选择14号溢流坝段，采用有限

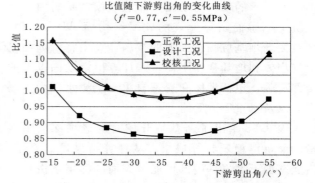

图 3.8　坝体抗滑稳定安全度与下游剪出角关系曲线

元法研究新坝施工期各阶段老坝坝体纵缝的存在对老坝建基面应力与抗滑稳定性的影响程度。

表 3.19　双斜滑动面最不利剪出角情形的抗滑稳定计算结果

β	计算工况	$\gamma_0\psi S(\cdot)$	$R(\cdot)/\gamma_{d1}$	比值	备　注
$-36°$	正常蓄水位	781395	763622	0.98	不满足规范要求
	设计洪水位	777899	667095	0.86	不满足规范要求
	校核洪水位	678379	666024	0.98	不满足规范要求

表 3.20　刚体法新坝基坑开挖后建基面抗滑稳定计算结果

计算工况	$\gamma_0\psi S(\cdot)$	$R(\cdot)/\gamma_{d1}$	比值	备注1	备注2
正常蓄水位	565586	429510	0.76	不满足规范要求	来自表3.16的数据
设计洪水位	599588	388382	0.65	不满足规范要求	
校核洪水位	524120	387312	0.74	不满足规范要求	

计算模型为不考虑坝体纵缝的整体模型以及考虑坝体纵缝的分缝模型。

（1）对建基面应力的影响分析

主要给出建基面应力的复核结果。图3.9和图3.10给出了两种模型有限元计算正常运行工况新坝不同施工阶段老坝建基面的竖向正应力分布情况。

根据图中建基面的正应力分布情况可知，施工前、施工期与施工后建基面正应力几乎无变化，且没有拉应力区，应力值不大。考虑坝体纵缝的分缝模型与不考虑纵缝的整体模型计算结果相比，建基面正应力的分布规律有很大不同。因为纵缝的影响，建基面在分缝处应力值不连续且有跳跃现象，纵缝分割的各坝块上游侧呈受拉趋势。

表3.21和表3.22给出了两种模型各计算工况新坝不同施工阶段老坝坝踵竖向正应力值以及建基面竖向拉应力区范围。

根据计算结果，考虑纵缝影响时，设计洪水位与校核洪水位工况下新坝施工期老坝坝踵出现了竖向拉应力。虽然拉应力区域宽度大于不考虑纵缝的整体模型计算结果，但竖直拉应力区宽度明显小于建基面宽度的0.07倍，均满足规范要求。

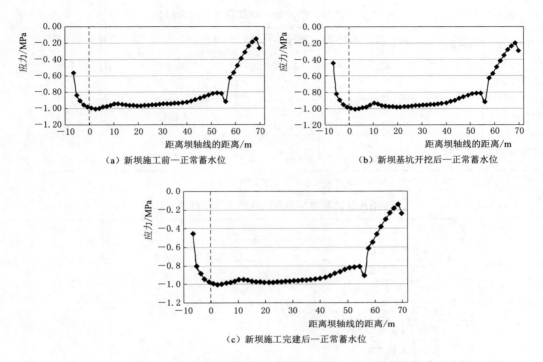

（a）新坝施工前—正常蓄水位　　　　　　　（b）新坝基坑开挖后—正常蓄水位

（c）新坝施工完建后—正常蓄水位

图 3.9　整体模型不同施工阶段老坝建基面竖向正应力分布

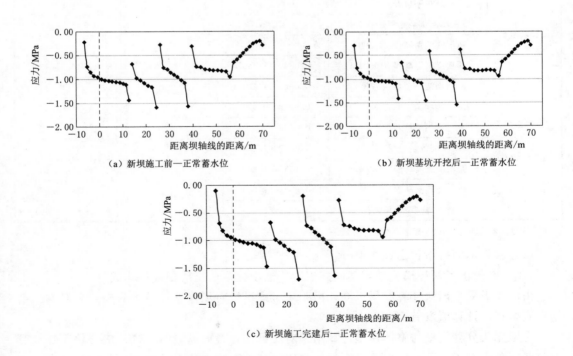

（a）新坝施工前—正常蓄水位　　　　　　　（b）新坝基坑开挖后—正常蓄水位

（c）新坝施工完建后—正常蓄水位

图 3.10　考虑纵缝模型不同施工阶段老坝建基面竖向正应力分布

表 3.21　　　　　各工况不同施工阶段老坝坝踵竖向正应力对应　　　　　单位：MPa

计算工况	新坝基坑开挖前	新坝基坑开挖后	新坝浇筑到原地面线	新坝浇筑至高程 220.00m	新坝浇筑至高程 240.00m	新坝浇筑至高程坝顶
正常蓄水位	−0.356 （−0.20）	−0.470 （−0.14）	−0.458 （−0.12）	−0.405 （−0.06）	−0.378 （−0.02）	−0.364 （−0.01）
设计洪水位	−0.079 （0.09）	−0.079 （0.16）	−0.066 （0.18）	−0.014 （0.24）	0.014 （0.28）	0.028 （0.29）
校核洪水位	0.021 （0.19）	0.022 （0.27）	0.034 （0.29）	0.087 （0.35）	0.114 （0.39）	0.128 （0.40）

注　拉应力为正，压应力为负。括号内数值为考虑坝体纵缝影响的计算成果。

表 3.22　　　　　有限元法计算坝基面竖向拉应力区宽度值对比

计算工况		拉应力区宽度/m	坝基宽度/m	相对宽度/%
正常蓄水位	新坝基坑开挖前	—		—
	新坝基坑开挖后	—		—
	新坝浇筑至老坝建基面	—		—
	新坝浇筑至高程 220.00m	—		—
	新坝浇筑至高程 240.00m	—		—
	新坝浇筑至坝顶高程	—		—
设计洪水位	新坝基坑开挖前	−（0.84）		−（1.07）
	新坝基坑开挖后	−（0.95）		−（1.21）
	新坝浇筑至老坝建基面	−（0.98）	78.3	−（1.25）
	新坝浇筑至高程 220.00m	−（1.06）		−（1.42）
	新坝浇筑至高程 240.00m	0.0347（1.11）		0.044（1.42）
	新坝浇筑至坝顶高程	0.0522（1.13）		0.067（1.44）
校核洪水位	新坝基坑开挖前	0.0398（0.99）		0.051（1.26）
	新坝基坑开挖后	0.0420（1.10）		0.054（1.40）
	新坝浇筑至老坝建基面	0.0645（1.13）		0.082（1.44）
	新坝浇筑至高程 220.00m	0.1557（1.20）		0.199（1.53）
	新坝浇筑至高程 240.00m	0.2001（1.24）		0.256（1.58）
	新坝浇筑至坝顶高程	0.2221（1.25）		0.284（1.60）

注　括号内数值为考虑坝体纵缝影响的计算成果。

（2）对建基面抗滑稳定性影响分析

表 3.23 给出了两种模型新坝不同施工阶段老坝建基面抗滑稳定计算成果。

由刚体极限平衡法计算结果可知，由于未考虑纵缝对坝体整体性的影响，建基面抗滑稳定安全裕度计算值没有变化。

有限元法分缝模型与整体模型计算结果对比可知，考虑纵缝时，缝处应力值不连续且有跳跃现象；由于有限元法抗滑稳定计算是以建基面正应力分布沿坝基面长度积分所得的总竖直力为基础的，因此建基面的正应力分布对抗滑稳定的计算结果有一定影响。由表

表 3.23　　　　　　　　　　**建基面抗滑稳定成果对比**　　　　　　　　单位：kN

施工阶段	计算工况	建基面					
		刚 体 法			有 限 元 法		
		$\gamma_0\psi S(\cdot)$	$R(\cdot)/\gamma_d$	比值	$\gamma_0\psi S(\cdot)$	$R(\cdot)/\gamma_d$	比值
新坝施工前	正常蓄水位	532450	1288085	2.42	513925	1513865	2.95
		532450	1288085	(2.42)	508117	1517208	(2.99)
	设计洪水位	575628	1278360	2.22	543347	1527383	2.81
		575628	1278360	(2.22)	508150	1520059	(2.99)
	校核洪水位	503598	1275971	2.53	474615	1528040	3.22
		503598	1275971	(2.53)	431927	1520789	(3.52)
新坝基坑开挖后	正常蓄水位	532473	1288061	2.42	521045	1506432	2.89
		532473	1288061	(2.42)	508132	1517055	(2.99)
	设计洪水位	575628	1278360	2.22	543347	1527393	2.81
		575628	1278360	(2.22)	508150	1519791	(2.99)
	校核洪水位	503598	1275971	2.53	474619	1528069	3.22
		503598	1275971	(2.53)	431927	1520287	(3.52)
新坝混凝土浇筑（至原地面线）	正常蓄水位	532473	1288061	2.42	521050	1506460	2.89
		532473	1288061	(2.42)	508150	1516900	(2.99)
	设计洪水位	575628	1278360	2.22	543351	1527422	2.81
		575628	1278360	(2.22)	508150	1519791	(2.99)
	校核洪水位	503598	1275971	2.53	474631	1528176	3.22
		503598	1275971	(2.53)	431927	1520280	(3.52)
新坝混凝土浇筑（至高程 220.00m）	正常蓄水位	532473	1288061	2.42	521069	1506566	2.89
		532473	1288061	(2.42)	508150	1517030	(2.99)
	设计洪水位	575628	1278360	2.22	543363	1527539	2.81
		575628	1278360	(2.22)	508150	1519840	(2.99)
	校核洪水位	503598	1275971	2.53	474635	1528229	3.22
		503598	1275971	(2.53)	431927	1520557	(3.52)
新坝混凝土浇筑（至高程 240.00m）	正常蓄水位	532473	1288061	2.42	521077	1506618	2.89
		532473	1288061	(2.42)	508150	1517044	(2.99)
	设计洪水位	575628	1278360	2.22	543370	1527582	2.81
		575628	1278360	(2.22)	508150	1519958	(2.99)
	校核洪水位	503598	1275971	2.53	474635	1528229	3.22
		503598	1275971	(2.53)	431927	1520642	(3.52)
新坝混凝土浇筑完成	正常蓄水位	532473	1288061	2.42	521081	1506645	2.89
		532473	1288061	(2.42)	508150	1517261	(2.99)
	设计洪水位	575628	1278360	2.22	543373	1527609	2.81
		575628	1278360	(2.22)	508150	1519977	(2.99)
	校核洪水位	503598	1275971	2.53	474638	1528257	3.22
		503598	1275971	(2.53)	431927	1520662	(3.52)

注　每种工况第二行及括号内数值为考虑坝体纵缝影响的计算成果。

3.23 的计算结果可知，分缝模型计算出来的建基面抗滑稳定安全裕度较整体模型还有小幅度的增大，但增加幅度很小，因此纵缝对坝体抗滑稳定安全性影响不明显。

3.4.1.6　工程施工对老坝稳定、应力影响分析结论

通过新坝基础开挖和坝体混凝土浇筑对老坝的变形、应力以及抗滑稳定三方面进行的定量分析，综合评价如下：

（1）新坝施工前后，静力工况下老坝各典型坝段的应力分布基本没有变化，新坝基础开挖和坝体混凝土浇筑对老坝的应力没有明显影响。坝体变形稍有变化，但变化幅度很小，新坝施工对老坝坝体刚度的影响有限。

（2）老坝坝趾尾岩应力分布规律在新坝基坑开挖前后有所变化，而坝体浇筑过程中该区域拉压应力变化均不明显，尾岩区域仍以压应力为主。设计和校核洪水工况下，施工期老坝坝趾尾岩的应力分布规律相同，其应力值较同施工阶段正常蓄水位情况变化不大。新坝基坑开挖和混凝土浇筑对老坝下游尾部岩体区域的工作性态没有明显不利影响。

（3）正常蓄水位情况下，新坝施工前、施工期与施工后老坝建基面正应力几乎无变化，且无拉应力区，应力值不大。施工期遭遇洪水时老坝建基面仍为压应力，基本无拉应力区域或拉应力区域范围极小。同一洪水下，不同施工阶段坝踵正应力变化不大。新坝施工前、施工期与施工后老坝坝踵区、坝趾区及坝体应力满足强度要求。

（4）溢流坝段、引水坝段和岸坡坝段抗滑稳定在新坝施工前后均满足规范要求。相对于新坝施工前，新坝施工没有降低溢流坝段、引水坝段及岸坡坝段的抗滑稳定安全度。

（5）老坝断层坝段因本身地质条件较差的缘故，不论是现状情况、还是新坝建设期，其抗滑稳定性均不满足规范要求。相对于新坝施工前，新坝施工没有降低断层坝段的抗滑稳定安全度。

（6）坝体纵缝对坝体应力分布规律有较大影响，由于纵缝的存在，分缝处应力值不连续且有跳跃现象，纵缝分割的各坝块上游侧呈受拉趋势。但纵缝对坝体抗滑稳定安全度的影响不明显。

3.4.2　新坝建设期度汛对老坝稳定应力的影响

新坝施工期度汛标准为大汛 100 年重现期洪水，施工期超标洪水度汛采用淹没基坑、坝体缺口过水的方式，此时会在新老坝间留有一定水位的存水。当新坝浇筑到一定高程后，该水位高于下游尾水位，相当于新坝起到了高围堰的作用而将老坝下游水位壅高。在上游库水位相同的前提下，老坝下游水位抬升对坝基、坝体渗流状态以及坝体抗滑稳定等均会产生一定影响。因此，需要对各年度汛期遭遇不同标准洪水时的老坝安全性进行分析评价。

3.4.2.1　计算工况及荷载组合

计算工况及荷载组合见表 3.24。

3.4.2.2　新坝各年度度汛期老坝抗滑稳定研究

（1）施工期新老坝度汛方式

丰满水电站重建工程建设期间，老坝汛期按松花江防汛指挥部批复的白丰联合调度临时

表 3.24 　　　　　　　　　　　　　计算工况及荷载组合表

设计工况	作用组合	主要考虑情况	荷　载						
			自重	静水压力	扬压力	泥沙压力	浪压力	动水压力	土压力
持久工况	基本组合	百年度汛工况	√	√	√	√	√	√	√
		设计洪水位	√	√	√	√		√	√
偶然工况	偶然组合	校核洪水位	√	√	√	√		√	√

方案进行正常防洪调度，即大汛 10 年重现期洪水时的泄量不超过 2500m³/s；大汛 20 年、50 年重现期洪水时的泄量不超过 4000m³/s；大汛 100 年重现期洪水时的泄量不超过 5500m³/s。

重建工程新坝度汛标准采用大汛 100 年洪水重现期洪水，施工期新老坝度汛方式如下：

1）老坝度汛方式。大坝施工导流标准采用大汛 20 年重现期洪水标准，即：汛期按汛限水位正常运行，同时考虑洪水预报成果，进行库水位控制。当预报洪水不大于 10 年重现期洪水时，按汛限水位运行，导流洞与三期厂房机组联合泄流的最大泄量不超过白丰联合调度临时方案规定大汛期 10 年重现期洪水的最大下泄流量 2500m³/s。当预报洪水大于 10 年、不大于 20 年重现期洪水时，临时提前预泄，水库最低控制水位为 257.20m，导流洞与三期厂房机组联合泄流的最大泄量为 2500m³/s，不超过白丰联合调度临时方案规定大汛期 20 年重现期洪水的最大下泄流量 4000m³/s。当施工洪水大于大汛 20 年重现期洪水时，老坝溢流坝正常开启泄洪，按照白丰联合调度临时方案的原则，正常防洪度汛，以满足施工期度汛要求。

2）新坝度汛方式。新坝施工期度汛采用淹没基坑、坝体缺口过水的方式。新坝施工期度汛以老坝水库防洪调度为基本原则，没有改变下游防洪现状，不会影响下游防洪安全。坝体度汛在新老坝之间产生的水量采用水泵抽排方式解决。

各年度坝体施工进度及度汛水力计算成果见表 3.25。

表 3.25 　　　　　　　　　　　　　坝体度汛计算成果表

度汛标准及流量		度汛时段		缺口布置		新坝度汛水位/m	总泄流量/(m³/s)			下游水位/m	各坝段浇筑高程/m			
				缺口位置	缺口顶部高程		缺口泄量	导流洞泄量	三期厂房泄量		1～9号	20～25号	26～31号	32～56号
大汛50年	4000m³/s	2015 年	汛前	原河床	—	196.49	1650	1800	550	196.60	—	—	—	223.00
			汛后		189	196.50					210.00	198.00	198.00	223.00
		2016 年	汛前	11～18 号坝段，缺口宽144m	198	202.13	1650	1800	550		231.00	218.00	218.00	223.00
			汛后		216	220.17					252.00	234.50	233.00	232.00
		2017 年	汛前		240	244.18	1650	1800	550		252.00	258.00	252.00	252.00
			汛后	10～19 号坝段，过流宽126m	249.60	254.16					265.00	269.50	265.00	265.00
		2018 年	汛前		249.60	254.16	1650	1800	550		269.50	269.50	269.50	269.50
			汛后											

续表

度汛标准及流量	度汛时段		缺口布置		新坝度汛水位/m	总泄流量/(m³/s)			下游水位/m	各坝段浇筑高程/m			
			缺口位置	缺口顶部高程		缺口泄量	导流洞泄量	三期厂房泄量		1～9号	20～25号	26～31号	32～56号
大汛100年 5500m³/s	2015年	汛前	原河床	—	197.67	3150	1800	550	197.77	—	—	—	223.00
		汛后		189	197.70					210.00	198.00	198.00	223.00
	2016年	汛前	11～18号坝段，缺口宽144m	198	204.31	3150	1800	550		231.00	218.00	218.00	223.00
		汛后		216	222.39					252.00	234.50	233.00	232.00
	2017年	汛前		240	246.42	3150	1800	550		252.00	258.00	252.00	252.00
		汛后	10～19号坝段，过流宽126m	249.60	256.62					265.00	269.50	265.00	265.00
	2018年	汛前		249.60	256.62	3150	1800	550		269.50	269.50	269.50	269.50
		汛后		249.60	256.62								

（2）新坝度汛期老坝上下游水位确定

1）老坝上游水位。重建工程施工阶段，为了减少老坝溢流坝开闸概率、避免基坑过水，在不影响现有水库及其下游防洪目标安全的情况下，通过对水库进行合理调度，充分发挥现有水库的调蓄作用，尽最大可能保证施工期在发生100年一遇洪水时，老坝闸门不开启，为工程建设创造干地施工条件，确保重建工程按期完工。

为满足新坝施工期100年一遇及其以下洪水原溢流坝不开闸泄洪的条件，经洪水调节计算，丰满水库汛限水位为251.00m时，新坝施工期间老坝上游特征水位见表3.26。

表 3.26　新坝施工期保证 100 年一遇及其以下洪水不开闸泄洪的老坝上游特征水位

洪水频率 /%	出库洪峰流量 /(m³/s)	计算出的最高洪水位 /m	临调方案库水位 /m	差值 /m
5（20年一遇）	2393	258.65	—	—
2（50年一遇）	2425	260.65	264.10	−3.45
1（100年一遇）	2449	262.28	264.60	−2.32
0.2（500年一遇）	7500	263.72	266.50	−2.78
0.01（10000年一遇）	10237	266.20	267.70	−1.5

2）新坝度汛期老坝下游水位。大坝发生100年一遇度汛工况、500年一遇设计工况和10000年一遇校核工况重现期洪水时，相应的下游水位分别为197.70m、198.90m和199.00m（岸坡挡水坝段下游水位采用对应位置处的地下水位）。因此，新坝度汛期老坝下游的稳定水位（新老坝之间）应分两种情况考虑：第一种情况，坝体预留缺口最低高程低于 197.70m（198.90m 和 199.00m）或地下水位时，老坝下游水位取 197.70m（198.90m 和 199.00m）或地下水位；第二种情况，坝体预留缺口最低高程高于 197.70m（198.90m 和 199.00m）或地下水位时，老坝下游水位取预留缺口最低高程。

根据表3.25的计算成果，新坝各年份施工期度汛老坝下游稳定水位（新老坝之间水位）见表3.27。

表 3.27　　　　　　　　　　　　　新坝各年度汛老坝下游稳定水位

年份	计算工况	老坝下游水位/m	备　　注
2015	100 年度汛工况	197.70	根据每年汛前，新坝预留缺口最低高程与下游水位确定。 当岸坡挡水坝段地下水位高于所列水位时采用地下水位
2015	设计洪水工况	198.90	
2015	校核洪水工况	199.00	
2016	100 年度汛工况	198.00	
2016	设计洪水工况	198.90	
2016	校核洪水工况	199.00	
2017	所有	240.00	
2018	所有	249.60	

（3）老坝下游水位抬升对老坝抗滑稳定影响的计算分析

选取老坝具有代表性的 14 号溢流坝段、22 号引水坝段、35 号断层挡水坝段（F_{67}）以及 49 号岸坡挡水坝段，针对 100 年度汛工况、设计洪水工况和校核洪水工况（包括老坝原水位以及新调出来的水位）等 3 种工况进行大坝建基面抗滑稳定计算分析。计算方法采用刚体极限平衡法，计算成果详见表 3.28～表 3.31。

表 3.28　　　　　　　新坝度汛期老坝 14 号溢流坝段抗滑稳定计算成果　　　　　　单位：kN

年份	计算工况	上游库水位/m	抗滑稳定计算成果			
			$\gamma_0\psi S(\cdot)$	$R(\cdot)/\gamma_d$	$\dfrac{R(\cdot)/\gamma_d}{\gamma_0\psi S(\cdot)}$	增加比例/%
2015	100 年度汛工况	原：264.60	30576	35831	1.17	—
		新：262.28	28722	35951	1.25	6.84
	设计洪水工况	原：266.50	32022	35331	1.10	—
		新：263.72	29751	35474	1.19	8.18
	校核洪水工况	原：267.70	27986	35244	1.26	—
		新：266.20	26919	35321	1.31	3.97
2016	100 年度汛工况	原：264.60	30549	35758	1.17	—
		新：262.28	28695	35878	1.25	6.84
	设计洪水工况	原：266.50	32022	35331	1.10	—
		新：263.72	29751	35474	1.19	8.18
	校核洪水工况	原：267.70	27986	35244	1.26	—
		新：266.20	26919	35321	1.31	3.97
2017	100 年度汛工况	原：264.60	17124	29095	1.70	—
		新：262.28	15270	29214	1.91	12.35
	设计洪水工况	原：266.50	18686	28286	1.51	—
		新：263.72	16414	28430	1.73	14.57
	校核洪水工况	原：267.70	16659	28224	1.69	—
		新：266.20	15592	28302	1.82	7.69

续表

年份	计算工况	上游库水位/m	抗滑稳定计算成果			
			$\gamma_0 \psi S(\cdot)$	$R(\cdot)/\gamma_d$	$\dfrac{R(\cdot)/\gamma_d}{\gamma_0 \psi S(\cdot)}$	增加比例/%
2018	100年度汛工况	原：264.60	11383	28568	2.51	—
		新：262.28	9529	28688	3.01	19.92
	设计洪水工况	原：266.50	12945	27620	2.13	—
		新：263.72	10673	27763	2.60	22.07
	校核洪水工况	原：267.70	11779	27558	2.34	—
		新：266.20	10712	27635	2.58	10.26

表 3.29　　　　　**新坝度汛期老坝 22 号引水坝段抗滑稳定计算成果**　　　　　单位：kN

年份	计算工况	上游库水位/m	抗滑稳定计算成果			
			$\gamma_0 \psi S(\cdot)$	$R(\cdot)/\gamma_d$	$\dfrac{R(\cdot)/\gamma_d}{\gamma_0 \psi S(\cdot)}$	增加比例/%
2015	100年度汛工况	原：264.60	32677	38235	1.17	—
		新：262.28	30756	38355	1.25	6.84
	设计洪水工况	原：266.50	34144	37855	1.11	—
		新：263.72	31791	37999	1.20	8.11
	校核洪水工况	原：267.70	29816	37770	1.27	—
		新：266.20	28712	37847	1.32	3.94
2016	100年度汛工况	原：264.60	32641	38164	1.17	—
		新：262.28	30720	38284	1.25	6.84
	设计洪水工况	原：266.50	34144	37855	1.11	—
		新：263.72	31791	37999	1.20	8.11
	校核洪水工况	原：267.70	29816	37770	1.27	—
		新：266.20	28712	37847	1.32	3.94
2017	100年度汛工况	原：264.60	18002	31812	1.77	—
		新：262.28	16081	31933	1.99	12.43
	设计洪水工况	原：266.50	19619	31714	1.62	—
		新：263.72	17266	31858	1.85	14.20
	校核洪水工况	原：267.70	17481	31652	1.81	—
		新：266.20	16377	31729	1.94	7.18
2018	100年度汛工况	原：264.60	11983	31357	2.62	—
		新：262.28	10062	31477	3.13	19.47
	设计洪水工况	原：266.50	13600	31258	2.30	—
		新：263.72	11248	31402	2.79	21.30
	校核洪水工况	原：267.70	12365	31196	2.52	—
		新：266.20	11261	31274	2.78	10.32

表 3.30　　　　　新坝度汛期老坝 35 号断层坝段（加固后）抗滑稳定计算成果　　　　单位：kN

年份	计算工况	上游库水位 /m	抗滑稳定计算成果			
			$\gamma_0 \psi S(\cdot)$	$R(\cdot)/\gamma_d$	$\dfrac{R(\cdot)/\gamma_d}{\gamma_0 \psi S(\cdot)}$	增加比例 /%
2015	100 年度汛工况	原：264.60	24233	27737	1.14	—
		新：262.28	22363	27825	1.24	8.77
	设计洪水工况	原：266.50	25807	27665	1.07	—
		新：263.72	23517	27770	1.18	10.28
	校核洪水工况	原：267.70	22798	27620	1.21	—
		新：266.20	21722	27676	1.27	4.96
2016	100 年度汛工况	原：264.60	24233	27737	1.14	—
		新：262.28	22363	27825	1.24	8.77
	设计洪水工况	原：266.50	25807	27665	1.07	—
		新：263.72	23517	27770	1.18	10.28
	校核洪水工况	原：267.70	22798	27620	1.21	—
		新：266.20	21722	27676	1.27	4.96
2017	100 年度汛工况	原：264.60	12675	22748	1.79	—
		新：262.28	10806	22836	2.11	17.88
	设计洪水工况	原：266.50	14250	22677	1.59	—
		新：263.72	11960	22782	1.90	19.50
	校核洪水工况	原：267.70	12974	22631	1.74	—
		新：266.20	11899	22688	1.91	9.77
2018	100 年度汛工况	原：264.60	6871	22460	3.27	—
		新：262.28	5002	22548	4.51	37.92
	设计洪水工况	原：266.50	8445	22388	2.65	—
		新：263.72	6155	22493	3.65	37.74
	校核洪水工况	原：267.70	8041	22343	2.78	—
		新：266.20	6965	22399	3.22	15.83

表 3.31　　　　　　新坝度汛期老坝 49 号岸坡坝段抗滑稳定计算成果　　　　　单位：kN

年份	计算工况	上游库水位 /m	抗滑稳定计算成果			
			$\gamma_0 \psi S(\cdot)$	$R(\cdot)/\gamma_d$	$\dfrac{R(\cdot)/\gamma_d}{\gamma_0 \psi S(\cdot)}$	增加比例 /%
2015	100 年度汛工况	原：264.60	19291	23085	1.20	—
		新：262.28	17848	23255	1.30	8.33
	设计洪水工况	原：266.50	20516	22946	1.12	—
		新：263.72	18737	23149	1.24	10.71
	校核洪水工况	原：267.70	18114	22858	1.26	—
		新：266.20	17272	22968	1.33	5.56

年份	计算工况	上游库水位 /m	抗滑稳定计算成果			
			$\gamma_0\psi S(\cdot)$	$R(\cdot)/\gamma_d$	$\dfrac{R(\cdot)/\gamma_d}{\gamma_0\psi S(\cdot)}$	增加比例 /%
2016	100 年度汛工况	原：264.60	19291	23085	1.20	—
		新：262.28	17848	23255	1.30	8.33
	设计洪水工况	原：266.50	20516	22946	1.12	—
		新：263.72	18737	23149	1.24	10.71
	校核洪水工况	原：267.70	18114	22858	1.26	—
		新：266.20	17272	22968	1.33	5.56
2017	100 年度汛工况	原：264.60	13189	19558	1.48	—
		新：262.28	11746	19727	1.68	13.51
	设计洪水工况	原：266.50	14415	19419	1.35	—
		新：263.72	12635	19622	1.55	14.81
	校核洪水工况	原：267.70	12927	19331	1.50	—
		新：266.20	12086	19441	1.61	7.33
2018	100 年度汛工况	原：264.60	9148	19354	2.12	—
		新：262.28	7705	19524	2.53	19.34
	设计洪水工况	原：266.50	10373	19215	1.85	—
		新：263.72	8594	19418	2.26	22.16
	校核洪水工况	原：267.70	9492	19127	2.02	—
		新：266.20	8651	19237	2.22	9.90

由于老坝 F_{67} 断层坝段因地质条件缺陷，其抗滑稳定不满足现行规范要求。为确保新坝施工期老坝的安全稳定运行，新坝基坑开挖前对老坝 F_{67} 断层挡水坝段（34～36 号）进行了坝后坡预应力锚索＋坝后堆渣填筑的加固处理。以上稳定计算分析中，35 号断层挡水坝段为加固处理后的计算成果。

根据计算分析，新坝度汛期老坝抗滑稳定控制工况为设计洪水工况，各工况下老坝各代表性坝段抗滑稳定安全度均能满足现行规范要求。

新坝施工期保证 100 年一遇及其以下洪水原溢流坝不开闸泄洪时，经调洪计算出来的 100 年工况上游库水位仅比原水位低 1.50m、设计洪水位工况低 2.32m、校核洪水位工况低 2.78m，各工况下泄流量及下游水位一样。经计算，新坝施工期各计算工况下老坝各代表性坝段抗滑稳定安全系数均有一定程度的提高，幅度在 4%～40%。各工况下（新调洪水位）老坝各代表性坝段抗滑稳定安全度均能满足现行规范要求。

3.4.2.3　老坝抗滑稳定与下游水位敏感性分析

为进一步了解新老坝之间水位对老坝抗滑稳定安全的影响，进行了老坝代表性坝段在设计洪水工况（库水位 266.50m）下的建基面抗滑稳定与新老坝之间水位关系的敏感性分析。设计洪水工况——老坝抗滑稳定安全裕度与新老坝之间水位关系曲线计算结果如图 3.11～图 3.14 所示。

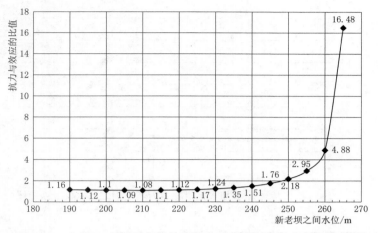

图 3.11 老坝 14 号溢流坝段抗滑稳定与新老坝之间水位关系曲线

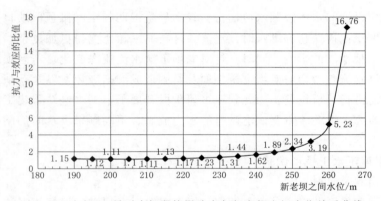

图 3.12 老坝 22 号引水坝段抗滑稳定与新老坝之间水位关系曲线

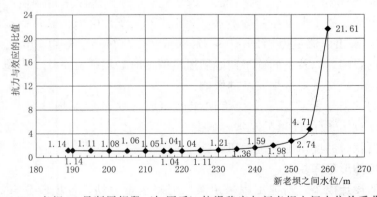

图 3.13 老坝 35 号断层坝段（加固后）抗滑稳定与新老坝之间水位关系曲线

　　根据计算结果，在新坝建设期度汛时段设计洪水工况，老坝各代表性坝段随着下游水位的抬升，其建基面抗滑稳定安全度先降低后升高。当新老坝之间水位为 200～230m 区间时，老坝建基面抗滑稳定安全度是最低的，但均满足规范要求，之后随水位的升高，其抗滑稳定安全向有利方向发展。

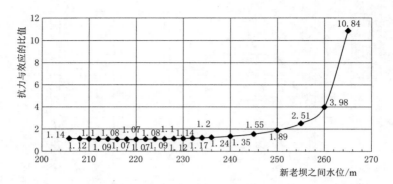

图 3.14　老坝 49 号岸坡坝段抗滑稳定与新老坝之间水位关系曲线

3.4.3　新老坝联合度汛模型试验

由于新坝建设期间水库限制水位运行，且新坝施工期各年度汛预留缺口高程不同，新坝在此情况下度汛或遭遇超标洪水时，泄流条件与原来相比变得更加复杂，需要分析新坝建设期度汛对老坝泄洪的影响。同时，针对老坝下泄水流流态变化、新老坝之间消能区域压力脉动、泄洪水流是否会对老坝下游坝面及基础造成淘刷破坏，以及新坝上游面受水流冲击影响，均需进行分析论证。为此，在可研阶段开展了丰满水电站重建工程施工期度汛水工模型试验研究。试验着重测试泄洪时的水力流态、不同频率洪水时的闸孔调度、泄流能力、流速分布等。

3.4.3.1　新坝度汛水工模型试验

（1）试验内容及工况

施工期老坝兼作上游围堰，大汛期遇超标洪水时，老坝溢流坝开闸泄流，按照现行的《白山、丰满水库防洪联合调度临时方案》（2008 年）进行水库正常调度。本次模型试验研究的主要内容为：施工期发生超标洪水（频率洪水为 $P=0.01\%$、$P=0.2\%$、$P=1\%$、$P=2\%$，相应丰满出库流量为 $8729\text{m}^3/\text{s}$、$7500\text{m}^3/\text{s}$、$5500\text{m}^3/\text{s}$、$4000\text{m}^3/\text{s}$）时，新坝度汛对老坝泄洪的影响；以及不同施工期老坝泄洪调度时老坝挑流鼻坎、石渣填筑施工平台坡脚的最大流速，分析其对老坝安全的影响。

试验工况为：新建大坝第三年、第四年度汛时，取汛后新坝体缺口顶高程分别为 191.00m 及 218.00m 时的度汛工况进行研究；第五年度汛时，取汛后新坝缺口顶高程为新建表孔堰顶高程时的度汛工况进行研究。

（2）新建坝体形象面貌

根据当时的设计成果，新建工程采用碾压混凝土重力坝，各坝段分布如下：1～9 号左岸挡水坝段、10～21 号溢流坝段、22～27 号发电引水坝段、28～58 号右岸挡水坝段。各年度新建坝体形象面貌具体见表 3.32。

（3）模型试验设计

1）模型设计原则。模型比尺采用正态，并满足模型与原型水流相似性的要求，以便在模型试验中更好地保证演示现象和测试参数与原型的一致性。

表 3.32   丰满水电站新建坝逐年混凝土浇筑坝段和高程

时 间		高 程/m											
		1号坝段	2～5号坝段	6～8号坝段	9号坝段	10～21号坝段	22～27号坝段	28～33号坝段	34～37号坝段	38～48号坝段	49～50号坝段	51～52号坝段	53～56号坝段	57～58号坝段
第三年	汛前				186.00	187.00	179.00		219.00	219.00				
	汛后			206.50	206.50	191.00	192.00	192.00	192.00	219.00	219.00			
第四年	汛前		246.00	246.00	246.00	200.00	210.20	210.00	219.00	219.00	219.00			
	汛后	255.00	255.00	255.00	255.00	218.00	225.00	230.00	230.00	230.00	230.00	230.00		
第五年	汛前	255.00	255.00	255.00	255.00	240.00	247.00	254.00	254.00	254.00	254.00	254.00	254.00	
	汛后	265.50	265.50	265.50	265.50	250.00	259.00	265.50	265.50	265.50	265.50	265.50	265.50	265.50
第六年	汛前	269.50	269.50	269.50	269.50	250.00	269.50	269.50	269.50	269.50	269.50	269.50	269.50	269.50

遵循相似准则为：

几何相似 $\lambda_L = L_P/L_m$; $\lambda_Z = Z_P/Z_m$

重力相似 $\lambda_u^2/\lambda_Z = 1$

阻力相似 $\lambda_u^2 \lambda_n^2 \lambda_L/\lambda_Z^{(7/3)} = 1$

连续相似 $\lambda_Q/\lambda_L \lambda_Z \lambda_u = 1$

流速相似 $\lambda_u \lambda_t/\lambda_Z = 1$

2）模型比尺确定。模型比尺遵循上述模型规划设计原则及相似准则的要求，试验选取比尺为 70 的正态模型。其相应的参数比尺见表 3.33。

表 3.33   模型试验有关的模型比尺参数

项　目	比尺名称	符　号	计算值
几何相似	长度比尺	λ_L	70
	垂直比尺	λ_Z	70
水流运动相似	流速比尺	λ_u	8.37
	流量比尺	λ_Q	40996.34
	糙率比尺	λ_n	2.03
	时间比尺	λ_t	8.37

3）试验水力指标选取。《白山、丰满水库防洪联合调度临时方案》（松泥〔2008〕8号）中，水库调度运行的水力指标很多，即在同一级频率洪水下，对应的库水位变化范围很大。试验中选取以相同的泄量对应的最高库水位和最低库水位（最低库水位控制以允许调度使用的 8 个闸孔全开为限制条件，除万年一遇洪水出库流量为 8729m³/s、库水位控制在 267.38m 之外）为试验依据。重建工程度汛试验选取的各项水力指标见表 3.34。

表 3.34　　　　　　　　新建坝导流、度汛试验原大坝选取的水力指标

洪水频率 P/%	出库流量 $Q_{出库}$/(m³/s)	溢流坝泄量 $Q_{溢流坝}$/(m³/s)	上游水位 $Z_上$/m
2	4000	1626	257.90
2	4000	1534	264.10
1	5500	3109	259.07
1	5500	3034	264.10
0.2	7500	5617	263.20
0.2	7500	5556	264.60
0.01	8729	6744	267.43

注　1. 出库流量＝溢流坝泄量＋导流洞泄量＋三期发电泄量；

　　2. $P=0.2\%$、$P=0.01\%$频率洪水三期电厂不发电；

　　3. $P=2\%$、$P=1\%$频率洪水三期电厂发电流量取 $Q_{三期}=530$m³/s。

（4）试验结果

1）第三年度汛。第三年汛后浇筑面貌：新建大坝左岸挡水坝（6～9 号坝段）浇筑坝高为 206.50m、溢流坝（10～21 号坝段）浇筑坝高为 191.00m、发电厂房坝段（22～27 号坝段）浇筑坝高为 192.00m、右岸挡水坝浇筑坝高分别为（28～37 号坝段）192.00m 和（38～50 号坝段）219.00m。

第三年遇超标洪水，调度原溢流坝右侧闸孔泄洪时，由于新建坝浇筑高程低于原大坝差动坎高程，老坝不受新建坝施工影响（见图 3.15、图 3.16）。

图 3.15　$P=2\%$，调度 15 号、17 号、18 号闸孔泄洪水流流态（面向上游）

调度受新建大坝左岸 6～9 号坝段阻挡的闸孔泄洪时，被拦截的水流受阻后快速壅高，水流超过该坝段浇筑高程，但对老坝泄量不产生影响（见图 3.17）。

由新建坝各典型坝段的浇筑高程与原溢流坝 11～19 号闸孔的相对位置可知：①新建溢流坝 10～21 号坝段（浇筑高程为 191.00m）位于原溢流坝 11～19 号闸孔消力池差动坎（齿、坎的高程分别为 194.50m、196.00m）的正下方；②新建左岸挡水坝 6～9 号坝段（浇筑高程为 206.50m）与原溢流坝 9 号、10 号闸孔处在相同的纵向区域。因而，当原溢

图 3.16 $P=1\%$，调度 15～19 号闸孔泄洪水流流态（面向右岸）

图 3.17 $P=0.2\%$，调度 9～11 号、15～19 号闸孔泄洪水流流态（面向上游）

流坝泄洪时，其下泄水流流态必然受到新建挡水坝影响和制约而有所改变。

在第三年汛后浇筑坝段、坝高基础上，试验给出了原溢流坝出库流量（$P=2\%$、$Q=4000\text{m}^3/\text{s}$；$P=1\%$、$Q=5500\text{m}^3/\text{s}$）时，4 种不同调度组合运用方式下原溢流坝差动坎的最大水流流速见表 3.35。平面流速分布见图 3.18 和图 3.19，泄洪流态见图 3.20。

从试验现象观察，原溢流坝 9 号、10 号、11 号闸孔同时调度施放导流频率洪水，遇新建左岸挡水坝 6～9 号坝段阻挡后，被拦截的水流在其迎水面快速壅高，瞬间激起的水位高程超过该坝段的浇筑高程 206.50m，并造成少部分水流翻越坝顶泄向下游，虽不构成对新建坝坝脚的冲刷，但试验从对老坝和新建坝有利的角度考虑，建议尽量避免原溢流坝 9 号、10 号、11 号闸孔同步参与泄洪运行，以闸门间隔调度开启为首选。

2）第四年度汛。第四年汛后浇筑面貌：新建大坝左岸挡水坝（1～9 号坝段）的浇筑坝高为 255.00m、溢流坝（10～21 号坝段）作为溢流缺口其浇筑坝高为 218.00m、溢流

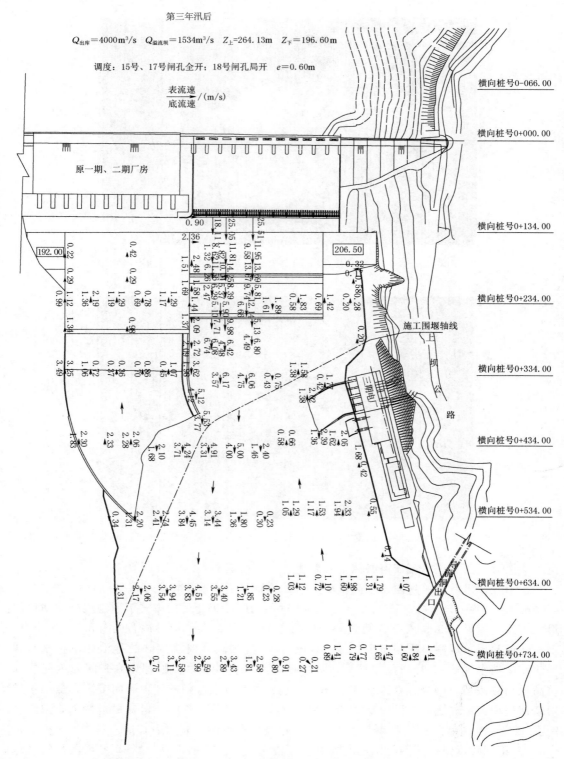

图 3.18　第三年汛后平面水流流速、流态分布（$Q_{溢流坝}=1534\text{m}^3/\text{s}$）

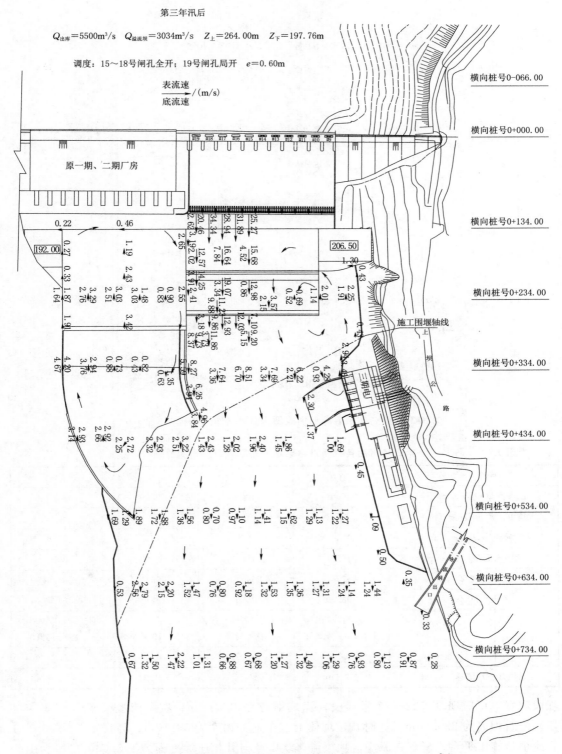

图 3.19　第三年汛后平面水流流速、流态分布（$Q_{溢流坝}=3034\text{m}^3/\text{s}$）

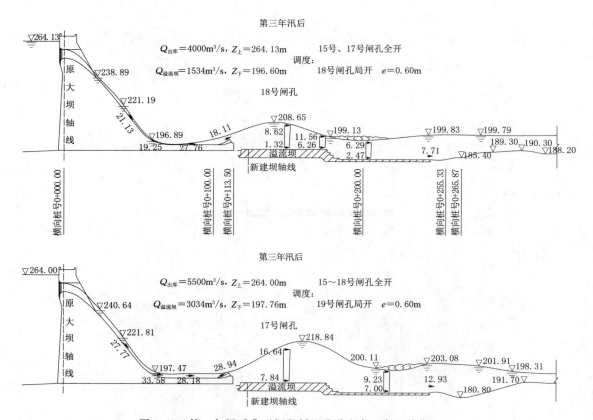

图 3.20　第三年汛后典型坝段剖面泄洪流态（高程单位：m）

表 3.35　　　　　　　第三年汛后各频率洪水老坝差差动坎最大水流流速

频率 P/%		2	2	1	1
出库流量 $Q_{出库}$/(m³/s)		4000	4000	5500	5500
三期电厂流量 $Q_{三期}$/(m³/s)		530	530	530	530
导流洞流量 $Q_{导流洞}$/(m³/s)		1844	1936	1861	1936
溢流坝流量 $Q_{溢流坝}$/(m³/s)		1626	1534	3109	3034
上游水位 $Z_{上}$/m		257.89	264.13	259.11	264.00
下游水位 $Z_{下}$/m		196.60	196.60	197.76	197.76
闸门	调度	11 号、15~18 号全开；19 号局开	15 号、17 号全开；18 号局开	9~11 号、15~19 号全开	15~18 号全开；19 号局开
	开度 e/m	2.70	0.60	6.00	0.60
老坝差动坎流速/(m/s)		22.96	25.51	21.31	34.34

坝段和发电厂房坝段（22~27 号坝段）浇筑坝高为 225.00m、右岸挡水坝（28~52 号坝段）浇筑坝高为 230.00m。此时新建坝体上游布置了宽度为 30.00m、高程是 210.00m 的石渣填筑施工平台，坐落在原溢流坝挑流鼻坎以及与其相连的高程为 193.00m 的平台上。

第四年施工期施放度汛频率洪水的途径为：当遇不大于 100 年一遇度汛洪水时，由左岸新建泄洪兼导流洞过流及三期电厂发电泄流，不足部分泄量由老坝溢流坝施放、新建溢流坝段（10～21号坝段）预留的165.00m宽度的缺口泄流。大于百年一遇洪水时，由左岸新建泄洪兼导流洞与老坝溢洪闸孔施放、新建溢流坝段（10～21号坝段）预留的165.00m宽度的缺口泄流。为削减原溢流坝施放洪水的初始瞬间，下泄水流对新坝迎水面的冲击强度，在施放洪水前，利用可以局部调度使用的原溢流坝17号、18号、19号闸孔，选择1～3个闸孔，以较小的闸门开启方式，将新坝与老坝之间进行预充水，当水面高程达到与预留缺口高程一致时，再调度其他闸孔一并泄洪。

第四年遇超标洪水，原溢流坝坝体最大水流流速分别为12.99m/s、15.87m/s（图3.21～图3.24），均小于现状过坝水流反弧位置的流速（33.58m/s、34.60m/s）。

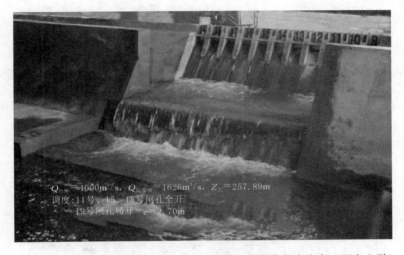

图3.21　$P=2\%$，调度11号、15～19号闸孔泄洪水流流态（面向上游）

图3.22　$P=1\%$，调度9～11号、15～19号闸孔泄洪水流流态（面向上游）

图 3.23　$P=0.2\%$，调度 9～11 号、15～19 号闸孔泄洪水流流态（面向上游）

图 3.24　$P=0.01\%$，调度 9～11 号、15～19 号闸孔泄洪水流流态（面向上游）

右侧原挡水与新坝之间为顺坝轴线长度超过 700m 的盲肠区域，该区间受下泄水流影响，在水面上产生一定的波动，但水流流速由左向右衰减十分迅速，仅在临近原溢流坝的厂房坝段处相对流速较大（最大流速 6.69m/s），除此之外原挡水坝坝体沿轴线长度范围内回流强度都较弱，一般小于 3.00m/s（图 3.25）。而挡水坝左侧老坝与新坝之间沿坝轴线长度不足 40m，受老坝下泄水流的影响，该区域内的水体回流流速相对较大。

原大坝宣泄百年和万年一遇洪水时，试验测得挡水坝坝体侧最大水流流速分别为 3.82m/s、4.17m/s；宣泄 50 年以下洪水时，最大流速为 1.97m/s（图 3.26）。

在第四年汛后浇筑的坝段、坝高基础上，溢流缺口宽度为 165.00m 时，试验给出了老坝出库流量（$P=2\%$、$Q=4000\text{m}^3/\text{s}$；$P=1\%$、$Q=5500\text{m}^3/\text{s}$）下的 4 种不同调度组合运用方式位于石渣填筑施工平台坡脚的最大流速，见表 3.36。平面流速分布见图 3.27～图 3.28，泄洪流态见图 3.29。

$Q_{出库}=4000\text{m}^3/\text{s}; \ Q_{溢流坝}=1534\text{m}^3/\text{s}; \ Z_{上}=263.86\text{m}$
调度：11号、15号闸孔全开
18号闸孔局开 $e=0.60\text{m}$

图 3.25 $P=2\%$，调度 11 号、15 号、18 号闸孔泄洪水流流态（面向右岸）

$Q_{出库}=7500\text{m}^3/\text{s}; \ Q_{溢流坝}=5556\text{m}^3/\text{s}; \ Z_{上}=264.55\text{m}$
调度：9~11号、15~18号闸孔全开
19号闸孔局开 $e=4.80\text{m}$

图 3.26 $P=0.2\%$，调度 9~11 号、15~19 号闸孔泄洪水流流态（面向上游）

表 3.36 第四年汛后各频率洪水石渣填筑施工平台坡脚最大水流流速

频率 $P/\%$		2	2	1	1
出库流量 $Q_{出库}/(\text{m}^3/\text{s})$		4000	4000	5500	5500
三期电厂流量 $Q_{三期}/(\text{m}^3/\text{s})$		530	530	530	530
导流洞流量 $Q_{导流洞}/(\text{m}^3/\text{s})$		1844	1936	1861	1936
溢流坝流量 $Q_{溢流坝}/(\text{m}^3/\text{s})$		1626	1534	3109	3034
上游水位 $Z_{上}/\text{m}$		257.89	263.86	259.11	264.08
下游水位 $Z_{下}/\text{m}$		196.60	196.60	197.76	197.76
闸门	调度	11号、15~18号全开；19号局开	11号、15号全开；18号局开	9~11号、15~19号全开	11号、15~17号全开；18号局开
	开度 e/m	2.70	0.60	6.00	0.60
石渣填筑施工平台坡脚流速/(m/s)		7.69	12.99	9.07	8.02

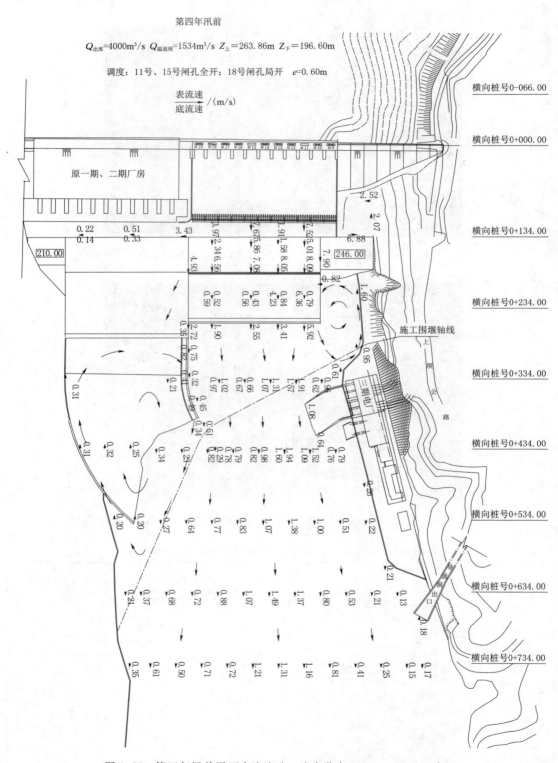

图 3.27　第四年汛前平面水流流速、流态分布（$Q_{盈流坝}=1534\mathrm{m^3/s}$）

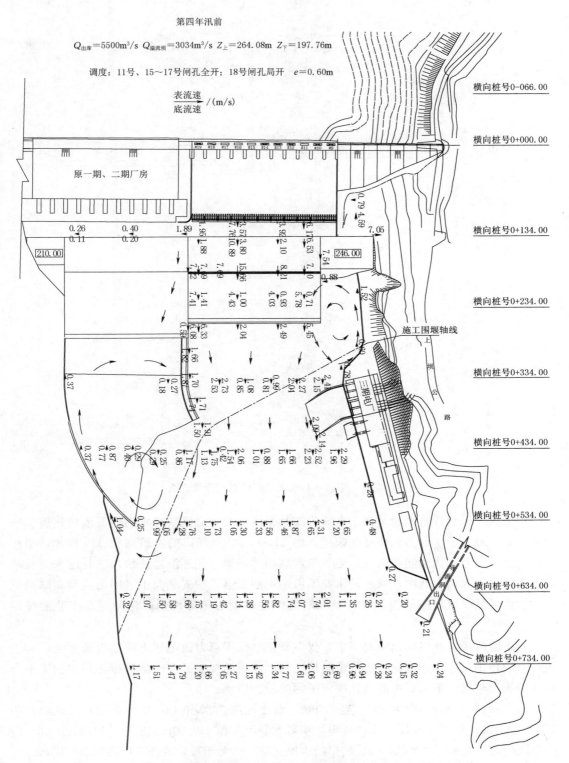

图 3.28 第四年汛前平面水流流速、流态分布（$Q_{溢流坝}=3034\text{m}^3/\text{s}$）

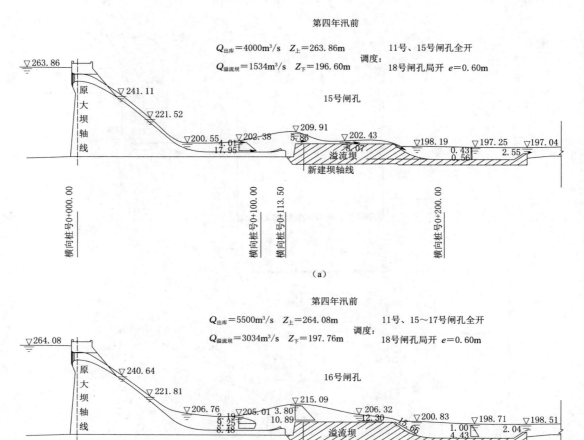

图 3.29　第四年汛前典型坝段剖面泄洪流态

在第四年汛后浇筑面貌基础上施放导流频率洪水时，溢流缺口坝面因石渣填筑施工平台的布设，减缓了水面的起伏变化幅值，但 21 号、22 号坝段的浇筑高程 225.00m，仍然不足以抵挡下泄水流壅起的高度，使水流翻越坝体倾泄。此外沿溢流缺口下行的水流脱离坝体直接跌落入消力池中，溅起的水花不可避免的散落厂房安装间上。因而应提高缺口毗邻坝段或降低缺口坝段的浇筑高程及同时浇筑溢流坝右侧导墙，以保障厂房安装的按期施工。

从下游河床看冲淤变化相对不大，仅在新建溢流坝消力池尾坎下即贴近新建电厂左边因回流的作用发生垂直淘刷，应给予防护。石渣填筑的施工平台的防护原则根据施工平台填筑的施工时段，依据提供的流速决定采用的防护措施。

3）第五年度汛。第五年汛后浇筑面貌：新建左岸挡水坝（1～9 号坝段）浇筑坝高为 265.50m、溢流坝（10～21 号坝段）浇筑坝高为堰顶高程 250.00m、发电厂房坝段（22～27 号坝段）的浇筑坝高为 259.00m、右岸挡水坝（28～58 号坝段）的浇筑坝高为 265.50m。

施工期第五年，新坝大部分都已浇筑完成，具备一定的挡水能力。新建溢流坝不仅浇筑到堰顶高程，闸墩也已浇筑完毕，新建溢流坝堰顶距原溢流坝消力池池底（高程193.00m）的高差为57.00m。当原溢流坝施放的流量进入老坝与新坝区间时，有超过57m深的水垫，使原溢流坝无论采用任何一种调度组合运用形式，在顺轴线方向原挡水坝沿程最大水流流速都不超过2.25m/s，水流对原大坝的影响较弱。

原溢流坝施放超标准洪水时，新坝的度汛渠道已由165.00m宽度的溢流缺口改为新建溢流坝的11个敞泄的闸孔来完成。在溢流坝已经浇筑到堰顶高程（原溢流坝和新建溢流坝的坝顶高差仅为2.50m）和溢流宽度同时缩减的双重作用下，溢流坝出流为淹没出流（图3.30、图3.31）。

图3.30　$P=0.01\%$，调度9～11号、15～19号闸孔泄洪水流流态（面向右岸）

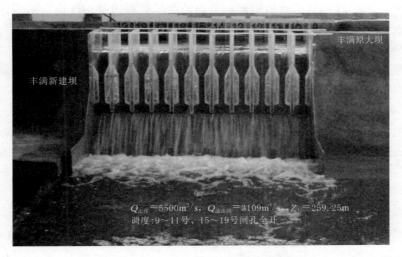

图3.31　$P=1\%$，调度9～11号、15～19号闸孔泄洪水流流态（面向上游）

在第五年汛后施放度汛频率洪水，其原溢流坝闸孔下均为淹没出流，则同级频率洪水相同的调度下，库水位都有不同程度抬高，即原溢流坝自由出流下的水位—流量关系已不再适用。在淹没出流流态下，关闭 12～14 号闸孔，调度其他 8 个闸孔（9～11 号、15～19 号闸孔）全开泄洪，流量在 3100～6780m³/s 范围内，库水位比对自由出流抬高了 0.15～0.60m。

在淹没出流流态下，控泄 100 年至 500 年一遇洪水时，只要加大闸门开度，即可满足《白山、丰满水库防洪联合调度临时方案》要求。施放万年一遇洪水时，则需调度 9～11 号、15～19 号共 8 个闸孔全开泄洪（12～14 号不参加泄洪），满足临调要求。水流平面流速分布见图 3.32、图 3.33。

（5）试验结论

第三年度汛，由于新坝浇筑高程低于原溢流坝差动坎高程，施工期施放各频率洪水时对老坝没有影响。

第四年度汛，原溢流坝下泄水流为自由出流，对老坝泄流没有影响，泄流时原溢流坝体流速不超过原有流速值。原挡水坝右侧坝后流速一般小于 3.00m/s。原挡水坝左侧坝后，当宣泄 50 年一遇以下洪水时，流速小于 3.00m/s（最大流速为 1.97m/s），宣泄百年和万年一遇洪水时最大水流流速分别为 3.82m/s、4.17m/s。

第五年度汛，受新建溢流坝浇筑高度的影响，原溢流坝由自由出流变成淹没出流，对老坝下泄流量产生一定影响，但可通过加大闸门开度满足控泄频率洪水（1%～0.2%）的施放。

此外，在老坝泄流的初始状态，为降低对新建坝迎水面的瞬时最大冲击力以及折冲后的水流对老坝产生的反冲作用，建议宣泄各频率洪水之前，调度原溢流坝 17 号、18 号、19 号闸孔以较小的开度对老坝和新建坝围成的区域进行预充水，当水位达到一定高度后，再开启其他参与运行的闸孔泄洪。

3.4.3.2　新坝度汛补充水工模型试验

根据选定的枢纽布置以及度汛期工程形象面貌最新设计成果，进行了水工模型试验的复核工作。复核试验着重测试老坝溢流面及原消能工底板的脉动压力、新坝缺口及下游消力池的流速、水力流态等。

（1）试验工况

新坝在筑坝过程中，对新建大坝第四年、第五年度汛时，新坝体缺口顶高程分别为 200.00m、218.00m 及 240.00m，过流量均为 1650m³/s（$P=2\%$）作为一个度汛工况；对新建大坝第四年、第五年度汛时，新坝体缺口顶高程分别为 200.00m、218.00m 及 240.00m，过流量均为 3150m³/s（$P=1\%$）作为第二个度汛工况；新坝缺口顶高程为 249.60m（表孔堰顶高程）分别过 1650m³/s 与 3150m³/s 作为第三种度汛工况进行了导流度汛试验研究，以测试老坝溢流面及原消能工底板的脉动压力及水力流态。脉动压力测点布置见图 3.34。

（2）试验结果

1）新坝筑至高程 200.00m 时度汛。第四年度汛，新坝筑至高程 200.00m 时，老坝下泄流量为 1650m³/s 与 3150m³/s。

当老坝过流 1650m³/s 时，老坝前部位水面平稳，水流经老坝溢流坝面下泄，起初对新老坝之间充水，新老坝之间水深逐渐增大。下泄水流在老坝反弧处形成水跃消能，水流总体平稳。水流继而通过新坝缺口以 8m 的落差泄入新坝下游消力池，新坝消力池、下游

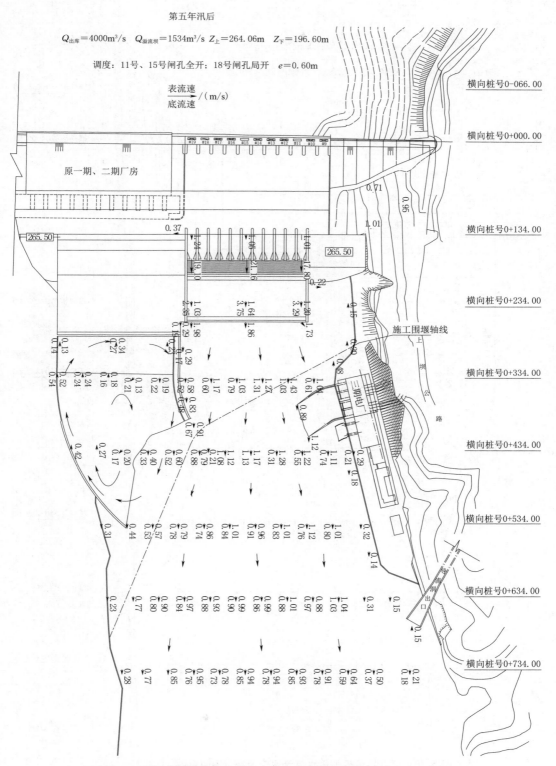

图 3.32 第五年汛后平面水流流速、流态分布（$Q_{溢流坝}=1534\mathrm{m^3/s}$）

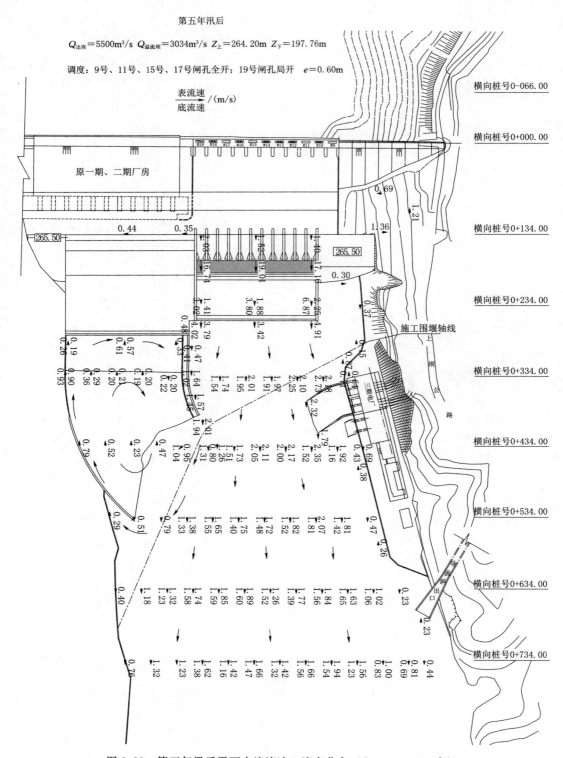

图 3.33　第五年汛后平面水流流速、流态分布（$Q_{溢流坝}＝3034\mathrm{m}^3/\mathrm{s}$）

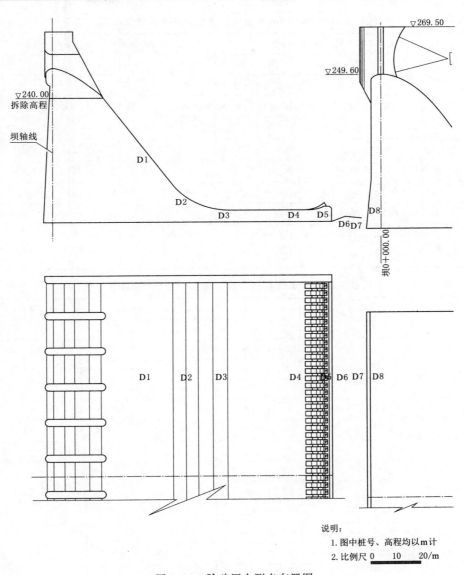

说明:
1. 图中桩号、高程均以 m 计
2. 比例尺 0 10 20/m

图 3.34 脉动压力测点布置图

河道水面平稳。老坝溢流面及底板及新老坝之间的水流流态总体较好,未发现明显不利流态及水力现象。

老坝坝面、两坝间及新坝高程 200.00m 缺口与消力池水面高程详见表 3.37。

老坝坝面、两坝间及新坝高程 200.00m 缺口与消力池流速分布详见表 3.38、图 3.35。老坝反弧段流速最大,为 28.71m/s,经消能后老坝挑坎前平段最大近底流速为 11.18m/s(老坝反弧末 4—4 断面),最大近表流速 −4.54m/s(老坝反弧末 4—4 断面);两坝间的 8—8 断面最大近底流、近表正反向流速均为 1.17m/s。新坝 200m 顶高程缺口最大近底流速为 4.54m/s,最大近表流速 4.23m/s。新坝反弧段末最大近底流速为 7.59m/s,最大近表流速 −2.34m/s。消力池内最大近底流速为 2.03m/s,最大近表流速 1.66m/s。

表 3.37　　　　　新坝筑至高程 200.00m 时老坝及两坝间与新坝最大水面高程　　　　单位：m

断面	老坝溢流坝面及挑坎段水面高程						新坝 200.00m 高程坝面及消力池水面高程					
	桩号/m	底高程	1650m³/s		3150m³/s		桩号/m	底高程	1650m³/s		3150m³/s	
			左	右	左	右			左	右	左	右
1—1	0—133.75	252.50	254.95	255.16	256.14	256.56	0—004.60	200.00	203.99	203.43	205.60	205.04
2—2	0—112.92	239.74	240.65	240.65	241.56	241.28	0+049.45	200.00	202.24	202.31	203.85	203.43
3—3	0—084.80	203.70	204.33	204.19	204.96	204.68	0+072.95	182.00	195.65	196.00	196.70	197.40
4—4	0—062.79	193.00	198.04	197.69	197.97	197.48	0+107.95	182.00	196.14	196.14	197.96	197.89
5—5	0—045.89	193.00	199.09	198.95	199.93	199.86	0+142.95	182.00	196.14	196.21	197.89	198.10
6—6	0—030.98	193.00	199.30	198.53	201.19	201.05	—	—	—	—	—	—
7—7	0—032.31	194.50	200.45	200.10	202.34	202.13	—	—	—	—	—	—
8—8	0—013.03	189.89	201.23	202.00	203.05	203.54	—	—	—	—	—	—

表 3.38　　　　　新坝筑至高程 200.00m 时老坝、两坝间与新坝流速分布值　　　　单位：m/s

断面	桩号/m	测量位置	$Q=1650m^3/s$		$Q=3150m^3/s$	
			d	b	d	b
老坝溢流坝面及挑坎段流速分布/(m/s)						
1—1	0—133.75	1 号中	6.73	—	6.63	7.50
		6 号中	6.31	—	6.73	7.77
2—2	0—112.92	1 号中	17.97	—	9.23	—
		6 号中	18.27	—	9.15	—
3—3	0—084.80	1 号中	28.71	—	29.67	—
		6 号中	27.68	—	28.00	—
4—4	0—062.79	1 号中	11.18	−4.54	17.46	−3.89
		6 号中	10.99	−1.66	17.89	−4.06
5—5	0—045.89	1 号中	2.62	−1.66	1.17	1.17
		6 号中	10.48	2.62	1.66	1.17
6—6	0—030.98	1 号中	1.17	−1.66	1.66	1.17
		6 号中	1.66	1.17	5.74	3.89
7—7	0—032.31	1 号中	1.17	1.17	1.17	1.17
		6 号中	−1.17	−1.66	2.62	3.10
8—8	0—013.03	1 号中	−1.17	−1.17	1.17	1.66
		6 号中	1.17	−1.17	2.03	2.34
新坝 200.00m 高程坝面及消力池流速分布/(m/s)						
1—1	0—004.60	左	2.03	1.66	3.52	4.83
		中	3.71	4.23	5.50	5.11
		右	1.66	1.17	2.34	2.34

断面	桩号/m	测量位置	$Q=1650\text{m}^3/\text{s}$		$Q=3150\text{m}^3/\text{s}$	
			d	b	d	b
2—2	0+049.45	左	4.54	—	5.62	6.52
		中	4.54	—	5.98	6.93
		右	3.89	—	5.24	5.74
3—3	0+072.95	左	7.22	−2.62	8.53	−2.87
		中	7.50	0.50	8.85	4.97
		右	7.59	−2.34	9.00	−5.37
4—4	0+107.95	左	2.03	1.17	3.10	−2.03
		中	1.66	1.17	4.06	4.69
		右	1.66	1.17	5.24	4.83
5—5	0+142.95	左	1.17	1.66	1.66	1.66
		中	1.17	1.66	1.66	2.03
		右	1.17	1.66	1.66	2.34

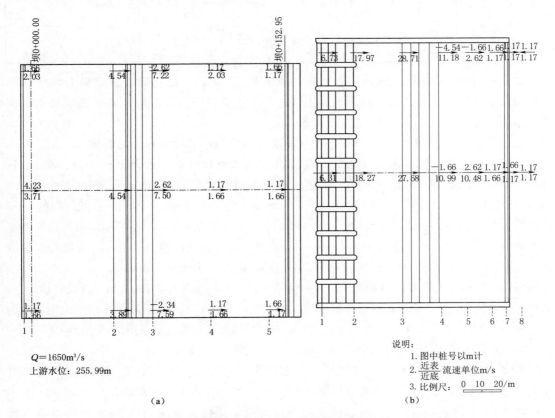

图 3.35　新坝筑至高程 200.00m 时导流流速分布图（$Q=1650\text{m}^3/\text{s}$）

各测点脉动压力均方根详见表 3.39。测试结果表明：在新坝筑至 200.00m 高程缺口时，新老坝之间区域在充水、稳定泄流整个过程中，脉动压力均方根均很小，最大脉动压力均方根为 5.78kPa（D2）；老坝过流不会因为水流强脉动对老坝面、消能工底板造成不利影响。

表 3.39　　　新坝筑至 200.00m 高程时老坝溢流面、新坝上游面脉动压力均方根值

编号	桩号/m	高程/m	$Q=1650m^3/s$				$Q=3150m^3/s$			
			0～500s 过程		流量稳定时		0～500s 过程		流量稳定时	
			均方根/kPa	主频/Hz	均方根/kPa	主频/Hz	均方根/kPa	主频/Hz	均方根/kPa	主频/Hz
D1	0-95.69	217.65	0.68	0.003	1.83	0.246	1.06	0.003	2.01	0.105
D2	0-79.98	198.89	0.63	0.003	5.78	0.012	1.65	0.003	7.32	0.070
D3	0-63.51	193.00	1.93	0.003	5.18	0.105	3.57	0.003	13.09	0.129
D4	0-45.29	193.00	1.68	0.003	2.06	0.012	0.00	0.003	3.79	0.047
D5	0-34.79	194.50	0.58	0.003	2.48	0.070	1.13	0.003	2.99	0.058
D6	0-22.31	198.89	0.76	0.003	1.92	0.012	1.27	0.003	2.06	0.012
D7	0-14.30	189.58	0.65	0.003	1.53	0.035	1.24	0.003	2.07	0.070
D8	0-10.58	193.21	0.003		1.67	0.012	1.26	0.003	2.82	0.035

当老坝过流 3150m³/s 时，流态总体与泄流量 1650m³/s 时相近，只是新老坝之间的水跃强度加强。老坝溢流面及底板与新老坝之间的水流流态总体较好，未发现明显不利流态及水力现象。

老坝坝面、两坝间及新坝 200.00m 高程缺口与消力池水面高程详见表 3.37。

老坝坝面、两坝间及新坝 200.00m 高程缺口与消力池流速分布详见表 3.38、图 3.36。老坝反弧段流速最大，为 29.67m/s；经消能后原老坝挑坎前平段最大近底流速为 17.89m/s（老坝反弧末 4—4 断面），最大近表流速—4.06m/s（老坝反弧末 4—4 断面）；两坝间的 8—8 断面最大近底流、近表流速分别为 2.03m/s、2.34m/s。新坝 200m 顶高程缺口最大近底流速为 5.98m/s，最大近表流速 6.93m/s。新坝反弧段末最大近底流速为 9.00m/s，最大近表流速—5.37m/s。消力池内最大近底流速为 5.24m/s，最大近表流速 4.83m/s。

各测点脉动压力均方根详见表 3.39。测试结果表明：在新坝筑至 200.00m 高程缺口时，新老坝之间区域在充水、稳定泄流整个过程中，脉动压力均方根均很小，最大脉动压力均方根为 13.09kPa（D3），老坝过流不会因为水流强脉动对老坝坝面、消能工底板造成不利影响。

2）新坝浇筑至 218.00m 高程时度汛。

当老坝过流 1650m³/s 时，老坝前部位水面平稳，水流经老坝溢流坝面下泄，起初对新老坝之间充水，新老坝之间水深逐渐增大。老坝下泄水流在新老坝之间形成水跃，由于水深较大，水面波动较小，水流总体平稳。水流继而通过新坝缺口以 26m 的落差泄入新坝下游消力池，新坝消力池、下游河道水面平稳。老坝溢流面及底板及新老坝之间的水流流态总体较好，未发现明显不利流态及水力现象。

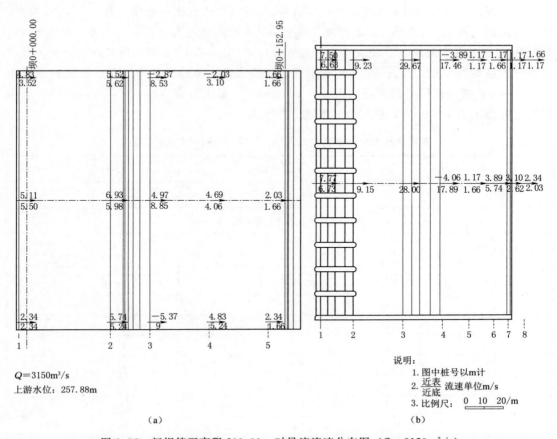

$Q = 3150\text{m}^3/\text{s}$

上游水位：257.88m

（a）

说明：

1. 图中桩号以m计
2. $\dfrac{\text{近表}}{\text{近底}}$ 流速单位m/s
3. 比例尺：0 10 20/m

（b）

图 3.36　新坝筑至高程 200.00m 时导流流速分布图（$Q = 3150\text{m}^3/\text{s}$）

老坝坝面、两坝间及新坝 218.00m 高程缺口与消力池水面高程见表 3.40。

表 3.40　　　　　　新坝筑至 218.00m 时老坝及两坝间与新坝最大水面高程　　　　　　单位：m

| 断面 | 桩号 /m | 底高程 | 老坝溢流坝面及挑坎段水面高程 | | | | 桩号 /m | 底高程 | 新坝 200.00m 高程坝面及消力池水面高程 | | | |
| | | | $Q = 1650\text{m}^3/\text{s}$ | | $Q = 3150\text{m}^3/\text{s}$ | | | | $Q = 1650\text{m}^3/\text{s}$ | | $Q = 3150\text{m}^3/\text{s}$ | |
			左	右	左	右			左	右	左	右
1—1	0−133.75	252.50	252.50	255.09	255.44	256.70	257.05	200.00	222.55	221.71	226.75	225.35
2—2	0−112.92	239.74	239.74	240.58	240.58	241.28	240.79	200.00	219.89	220.24	220.94	221.50
3—3	0−084.80	203.70	203.70	228.20	228.90	224.14	223.65	182.00	201.47	201.19	205.60	204.20
4—4	0−062.79	193.00	193.00	222.05	222.05	223.52	223.10	182.00	195.30	195.72	197.05	197.40
5—5	0−045.89	193.00	193.00	222.40	222.75	224.15	223.80	182.00	196.07	196.28	198.80	197.75
6—6	0−030.98	193.00	193.00	221.35	221.49	222.40	222.40	182.00	196.35	196.00	197.75	197.40
7—7	0−032.31	194.50	194.50	222.01	221.80	224.04	224.25	—	—	—	—	—
8—8	0−013.03	189.89	189.89	219.99	219.99	222.58	223.49	—	—	—	—	—

老坝坝面、两坝间及新坝 218.00m 高程缺口与消力池流速分布详见表 3.41、图 3.37。老坝坝面最大流速 17.89m/s，老坝挑坎前平段最大近底流速为 9.59m/s（老坝反弧末 4—4 断面），最大近表流速－3.10m/s（5—5 断面）；两坝间的 8—8 断面最大近底流速、近表正反向流速均为 1.66m/s。新坝 200m 高程缺口最大近底流速为 6.63m/s，最大近表流速6.42m/s。新坝反弧段末最大近底流速为 10.55m/s，最大近表流速－3.71m/s。消力池内最大近底流速为 1.66m/s，最大近表流速 1.17m/s。

表 3.41　　　　新坝筑至 218.00m 高程时老坝、两坝间与新坝流速分布值

断面	桩号/m	测量位置	$Q=1650\text{m}^3/\text{s}$		$Q=3150\text{m}^3/\text{s}$	
			d	b	d	b
老坝溢流坝面及挑坎段流速/(m/s)						
1—1	0−133.75	1 号中	5.11	—	6.31	—
		6 号中	4.97	—	6.09	—
2—2	0−112.92	1 号中	17.89	—	19.15	—
		6 号中	17.77	—	19.33	—
3—3	0−084.80	1 号中	8.61	—	14.50	—
		6 号中	8.45	—	14.54	—
4—4	0−062.79	1 号中	9.59	−2.03	14.01	−4.54
		6 号中	9.23	2.62	—	—
5—5	0−045.89	1 号中	8.53	−3.10	13.00	−4.23
		6 号中	8.61	2.62	13.10	4.54
6—6	0−030.98	1 号中	7.22	−2.62	10.99	−3.71
		6 号中	7.41	2.34	10.48	3.71
7—7	0−032.31	1 号中	4.23	−2.03	7.86	−3.71
		6 号中	4.06	2.34	7.68	4.06
8—8	0−013.03	1 号中	1.66	−1.17	2.03	−2.62
		6 号中	1.66	1.66	2.03	−2.62
新坝 218m 高程坝面及消力池流速/(m/s)						
1—1	0−004.60	左	2.62	4.23	1.66	4.97
		中	2.34	4.06	1.66	5.24
		右	2.03	5.24	2.03	4.83
2—2	0+035.95	左	5.86	6.42	9.08	9.45
		中	6.63	—	9.23	9.30
		右	5.62	—	9.23	9.23
3—3	0+049.45	左	19.26	—	7.41	9.66
		中	19.04	—	7.86	9.80
		右	19.26	—	7.86	9.80

续表

断面	桩号/m	测量位置	$Q=1650\mathrm{m}^3/\mathrm{s}$		$Q=3150\mathrm{m}^3/\mathrm{s}$	
			d	b	d	b
4—4	0+072.95	左	9.66	−3.71	11.42	−3.10
		中	10.55	−3.10	14.59	−3.71
		右	9.94	−2.62	14.31	−3.10
5—5	0+107.95	左	−1.17	−1.17	7.22	−3.10
		中	1.66	1.17	6.09	2.87
		右	1.66	1.17	4.69	2.62
6—6	0+142.95	左	—	1.17	1.17	3.10
		中	1.17	1.17	1.66	1.66
		右	1.17	1.17	1.17	1.66

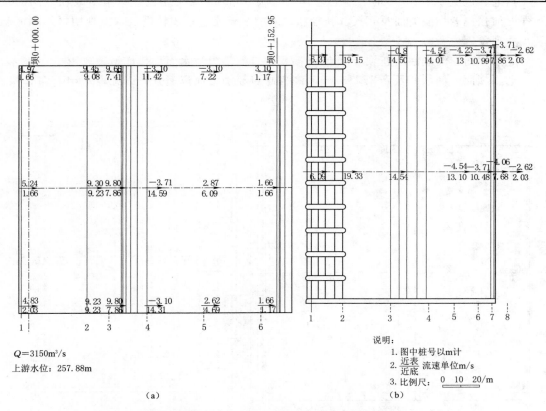

图 3.37 新坝筑至高程 218.00m 时导流流速分布图（$Q=3150\mathrm{m}^3/\mathrm{s}$）

　　各测点脉动压力均方根详见表 3.42。测试结果表明：在新坝筑至 218.00m 高程缺口时，新老坝之间区域在充水、泄流稳定整个过程中，脉动压力均方根均很小，最大脉动压力均方根为 8.65kPa（D5、D6），老坝过流不会因为水流强脉动对老坝坝面、消能工底板造成不利影响。

表 3.42　　新坝筑至 218.00m 高程时老坝溢流面、新坝上游面脉动压力均方根值

编号	桩号 /m	高程 /m	$Q=1650\text{m}^3/\text{s}$				$Q=3150\text{m}^3/\text{s}$			
			0~500s 过程		流量稳定时		0~500s 过程		流量稳定时	
			均方根 /kPa	主频 /Hz	均方根 /kPa	主频 /Hz	均方根 /kPa	主频 /Hz	均方根 /kPa	主频 /Hz
D1	0−95.69	217.65	0.74	0.003	1.14	0.081	1.74	0.009	4.96	0.127
D2	0−79.98	198.89	0.82	0.003	2.49	0.035	2.06	0.003	2.51	0.127
D3	0−63.51	193.00	2.76	0.003	4.95	0.011	2.88	0.003	2.83	0.058
D4	0−45.29	193.00	0.72	0.003	1.42	0.023	0.86	0.003	1.42	0.046
D5	0−34.79	194.50	2.64	0.003	8.65	0.011	0.63	0.003	7.53	0.023
D6	0−22.31	198.89	2.64	0.003	8.65	0.011	0.89	0.003	3.73	0.035
D7	0−14.30	189.58	1.55	0.003	3.39	0.011	0.73	0.003	3.93	0.023
D8	0−10.58	193.21	0.60	0.003	4.48	0.011	1.36	0.003	5.99	0.023

当老坝过流 $3150\text{m}^3/\text{s}$ 时，流态总体与下泄 $1650\text{m}^3/\text{s}$ 时相近，只是新老坝之间的水跃强度加强。老坝溢流面及底板及新老坝之间的水流流态总体较好，未发现明显不利流态及水力现象。

老坝坝面、两坝间及新坝 218.00m 高程缺口与消力池水面高程详见表 3.40。

老坝坝面、两坝间及新坝 218.00m 高程缺口与消力池流速分布详见表 3.41、图 3.38。

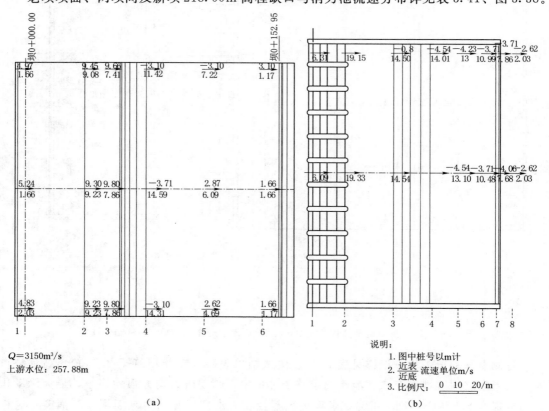

$Q=3150\text{m}^3/\text{s}$
上游水位：257.88m

（a）

说明：
1. 图中桩号以 m 计
2. $\dfrac{\text{近表}}{\text{近底}}$ 流速单位 m/s
3. 比例尺：0　10　20/m

（b）

图 3.38　新坝筑至高程 218.00m 时导流流速分布图（$Q=3150\text{m}^3/\text{s}$）

老坝反弧段流速最大为14.01m/s（老坝反弧末4—4断面），经消能后原老坝挑坎前平段最大近底流速13.10m/s（5—5断面）；两坝间的8—8断面最大近底流、近表流速分别为2.03m/s、−2.62m/s。新坝218m高程缺口最大近底流速为9.23m/s，最大近表流速9.45m/s。新坝反弧段末最大近底流速为14.59m/s，最大近表流速−3.71m/s。消力池内最大近底流速为7.22m/s，最大近表流速3.10m/s。

各测点脉动压力均方根详见表3.42。测试结果表明：在新坝筑至218.00m高程缺口时，新老坝之间区域在充水、稳定泄流整个过程中，脉动压力均方根均很小，最大脉动压力均方根为7.53kPa（D5），老坝过流不会因为水流强脉动对老坝坝面、消能工底板造成不利影响。

3）新坝浇筑至240.00m高程时度汛。

第五年度汛，当老坝过流1650m³/s时，老坝前部位水面平稳，水流经老坝溢流坝面下泄，对新老坝之间充水初始期，新老坝之间水深逐渐增大。下泄水流在老坝反弧处形成水跃消能，水跃强度不大，水流平稳。水流继而通过新坝缺口以48m的落差泄入新坝下游消力池，在新坝消力池充分消能，消力池水面平稳，出消力池后水流在下游河道水面平稳。老坝溢流面及底板及新老坝之间的水流流态总体较好，未发现明显不利流态及水力现象。

老坝坝面、两坝间及新坝240.00m高程与消力池水面高程详见表3.43。

表3.43　　新坝筑至240.00m时洪水时老坝及两坝间与新坝最大水面高程　　　单位：m

断面	桩号/m	底高程	$Q=1650\text{m}^3/\text{s}$		$Q=3150\text{m}^3/\text{s}$	
			左	右	左	右
老坝溢流坝面及挑坎段水面高程						
1—1	0−133.75	252.50	254.95	255.02	256.07	256.63
2—2	0−112.92	239.74	244.22	243.80	249.05	248.91
3—3	0−084.80	203.70	203.70	203.70	203.70	203.70
4—4	0−062.79	193.00	193.00	193.00	193.00	193.00
5—5	0−045.89	193.00	193.00	193.00	193.00	193.00
6—6	0−030.98	193.00	193.00	193.00	193.00	193.00
7—7	0−032.31	194.50	194.50	194.50	194.50	194.50
8—8	0−013.03	189.89	189.89	189.89	189.89	189.89
新坝240.00m高程坝面及消力池水面高程						
1—1	0−004.60	200.00	243.57	243.85	246.30	246.30
2—2	0+018.52	200.00	242.03	241.82	243.22	243.08
3—3	0+035.95	182.00	218.77	218.91	219.54	220.38
4—4	0+049.45	182.00	200.98	201.05	201.33	201.61
5—5	0+072.95	182.00	195.51	196.21	197.75	197.68
6—6	0+107.95	182.00	196.49	196.70	199.01	199.36
7—7	0+142.95	182.00	196.28	196.14	198.03	198.59

老坝坝面、两坝间及新坝 240.00m 高程缺口与消力池流速分布详见表 3.44、图 3.39。由于老坝 240.00m 高程以下部分均淹于水下，两坝间水深大，流速小。老坝挑坎段流速较低，最大近底流速为 4.54m/s（老坝反弧末 4—4 断面），最大近表流速−2.87m/s（4—4 断面）；两坝间的 8—8 断面最大近底流、近表正反向流速均为 1.66m/s。新坝 240.00m 顶高程最大近底流速为 5.74m/s。新坝反弧段末最大近底流速为 26.18m/s。消力池内最大近底流速为 15.41m/s，最大近表流速 3.31m/s。

表 3.44　　　　　　新坝筑至 240.00m 高程时老坝及两坝间与新坝流速分布值

断面	桩号/m	测量位置	$Q=1650\mathrm{m}^3/\mathrm{s}$		$Q=3150\mathrm{m}^3/\mathrm{s}$	
			d	b	d	b
老坝溢流坝面及挑坎段流速分布/(m/s)						
1—1	0−133.75	1 号中	6.20	6.20	6.83	—
		6 号中	6.20	—	6.83	—
2—2	0−112.92	1 号中	14.45	3.10	15.46	−7.86
		6 号中	14.26	2.87	15.81	8.03
3—3	0−084.80	1 号中	5.62	−2.87	6.93	−2.87
		6 号中	5.86	3.10	6.63	2.62
4—4	0−062.79	1 号中	4.38	−2.87	6.52	−2.62
		6 号中	4.54	2.62	6.52	2.62
5—5	0−045.89	1 号中	−5.37	3.31	7.03	−3.31
		6 号中	5.74	−3.10	7.13	3.52
6—6	0−030.98	1 号中	4.06	−3.10	6.73	−6.20
		6 号中	4.23	−2.87	6.73	6.09
7—7	0−032.31	1 号中	3.52	−2.87	5.98	−4.97
		6 号中	3.52	2.87	6.09	4.83
8—8	0−013.03	1 号中	1.66	1.66	2.87	−1.17
		6 号中	1.66	1.66	2.87	−1.17
新坝 240.00m 高程坝面及消力池流速分布/(m/s)						
1—1	0−004.60	左	3.10	—	4.38	—
		中	4.23	—	4.23	—
		右	3.71	—	4.23	—
2—2	0+018.52	左	4.83	—	7.77	—
		中	5.74	—	8.53	—
		右	5.24	—	7.95	—
3—3	0+035.95	左	18.23	—	22.05	—
		中	22.24	—	22.45	—
		右	18.53	—	21.35	—

断面	桩号/m	测量位置	$Q=1650\mathrm{m^3/s}$		$Q=3150\mathrm{m^3/s}$	
			d	b	d	b
4—4	0+049.45	左	19.15	—	26.75	—
		中	26.18	—	24.61	—
		右	22.90	—	26.72	—
5—5	0+072.95	左	15.41	−2.87	18.34	−5.37
		中	10.61	−3.31	11.30	−5.37
		右	15.50	3.31	18.16	5.24
6—6	0+107.95	左	2.03	−1.66	2.62	−1.66
		中	2.87	1.17	4.69	−2.03
		右	2.34	2.03	2.62	−2.03
7—7	0+142.95	左	1.66	2.03	1.66	2.03
		中	2.34	2.03	1.17	1.66
		右	2.03	2.03	1.66	1.66

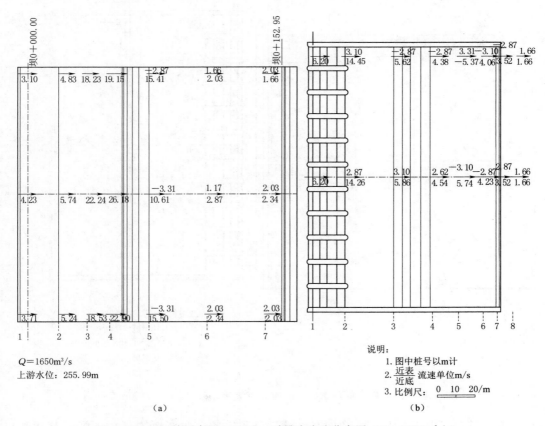

（a）

$Q=1650\mathrm{m^3/s}$
上游水位：255.99m

（b）

说明：
1. 图中桩号以m计
2. 近表／近底 流速单位m/s
3. 比例尺：0 10 20/m

图 3.39 新坝筑至高程 240.00m 时导流流速分布图（$Q=1650\mathrm{m^3/s}$）

101

各测点脉动压力均方根详见表 3.45。测试结果表明：在新坝筑至 240.00m 高程缺口时，新老坝之间区域在充水、泄流稳定整个过程中，脉动压力均方根均很小，最大脉动压力均方根为 4.59kPa（D5），老坝过流不会因为水流强脉动而对老坝坝面、消能工底板造成不利影响。

当老坝过流 3150m³/s 时，流态总体与泄 1650m³/s 时相近，只是新老坝之间的水跃强度加强。老坝溢流面及底板及新老坝之间的水流流态总体较好，未发现明显不利流态及水力现象。

老坝坝面、两坝间及新坝 240.00m 高程缺口与消力池水面高程详见表 3.43。

老坝坝面、两坝间及新坝 240.00m 高程缺口与消力池流速分布详见表 3.44、图 3.40。由于老坝反弧处水深增大，两坝间老坝挑坎段流速较低，最大近底流速为 6.52m/s（老坝反弧末 4—4 断面），最大近表流速 2.62m/s（老坝反弧末 4—4 断面）；两坝间的 8—8 断面最大近底流、近表流速分别为 2.87m/s、−1.17m/s。新坝 240m 顶高程最大近底流速为 8.53m/s。新坝反弧段末最大近表流速 26.75m/s。消力池内最大近底流速为 18.34m/s，最大近表流速 −5.37m/s。

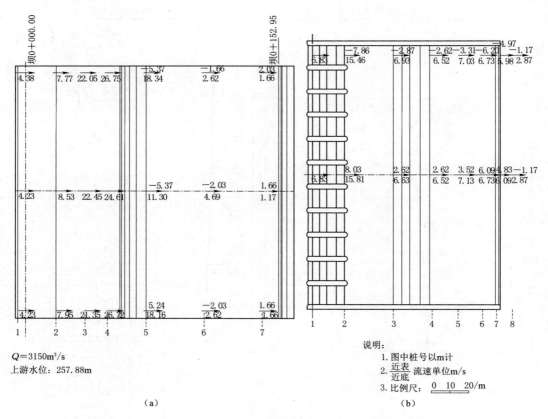

图 3.40　新坝筑至高程 240.00m 时导流流速分布图（$Q=3150\text{m}^3/\text{s}$）

各测点脉动压力均方根详见表 3.45。测试结果表明：在新坝筑至 240.00m 高程缺口时，新老坝之间区域在充水、稳定泄流整个过程中，脉动压力均方根均很小，最大脉动压力均方根为 7.53kPa（D5），老坝过流不会因为水流强脉动对老坝坝面、消能工底板造成不利影响。

表 3.45 　　　**新坝筑至 240.00m 高程时老坝溢流面、新坝上游面脉动压力均方根值**

编号	桩号坝/m	高程/m	$Q=1650\mathrm{m}^3/\mathrm{s}$				$Q=3150\mathrm{m}^3/\mathrm{s}$			
			0~500s 过程		流量稳定时		0~500s 过程		流量稳定时	
			均方根/kPa	主频/Hz	均方根/kPa	主频/Hz	均方根/kPa	主频/Hz	均方根/kPa	主频/Hz
D1	0−95.69	217.65	0.98	0.006	1.05	0.247	1.74	0.009	4.96	0.127
D2	0−79.98	198.89	0.75	0.003	1.30	0.012	1.65	0.003	2.51	0.127
D3	0−63.51	193.00	2.25	0.003	1.33	0.012	2.88	0.003	2.83	0.058
D4	0−45.29	193.00	1.62	0.003	1.13	0.070	1.31	0.003	1.42	0.046
D5	0−34.79	194.50	4.59	0.003	1.00	0.012	0.62	0.003	7.53	0.023
D6	0−22.31	198.89	0.61	0.003	1.13	0.047	0.80	0.003	3.73	0.035
D7	0−14.30	189.58	1.13	0.003	1.02	0.012	0.72	0.003	3.93	0.023
D8	0−10.58	193.21	0.61	0.003	1.10	0.059	0.78	0.003	5.99	0.023

4）新坝浇筑至 249.60m 高程时度汛。第五年度汛后，新坝筑至 249.60m 高程时，老坝下泄流量为 $3150\mathrm{m}^3/\mathrm{s}$，各测点脉动压力均方根详见表 3.46。观测结果表明：当老坝缺口过流 $3150\mathrm{m}^3/\mathrm{s}$ 时，老坝、原消能工底板及新老坝之间的水流流态与新坝筑至 240.00m 过流时类似，未发现明显不利流态及水力现象。整个新老坝之间区域在充水、泄流稳定过程中，老坝坝面、原消能工底板最大脉动压力均方根分别为 2.74kPa、2.45kPa，脉动压力主频亦均小于 1Hz。老坝过流不会因为水流强脉动对老坝坝面、消能工底板造成不利影响。

表 3.46 　　　**新坝筑成时老坝溢流面、新坝上游面脉动压力均方根值（$Q=3150\mathrm{m}^3/\mathrm{s}$）**

编号	桩号坝/m	高程/m	0~100s		101~200s	
			均方根/kPa	主频/Hz	均方根/kPa	主频/Hz
D1	0−95.69	217.65	0.24	0.059	0.30	0.234
D2	0−79.98	198.89	0.31	0.039	0.62	0.234
D3	0−63.51	193.00	0.43	0.019	2.74	0.019
D4	0−45.29	193.00	1.26	0.019	1.59	0.019
D5	0−34.79	194.50	0.89	0.019	1.31	0.019
D6	0−22.31	198.89	1.20	0.019	2.45	0.019

（3）试验结论

在第四、第五年老坝开闸度汛时，洪水由老坝溢流坝面下泄至新老坝体间，再从新坝缺口进入新坝消力池。水流在新老坝之间进行第一次消能，之后在新坝消力池中进行第二次消能后进入下游河道。由于经过两次消能，在整个下泄过程中，水流都比较平稳，没有出现不利的水力现象。

随着新坝缺口高程的增加，下泄水流的一、二次消能的比例也随之变化。缺口低时，消能主要集中在新老坝之间，缺口增高后，消能主要移到新坝消力池中，从脉动压力、流速分布及水面线都能明显看出此规律。

就老坝原坝面，消能工底板的安全来看，低坝体缺口度汛的风险比高坝体缺口相对大一些。从水力参数的测量结果来看，最大脉动压力仅有 13.09kPa，老坝反弧后各测量断面最大底流速 17.89m/s，均较小。

综上，施工期若老坝开闸度汛，各频率下的泄洪水流对新老坝均没有明显的不利影响，新老坝均是安全的。

3.4.3.3　施工期新坝水流冲击模型试验

（1）试验工况

为研究丰满原大坝度汛泄洪对新建坝影响，需研究度汛对新建坝水流冲击力及脉动压力随库水位增高的变化趋势，结合汛期调洪成果，选择各频率洪水调度库水位 257.90m、262.30m、264.10m、264.60m 及汛期限制水位 260.50m、正常蓄水位 263.50m、校核洪水位 267.70m，共计 7 个特征水位作为试验工况。

度汛泄流初期下游无尾水或尾水位较低时，瞬间全部开启闸门以研究泄流对新建坝最不利影响，称为度汛始流阶段。度汛时下游尾水为设计尾水位时，称为正常度汛阶段。各级库水位度汛试验均根据尾水不同分为度汛始流阶段和正常度汛阶段 2 种工况。

试验根据施工面貌及水流冲击位置不同又分为第三年汛后新建坝溢流坝段冲击力试验、挡水坝段冲击力试验和第四年汛后新建坝溢流坝段冲击力试验 3 种工况。

（2）测点布置

丰满老坝度汛泄洪对新建坝影响主要集中在新建坝溢流坝段和挡水坝段。为满足试验要求，第三年汛后新建坝模型溢流坝段布置测点共计 63 个，主要对应老坝 16 号、17 号坝段闸孔（简称闸孔）出流范围，其中测点 32、测点 63 测试结构自振及外部干扰；第三年汛后新建坝挡水坝段邻近溢流坝段约 20m 处于丰满老坝 9 号、10 号闸孔出流影响范围内，在该部位挡水坝段上游面布置测点 4 个；第四年汛后新建坝溢流坝段上游面对应原大坝 16 号、17 号闸孔泄流位置布置测点 16 个，其中测点 16 测试结构自振及外部干扰。冲击力测点布置示意图见图 3.41。

（3）试验成果

新坝水流冲击试验选择老坝 16～18 号闸孔全开的调度方式，在 15 号、16 号闸孔中墩和 18 号、19 号闸孔中墩安装导墙以减少水流横向扩散。根据试验成果，各年度汛期始流阶段的冲击力、压力脉动强度、水流脉动频率都较正常度汛阶段大，因此，仅将始流阶段的冲击力成果列于本研究报告中。

1）第三年汛后新坝溢流坝段水流冲击试验成果。

a. 流速流态。

试验各工况反弧末端、差动坎顶、第三年汛后入水砸击点流速见表 3.47。从表中数据看到，随库水位增高，流速整体呈增大趋势。老溢流坝反弧末端流速最大，17 号孔中流速在 33.85～36.25m/s 之间，16 号、17 号孔中墩处流速较孔中流速稍小，在 31.06～35.25m/s 之间；差动挑坎顶处流速在 19.56～34.76m/s 之间；第三年汛后入水砸击点流

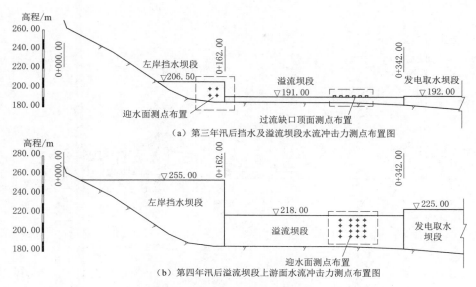

（a）第三年汛后挡水及溢流坝段水流冲击力测点布置图

（b）第四年汛后溢流坝段上游面水流冲击力测点布置图

图 3.41　新坝水流冲击力测点布置示意图

速值在 11.39～21.54m/s 之间。

各工况流速变化整体趋势为：从堰顶起水流流速由小逐渐增大，到达反弧底处流速达到最大值，之后逐渐减小。挑流水舌流速最大点位于差动挑坎处，由于水流相互作用消弱部分能量，最小流速值位于水舌入水位置。库水位 267.70m 时，第三年度汛老坝下泄水流水舌轨迹及流速分布见图 3.42。

表 3.47　　　　　　　　　反弧末端、差动坎顶、坝前流速成果表　　　　　　　　单位：m/s

库水位/m	257.90		260.50		262.30		263.50	
流速位置	17 号孔中	16～17 号中墩	17 号孔中	16～17 号中墩	17 号孔中	16～17 号中墩	17 号孔中	16～17 号中墩
反弧末端	33.85	31.06	34.22	32.55	34.53	34.01	35.03	33.31
差动坎顶	19.56	20.19	29.48	25.38	33.01	30.67	29.05	29.00
第三年汛后入水砸击点	14.35	16.20	14.59	20.65	12.74	20.34	12.75	19.83
库水位/m	264.10		264.60		267.70		—	—
流速位置	17 号孔中	16～17 号中墩	17 号孔中	16～17 号中墩	17 号孔中	16～17 号中墩	—	—
反弧末端	35.40	33.46	35.58	35.00	36.25	35.25	—	—
差动坎顶	33.59	28.25	34.19	33.60	34.76	33.74	—	—
第三年汛后入水砸击点	11.39	15.34	13.23	16.14	12.20	21.54	—	—

b. 水流冲击力。

度汛始流阶段试验主要研究度汛泄流初期，下游无尾水位或尾水位较低时，下泄水流

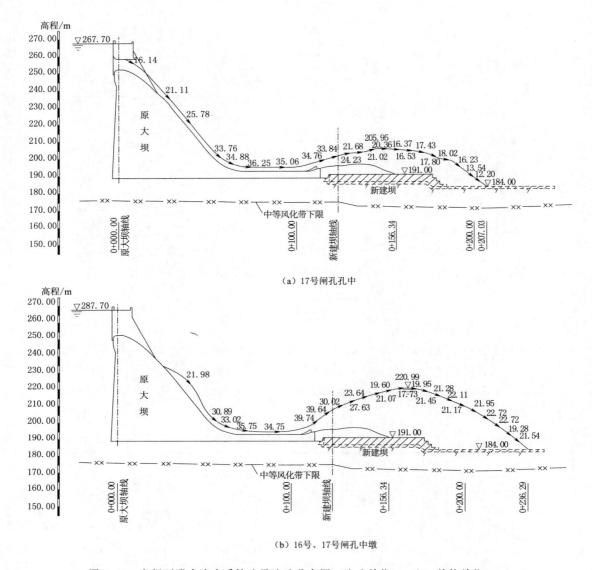

（a）17号闸孔孔中

（b）16号、17号闸孔中墩

图 3.42　老坝下泄水流水舌轨迹及流速分布图（流速单位：m/s，其他单位：m）

对新建坝体瞬时最大冲击力及其分布。第三年度汛始流阶段各库水位工况溢流坝冲击力见表 3.48。

从表 3.48 中可以看出，度汛始流阶段下泄水流对新建坝冲击力随库水位由低到高（257.90~267.70m）呈现增大趋势。由于试验中 16~18 号闸孔全开，水舌流态及下游边界条件关于 17 号闸孔中线对称相似，因此，在 257.90m、267.70m 工况中将测点 6、10、14、16、31、33~63 共计 36 个测点按照 17 号孔中轴线对称后生成冲击力分布图，可以呈现 16~18 号闸孔泄流对溢流坝的冲击作用分布。库水位 267.70m 时，度汛始流阶段新坝溢流坝段过流缺口顶面冲击力分布图见图 3.43。

表 3.48　　　　第三年汛后度汛始流阶段溢流坝段冲击力成果表　　　　单位：kPa

测点	冲击力	测点	冲击力	测点	冲击力	测点	冲击力	测点	冲击力	测点	冲击力	测点	冲击力	测点	冲击力	测点	冲击力
库水位257.90m				库水位260.50m		库水位262.30m		库水位263.50m		库水位264.10m		库水位264.60m		库水位267.70m			
1	38.46	31	153.90	1	71.89	1	—	1	—	1	—	1	—	1	—	31	—
2	57.27	33	52.34	2	60.89	2	60.65	2	112.50	2	98.19	2	88.77	2	95.05	33	89.18
3	134.80	34	—	3	86.05	3	85.85	3	80.09	3	80.78	3	96.95	3	73.65	34	94.02
4	137.60	35	147.20	4	—	4	42.01	4	50.96	4	55.77	4	154.80	4	181.60	35	97.36
5	59.25	36	146.80	5	73.95	5	68.94	5	80.96	5	59.59	5	85.51	5	78.29	36	173.50
6	156.30	37	—	6	98.86	6	73.36	6	118.60	6	49.28	6	45.39	6	127.70	37	—
7	88.01	38	—	7	81.50	7	124.20	7	65.60	7	54.03	7	99.57	7	68.00	38	—
8	107.00	39	152.50	8	82.19	8	70.19	8	46.03	8	22.73	8	21.58	8		39	63.27
9	153.20	40	18.27	9	70.82	9	86.62	9	60.20	9	71.99	9	117.80	9	65.00	40	54.51
10	63.99	41	12.30	10	63.47	10	118.60	10	116.50	10	102.40	10	122.90	10	152.70	41	42.93
11	28.68	42	5.90	11	161.80	11	—	11	73.52	11	61.99	11	—	11	188.60	42	18.61
12	130.60	43	87.30	12	142.50	12	86.92	12	93.94	12	104.20	12	120.60	12	112.40	43	201.60
13	149.00	44	22.68	13	161.30	13	101.10	13	64.96	13	140.30	13	107.60	13	105.10	44	184.20
14	32.20	45	13.24	14	136.20	14	109.90	14	104.80	14	86.59	14	83.04	14	108.10	45	27.92
15	41.23	46	4.46	15	100.20	15	100.20	15	68.30	15	230.40	15	112.30	15	196.00	46	23.33
16	—	47	45.28	16	—	16	91.99	16	112.70	16	70.01	16	79.09	16		47	—
17	27.34	48	—	17	74.69	17	22.55	17	26.34	17	67.57	17	33.79	17	36.18	48	—
18	34.88	49	91.65	18	87.67	18	22.29	18	167.50	18		18	111.70	18	101.50	49	29.40
19	32.61	50	10.05	19	137.40	19	33.92	19		19	43.83	19	13.65	19	10.24	50	41.24
20	139.20	51	20.67	20	91.12	20		20		20		20		20		51	116.20
21	103.70	52	186.80	21	135.80	21	154.00	21	184.60	21	194.20	21	146.90	21	209.00	52	—
22	103.70	53	204.60	22	76.08	22	232.50	22	210.20	22	159.20	22	117.40	22	262.00	53	302.10
23	63.21	54	102.10	23	114.20	23	181.80	23	88.93	23	112.30	23	114.90	23	149.00	54	246.50
24	82.28	55	119.00	24	142.90	24	308.10	24	84.76	24	56.13	24	91.53	24	105.00	55	136.20
25	78.18	56	205.80	25	191.70	25	206.60	25	101.80	25	83.39	25	74.23	25	132.20	56	
26	30.56	57	73.75	26	75.14	26	216.90	26	127.70	26	170.50	26	130.40	26	240.90	57	157.10
27	78.02	58	96.43	27	135.20	27		27	51.18	27		27	168.20	27		58	247.00
28	43.30	59	137.40	28	115.10	28	221.50	28	47.84	28	146.10	28	184.10	28	290.00	59	
29	30.35	60	34.06	29	58.64	29	164.20	29	96.93	29	176.70	29		29	81.86	60	131.20
30	37.51	61	51.61	30	79.57	30	205.20	30	129.80	30	142.10	30	177.00	30	131.10	61	104.80
最大值	205.80			最大值	191.70	最大值	308.10	最大值	210.20	最大值	230.40	最大值	184.10	最大值	302.10		
最小值	4.46			最小值	26.96	最小值	22.29	最小值	26.34	最小值	22.73	最小值	13.65	最小值	10.24		
平均值	81.06			平均值	101.22	平均值	122.70	平均值	95.08	平均值	101.55	平均值	107.13	平均值	123.02		

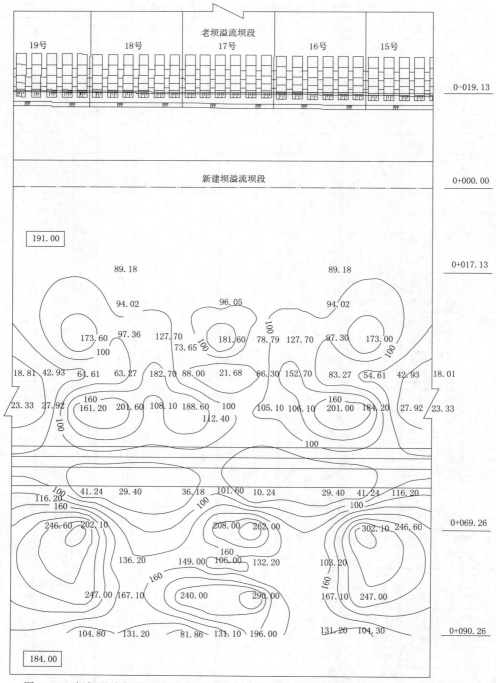

图 3.43　新坝溢流坝段过流缺口顶面冲击力分布图（压力单位：kPa，桩号单位：m）

　　根据试验，第三年度汛始流阶段，库水位为 257.90m 时，新建坝溢流坝段 191.00m 高程坝面处，由于挑流水舌直接砸击作用，冲击力较大的部位集中在 0＋031.15～0＋038.15m 桩号，冲击力值为 130.60～156.30kPa。水舌溅起后砸击在 184.00m 坝面处，最大冲击力位于 0+076.26 处，为 205.80kPa；库水位由 260.50～267.70m 各工况度汛始流阶段，冲击力最大值在 184.10～308.10kPa 之间，溢流坝 191.00m 高程和 184.00m 高程受力较大部位与库水位为 257.90m 工况比较，距坝轴线更远，这是由于水舌挑流长度随库水位增高而增长所致。库水位为 267.70m 时最大冲击力为 302.10kPa。

c. 频谱分析。

为研究下泄水流对新建坝体结构激振影响，需要了解度汛泄流对新建坝的冲击压力的脉动频率，因此，对正常度汛阶段第三年汛后新建坝溢流坝试验数据（各测点选取 200s 试验数据长度）进行频谱分析得到其前三阶主频。根据试验，度汛水流脉动频率随库水位增高无明显变化趋势。水流脉动频率幅值概率分布见图 3.44，可以看到，水流脉动一阶主频集中在 0～1Hz，其中 0～0.5Hz 占所有测试数据的 52.72％，0.5～1Hz 占 17.15％；二阶主频集中在 0～2Hz，其中 0～0.5Hz 占 25.10％，0.5～1Hz 占 17.15％；三阶主频主要集中在 0～2.5Hz。

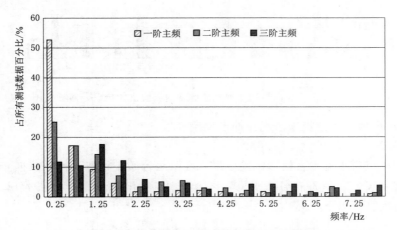

图 3.44　第三年汛后溢流坝水流脉动前三阶主频概率分布柱状图

2）第三年汛后新坝挡水坝段水流冲击试验成果。

a. 水流冲击力。

度汛始流状态各库水位工况溢流坝冲击力测试成果见表 3.49。从上表中看到，在度汛始流阶段挡水坝段上游坝面所受冲击力随库水位增高呈明显增大趋势，库水位为 267.70m 时，最大冲击力为 418.10kPa。

表 3.49　　　　　　　　　第三年汛后度汛始流阶段挡水坝段冲击力成果表

库水位	257.90m	260.50m	262.30m	263.50m	264.10m	264.60m	267.70m
测点	冲　击　力/kPa						
1	173.60	280.70	318.50	400.90	389.00	392.30	418.10
2	44.54	109.60	159.20	239.00	236.10	255.00	246.80
4	32.24	34.81	39.57	46.96	52.71	53.00	67.76

b. 频谱分析。

对正常度汛阶段第三年汛后新建坝挡水坝试验数据进行频谱分析（各测点选取 200s

试验数据长度）得到其前三阶频率。根据试验，度汛水流脉动频率随库水位增高无明显变化趋势。水流脉动主频概率分布如图 3.45 所示，可以看到，水流脉动一阶主频集中在 0～1Hz，其中 0～0.5Hz 占所有测试数据的 52.38％，0.5～1Hz 占 28.57％；二阶主频分布在 0～5Hz，在 0～1Hz 区域稍显集中，其中 0～0.5Hz 占 23.81％，0.5～1Hz 占 19.05％；三阶主频较为均匀地分布在 0～6Hz，在 2.0～2.5Hz 区域稍显集中。

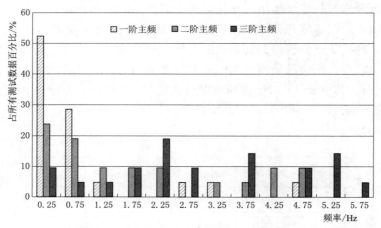

图 3.45　第三年汛后挡水坝水流脉动前三阶主频概率分布柱状图

3）第四年汛后新坝溢流坝段水流冲击试验成果。

a. 流速流态。

根据第四年汛后水流水舌轨迹试验成果，度汛水舌始流状态下冲击第四年汛后新坝上游面最高高程见表 3.50，即在各库水位度汛工况中，度汛始流阶段水舌对新建坝初始冲击范围在表中所列高程以下。

表 3.50　　　　　　　第四年汛后始流状态水舌冲击新坝坝面最高高程　　　　　　　单位：m

库水位	257.90	260.50	262.30	263.50	264.10	264.60	267.70
17 号闸孔孔中	201.30	200.77	200.64	200.48	200.43	200.74	200.51
16 号、17 号闸孔中墩	201.30	203.39	203.41	204.77	208.09	206.10	204.81

根据试验，第四年汛后老坝下泄水流冲击到新坝上游面后向上翻滚溅起浪花，浪花破裂后砸在消力池中，浪花及两坝间水位均随库水位增高而增高。库水位 267.70m 时，第四年度汛下泄水流水面线见图 3.46。

b. 水流冲击力。

（a）新老坝间不预充水方案

为研究第四年汛后老坝泄流对新坝冲击作用的最不利影响，试验选择两坝间度汛前不预充水工况进行测试，度汛始流阶段各库水位工况溢流坝冲击参数见表 3.51。

从表中可以看到，度汛始流阶段新坝溢流坝段上游坝面冲击力随库水位增高呈明显增大趋势。库水位在 257.90～267.70m 时，最大冲击力出现在高程 196.62～202.24m 之间，溢流坝上游坝面冲击力随高程的增高逐渐减小。库水位为 267.70m 时，新坝溢流坝对应 17 号闸孔孔中高程为 196.62m 位置测得冲击力最大，为 303.10kPa。

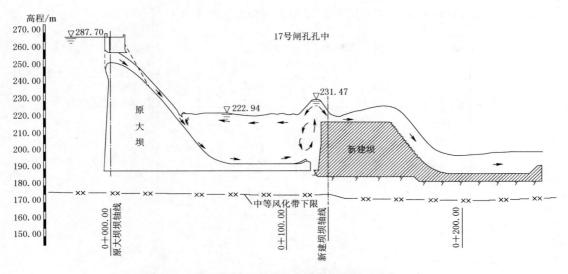

图 3.46　第四年汛后水流流态及水面线图（单位：m）

表 3.51　　　　　第四年汛后新坝溢流坝段冲击力成果表（不预充水）

库水位	257.90m	260.50m	262.30m	263.50m	264.10m	264.60m	267.70m
测点	冲　击　力/kPa						
1	—	9.78	44.36	28.13	34.59	44.89	52.61
2	12.31	34.04	57.65	77.24	83.04	74.77	95.80
3	39.26	95.44	111.90	197.40	251.60	204.00	227.30
4	100.50	103.10	118.40	169.10	202.70	238.20	241.70
5	—	11.54	15.09	33.09	42.73	48.75	64.98
6	9.23	35.14	47.70	—	73.61	96.31	102.60
7	37.13	87.65	95.77	199.10	191.00	236.67	239.50
8	74.73	203.30	115.40	153.20	177.10	265.00	303.10
9	70.50	122.50	203.90	149.20	122.20	131.70	192.80
10	11.93	34.49	40.46	68.47	155.70	65.09	102.70
11	43.77	77.89	108.70	119.30	155.20	240.50	212.30
12	124.90	143.60	151.00	127.70	168.00	181.90	250.20
13	—	41.56	20.58	28.19	22.22	26.74	44.57
14	17.00	30.89	33.56		64.48	87.52	118.20
15	33.96	72.66	125.20	141.00	84.24	102.50	135.40
最大值	124.90	203.30	203.90	199.10	251.60	265.00	303.10
最小值	9.23	9.78	15.09	28.13	22.22	26.74	44.57
平均值	47.93	73.57	85.98	114.70	121.89	136.30	158.92

库水位 267.70m 时，溢流坝段上游面冲击力分布见图 3.47。

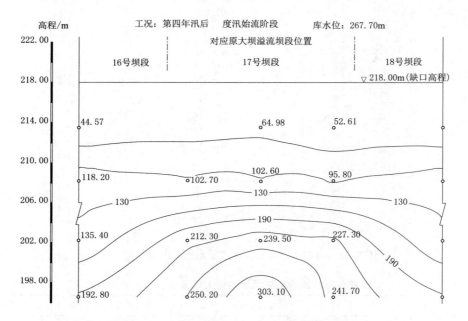

图 3.47　第四年汛后新坝溢流坝段上游面冲击力分布图（不预充水）（单位：kPa）

（b）新老坝间预充水至 218.00m 方案

试验同时研究了在新老坝之间预充水至 218.00m 高程后再度汛泄流的情况，库水位选择 257.90m、267.70m 两种工况，度汛始流阶段老坝下泄水流对新坝溢流坝段上游面冲击参数见表 3.52。

表 3.52　　　　第四年汛后新坝溢流坝段上游面冲击参数表（预充水）

测点	度汛前时均压力/kPa	始流阶段冲击力/kPa	过始流阶段时均压力/kPa	脉动强度/kPa
库水位 257.90m				
1	30.28	40.90	52.16	2.88
2	64.68	72.52	80.15	2.92
3	115.70	133.70	142.60	3.38
4	153.60	172.50	176.20	3.76
5	28.33	37.59	55.22	3.06
6	68.84	78.78	83.22	2.03
7	109.10	132.10	131.20	2.10
8	151.80	178.60	169.30	2.23
9	150.90	168.20	183.70	5.72
10	68.76	78.06	88.61	2.26
11	109.20	138.10	127.20	2.79

续表

测点	度汛前时均压力/kPa	始流阶段冲击力/kPa	过始流阶段时均压力/kPa	脉动强度/kPa
库水位 257.90m				
12	145.80	164.50	169.10	3.22
13	27.57	36.45	43.66	2.76
14	61.25	69.43	83.16	3.19
最大值	153.60	178.60	183.70	5.72
最小值	27.57	36.45	43.66	2.03
平均值	91.84	107.25	113.25	3.02
库水位 267.70m				
1	28.23	72.03	73.31	7.56
2	62.91	111.50	115.40	8.77
3	113.80	201.50	200.60	6.81
4	127.80	193.70	212.80	14.56
5	26.58	68.78	64.62	6.14
6	67.39	115.20	125.40	8.77
7	107.50	153.50	199.40	17.49
8	150.00	201.60	233.80	13.56
9	149.70	198.00	221.00	13.94
10	67.26	109.40	135.60	10.33
11	111.30	155.90	209.20	18.83
12	153.30	207.00	246.10	13.79
13	26.41	64.24	77.85	6.23
14	65.23	103.10	130.80	8.16
15	111.40	197.70	209.40	22.01
最大值	153.30	207.00	246.10	22.01
最小值	26.41	64.24	64.62	6.14
平均值	91.25	143.54	163.69	11.80

由表中数据可以看到，度汛泄流前两坝间已预充水，新坝上游面各测点处承受稳定的静水压力。度汛始流阶段，上游坝面有明显的冲击力出现。库水位257.90m时，度汛始流阶段最大冲击力为178.60kPa，过始流阶段后时均压力最大值为183.70kPa。库水位267.70m时，度汛始流阶段最大冲击力为207.00kPa，过始流阶段时均压力最大值为246.10kPa。由此可以看出，坝体间充水至218.00m高程后，溢流坝上游坝面度汛初始冲击力与稳定时段压力值相差不大，两坝间充水具有很好的消能效果。

当库水位为267.70m，不预充水，新坝上游坝面承受的最大冲击力为303.10kPa，两坝体间预充水至218.00m高程时，新坝上游坝面承受的最大冲击力为207.00kPa，较不预充水工况减小约1/3。可见，预充水措施对减少老坝泄流对新坝上游坝面的冲击力，尤其是动水冲击力效果显著。

库水位 267.70m，两坝间预充水时，新坝溢流坝段上游面冲击力分布见图 3.48。

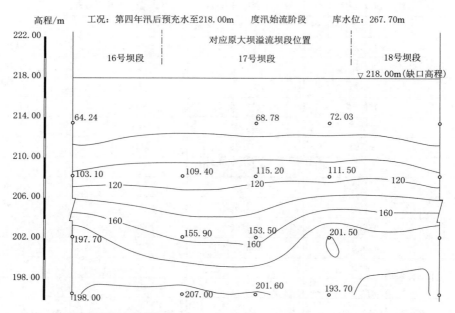

图 3.48 第四年汛后新坝溢流坝段上游面冲击力分布图（预充水）（单位：kPa）

c. 频谱分析。

对正常度汛阶段第四年汛后新坝溢流坝试验数据进行频谱分析（各测点选取 200s 试验数据长度）得到其前三阶频率。根据试验，度汛水流脉动频率随库水位增高无明显变化趋势。水流脉动频率幅值概率分布见图 3.49，可以看到，水流脉动一阶主频、二阶主频、三阶主频均集中在 0～0.5Hz。

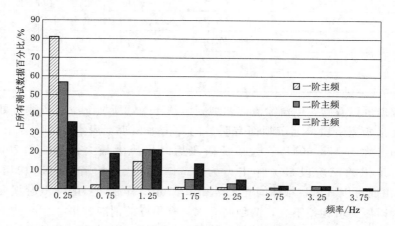

图 3.49 第四年汛后溢流坝水流脉动前三阶主频概率分布柱状图

（4）试验结论

1）施工期度汛水流参数试验成果表明，随着库水位增高，水舌长度增长，水舌流速整体呈增大趋势，挑流水舌最大流速位于差动挑坎处，库水位为 267.70m 时，度汛始流状态主流水舌对新建坝影响宽度约为 80m。

2）施工期度汛水流冲击力模型试验成果表明，水流冲击力、时均压力、脉动强度均随库水位增高呈明显的增大趋势。另外，对比第四年度汛前两坝体间不预充水和两坝间进行预充水措施时度汛始流阶段的试验成果，当库水位为 267.70m 时，不预充水时，新坝上游坝面承受的最大冲击力为 303.10kPa，两坝体间预充水至 218.00m 高程时，新坝上游坝面承受的最大冲击力为 207.00kPa，较不预充水工况减小约 1/3。可见，预充水措施对减少老坝泄流对新坝上游坝面的冲击力，尤其是动水冲击力效果显著，因此推荐从第四年开始，度汛前对新老坝之间的区域进行预充水。

3）综合频谱分析结果，水流冲击频率主要集中在 0.25Hz 左右，属低频胁迫。

3.4.4 新坝建设期度汛对老坝监测系统的影响

新坝建设期对老坝安全监测系统的影响主要为：大坝施工期第四、第五年对于可能的超导流标准（大汛 20 年重现期）的洪水，老坝溢流坝开闸放水，新坝坝体缺口度汛，此时新老坝之间水位抬高，老坝排水通道被淹没。如果老坝基础廊道出口密封出现严重渗漏导致基础廊道被淹没，老坝基础廊道内的安全监测设施会受到水淹的破坏。

基础廊道监测项目：坝基变形监测，由坝基真空激光准直测坝变形系统及垂线观测系统组成；坝基渗流监测，由坝基横向扬压力、坝基纵向扬压力及坝基渗漏量观测组成；基础廊道裂缝观测。

3.4.4.1 坝基变形监测影响

坝基真空激光准直测坝变形系统管道部分为全密封设计，该部分不受廊道淹没的影响，但测点箱和管道安装在测点墩上，会因浮力过大导致管道及测点箱体出现飘浮，损坏真空管道；接收端及发射端、抽真空控制系统及采集系统均未做密封处理，会受淹没的影响。

倒垂观测主要设施有倒垂线浮筒、垂线孔及遥测垂线仪。廊道内水位超过倒垂线浮筒导致浮筒出现飘浮，拉断垂线；流水将杂物带入垂线孔中，造成垂线卡住；遥测垂线仪应在廊道进水前拆除。

3.4.4.2 坝基渗流监测项目影响

坝基纵、横向扬压力人工观测采用压力表，自动观测采用渗压计配合数据采集装置。渗压计可不考虑水淹的影响，压力表和数据采集装置则会损坏。

3.4.4.3 坝基裂缝观测

坝基裂缝观测布设 10 支弦式表面测缝计，测缝计可不考虑水淹影响，但无法观测。

3.4.4.4 工程安全监测自动化采集系统硬件

由于洪水影响基廊的数据采集装置，需在高程 245.00m 检修廊道重新安装自动化采集系统硬件，同时为满足重建期工程安全监测自动化系统的需要，设备已严重老旧的需进行统一更新。

3.4.4.5 工程安全监测自动化系统软件

自动化数据采集软件、数据管理软件，功能很不完善，需重新开发，以满足老坝在洪水来临前安全预警的要求。

新坝建设期间，应对老坝监测系统进行升级改造处理，降低新坝建设对老坝监测系统的影响，保证老坝监测系统的安全运行。

3.4.5　新坝基坑开挖爆破对老坝稳定应力的影响

在模拟老坝三条纵缝的基础上，采用平面有限元模型和动力分析法，就新坝基坑开挖爆破振动对老坝及纵缝的影响进行分析，并从大坝整体及三条纵缝的振速、变形、应力等几个方面进行了分析和评价。

3.4.5.1　有限元计算模型

丰满老坝存在三条纵缝，坝体纵缝原设计有键槽并做接缝灌浆，大坝建设中，只有高程 204.00m 以下按照设计做了键槽和接缝灌浆。1952 年，根据 366 号设计，对老坝 AB 纵缝做了加固处理，每个加固坝段在高程 225.00m～245m 之间插直径 100mm 的钢棒 5 排，排距 4.0m，坝轴线方向间距 5m，共计 18 根，并对接缝进行了适当的灌浆。1986 年老坝全面加固补强时，下游面适当挖除一定厚度的表面混凝土后又浇筑了至少 1m 的钢筋混凝土面层，相当于对坝面出露的纵缝进行了并缝处理。

因此，平面有限元计算模型在高程 204.00m 以下按照实体坝处理，此高程以上模拟纵缝，AB 缝模拟加固的钢棒，下游坝面模拟新浇的整体混凝土面层。

缝面用接触单元模拟，根据 1997 年老坝定检时中国水利水电科学研究院和大连理工大学所做的大坝抗震动力分析及评价报告，纵缝接触单元的摩擦系数 f 取 0.6。

坝体和基础用实体单元模拟，计算采用静力、动力耦合方法。

选取 14 号溢流坝段、22 号引水坝段、35 号断层坝段（F_{67}）以及 37 号挡水坝段进行分析。平面有限元计算模型如图 3.50 所示。

计算模型截取一定范围的地基，地基竖直边界法向单约束，地基底面全约束。计算模型坐标方向如下：X 向以顺河向指向下游为正；Y 向以竖直向上为正。计算结果，正应力和主应力的符号以拉为正、压为负。

3.4.5.2　爆破振动输入

（1）爆破振动效应除受药量和至爆源距离这两个主要因素影响外，还受到炸药的性能、装药结构、起爆方式、堵塞质量以及地形地质条件等许多非主要的偶然因素的影响。由于影响因素的复杂性，目前还没有精确的理论可以求解爆破振动效应，主要根据现场实测资料作经验公式的回归分析。目前应用较多的是苏联萨道夫斯基提出的公式：

$$V = K \left(\frac{Q^{1/3}}{R} \right)^{\alpha} \tag{3.1}$$

式中：V 为质点振动速度峰值，cm/s；Q 为最大单响药量，kg；R 为测点至爆源中心距离，m；K、α 为反映非主要因素影响的系数。

新坝基础为表层开挖，现场岩性属于中等坚硬岩石（偏于风化），相对应的 K、α 值根据泄洪兼导流洞工程进出水口爆破振动测试报告，得出影响系数为 $K = 150.73$，$\alpha = 1.52$。正式施工阶段，可根据爆破振动试验的实际测试结果进行调整，因此上式变为

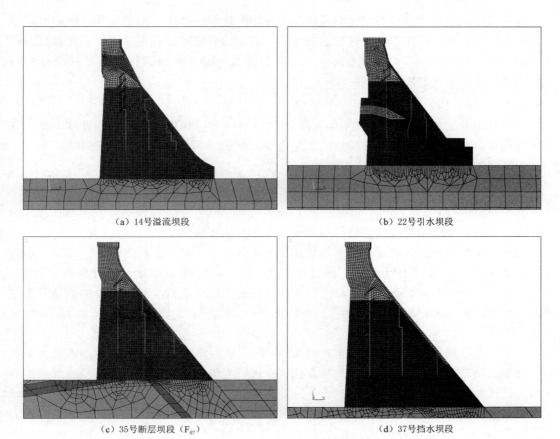

（a）14号溢流坝段　　　　　　　　　　（b）22号引水坝段

（c）35号断层坝段（F$_{67}$）　　　　　　　　（d）37号挡水坝段

图 3.50　各典型坝段有限元网格划分

$$V = 151 \times \left(\frac{Q^{1/3}}{R} \right)^{1.52} \tag{3.2}$$

　　泄洪兼导流洞进口爆破振动实测垂直向典型振动速度波型（单位：cm/s）如图 3.51 所示，以此作为有限元瞬态动力计算中输入的振动波型。

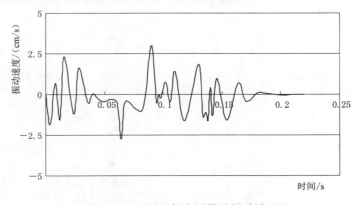

图 3.51　工程现场实测爆破振动波型

（2）有限元动力计算中假定新坝基础开挖爆破振速的控制位置为老坝坝体距爆破最近部位，即坝趾位置，此位置作为新坝基坑开挖爆破振动的输入位置，振速取坝趾部位的振速控制标准，即 3.0cm/s，保守考虑，水平向和垂直向都按照振速控制标准同时叠加输入。坝体与地基系统的阻尼比取为 5%。

3.4.5.3　计算工况

新坝基坑开挖安排工期为 2014 年 4 月至 2015 年 5 月。根据施工期水库调度实施方案的研究成果，此时间段，水库控制最高水位为 260.00m。因此，计算工况有两种：

①静力工况：库水位 260.00m 蓄水工况（下游由于施工围堰的作用，无水）。

②爆破工况：①＋爆破振动荷载。

3.4.5.4　评价方法

采用承载力极限状态设计式进行对老坝应力进行强度验算。

根据老坝坝体取芯试验成果，老坝坝体混凝土强度等级基本上相当于 C5～C10，平均 C7.5。老坝为常态混凝土重力坝，运行已将近 70 年，根据《混凝土重力坝设计规范》（DL 5108—1999）8.4.3 条的规定，大坝常态混凝土强度标准值及强度评价的龄期可采用 90d，强度等级为 C7.5 的大坝常态混凝土 90d 龄期的静态轴心抗压强度标准值为 7.6MPa。

参照《水工建筑物抗震设计规范》（DL 5073—2000）4.6.1 条的规定，动力强度验算时，混凝土动态抗压强度标准值可取静态抗压强度标准值的 1.3 倍，动态抗拉强度标准值取动态抗压强度标准值的 10%。

综上，爆破工况老坝坝体强度验算取强度等级为 C7.5 的大坝常态混凝土 90 天龄期的强度标准值进行。静态轴心抗压强度标准值为 7.6MPa，动态轴心抗压强度标准值为 9.9MPa（提高 30%），动态轴心抗拉强度标准值为 0.99MPa（取动态轴心抗压强度标准值的 10%）。

3.4.5.5　计算成果分析

老坝各典型坝段坝体及纵缝部位的振速、变形、应力及强度安全性评价等详见表 3.53～表 3.60。典型溢流坝段爆破前后坝体振速以及应力分布详见图 3.52～图 3.56，其他坝段坝体及纵缝部位的振速、变形、应力及分布规律等基本一致，不再一一列举。

表 3.53　　　　　　　　　　工况 2 各典型坝段代表位置振速峰值对比

代表部位	振速峰值/(cm/s)								控制标准
	14 号溢流坝段		22 号引水坝段		37 号挡水坝段		35 号断层坝段		
	水平	垂直	水平	垂直	水平	垂直	水平	垂直	
坝趾	3.00	3.00	3.00	3.00	3.00	3.00	3.00	3.00	3.0
坝踵	0.61	0.58	0.59	0.68	0.58	0.50	0.61	0.58	3.0
坝顶	2.35	2.82	2.31	2.66	3.14	2.93	2.99	2.86	6.0
纵缝	1.37	1.31	1.13	0.96	1.28	1.07	1.25	1.15	

表 3.54　　　　　　　　　　工况 2 各典型坝段纵缝底顶部振速峰值对比

振速峰值			典型坝段/(cm/s)			
			14 号溢流坝段	22 号引水坝段	37 号挡水坝段	35 号断层坝段
AB 缝	水平	顶部	1.27	0.88	1.11	1.06
		底部	0.63	0.88	0.61	0.62
	垂直	顶部	1.24	0.89	1.07	1.04
		底部	0.80	0.83	0.56	0.58
BC 缝	水平	顶部	1.06	1.06	1.03	1.07
		底部	0.77	0.66	0.65	0.65
	垂直	顶部	1.12	0.79	0.96	0.94
		底部	0.82	0.72	0.86	0.87
CD 缝	水平	顶部	1.11	1.13	0.96	1.00
		底部	0.94	0.59	0.83	0.88
	垂直	顶部	0.92	0.87	0.79	0.83
		底部	0.88	0.76	0.90	0.97

表 3.55　　　　　　　　　　工况 1 和工况 2 各典型坝段坝顶位移对比

典型坝段	坝顶位移/cm					
	水 平 向			垂 直 向		
	工况 1	工况 2	差值	工况 1	工况 2	差值
14 号溢流坝段	0.588	0.626	0.038	0.809	0.841	0.032
22 号引水坝段	0.550	0.596	0.046	0.857	0.881	0.024
37 号挡水坝段	0.561	0.605	0.044	0.776	0.807	0.031
35 号断层坝段	0.611	0.662	0.051	0.792	0.819	0.027

表 3.56　　　　　　　工况 1 和工况 2 纵缝开度及错动对比　　　　　　单位：mm

典型坝段		开 度			错 动		
		工况 1	工况 2	差值	工况 1	工况 2	差值
14 号溢流坝段	量值	0.05	0.13	0.08	0.16	0.24	0.08
	部位	BC 缝			BC 缝		
22 号引水坝段	量值	0.27	0.29	0.02	0.41	0.44	0.03
	部位	CD			CD		
37 号挡水坝段	量值	0.10	0.19	0.09	0.30	0.32	0.02
	部位	BC 缝			CD 缝		
35 号断层坝段	量值	0.09	0.19	0.10	0.30	0.32	0.02
	部位	BC 缝			CD 缝		

表 3.57　　　　　　　　　　工况 1 和工况 2 大坝典型部位应力对比

典 型 坝 段			应力/MPa			发生部位
			工况 1	工况 2	差值	
14 号溢流坝段	拉应力	坝踵最大拉应力	0.06	0.13	0.07	
		坝体最大拉应力	0.36	0.48	0.12	AB 缝顶附近
	压应力	坝体最大压应力	2.61	3.05	0.44	下游坝面
22 号引水坝段	拉应力	坝踵最大拉应力	无	无	无	
		坝体最大拉应力	0.52	0.56	0.04	CD 缝顶
	压应力	坝体最大压应力	3.05	3.05	0.0	下游坝面
37 号挡水坝段	拉应力	坝踵最大拉应力	0.17	0.22	0.05	
		坝体最大拉应力	0.36	0.54	0.18	BC 缝顶
	压应力	坝体最大压应力	2.54	2.73	0.19	下游坝面
35 号断层坝段	拉应力	坝踵最大拉应力	0.25	0.28	0.03	
		坝体最大拉应力	0.35	0.54	0.19	BC 缝顶
	压应力	坝体最大压应力	2.54	2.75	0.21	下游坝面

表 3.58　　　　　　　　　　工况 1 和工况 2 大坝纵缝周边应力对比

坝 段	周边应力/MPa								
	工 况 1				工 况 2				
	最大拉应力		最大接触应力		最大拉应力			最大接触应力	
	量值	部位	量值	部位	量值	部位	差值	量值	部位	差值
14 号溢流坝段	0.21	CD	0.58	BC	0.29	CD	0.08	0.68	BC	0.10
22 号引水坝段	0.52	CD	0.74	BC	0.57	CD	0.05	0.80	BC	0.06
37 号挡水坝段	0.36	BC	0.58	CD	0.54	BC	0.18	0.61	CD	0.03
35 号断层坝段	0.35	BC	0.61	CD	0.54	BC	0.19	0.64	CD	0.03

表 3.59　　　　　　　　　　工况 2 坝体最大拉应力评价　　　　　　　　单位：MPa

典型坝段	拉应力最大值	$\gamma_0 \psi S(\cdot)$	$R(\cdot)/\gamma_d$	$\dfrac{R(\cdot)/\gamma_d}{\gamma_0 \psi S(\cdot)}$
14 号溢流坝段	0.48	0.50	0.94	1.88
22 号引水坝段	0.56	0.56	0.94	1.67
37 号挡水坝段	0.54	0.50	0.94	1.88
35 号断层坝段	0.54	0.56	0.94	1.67

表 3.60　　　　　　　　　　工况 2 坝体最大压应力评价　　　　　　　　单位：MPa

典型坝段	压应力最大值	$\gamma_0 \psi S(\cdot)$	$R(\cdot)/\gamma_d$	$\dfrac{R(\cdot)/\gamma_d}{\gamma_0 \psi S(\cdot)}$
14 号溢流坝段	3.05	3.19	5.08	1.59
22 号引水坝段	3.05	2.85	5.08	1.78
37 号挡水坝段	2.73	3.19	5.08	1.59
35 号断层坝段	2.75	2.85	5.08	1.78

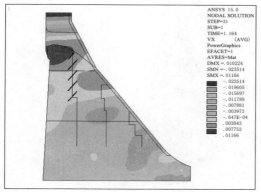 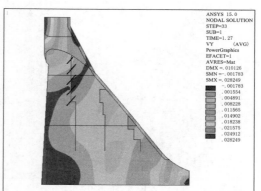

（a）水平振速分布（最大时刻）　　　　　　　（b）垂直振速分布（最大时刻）

图 3.52　爆破工况老坝典型溢流坝段坝体振速分布图（单位：m/s）

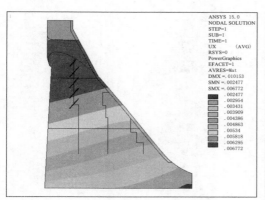 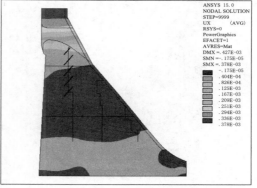

（a）工况1水平位移（爆破前静力工况）　　　　（b）工况2水平位移增量（爆破动力工况）

图 3.53　老坝典型溢流坝段坝体水平位移及水平位移增量分布图（单位：m）

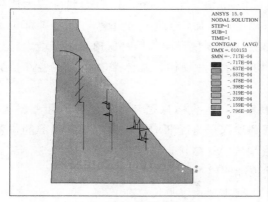 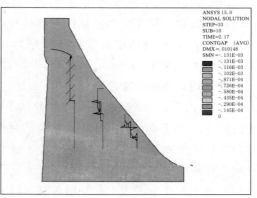

（a）工况1（爆破前静力工况）　　　　　　　　（b）工况2（爆破动力工况）

图 3.54　老坝典型溢流坝段纵缝张开分布图（单位：m）

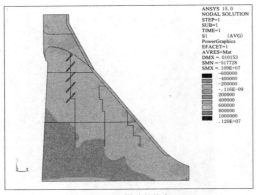
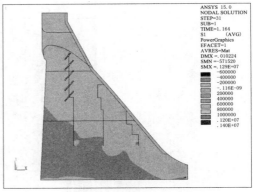

（a）工况1（爆破前静力工况）　　　　　　　　　（b）工况2（爆破动力工况）

图 3.55　老坝典型溢流坝段坝体最大拉应力分布图（单位：Pa）

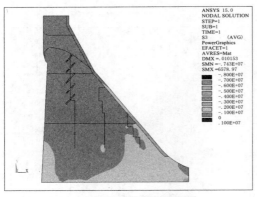

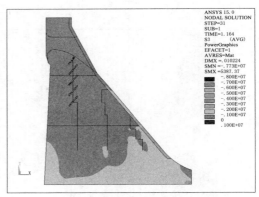

（a）工况1（爆破前静力工况）　　　　　　　　　（b）工况2（爆破动力工况）

图 3.56　老坝典型溢流坝段坝体最大压应力分布图（单位：Pa）

（1）从工况 2 坝体振速的反应来看：一般来讲，垂直向振速与水平向振速相差不大；以 37 号挡水坝段水平向最大振速为例，坝趾部位最大，为 3.0cm/s，因为此位置为爆破振动的输入位置，振动由坝趾部位向坝踵及坝顶迅速传播，振速逐渐减小，到坝踵部位衰减为 0.58cm/s，到坝体中部基本衰减为 0，然后再往坝顶方向传播时振速又逐渐增大，到坝顶达到最大，为 3.14cm/s。四个典型坝段均符合这一规律；总体来看，坝体各部位振速均不大，均在控制标准之内。

（2）从工况 2 纵缝振速的反应来看：一般来讲，垂直向振速与水平向振速相差不大，水平向振速略大于垂直向振速，从纵缝的底部到顶部振速逐渐增大，接近纵缝顶部的位置达到最大；纵缝水平向振速最大值发生在溢流坝段 AB 缝接近顶部的位置，为 1.37cm/s，垂直向振速最大值发生在溢流坝段 AB 缝接近顶部的位置，为 1.31cm/s。

（3）从工况 1 和工况 2 坝顶的位移来看：工况 1 坝顶水平位移在 0.55～0.61cm 之间，垂直向位移在 0.78～0.86cm 之间；工况 2 坝顶水平位移在 0.60～0.66cm 之间，垂直向位移在 0.81～0.88cm 之间；水平向位移增加 0.4～0.5mm，垂直向位移增加 0.2～

0.3mm；总体来看，爆破前后坝顶水平位移均在正常范围内，爆破振动引起的增量值很小，近似可以忽略不计。

（4）从工况 1 和工况 2 纵缝的开度和错动位移来看：工况 1 纵缝张开最大值为 0.05～0.27mm，纵缝错动最大值在 0.16～0.41mm；工况 2 纵缝张开最大值为 0.13～0.29mm，纵缝错动最大值为 0.24～0.44mm；纵缝张开最大值增加 0.02～0.10mm，纵缝错动最大值增加 0.02～0.08mm；总体来看，工况 1 和工况 2 纵缝开度及错动值均很小，爆破振动引起的增量甚微，近似可以忽略不计。

（5）从工况 1 和工况 2 大坝整体的应力来看：工况 1 坝体最大拉应力值为 0.35～0.52MPa，最大压应力为 2.54～3.05MPa；工况 2 坝体最大拉应力值在 0.5MPa 左右，最大压应力在 3MPa 左右；最大拉应力增加 0.04～0.19MPa，最大压应力增加 0～0.44MPa；总体来看，工况 1 和工况 2 大坝整体拉压应力都不大，爆破振动引起的增量值较小，强度验算均满足规范要求。

（6）从工况 1 和工况 2 纵缝附近的应力来看：工况 1 纵缝周边最大拉应力为 0.21～0.52MPa，最大接触应力为 0.58～0.74MPa；工况 2 纵缝周边最大拉应力为 0.29～0.57MPa，最大接触应力为 0.61～0.80MPa；最大拉应力增加 0.05～0.19MPa，最大接触应力增加 0.03～0.10MPa；总体来看，工况 1 和工况 2 纵缝周边拉应力都不大，爆破振动引起的增量值很小，强度验算均满足规范要求。

从计算成果分析及评价来看，在静力荷载前提下再附加上爆破振动荷载，对老坝坝体及纵缝安全没有明显不利影响，由此可见，坝趾振速达到爆破安全控制标准 3.0cm/s 时，纵缝安全没有受到明显影响，从这方面来讲，纵缝的爆破安全控制标准无需再定，施工期只需监控坝趾部位的振速不超过控制标准即可，无需再对老坝纵缝给予关注或开展监测。

3.5　老坝拆除对新坝的影响

3.5.1　老坝缺口拆除爆破对新坝安全影响

根据老坝缺口爆破设计方案，参考其他工程施工爆破的实验资料和经验公式，确定爆破所产生的冲击波或其冲击力谱，利用动力时程法或反应谱方法分别计算老坝和新坝的动态反应，对冲击振动所产生的结构振动速度等进行分析评价，重点作如下考虑：

（1）分析评价要针对大坝不同的典型部位进行，如坝体、闸门、厂房、基础等。

（2）通过工程类比和分析计算，提出老坝坝体缺口拆除爆破控制标准，确定各建筑物爆破振动安全允许振速和最大单响药量，确定施工期新老坝的安全运行要求。

3.5.1.1　计算说明

主要论证老坝拆除爆破施工阶段新老坝的动力安全性。

（1）爆破振动效应除受药量和至爆源距离这两个主要因素影响外，还受到炸药的性能、装药结构、起爆方式、堵塞质量以及地形地质条件等许多非主要的偶然因素的影响。由于影响因素的复杂性，目前还没有精确的理论可以求解爆破振动效应，主要根据现场实测资料作经验公式的回归分析。目前应用较多的是苏联萨道夫斯基提出的公式：

$$V = K \left(\frac{Q^{1/3}}{R} \right)^{\alpha} \tag{3.3}$$

式中：V 为质点振动速度峰值，cm/s；Q 为最大单响药量，kg；R 为测点至爆源中心距离，m；K、α 为反映非主要因素影响的系数，因本工程目前缺乏相关现场实测资料，本书将参照类似工程确定这两个系数。

参照类似工程得到上述具有统计意义的爆破振动峰值及概化振动速度付氏谱（图3.57）后，进一步求得具有统计意义的加速度峰值和典型加速度付氏谱（图3.58），从而得到爆破加速度波（根据典型加速度付氏谱随机生成，如图3.59所示），并用以作为动力有限元计算中输入的振动波。

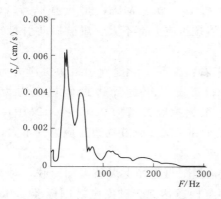

图 3.57　概化后的速度付氏谱

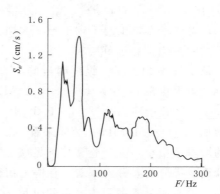

图 3.58　典型加速度付氏谱

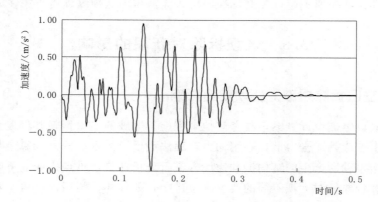

图 3.59　随机生成的爆破振动加速度波（单位标准化）

（2）因爆破施工中炸药各响之间存在缓冲或延时，而单响爆破持续时间及振动衰减极快，可认为各响爆破作用效应的相关性很低，且为了便于得到规律性结论，为此动力计算只模拟单响爆破效应。

3.5.1.2　爆破安全控制标准及最大单响药量

丰满重建工程爆破振动安全允许标准见表3.61。该标准针对不同控制部位的安全运行要求，拟定了不同的安全控制指标。

表 3.61		丰满重建工程爆破振动安全允许标准	
防 护 对 象	允许标准/(cm/s)	防 护 对 象	允许标准/(cm/s)
坝基	3.0（老坝）	帷幕灌浆区	1.5
	5.0（新坝）	水电站及发电厂中心控制室设备	0.5
坝顶	6.0（老坝）	电站引水管进口、钢闸门	5.0
	10.0（新坝）	开关站	2.5
老坝挑流鼻坎	10.0	廊道、洞室	5.0
厂房基础	5.0	止水结构	5.0

爆破最大单响药量建议值具体采用如表 3.62 所示。根据工程经验及表中数据可知，单响药量的 1/3 次幂与爆心距（只考虑水平向距离）的比值为常值。

表 3.62	丰满重建工程爆破最大单响药量建议值	
施工阶段	原坝拆除（工况 BC2）	
爆心距/m	117.7	135
药量/kg	546	824

3.5.1.3 动力有限元计算

根据前述爆破安全标准，有限元动力计算中有如下假定：

新坝建成后老坝开口拆除爆破的振速控制位置为新坝坝基防渗帷幕处（因为坝基帷幕相对于坝体的控制标准要高）。

根据控制位置得到爆源振速峰值，从而确定爆破振动波的输入。偏于设计安全考虑，动力有限元爆破振动波输入考虑水平向和竖直向同时输入等幅值等相位的振动加速度波，对于两个阶段的爆破，计算中爆破振动波施加位置为老坝 240m 高程靠近坝体下游坝面的位置。坝体与地基系统的阻尼比取为 5%。计算成果除了针对控制位置外还需对其他关键部位进行振速复核。

图 3.60 给出了老坝 14 号溢流坝段、22 号取水坝段、35 号断层坝段（河床挡水坝段）及下游对应新坝爆破振速取值节点位置及节点编号。

3.5.1.4 溢流坝段计算结果与分析

图 3.61～图 3.65 分别给出了老坝缺口开挖爆破时新坝各典型位置处水平和竖向振速时程，表 3.63 对新老坝不同位置的振速幅值进行了汇总。

考虑到新坝建成后老坝不再挡水，老坝不再具有工程安全运行要求，故爆破安全控制方面不再有控制意义，这里只评价爆破时新坝的动力安全性。

根据动力有限元计算成果，新坝坝顶的振速最大，大约为 4cm/s；基础部位的振动反应相对较小，速度峰值为 1.2cm/s，小于设定的标准值 1.5cm/s。可见，新坝坝体关键部位的振动反应均低于振速控制标准建议值。因此，综合评价认为，老坝拆除爆破时新坝满足动力安全控制要求。

3.5.1.5 取水坝段计算结果与分析

图 3.66～图 3.70 分别给出了老坝开口拆除爆破时新坝各典型位置处水平和竖向振速时程，表 3.64 对新老坝不同位置的振速峰值进行了汇总。

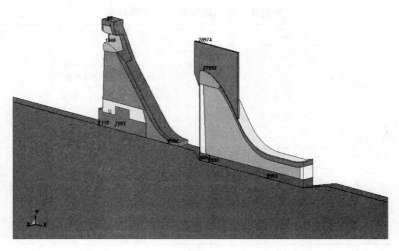

（a）14号溢流坝段

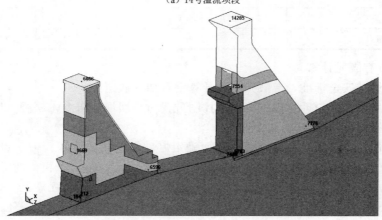

（b）22号取水坝段

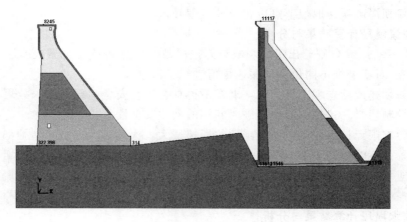

（c）35号挡水坝段

图 3.60　各典型计算坝段代表性取值点位置

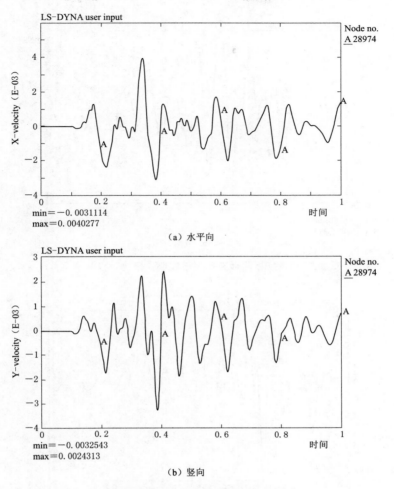

（a）水平向

（b）竖向

图 3.61　老坝拆除爆破新坝坝顶振速时程（单位：m/s）

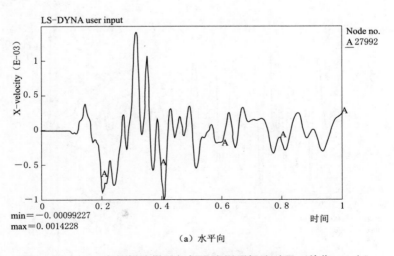

（a）水平向

图 3.62（一）　老坝拆除爆破新坝溢流堰顶振速时程（单位：m/s）

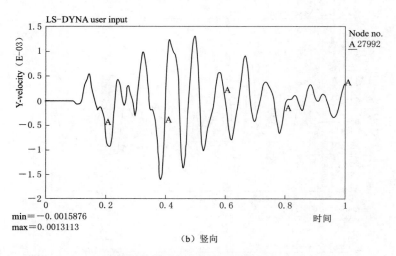

（b）竖向

图 3.62（二）　老坝拆除爆破新坝溢流堰顶振速时程（单位：m/s）

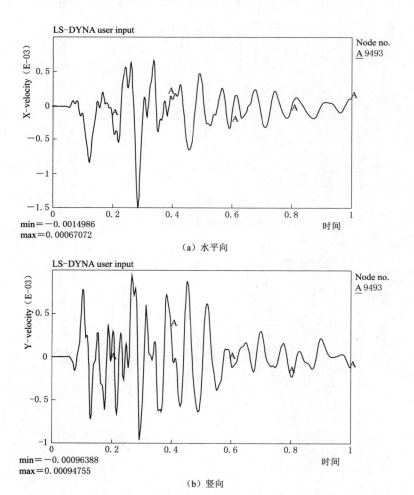

（a）水平向

（b）竖向

图 3.63　老坝拆除爆破新坝坝踵振速时程（单位：m/s）

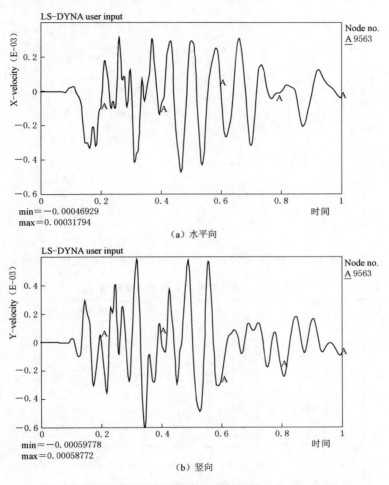

图 3.64 老坝拆除爆破新坝坝趾振速时程（单位：m/s）

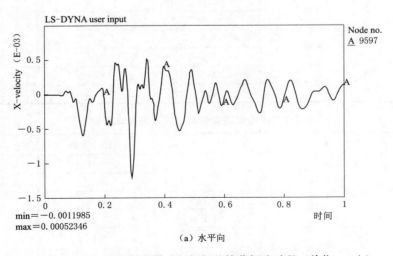

图 3.65 （一） 老坝拆除爆破新坝坝基帷幕振速时程（单位：m/s）

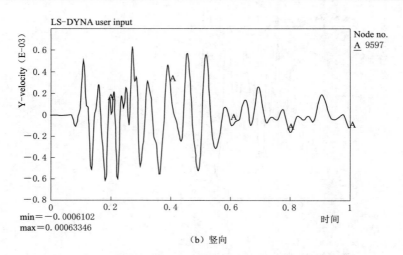

（b）竖向

图 3.65（二）　老坝拆除爆破新坝坝基帷幕振速时程（单位：m/s）

表 3.63　　　　　　　　　老坝拆除爆破坝体典型位置振速峰值情况　　　　　　　单位：cm/s

位　　　置			振速计算值	控制标准
老坝	坝踵	X 向	1.90	—
		Y 向	4.46	
	坝趾	X 向	1.56	—
		Y 向	3.06	
	坝基帷幕	X 向	2.59	—
		Y 向	4.33	
新坝	坝顶	X 向	4.03	10.0
		Y 向	3.25	
	溢流堰顶	X 向	1.42	5.0
		Y 向	1.59	
	坝踵	X 向	1.50	5.0
		Y 向	0.96	
	坝趾	X 向	0.47	5.0
		Y 向	0.60	
	坝基帷幕	X 向	1.20	1.5
		Y 向	0.63	

表 3.64　　　　　　　老坝开口拆除爆破坝体典型位置振速峰值情况　　　　　　　单位：cm/s

位　　　置			振速计算值	控制标准
老坝	坝踵	X 向	1.90	—
		Y 向	2.37	
	坝趾	X 向	1.11	—
		Y 向	2.27	
	坝基帷幕	X 向	1.95	—
		Y 向	2.36	

续表

位　　置			振速计算值	控制标准
新坝	坝顶	X 向	1.66	10.0
		Y 向	0.88	
	引水管道进口	X 向	0.42	5.0
		Y 向	0.48	
	坝踵	X 向	0.45	5.0
		Y 向	0.77	
	坝趾	X 向	0.39	5.0
		Y 向	0.64	
	坝基帷幕	X 向	0.42	1.5
		Y 向	0.66	

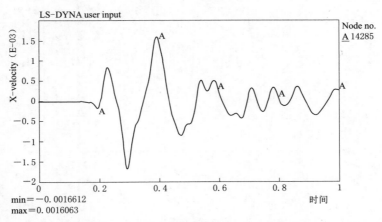

（a）水平向

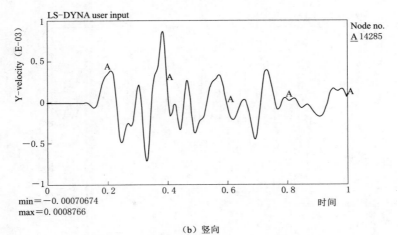

（b）竖向

图 3.66　老坝拆除爆破（工况 BC2）新坝坝顶振速时程（单位：m/s）

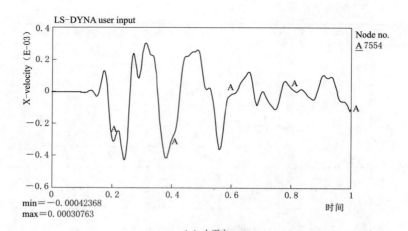

（a）水平向

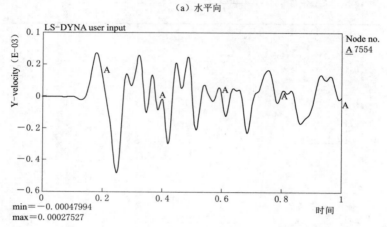

（b）竖向

图 3.67　老坝拆除爆破（工况 BC2）新坝引水管道进口振速时程（单位：m/s）

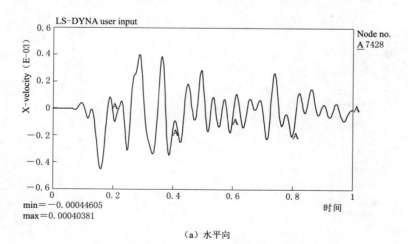

（a）水平向

图 3.68（一）　老坝拆除爆破（工况 BC2）新坝坝踵振速时程（单位：m/s）

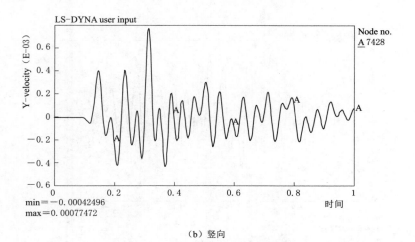

（b）竖向

图 3.68（二） 老坝拆除爆破（工况 BC2）新坝坝踵振速时程（单位：m/s）

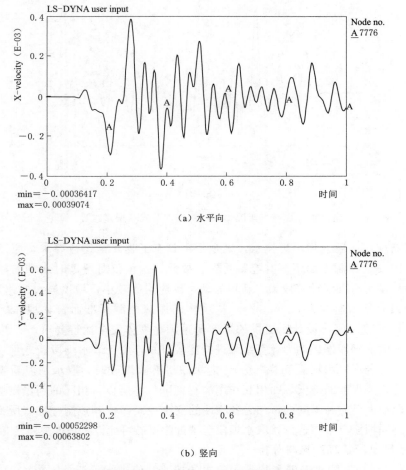

（a）水平向

（b）竖向

图 3.69 老坝拆除爆破（工况 BC2）新坝坝趾振速时程（单位：m/s）

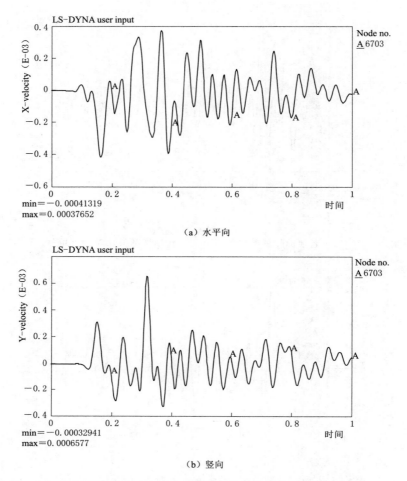

图 3.70 老坝拆除爆破（工况 BC2）新坝坝基帷幕振速时程（单位：m/s）

考虑到新坝建成后老坝不再挡水，老坝不再具有工程安全运行要求，原发电厂房也被拆除，故爆破安全控制方面不再有控制要求。故此，这里仅对爆破时新坝的动力安全性进行评价。根据动力有限元计算成果，新坝的动力反应均比较小，坝顶最大振速为 1.66cm/s，基础帷幕的最大振动速度为 0.66cm/s。从坝体的振速控制标准而言，坝体所有部位均低于振速控制标准建议值，设计所提供的爆破药量满足坝体安全运行要求。

另外，与溢流坝段爆破动力计算结果进行比较可知，由于取水坝段新老坝坝体间距较溢流坝大（不考虑老坝取水坝段下游厂房），老坝缺口拆除爆破时，取水坝段新坝的动力反应较溢流坝段有较大程度的降低，即相互作用的程度降低。所以，相同的药量爆破情形下，不同坝型的坝段动力反应是不同的，加之各坝段的安全控制部位和控制标准有所不同，药量的选用可根据不同坝段有不同选择，取水坝段老坝拆除爆破可允许将最大单响药量适当增大。

3.5.1.6 断层坝段计算结果与分析

表 3.65 对老坝拆除爆破新老坝不同位置的振速峰值进行了汇总，图 3.71～图 3.74 分别给出了老坝开口拆除爆破时新坝各典型位置处水平和竖向振速时程。

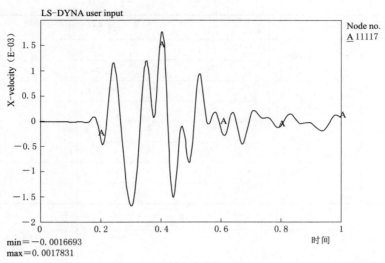

（a）水平向

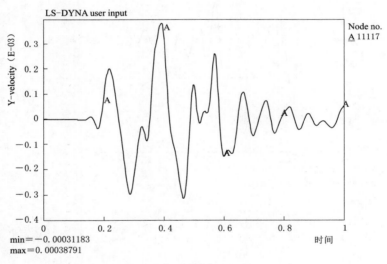

（b）竖向

图 3.71　老坝拆除爆破（工况 BC2）新坝坝顶振速时程（单位：m/s）

表 3.65　　　　　　　　老坝拆除爆破坝体典型位置振速峰值情况　　　　单位：cm/s

位　　置			振速计算值	控制标准
老坝	坝踵	X 向	4.12	——
		Y 向	6.49	
	坝趾	X 向	2.64	——
		Y 向	5.55	
	坝基帷幕	X 向	3.24	——
		Y 向	4.42	

续表

位　　置			振速计算值	控制标准
新坝	坝顶	X 向	1.78	10.0
		Y 向	0.39	
	坝踵	X 向	0.61	5.0
		Y 向	0.49	
新坝	坝趾	X 向	0.32	5.0
		Y 向	0.20	
	坝基帷幕	X 向	0.41	1.5
		Y 向	0.27	

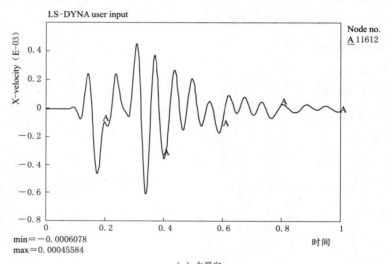

（a）水平向

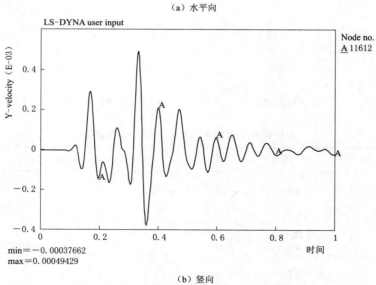

（b）竖向

图 3.72　老坝拆除爆破（工况 BC2）新坝坝踵振速时程（单位：m/s）

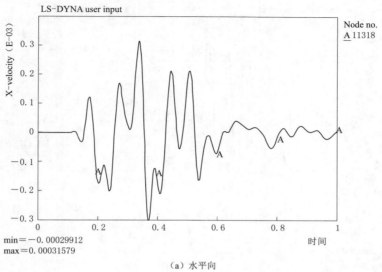

（a）水平向

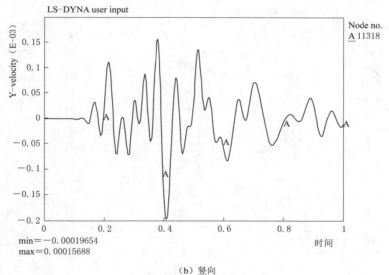

（b）竖向

图 3.73　老坝拆除爆破（工况 BC2）新坝坝趾振速时程（单位：m/s）

　　与前述两个坝段一样，这里只评价爆破时新建挡水坝段的动力安全性。根据动力有限元计算成果，挡水坝段的缺口拆除爆破产生的新坝典型坝段的振动反应并不突出，坝顶最大振动速度为 1.78cm/s，基础帷幕处的最大振动速度为 0.41cm/s。因此，从坝体的振速控制标准而言，坝体所有部位的振动速度均低于振速控制标准建议值，设计所提供的爆破药量满足坝体安全运行要求。

　　另外，与溢流坝段、取水坝段爆破动力计算结果进行比较可知，由于挡水坝段新老坝坝体间距较溢流坝段大，而与取水坝段接近，老坝拆除爆破时，挡水坝段新坝的动力反应较溢流坝段有较大程度的降低（即相互作用的程度较低），而与取水坝段相互作用

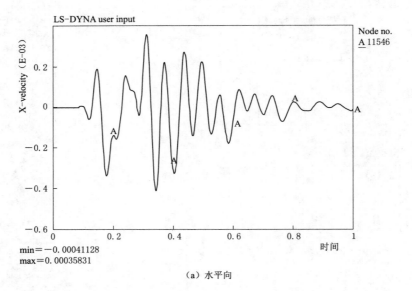

（a）水平向

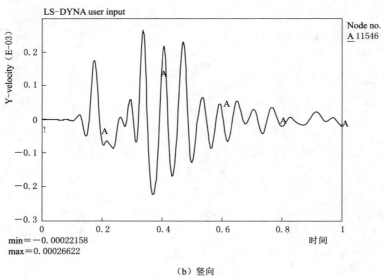

（b）竖向

图 3.74　老坝拆除爆破（工况 BC2）新坝坝基帷幕振速时程（单位：m/s）

程度相当。从而可以认为，溢流坝段是老坝缺口拆除爆破最大单响药量选择的控制坝段。

3.5.1.7　小结

重点对丰满重建工程老坝拆除爆破的安全性影响进行详细计算论证，选用三个不同型式典型坝段（即老坝 14 号溢流坝段、22 号取水坝段、35 号断层坝段及下游对应新坝）进行相关动力有限元计算分析，计算主要结果汇总如下：

老坝缺口拆除爆破时，老坝的振动反应速度最大值归纳见表 3.66。总体上分析，以坝顶的反应最大，而以坝基帷幕的控制标准最为严格，故主要以这两个位置作为控制因素。

表 3.66		老坝拆除爆破坝体振动最大速度反应峰值		单位：cm/s
坝段	溢流坝段	取水坝段	挡水坝段	控制标准
坝顶	4.03	1.66	1.78	10.0
帷幕	1.20	0.66	0.41	1.5

按照设计所拟定的单响药量与爆破振速控制指标，多数情况满足要求，只有取水坝段帷幕处的振速稍有超标，为此，对单响药量进行了敏感性分析，确定了取水坝段基坑开挖爆破时的单响药量上限值，作为爆破设计的控制依据的参考，最终归纳得出施工爆破最大单响药量，如表 3.67 所示。

表 3.67	丰满重建工程爆破最大单响药量建议值		
施 工 阶 段		原坝缺口拆除	
爆心距/m		117.7	135
药量/kg	溢流、挡水（断层）坝段	546	824
	取水坝段		

从归纳得知，考虑到新坝建成后老坝不再挡水，老坝不再具有工程安全运行要求，故爆破安全控制方面不再有控制意义，重点应评价老坝缺口拆除爆破对新坝的影响。通过对三种不同类型坝段爆破振动计算结果比较可知，由于溢流坝段新老坝坝体间距较取水坝段和挡水坝段要小一些，老坝拆除爆破时，溢流坝段新坝的动力反应较后两者的动力响应要明显，即溢流坝段新老坝的相互作用影响程度较高，溢流坝段是老坝拆除爆破最大单响药量选择的控制坝段。可见，相同的药量爆破情形下，不同坝型的坝段动力反应是不同的，加之各坝段的安全控制部位和控制标准有所不同，药量的选用可根据不同坝段有不同选择。经计算，采用拟定的老坝拆除单响药量下，坝体的爆破动力安全性均能得到保障，工程施工时爆破药量有适当加大的余地。

综合计算分析结果，总体评价认为，所拟订的最大单响药量可以满足爆破振动控制要求。通过详细的计算分析复核可以说明：各典型坝段控制位置的爆破振动速度均低于振速控制标准建议值，设计所提供的爆破药量满足坝体安全运行要求。老坝拆除爆破的动力反应是可以控制的，坝体运行安全性是可以得到保证的。

3.5.2 新坝坝前充水对新坝安全影响

老坝缺口拆除范围为 6～43 号坝段，总长 684m，拆除高程 240.20m。为尽量安排干地施工，老坝缺口拆除时在迎水侧预留挡水坎（水库死水位 242.00m），挡水坎顶高程 245.00m，宽约 9m。在挡水坎的拦挡作用下，为下游坝体拆除创造干地施工条件。新坝初期蓄水阶段，为防止坝体大范围突然拆除，水流高速进入新老坝间的小型"库区"，对新建大坝及其他结构产生不良影响，在预留坝体拆除前对小型"库区"进行预充水。

3.5.2.1 充（蓄）水期间的水位控制

原坝拆除期间，始终是干地施工，根据工程施工计划进度安排，最后一层坝体拆除前，水库水位将降至死水位242.00m，然后拆除挡水坎一定宽度，对新老坝之间进行充水，在两坝之间充水后，库水位控制在242.00m高程，再对剩余的上游临时挡水部分，按照宽度684m、底高程239.90m进行拆除，防护后缺口高程240.20m，其后丰满水库即可回蓄。

3.5.2.2 新坝坝前充（蓄）水

为防止坝体大范围突然拆除，水流高速进入新老坝间的小型"库区"，对新建大坝及其他结构产生不良影响，应在预留坝体拆除前对小型"库区"进行预充水。水库库水位242.00m时，采用拆除挡水坎宽度7.0m，拆除至高程241.30m，宽顶堰自由溢流，堰上水头0.70m，对新老坝之间进行充水，充水过程中充水流量稳定，库水位逐步抬升，需8天新坝坝前充水至242.00m高程，对大坝及其他建筑物无影响。242.00m以上高程蓄水时，建筑物对蓄水速率无特殊要求。

预充水可以按自由出流的宽顶堰流来计算，计算公式为

$$Q = \sigma_s \sigma_c mb \sqrt{2g} H_0^{3/2} \tag{3.4}$$

式中：Q为流量，m^3/s；σ_s为淹没系数；σ_c为侧收缩系数；m为流量；b为孔口总净宽；H_0为计入行近流速水头的堰前水头。

式中坝前242.00m以下充水过程见表3.68。

表3.68 坝前242.00m以下充水过程

充水时间/d	1	2	3	4	5	6	7	8
充水库容/万 m³	44.62	89.23	133.85	178.46	223.08	267.69	312.31	356.92
充水高程/m	205.23	211.86	217.88	223.39	228.49	233.26	237.73	242.00
过堰流速/(m/s)	1.10	1.10	1.10	1.10	1.10	1.10	1.10	1.10
跃后流速/(m/s)	0.27	0.27	0.27	0.27	0.27	0.27	0.27	0.27

3.5.2.3 新坝坝前充（蓄）水防护

采用堰流对新老坝间的小型"库区"进行充水期间，为防止下泄水流对老坝下游坝脚形成淘刷，根据现场实际情况，选择在老坝25号坝段设置先期先拆缺口，并采取了以下防护措施：

（1）由于老坝混凝土强度低，施工质量差，为防止运行期水流冲刷破坏，在老坝拆除缺口顶面设置0.3m厚现浇混凝土板，即挡水坎下游侧老坝缺口拆除至239.90m，防护后现浇混凝土板顶高程为设计值240.20m。

（2）为防止水流横向扩散，在先期缺口两侧各10m处分别设置防水流扩散导墙，导墙采用双排沙袋，高0.8m。

（3）为防止高速水流对老坝下游地面造成冲刷破坏，在水流影响区域，对老坝坝趾处采用抛填块石和钢筋石笼进行防护。抛填块石厚1m，顺水流方向长5m，沿坝轴线方向长54m，抛填块石末端设钢筋石笼，钢筋石笼单体尺寸为2m×1m×1m，分上下两层布置，形成简易防冲坎，防止过坝水流对两坝间造成冲刷并起到消能作用。

3.5.2.4 实测新坝坝前充水过程

2019年5月20日—6月20日，老坝拆除溢流坝段宽度7.0m，至死水位以下

241.30m 高程（此时库水位为 242.00m），宽顶堰自由溢流，新老坝之间进行充水，约 30 天老坝前后水位齐平，期间初期和中后期充水速率较快，平均速率约为 4m/d，在 6 月 23—28 日速率较慢，平均速率约为 1m/d，逐步抬升水位。至 2019 年 10 月 28 日，首次蓄水期最高水位为 263.43m，接近正常蓄水位 263.50m；蓄水前水位最低水位为 204.44m，首次蓄水最大变幅为 58.99m。新坝蓄水过程线见图 3.75。

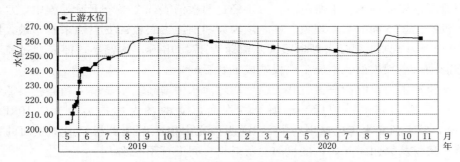

图 3.75　新坝坝前充水水位过程线

新坝坝前充水过程中，拆除缺口处下泄水流平稳，老坝坝脚消能效果良好，新老坝间未发生淘刷破坏，大坝各项监测成果正常。

3.6　本　章　小　结

3.6.1　新坝建设对老坝安全的影响

3.6.1.1　新坝建设期开挖及混凝土浇筑对老坝稳定应力的影响

（1）新坝基坑开挖及混凝土浇筑对老坝坝体应力及老坝下游尾岩体的工作性态基本没有影响，对老坝抗滑稳定亦无不利影响。新坝基坑开挖后，老坝坝体变形总体上有所增大，但变幅很小，变化不明显，基坑开挖没有引起老坝的坝体不利变形。

（2）采用刚体极限平衡法和有限元法，对新坝建设期老坝抗滑稳定进行分析，在不考虑工程措施的情况下，施工期，老坝溢流坝段、厂房坝段及岸坡坝段的抗滑稳定满足规范要求。

老坝断层坝段的抗滑稳定不满足规范要求，但新坝施工没有降低或恶化老坝断层坝段原有的稳定安全性，老坝断层坝段稳定控制滑动面为建基面，应采取相应的加固措施保障老坝断层坝段的安全运行。

（3）从新建工程施工期新老坝的坝体强度安全性、抗滑稳定安全性和坝体变形等方面综合评价，工程施工期新坝对老坝的影响程度较低。

3.6.1.2　新坝建设期度汛对老坝稳定应力的影响及模型试验研究

（1）计算表明，度汛期老坝抗滑稳定控制工况为设计洪水工况。除老坝 F_{67} 断层坝段外，老坝各年度抗滑稳定均满足现行规范要求，F_{67} 断层坝段采用坝后坡预应力锚索＋坝后堆渣填筑加固处理后，抗滑稳定满足规范要求。

（2）建设期在遭遇超标准洪水泄洪时，第三年及第四年度汛老坝泄洪仍为自由出流，原溢流坝体流速不超过原有流速值，对老坝泄洪没有影响。第五年度汛，新坝浇筑面貌改变了老坝的出流流态，原溢流坝由自由出流变成淹没出流，对老坝泄量产生一定影响，但可通过加大闸门开度满足控泄频率洪水（1%～0.2%）的施放。

（3）在第四年、第五年度汛时，水流在新老坝之间进行第一次消能，之后在新坝消力池中进行第二次消能后进入下游河道。由于经过两次消能，在整个下泄过程中，水流都比较平稳，没有出现不利的水力现象。就老坝坝面和消能工底板的安全性来看，最大脉动压力仅 13.09kPa，老坝反弧后各断面最大底流速为 17.89m/s，均较小，即老坝过流不会因为水流强脉动对老坝坝面、消能工底板造成不利影响。

（4）水流冲击力、时均压力、脉动强度均随库水位增高呈明显增大趋势。第四年度汛前两坝体间采取预充水措施后，新坝上游坝面承受的最大冲击力由 303.10kPa 降为 207.00kPa，较不预充水工况减小约 1/3。说明预充水措施对减少新坝上游坝面的冲击力效果显著，建议从第四年开始，度汛前对新老坝之间进行预充水。

（5）综合频谱分析结果，水流冲击频率主要集中在 0.25Hz 左右，属低频胁迫。

3.6.1.3　新坝建设对老坝安全监测系统的影响

新坝施工期遭遇超导流标准的洪水时，老坝溢流坝开闸放水，新坝坝体缺口度汛，老坝排水通道被淹没。如果老坝基础廊道出口密封出现严重渗漏导致基础廊道被淹没，则老坝坝基变形、坝基渗流和基础廊道裂缝监测等项目无法进行观测，同时，各种监测设备和数据采集装置也会出现不同程度的破坏。因此，新坝建设期需要加强洪水预警措施，并对老坝安全监测系统进行升级和改造，确保新坝建设期度汛老坝监测系统的正常运行。

3.6.1.4　新坝基坑开挖爆破对老坝的影响

通过新坝基础开挖爆破对老坝影响的补充计算分析，得出的结论如下：

（1）老坝在静力荷载及爆破振动荷载组合作用下，坝体及纵缝部位的变形、应力、张开、错动值等都不大，满足规范要求或在正常可接受的范围内。

（2）在静力荷载前提下再附加上爆破振动荷载（坝趾振速 3.0cm/s），对老坝坝体及纵缝安全没有明显不利影响，由此可见，坝趾爆破安全控制标准定为 3.0cm/s 是合适的，此情况下老坝纵缝不起控制作用，因此，纵缝的爆破安全控制标准无须再定，施工期只需监控坝趾部位的振速不超过控制标准即可。

（3）通过对老坝各部位爆破安全控制指标的复核，设计原来提出的爆破安全控制标准是合适的，同既往工程相比更加严格，能够保证老坝在新坝基础开挖期间的安全运行。

3.6.2　老坝拆除对新坝安全的影响

3.6.2.1　经计算，老坝拆除所拟定的最大单响药量可以满足爆破振动控制要求，各典型坝段控制位置的爆破振速均低于振速控制标准建议值，设计所提供的爆破药量满足坝体安全运行要求。老坝拆除爆破的动力反应是可以控制的，坝体运行安全性是可以得到保证的。

3.6.2.2　为防止坝体大范围突然拆除，水流高速进入新老坝间的小型"库区"，对新建大

坝及其他结构产生不良影响，应在预留坝体拆除前对小型"库区"进行预充水。水库库水位242.00m时，采用拆除挡水坎宽度7.0m，拆除至高程241.30m，宽顶堰自由溢流，堰上水头0.70m，对新老坝之间进行充水，充水过程中充水流量稳定，库水位逐步抬升，需8天新坝坝前充水至高程242.00m，在充水缺口下游侧采用堆放钢筋石笼、填筑块石、堆放砂袋等措施进行防护，可以做到对大坝及其他建筑物无影响。

第4章 施工期老坝安全管控

新坝施工建设阶段，为减小基坑开挖爆破及度汛等因素对老坝安全的影响，在新老坝相互影响研究的基础上，进一步采取了加强水库调度、F_{67}断层坝段加固、下游廊道封堵、老坝安全监测系统改造以及老坝安全预警等工程和非工程措施，保证老坝在施工期的安全稳定运行。同时，制定了满足下游用水要求的相关保障措施，保证新坝建设期原水库功能的持续发挥。

4.1 施工期水库调度

丰满重建工程施工导流利用老坝兼作新建大坝的上游围堰，在新坝下游修建土石围堰一次性拦断河床，利用水库调蓄、三期电站机组发电和左岸泄洪兼导流洞过流的导流方式。大坝施工导流标准采用大汛 20 年重现期洪水标准，当施工洪水大于大汛 20 年重现期洪水时，老坝溢流坝正常开启泄洪，按照《白山、丰满水库防洪联合调度临时方案》（松汛〔2008〕8 号，简称"08 临调方案"）的原则，正常防洪度汛。新坝施工期度汛采用淹没基坑、坝体缺口过水的方式。

为了减少老坝溢流坝开启概率、避免基坑过水，在不影响现有水库及其下游防洪目标安全的情况下，通过对水库进行合理调度，充分发挥现有水库的调蓄作用，尽最大可能保证施工期在发生 100 年一遇洪水时，老坝闸门不开启，为工程建设创造干地施工条件，确保重建工程按期完工。为此，进行了施工期水库调度方案研究。

4.1.1 施工阶段划分及度汛面貌

根据重建工程进度及特点，将整个施工期划分为四个阶段，各阶段施工度汛面貌如下：

4.1.1.1 第一阶段：2014 年 9 月 15 日前

期间主要施工项目是三期独立运行改造和泄洪兼导流洞开挖，除泄洪兼导流洞出口基坑外，水库运行无其他干地施工约束。水库放流通道由老坝溢流坝、三期泄洪洞和一期、二期机组组成。

4.1.1.2 第二阶段：2014 年 9 月 15 日—2015 年 6 月 30 日

2014 年 9 月 15 日，三期改造完成并投入运行。2014 年 9 月 1 日—2014 年 10 月 31 日修建下游横向围堰，对主河床进行一次性拦断。2014 年 9 月 15 日—2015 年 5 月 31 日一期、二期机组（1～10 号）停止发电，进行拆除。期间继续进行泄洪兼导流洞施工，大坝主体进行基础开挖和混凝土浇筑，水库运行有下游干地施工约束。水库放流通道由老坝溢流坝、三期泄洪洞和三期机组组成。

4.1.1.3　第三阶段：2015 年 7 月 1 日—2017 年 8 月 31 日

2015 年 7 月 1 日，泄洪兼导流洞完工并投入运行。期间主要是大坝、厂房施工和新建机组安装，水库运行有下游干地施工约束。水库放流通道由老坝溢流坝、新坝预留缺口、泄洪兼导流洞和三期机组组成。

4.1.1.4　第四阶段：2017 年 9 月 1 日—2019 年 5 月 31 日

期间大坝浇筑（预留缺口）及溢流坝闸门相继安装完成，2018 年 7 月 31 日，第一台新机发电，2019 年 5 月 31 日，最后一台新机发电，期间每 2 个月投产一台新机。2018 年 11 月 1 日—2019 年 5 月 31 日，老坝体缺口拆除，水库运行无下游干地施工约束。水库放流通道由新坝溢流坝（预留缺口）、泄洪兼导流洞、三期机组和新建机组组成。

由上述工程面貌分析，2015—2017 年汛期是施工期度汛的关键时期，一旦遇到超标洪水，需要开启老坝溢流坝段闸门泄洪时，应严格按照上级防汛主管部门的指示进行水库调度，确保工程施工期施工度汛安全。

4.1.2　施工期水库下游防洪任务及用水要求

4.1.2.1　施工期水库下游防洪任务及其安全泄量

施工期下游防洪任务及安全泄量不变，即：松花江丰满水库以下农村段防洪标准为 50年一遇，吉林、松原两市城防洪标准为 100 年一遇。松干防洪保护区为哈尔滨市、佳木斯市和松干平原及三江平原的广袤农田，其中哈尔滨市是松干最重要的防洪保护区，防洪标准为 200 年一遇。

（1）当丰满水库发生 5～10 年一遇洪水时，尽可能控制下泄流量在 2500～3000m³/s之间，以减少松花江沿江的淹没损失。

（2）当丰满水库发生 50 年一遇及以下洪水，控制下泄流量不超过 4000m³/s，使松花江两岸农村段保护区达到 50 年一遇防洪标准。

（3）当丰满水库发生 100 年一遇及以下洪水，控制下泄流量不超过 5500m³/s；使吉林、松原市达到 100 年一遇防洪标准。

（4）当丰满水库发生大于 100 年一遇洪水时，在保证水库大坝安全的情况下，尽量控制下泄流量不超过 7500m³/s，减轻吉林市超标准洪水的防洪压力。

（5）哈尔滨市是松花江流域重要的防洪保护对象，水库实时调度时须考虑哈尔滨市的防洪要求。

4.1.2.2　施工期下游用水要求

施工期下游各业用水要求不变，即：吉林市及其下游环境用水流量 150m³/s，保证率95%。引松入长工程引水流量 11.0m³/s；为保证下游松花江沿岸约 150 万亩农田灌溉取水水位要求，每年春灌季节（5 月初至 6 月初泡田期间）根据实际需要，要求丰满水库放流量一般不小于 350m³/s（不包括引松入长流量），保证率 75%。

4.1.3　施工期水库调度基本原则

丰满大坝重建工程内控施工期长达 73 个月（2013 年 5 月 1 日—2019 年 5 月 31 日），期间经过多个水文年度。根据来水多少可将每个水文年分为汛期（6 月 1 日—9 月 30 日）

和非汛期（10 月 1 日至次年 5 月 31 日）。其中汛期又可分为前汛期（6 月 1—30 日）、主汛期（7 月 1 日—8 月 31 日）和后汛期（9 月 1—30 日），非汛期又分为供水期（10 月 1 日至次年 3 月 31 日）和春汛期（次年 4 月 1 日—5 月 31 日）。由于来水的差别对水库调度方案影响巨大，同时考虑施工进度及要求，本次调度方案将每个水文年划分为主汛期（7 月 1 日—8 月 31 日）、后汛期（9 月 1—30 日）、供水期（10 月 1 日至次年 3 月 31 日）和春汛及前汛期（次年 4 月 1 日—6 月 30 日），并按照前面划分的四个施工阶段，针对各阶段不同发电、放流条件分别进行了水库调度方案研究。

2015—2017 年第三阶段主汛期是重建工程施工期度汛的关键时期，若老坝溢流坝段泄洪，新坝基坑就将过水，是保证干地施工的重点阶段。主汛期水库调度的关键是洪水调度，为了降低老坝溢流坝闸门开启概率、避免 100 年一遇以下洪水基坑过水，为丰满重建工程创造干地施工条件，对第三阶段主汛期水库调度进行了重点研究。

施工期水库调度的基本原则和方法如下：

（1）丰满水电站全面治理（重建）工程施工期原水库承担的下游防洪、供水任务不变，遵循"08 临调方案"批复的洪水调度方案。

（2）通过合理可行的水库调度，保证老坝及其下游防洪目标的安全，满足下游供水要求的前提下，减少溢流坝闸门开启概率，为工程干地施工创造条件。

（3）尽量减少对上游梯级电站的影响。

（4）除主汛期洪水调节计算外，其他水利计算暂不考虑梯级调节作用。

（5）根据相关专题研究和模型试验，施工期间新坝壅水对老坝溢流坝泄量影响很小，且当有壅水影响时，两坝间水流流速远远低于自由出流时的流速，因此，本方案仍以老坝溢流坝泄流能力为依据进行计算。

4.1.4　施工期水库调度方案

根据以上用水要求和调度规则，对施工期各阶段的水库调度方案进行了大量比选工作。通过计算，当以丰满水库单库来承担施工期度汛任务时，发生 100 年一遇洪水需要将丰满水库主汛前水位降低至 245.00m 左右，远低于导流洞进口岩坎和溢流坝堰顶高程，在三期机组不能发电放流时，将对下游供水造成影响，因此，需要通过白山、丰满两库进行联合调度，才能解决干地施工与下游供水之间的矛盾。经综合比较，施工期各阶段水库调度方案如下：

4.1.4.1　第一阶段：2014 年 9 月 15 日之前

期间主要施工项目是三期独立运行改造和泄洪兼导流洞开挖，水库运行无下游干地施工约束。水库放流通道由老坝溢流坝和一期、二期机组组成。

本阶段以"08 临调方案"进行洪水调度，发电调度按原有调度方式进行调度，具体水位控制计划见表 4.1。

4.1.4.2　第二阶段：2014 年 9 月 15 日—2015 年 6 月 30 日

2014 年 9 月 15 日，三期改造完成并投入运行。2014 年 9 月 1 日—10 月 31 日修建下游横向围堰，对主河床进行一次性拦断。2014 年 9 月 1 日—2015 年 5 月 31 日一期、二期机组（1～10 号）停止发电，进行拆除。期间继续进行泄洪兼导流洞施工，大坝主体进行基础开挖和混凝土浇筑，水库运行有下游干地施工约束。水库放流通道由老坝溢流坝、三期泄洪洞和三期机组组成。

（1）2014年9月1—30日调度方案

本时段具体水位控制计划见表4.1，具体调度方案如下：

1）白山水库（同"08临调方案"）。

a. 当水库水位低于416.50m时，按发电要求调度。

b. 水库水位高于等于416.50m，低于417.50m时，水库最大下泄流量为7800m³/s。

c. 当水库水位高于等于417.50m时，可开启全部泄洪设施泄流。

2）丰满水库。

a. 后汛期起调水位由正常蓄水位263.50m降为260.20m。

b. 当水库水位低于260.20m时，按发电要求调度。

c. 当水库水位高于等于260.20m，且低于等于264.40m时，水库以三期机组发电泄洪。

d. 当水库水位超过264.40m时，执行"08临调方案"。

（2）2014年10月1日—2015年4月14日调度方案

本时段原丰满一期、二期机组已经退出、泄洪兼导流洞尚未投入运行，仅有三期机组可以放流，水库运行有下游干地施工约束。为保证期间下游供水要求，必要时通过开启原三期泄洪洞为下游供水，大坝基坑需要过水，具体水位控制计划见表4.1。

（3）2015年4月15日—6月30日调度方案

本时段原丰满一期、二期机组已经退出、泄洪兼导流洞尚未投入运行，仅有三期机组可以放流，水库运行有下游干地施工约束。为保证期间下游供水要求，必要时通过开启原三期泄洪洞为下游供水，大坝基坑需要过水。为保证春汛发生100年一遇洪水时，丰满主汛期前水位可及时回落至253.70m，丰满春汛期起调水位需控制在244.80m，见表4.1。具体水位控制计划见表4.2。

表4.1 春汛不同标准洪水起调水位

项 目	10%	5%	2%	1%	丰满主汛期起调水位
春汛期起调水位/m	250.90	249.00	246.20	243.80	253.00
	251.60	249.70	247.10	244.80	253.70

注 可利用此次机会，于2015年7月1日前择机将泄洪兼导流洞进口岩坎从250.00m拆除至245.00m，这样既可充分发挥其泄洪、导流作用，又可增加其向下游供水的能力。

4.1.4.3 第三阶段：2015年7月1日—2017年8月31日

本阶段泄洪兼导流洞完工并投入运行。期间主要是大坝、厂房施工和新建机组安装，水库运行有下游干地施工约束。水库放流通道由老坝溢流坝和新坝预留缺口、泄洪兼导流洞和三期机组组成。若老坝溢流坝段泄洪，新坝基坑就将过水，是保证干地施工的重点阶段。

（1）非汛期调度方案

本时段为保证期间下游供水要求，需将丰满水库水位控制在248.00m以上，必要时通过开启泄洪兼导流洞为下游供水（条件是2015年7月1日前泄洪兼导流洞进口底坎已从250.00m拆除至245.00m，否则水库水位应控制在251.50m以上），具体水位控制计划见表4.1。

（2）4 月 15 日—6 月 30 日调度方案

本时段为了满足下游城市及工业、环境保护等用水要求，需将丰满水库水位控制在 248.00m 附近运行，必要时通过开启泄洪兼导流洞为下游供水（条件是 2015 年 7 月 1 日前泄洪兼导流洞进口底坎已从 250.00m 拆除至 245.00m，否则水库水位应控制在 251.50m 以上），具体水位控制计划见表 4.1。

同时要求白山水库控制 6 月末水库水位运行在 394.40～400.00m，丰满水库控制 6 月末水库水位运行在 251.00～253.70m。具体可根据实际情况灵活组合，只要白山、丰满两库合计可调库容不超过 35 亿 m³ 即可。

（3）7 月 1 日—8 月 31 日调度方案

本时段白山、丰满两库水位控制，可根据实际情况灵活组合只要两库合计可调库容不超过 35 亿 m³ 即可，具体水位控制计划见表 4.1。由于可行方案太多，以下仅就两个方案进行说明。

方案一：白山水库起调水位 394.40m（或 399.40m），丰满水库起调水位 253.70m 方案

1）白山水库（相应于丰满 100 年洪水标准白山主汛最高洪水位 413.00m 或 416.50m）。

①起调水位 394.40m（或 399.40m）。

②当水库水位低于 394.40m（或 399.40m）时，按照正常发电调度。

③当水库水位高于 394.40m（或 399.40m），且不高于 413.00m（或 416.50m）时，最大出库流量按电站三台机满发流量 600m³/s 控泄。

④当水库水位超过 413.00m（或 416.50m）时，恢复执行"08 临调方案"。

2）丰满水库。

①起调水位 253.70m。

②当水库水位低于 253.70m 时，视水库水位、来水情况和供水要求，合理调度。

③当水库水位高于等于 253.70m，且低于等于 262.30m 时：

a. 天然入库流量或 3 天洪量小于等于 100 年一遇（19700m³/s 和 33.4 亿 m³）时，水库最大下泄流量为 2500m³/s。

b. 天然入库流量或 3 天洪量大于 100 年一遇，恢复执行"08 临调方案"。

④当库水位超过 262.30m，恢复执行"08 临调方案"。

方案二：白山水库起调水位 400.00m，丰满水库起调水位 251.00m 方案

1）白山水库（相应于丰满 100 年洪水标准白山主汛最高洪水位 413.53m）。

①起调水位不高于 400.00m。

②当水库水位低于 400.00m 时，按照正常发电调度。

③当水库水位高于 400.00m，且不高于 413.00m 时，最大出库流量按电站三台机满发流量 900m³/s 控泄。

④当水库水位超过 413.00m，且不高于 413.53m 时，最大出库流量按电站五台机满发流量 1500m³/s 控泄。

⑤当库水位超过 413.53m，恢复执行"08 临调方案"。

2）丰满水库。

①汛前起调水位 251.00m。

②当水库水位低于 251.00m 时，视水库水位、来水情况和发电要求，合理调度。

③当水库水位不低于 251.00m，且不高于 262.30m 时：

a. 天然入库流量或 3 天洪量小于等于 100 年一遇（19700m³/s 和 33.4 亿 m³）时，水库最大下泄流量为 2500m³/s。

b. 天然入库流量或 3 天洪量大于 100 年一遇，恢复执行"08 临调方案"。

④当库水位超过 262.30m，恢复执行"08 临调方案"。

（4）9 月 1—30 日调度方案

本时段具体水位控制计划见表 4.2，具体调度方案如下：

1）白山水库（同"08 临调方案"）。

①当水库水位低于 416.50m 时，按发电要求调度。

②水库水位高于等于 416.50m，低于 417.50m 时，水库最大下泄流量为 7800m³/s。

③当水库水位高于等于 417.50m 时，可开启全部泄洪设施泄流。

2）丰满水库。

①后汛期起调水位由正常蓄水位 263.50m 降为 262.70m。

②当水库水位低于 262.70m 时，按发电要求调度。

③当水库水位高于等于 262.70m，且低于等于 264.40m 时，水库最大下泄流量为 2500m³/s。

④当水库水位超过 264.40m 时，执行"08 临调方案"。

4.1.4.4　第四阶段：2017 年 9 月 1 日—2019 年 5 月 31 日

期间大坝浇筑及溢流坝闸门安装完成，2018 年 7 月 31 日第一台新机发电，2019 年 5 月 31 日最后一台新机发电，期间每 2 个月投产一台新机。2018 年 11 月 1 日—2019 年 5 月 31 日，老坝体缺口拆除，水库运行无下游干地施工约束。水库放流通道由新坝溢流坝、泄洪兼导流洞、三期机组和新电站已经投运的新机组组成。

本阶段干地施工要求已经解除，可按"08 临调方案"进行洪水调度，发电调度方案则需要根据工程实际进展情况编制，具体水位控制计划见表 4.2。

表 4.2　　　　施工期各阶段白山、丰满水库主要时间节点水位控制计划表　　　　水位：m

阶段	度汛面貌	起止时间	水库名称	范围描述	主要时间节点水位控制范围				备注
					3月末	6月末	9月末	12月末	
第一阶段（2014 年 9 月 15 日前）	三期改造及泄洪兼导流洞施工。泄洪通道由老坝溢流坝和一期、二期机组组成	2014 年 9 月 15 日前	丰满	最高	263.50	257.90	—	—	导流洞出口围堰 10 年一遇洪水标准，流量 2500m³/s。洪水超标准围堰允许冲毁
				推荐范围	252.00～254.00	249.00～251.00			
				最低	242.00	242.00			
			白山	最高	416.50	413.00	—	—	
				推荐范围	402.00～404.00	400.00～402.00			
				最低	398.00	380.00			

续表

阶段	度汛面貌	起止时间	水库名称	范围描述	3月末	6月末	9月末	12月末	备注
第二阶段（2014 年 9 月 15 日—2015 年 6 月 30 日）	三期改造完成并投入运行，一、二期机组退出，大坝围堰施工，基坑开挖及大坝浇筑，泄洪兼导流洞尚未投入运行。泄洪通道仅有三期机组	2014 年 9 月 15 日—12 月 31 日	丰满	最高	—	—	260.00	258.00	可满足下游供水需要；可满足干地施工需要，但施工期特殊情况下的下游供水，通过原三期泄洪洞保证，大坝基坑需要过水
				推荐范围	—	—	252.00～253.00	249.00～250.00	
				最低			250.00	248.00	
			白山	最高	—	—	413.00	413.00	
				推荐范围	—	—	409.00～411.00	408.00～410.00	
				最低			390.00	390.00	
		2015 年 1 月 1 日—6 月 30 日	丰满	最高	256.00	254.00	—	—	
				推荐范围	245.00～245.50	248.00～253.00	—	—	
				最低	244.80	244.80			
			白山	最高	413.00	400.00	—	—	
				推荐范围	404.00～408.00	398.00～400.00	—	—	
				最低	380.00	390.00			
第三阶段（2015 年 7 月 1 日—2017 年 8 月 31 日）	大坝、厂房施工，新机组安装。泄洪通道由泄洪兼导流洞和三期机组组成。若老坝溢洪坝段泄洪，新坝基坑将过水。	2015 年 7 月 1 日—12 月 31 日	丰满	最高	—	—	262.70	258.00	可满足下游供水需要；可满足干地施工需要，施工期特殊情况下的下游供水，通过新建的泄洪兼导流洞保证，大坝基坑不过水（考虑 2017 年大洪水预测，将 2017 年计划水位降低）
				推荐范围	—	—	255.00～260.00	254.00～256.00	
				最低			251.00	251.00	
			白山	最高	—	—	413.00	413.00	
				推荐范围	—	—	409.00～411.00	404.00～406.00	
				最低			390.00	390.00	
		2016 年 1 月 1 日—12 月 31 日	丰满	最高	258.00	254.00	262.70	258.00	
				推荐范围	254.00～256.00	253.00～253.70	255.00～260.00	254.00～256.00	
				最低	251.00	248.00	251.00	251.00	
			白山	最高	406.00	400.00	413.00	413.00	
				推荐范围	397.00～399.00	392.00～394.40	409.00～411.00	404.00～406.00	
				最低	390.00	390.00	390.00	390.00	
		2017 年 1 月 1 日—8 月 31 日	丰满	最高	258.00	254.00	—	—	
				推荐范围	252.00～254.00	251.00～252.00	—	—	
				最低	251.00	248.00			
			白山	最高	406.00	400.00	—	—	
				推荐范围	390.00～392.00	390.00～392.00	—	—	
				最低	390.00	390.00			

续表

阶段	度汛面貌	起止时间	水库名称	范围描述	主要时间节点水位控制范围				备注
					3月末	6月末	9月末	12月末	
第四阶段（2017年9月1日—2019年5月31日）	2017年汛后，新建机组陆续投入运行，大坝浇筑及溢流坝闸门安装完成，具备正常度汛能力。2018年7月全部机组安装完成。2018年11月1日—2019年5月31日老坝拆除。	2017年9月1日—12月31日	丰满	最高 推荐范围 最低	—		262.70 255.00~260.00 251.00	258.00 254.00~256.00 251.00	干地施工约束已经解除，水库恢复正常运行，（丰满按10年1遇洪水不泄洪控制）老坝体缺口拆除期间水位计划控制需根据工程实际进展情况另行制定
			白山	最高 推荐范围 最低	—	—	413.00 410.00~413.00 390.00	413.00 406.00~408.00 390.00	
		2018年1月1日—12月31日	丰满	最高 推荐范围 最低	263.50 250.00~255.00 248.00	260.50 250.00~255.00 248.00	263.50 …~… 248.00	… 245.00	
			白山	最高 推荐范围 最低	416.50 400.00~402.00 398.00	413.00 400.00~402.00 380.00	416.50 413.00~416.50 410.00	416.50 406.00~408.00 410.00	
		2019年1月1日—5月31日	丰满	最高 推荐范围 最低	… …~… 243.00	260.50 250.00~255.00 242.00	—	—	
			白山	最高 推荐范围 最低	416.50 400.00~402.00 410.00	413.00 400.00~402.00 380.00	—	—	

4.2 老坝 F_{67} 断层坝段加固处理

通过新坝建设期对老坝稳定、应力的计算分析可知，老坝除 F_{67} 断层坝段外，其他坝段稳定、应力均满足规范要求。老坝 F_{67} 断层坝段抗滑稳定安全裕度不足，不满足规范要求，但新坝建设期对断层坝段的稳定影响不大，没有降低其抗滑稳定安全度。

为落实国家发展改革委"新坝建设期间必须确保原大坝安全稳定运行"的要求，设计首先进行了老坝断层坝段抗滑稳定的反演分析；其次，在保证新坝施工不会恶化或降低老坝原有稳定安全度的基础上，进一步研究了建设期提高老坝断层坝段抗滑稳定性的工程及非工程措施；最终根据实际揭露的地质条件，对加固方案进行了优化，从而保障新坝建设期老坝断层坝段的安全稳定运行。

4.2.1　老坝断层坝段抗滑稳定反演分析

1957 年 8 月 24 日，丰满水库水位为 266.18m，为运行以来的最高水位。丰满水库大坝自建成至今，已运行 70 多年，也不排除断层坝段基础岩石的实际抗剪断参数与试验资料有所出入。考虑到采用纯摩抗剪公式计算断层坝段的抗滑稳定能更直观、有效，本次老坝断层坝段在重建施工期的安全稳定性分析拟采用纯摩抗剪公式计算方法进行反演分析。

4.2.1.1　老坝历年上游水位运行资料

丰满水库是多年调节水库，自运行以来，水库蓄满的年份很少，根据 1953 年大坝建成、泄洪设备能够正常启用至 2010 年共 58 年的实际运行资料统计，达到汛限水位和正常蓄水位的年份以及对应上游库水位见表 4.3。

表 4.3　　　　　　　　　1953—2010 年各种特征水位出现次数统计

序号	日　　期	上游库水位/m	达到汛限水位 260.50m	达到正常蓄水位 263.50m
1	1954－10－04	264.64	√	√
2	1955－07－27	260.70	√	
3	1956－09－14	265.59	√	√
4	1957－08－24	266.18（最高）	√	√
5	1960－08－28	264.54	√	√
6	1961－10－06	261.51	√	
7	1962－10－08	262.50	√	
8	1963－10－19	265.00	√	√
9	1964－09－08	265.03	√	√
10	1971－10－15	264.96	√	√
11	1972－11－19	260.68	√	
12	1973－09－13	262.37	√	
13	1975－08－07	263.10	√	
14	1980－12－04	260.79	√	
15	1983－07－29	261.34	√	
16	1985－09－08	263.42	√	
17	1986－09－03	263.71	√	√
18	1987－09－01	262.81	√	
19	1991－08－03	263.55	√	√
20	1994－08－21	262.82	√	
21	1995－08－10	264.73	√	√
22	1996－08－15	262.50	√	
23	2005－09－08	263.14	√	
24	2010－08－26	263.94	√	√
合计	24 年	—	24 年	11 年

根据丰满水库1953—2010年共58年的实际运行水位统计结果可知，丰满水库达到汛限水位260.50m及以上的年份共计24年次，达到正常蓄水位263.50m及以上的年份共计11年次。历史最高水位为266.18m，出现时间为1957年8月24日。

4.2.1.2　35号断层坝段历年变形监测资料

丰满大坝的观测工作始于1953年，先后建立了水平位移、沉陷、水准网、扬压力、接缝、大坝内部观测等项目。1971年增设了坝顶引张线系统，1984年建立了坝顶真空激光准直系统，1988年后建立了坝基真空激光准直系统，并对32号坝段正垂线、坝基扬压力、坝体和坝基漏水系统等进行了自动化改造，建立了丰满观测数据处理系统。

从多年的观测成果来看，大坝的水平位移及垂直位移均属正常变化。断层坝段（35号坝段为代表）和相邻坝段历年的变形监测资料显示，35号坝段坝顶及坝基水平位移变化规律与相邻坝段基本一致，且主要受上游水位的影响，35号坝段坝顶水平位移向上游和下游最大分别达-13.97mm和8.72mm，分别发生于1990年2月20日和1986年10月24日，多年最大变幅22.69mm；坝基水平位移向下游，范围在0～0.37mm。35号坝段坝顶及坝基垂直位移变化规律与相邻坝段基本一致，且变位较小，坝顶最大垂直位移向上和向下最大分别达-2.09mm和3.36mm，分别发生于2003年4月21日和1986年1月25日，多年最大变幅5.45mm；坝基垂直位移最大年变幅仅0.32mm。

根据大坝多年的变形观测成果来看，断层坝段变形规律与相邻坝段相比，无变形突变或特别不一致等现象，坝顶及坝基位移变化规律与相邻坝段基本一致或大体相似，且主要受上游水位的影响，断层坝段多年来运行基本稳定。因此，水库水位在高水位运行时，断层坝段也是稳定的。

4.2.1.3　35号断层坝段扬压力监测资料

老坝主要通过坝基扬压力孔和排水孔进行了坝基扬压力监测。纵向扬压力自1954年始测，横向扬压力自1958年始测。

实测的52个坝段（3～54号）中只有岸边的几个坝段（约占6%）扬压力折减系数大于0.3，其余大部分坝段小于0.2。其中35号坝段坝基扬压力水位变化规律基本正常，总体变化较为平缓，坝基实测扬压力小于设计值，幕后最大扬压力折减系数为0.18，历年平均值为0.14，该坝段坝基扬压力目前已经基本稳定。

通过上述资料表明，丰满水库超过正常高水位年次达到11次，并且在1957年丰满水库经受上游历史最高水位266.18m的考验；从断层坝段变形监测、扬压力监测资料表明，断层坝段运行是稳定安全的。

4.2.1.4　35号断层坝段按实际运行反演复核新坝建设期抗滑稳定情况

（1）按抗剪公式反算基础综合参数 f

1）基底扬压力。

根据丰满实际运行状况，35号坝段历年实测扬压力小于设计值，幕后最大扬压力折减系数为0.18。本次设计35号坝段基底扬压力折减系数采用0.18。

2）水库上游水位。

35号断层坝段现状稳定分析采用实际发生的上游最大水位，即266.18m。

3）抗滑稳定分析。

采用抗剪强度公式：

$$K = f\sum W / \sum P \qquad\qquad (4.1)$$

式中　K 为抗剪强度计算安全系数；f 为抗剪强度参数；$\sum W$ 为作用在滑动面上的法向力，kN；$\sum P$ 为沿滑动面方向的滑动力，kN。

假定 35 号断层坝段的抗滑稳定安全系数取最小值即 $K = 1.0$，反算老坝 35 号断层坝段的抗剪参数最小值 f。

计算结果见表 4.4。

表 4.4　　　　　　　　35 号坝段建基面抗剪强度参数 f 反算

上游水位/m	扬压力系数	安全系数 K	$\sum W$/kN	$\sum P$/kN	反算 f 值
266.18	0.18	1.0	48288	28744	0.6

（2）施工期开挖，老坝 35 号断层坝段安全稳定分析

采用抗剪强度计算公式计算，同时根据上述分析，35 号断层坝段的抗剪参数取值采用：$f = 0.6$。

新坝基坑开挖后 35 号断层坝段沿建基面的抗滑稳定计算成果见表 4.5；新坝基坑开挖后老坝 35 号断层坝段沿老坝坝踵至新坝坝基开挖临空面连线的深层抗滑稳定计算成果见表 4.6。

表 4.5　　　　　　新坝基坑开挖后 35 号断层坝段建基面抗滑稳定计算成果

计 算 工 况	$\sum W$/kN	$\sum P$/kN	f	K
工况 1：正常蓄水位情况	55512	27278	0.6	1.22
工况 2：百年一遇洪水情况	50722	28914	0.6	1.05
工况 3：设计洪水位情况	49943	29215	0.6	1.03

表 4.6　　　　　　新坝基坑开挖后 35 号断层坝段深层抗滑稳定计算成果

计 算 工 况	$\sum W$/kN	$\sum P$/kN	f	K
工况 1：正常蓄水位情况	84842	36113	0.6	1.41
工况 2：百年一遇洪水情况	68538	36654	0.6	1.12
工况 3：设计洪水位情况	67853	36839	0.6	1.11

（3）施工期度汛，老坝 35 号断层坝段安全稳定分析

根据老坝断层坝段度汛期刚体极限平衡法抗滑稳定计算结果，考虑基坑开挖料堆放于老坝坝后的工程措施，设计洪水位工况下第三、四年抗滑稳定安全裕度不满足现行规范要求，且第四年为控制年份。

现根据反演计算出来的建基面抗剪强度参数 $f = 0.6$，不考虑以及考虑基坑开挖料堆放于老坝坝后两种情况，采用抗剪强度公式计算老坝断层坝段度汛期第 3 年、第 4 年建基面抗滑稳定安全度。计算结果见表 4.7 和表 4.8，计算示意图见图 4.1。

表 4.7　　　　　度汛期第 3 年老坝断层坝段建基面抗滑稳定计算结果

工况	上游水位 /m	下游水位 /m	不考虑下游填料				考虑下游填料			
			$\sum W$ /kN	$\sum P$ /kN	f	K	$\sum W$ /kN	$\sum P$ /kN	f	K
百年一遇	266.00	187.00	52234	29190	0.6	1.07	60748	26874	0.6	1.36
设计洪水	266.50	187.00	52174	29570	0.6	1.06	60687	27254	0.6	1.34
校核洪水	267.70	187.00	52028	30492	0.6	1.02	60542	28176	0.6	1.29

表 4.8　　　　　度汛期第 4 年老坝断层坝段建基面抗滑稳定计算结果

工况	上游水位 /m	下游水位 /m	不考虑下游填料				考虑下游填料			
			$\sum W$ /kN	$\sum P$ /kN	f	K	$\sum W$ /kN	$\sum P$ /kN	f	K
百年一遇	266.00	200.00	46740	28786	0.6	0.97	55254	26470	0.6	1.25
设计洪水	266.50	200.00	46680	29166	0.6	0.96	55193	26850	0.6	1.23
校核洪水	267.70	200.00	46534	30088	0.6	0.93	55047	27772	0.6	1.19

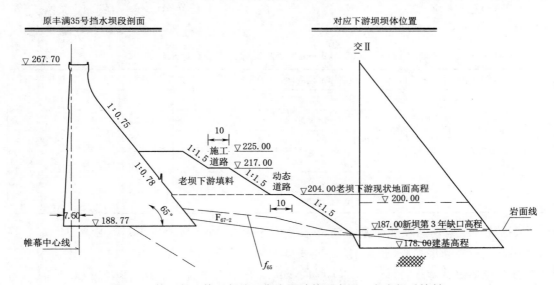

图 4.1　第三年、第四年施工期度汛计算示意图（考虑坝后填料）

由以上计算结果可以看出：

①新坝基坑开挖期间，采用抗剪强度公式，抗剪参数取 $f=0.6$ 时，老坝 35 号断层坝段沿建基面的抗滑稳定计算成果及沿老坝坝踵至新坝坝基开挖临空面连线的深层抗滑稳定计算成果均大于 1.0。结合丰满老坝实际运行情况综合分析，老坝 35 号断层坝段在新坝基坑开挖期是稳定的。

②老坝断层坝段各工况下，考虑基坑开挖料暂存于老坝坝后的工程措施现状情况，建基面安全系数提高了 0.26～0.29。

③新坝度汛期第 3 年，采用纯摩公式计算沿建基面的抗滑稳定，当抗剪强度 $f=0.6$ 时，老坝断层坝段在不考虑以及考虑基坑开挖料堆放于老坝坝后两种情况下，K 均大于

1.0，是稳定的。

④新坝度汛期第 4 年，采用纯摩公式计算沿建基面的抗滑稳定，当抗剪强度 $f = 0.6$ 时，老坝断层坝段当考虑基坑开挖料堆放于老坝坝后的工程措施后，$K > 1.0$，是稳定的。

4.2.2　非汛期老坝降低上游库水位运行

老坝断层坝段在非汛期可以通过降低上游库水位运行来相对地提高其抗滑稳定安全裕度。

假定老坝断层坝段抗滑稳定满足规范要求，即 $\dfrac{R(\cdot)/\gamma_d}{\gamma_0\psi S(\cdot)} = 1.0$，反算坝前库水位。计算结果见表 4.9。

表 4.9　　　　　老坝断层坝段降水位运行抗滑稳定计算（刚体法）

计算前提	计算工况	$\gamma_0\psi S(\cdot)$	$R(\cdot)/\gamma_d$	比值
新坝施工前	坝前水位 253.50m	22113	22365	1.01
新坝基坑开挖期	坝前水位 255.50m	24148	24478	1.01

另外，统计老坝 1953—2008 年共计 56 年的 3—6 月上游实际运行最高库水位资料，结果如表 4.10。

表 4.10　　　　老坝 1953—2008 年 3—6 月上游实际运行最高库水位情况

历年 3—6 月最高库水位/m	3—6 月最高库水位区间/m	频次/年	比例/%	累计比例/%
262.75	260.00～262.75	2	3.6	100
	255.00～260.00	16	28.6	96.4
	250.00～255.00	20	35.7	67.9
	245.00～250.00	9	16.1	32.2
	240.00～245.00	8	14.3	16.1
	240.00 以下	1	1.8	1.8

根据统计结果，老坝非汛期上游库水位低于 255.00m 高程以下运行次数占 67.9%，接近 70%。新坝断层坝段基础开挖工期安排在第二年汛后，至第三年 4 月完成，然后于 5—6 月对该部位基础进行回填。这个时间段上，在上游水位控制在 255.50m 以下时，老坝断层坝段的抗滑稳定性满足规范要求，在非汛期这一目标是容易实现的，但该方案在汛期是不现实的。

4.2.3　老坝断层坝段工程加固措施

4.2.3.1　基坑开挖料堆放于老坝坝后

（1）施工期基坑开挖料布置

新坝基坑开挖期间，在断层坝段基础开挖前，结合新老坝之间混凝土浇筑铺筑施工道路的布置，将两岸岸坡坝段基坑开挖弃料，堆放于老坝断层坝段后并考虑适当夯实及碾压。因此，新坝建设期，老坝断层坝段的抗滑稳定分析计算亦可考虑坝后填料的有利作用。

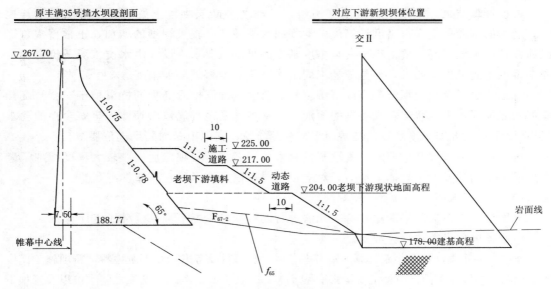

图 4.2 施工期坝后填料堆放示意图

（2）考虑坝后填料，老坝断层坝段抗滑稳定计算成果

1）新坝基坑开挖期。

新坝基坑开挖前后，分别采用刚体极限平衡法和有限元法计算老坝 35 号断层坝段沿建基面的抗滑稳定。计算成果见表 4.11、表 4.12。

表 4.11 35 号断层坝段沿建基面抗滑稳定计算结果（刚体法）

施工阶段	计算工况	不考虑下游填料			考虑下游填料		
		$\gamma_0 \psi S(\cdot)$	$R(\cdot)/\gamma_d$	比值	$\gamma_0 \psi S(\cdot)$	$R(\cdot)/\gamma_d$	比值
新坝施工前	正常蓄水位	556068	400552	**0.72**	—	—	—
	设计洪水位	599601	396413	**0.66**	—	—	—
	校核洪水位	524132	395342	**0.75**	—	—	—
新坝基坑开挖后	正常蓄水位	565586	429510	**0.76**	27706	27133	**0.98**
	设计洪水位	599588	388382	**0.65**	29841	25338	**0.85**
	校核洪水位	524120	387312	**0.74**	26197	25192	**0.96**

表 4.12 35 号断层坝段沿建基面抗滑稳定计算结果（有限元法）

施工阶段	计算工况	不考虑下游填料			考虑下游填料		
		$\gamma_0 \psi S(\cdot)$	$R(\cdot)/\gamma_d$	比值	$\gamma_0 \psi S(\cdot)$	$R(\cdot)/\gamma_d$	比值
新坝施工前	正常蓄水位	547129	492689	**0.90**	—	—	—
	设计洪水位	590546	493015	**0.84**	—	—	—
	校核洪水位	516410	493052	**0.96**	—	—	—
新坝基坑开挖后	正常蓄水位	555588	492471	**0.89**	495330	504889	1.02
	设计洪水位	590700	493015	**0.84**	526185	508411	**0.97**
	校核洪水位	516550	493052	**0.96**	461712	508483	1.10

根据计算结果，采用刚体极限平衡法，考虑老坝断层坝段下游填料，新坝基础开挖后，老坝的抗滑稳定安全裕度计算值较老坝同水平现状有较大程度的增加，正常蓄水位工况和校核洪水位工况下抗滑稳定安全裕度基本满足规范要求，设计洪水位工况下抗滑稳定安全裕度不满足规范要求，但是较老坝同水平现状安全裕度增加幅度达31%。

有限元法，考虑老坝断层坝段下游填料，新坝基础开挖后老坝的抗滑稳定安全裕度计算值较老坝同水平现状有较大程度的增加，且基本满足现行规范对坝体稳定安全性的要求（设计洪水位工况安全度计算值较规范要求仅低3%，其他工况均满足规范要求）。

可见，新坝基坑开挖期间，基坑开挖料堆放于老坝断层坝段后间，较大程度增加了老坝抗滑力，同时降低了坝体滑动力，对老坝断层坝段的抗滑稳定是非常有利的。

2）新坝度汛期。

分别按照刚体极限平衡法和有限元法进行度汛期各工况下坝基抗滑稳定计算。

①刚体极限平衡法计算成果。

刚体极限平衡法抗滑稳定计算，不考虑老坝下游填料及考虑老坝下游填料，新坝施工期度汛老坝断层坝段建基面抗滑稳定安全裕度见表4.13～表4.15。考虑新老坝之间水位以及老坝下游填料影响，老坝断层坝段建基面抗滑稳定安全裕度与新老坝之间水位关系见图4.3。

表4.13　　　百年度汛工况老坝断层坝段建基面抗滑稳定计算结果（刚体法）

年份	上游水位 /m	下游水位 /m	不考虑下游填料			考虑下游填料		
			$\gamma_0 \psi S(\cdot)$	$R(\cdot)/\gamma_d$	比值	$\gamma_0 \psi S(\cdot)$	$R(\cdot)/\gamma_d$	比值
第三年	264.10	187.00	574350	428975	**0.75**	495794	475285	**0.96**
第四年	264.10	200.00	561729	396601	**0.71**	488311	442511	**0.91**
第五年	264.10	240.00	317766	333709	1.05	271099	361220	1.33
第六年	264.10	249.60	208216	331614	1.59	161549	359125	2.22

表4.14　　　设计洪水工况老坝断层坝段建基面抗滑稳定计算结果（刚体法）

年份	上游水位 /m	下游水位 /m	不考虑下游填料			考虑下游填料		
			$\gamma_0 \psi S(\cdot)$	$R(\cdot)/\gamma_d$	比值	$\gamma_0 \psi S(\cdot)$	$R(\cdot)/\gamma_d$	比值
第三年	266.50	187.00	610106	426834	**0.70**	531550	473144	**0.89**
第四年	266.50	200.00	597484	394460	**0.66**	524066	440369	**0.84**
第五年	266.50	240.00	353521	331568	**0.94**	306854	359079	1.17
第六年	266.50	249.60	243971	329473	1.35	197304	356984	1.81

表4.15　　　校核洪水工况老坝断层坝段建基面抗滑稳定计算结果（刚体法）

年份	上游水位 /m	下游水位 /m	不考虑下游填料			考虑下游填料		
			$\gamma_0 \psi S(\cdot)$	$R(\cdot)/\gamma_d$	比值	$\gamma_0 \psi S(\cdot)$	$R(\cdot)/\gamma_d$	比值
第三年	267.70	187.00	533060	385120	**0.80**	467370	472073	1.01
第四年	267.70	200.00	522332	355930	**0.75**	461009	439299	**0.95**
第五年	267.70	240.00	314964	299225	1.05	276379	358009	1.30
第六年	267.70	249.60	221846	297336	1.48	183261	355913	1.94

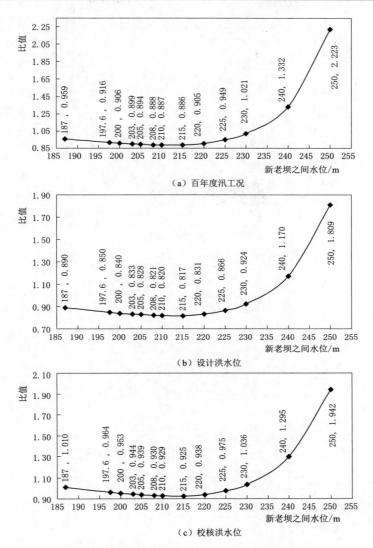

图 4.3 度汛期断层坝段抗滑稳定与新老坝之间水位关系（刚体法）

计算成果表明，考虑下游填料，第五、第六年度汛期各工况下，老坝断层坝段抗滑稳定满足规范要求，第三、第四年不满足。设计洪水工况为控制工况，度汛期第四年为控制年份，老坝断层坝段抗滑稳定安全裕度比现状提高约 30%。

由图 4.3，考虑老坝下游填料，新坝建设期度汛时，老坝断层坝段抗滑稳定安全度随着下游水位的上升先降低后升高。当下游水位为 210.00～215.00m 区间时老坝建基面抗滑稳定安全裕度最低，但也比现状提高约 24%，之后随下游水位的升高老坝建基面的抗滑稳定向有利方向发展。

②有限元法计算成果。

采用有限元法计算，考虑老坝下游填料，度汛期老坝断层坝段抗滑稳定安全裕度与新老坝之间水位关系见图 4.4。

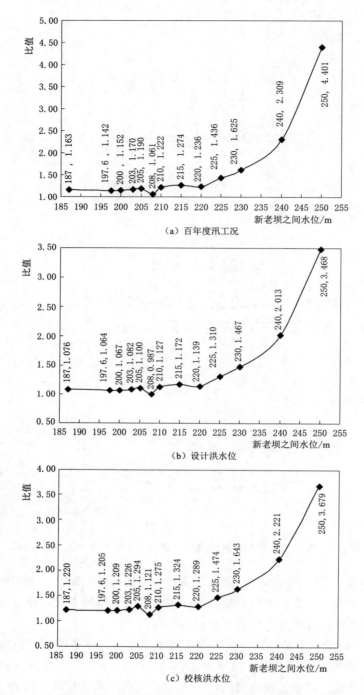

图 4.4 度汛期断层坝段抗滑稳定与新老坝之间水位关系（有限元法）

由图 4.4，有限元法计算成果，整个度汛时段、三种工况下老坝断层坝段建基面抗滑稳定安全裕度基本上均能满足现行设计规范要求（仅设计洪水位工况下游水位为 208.00m 时，比值为 0.987）。

上述计算成果表明，考虑老坝坝后填料的有利作用，新坝施工期，老坝断层坝段的抗滑稳定安全裕度较现状相比有较大提高，但刚体极限平衡法计算成果，度汛期第三、第四年各工况下均不满足规范要求，控制工况为设计洪水位工况，控制年份为度汛期第四年，其抗力与效应比值为 0.84。

4.2.3.2 坝后压重结合坝后坡锚索加固

新坝建设虽然没有降低或恶化老坝的稳定安全度，但毕竟还是改变了老坝原有的运行状态。老坝在新坝建设期间依然作为 1 级建筑物正常挡水，在此期间保障其安全稳定运行对新坝建设以及下游人民群众的生命财产安全有着重要的意义。从此方面考虑，由于降低库水位方案和基坑开挖料堆放于老坝坝后的方案均不能完全解决工程建设期老坝断层坝段的抗滑稳定不满足规范要求的问题，为此，设计比较了以下三个方案：

方案一：坝后混凝土压重方案。

方案二：基坑开挖料堆放于老坝坝后并结合坝后坡锚索方案。

方案三：坝后混凝土压重结合坝后坡锚索方案。

根据基坑开挖料堆放于老坝坝后，老坝断层坝段的抗滑稳定计算结果，设计洪水位工况下施工第三、第四年抗滑稳定不满足规范要求，且第四年为控制年份，因此，加固方案计算以设计洪水位工况（控制工况）、第四年度汛对应的下游水位为控制条件，假定老坝断层坝段抗滑稳定满足规范要求，即 $R(\cdot)/\gamma_d/\gamma_0\psi S(\cdot)=1.0$，反算坝后混凝土压重体高程或者坝后坡需要的锚索数量。

（1）方案一：坝后混凝土压重方案

在下游坝面，坝脚以上采用毛石混凝土或堆石混凝土压重处理，同时考虑坝后高程 217.00m 施工道路回填的基坑开挖料产生的水平向土压力作用以及下游水压力作用。

计算结果表明，坝后混凝土压重体高程为 236.50m 时，老坝断层坝段抗滑稳定安全裕度才能满足规范要求，计算成果见表 4.16。方案处理断面见图 4.5。

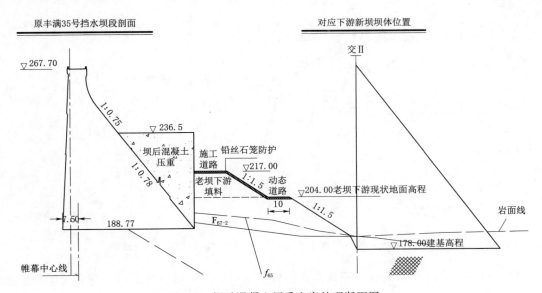

图 4.5 坝后混凝土压重方案处理断面图

表 4.16　　　　　坝后混凝土压重方案抗滑稳定计算（刚体法）

压重体高程/m	计算工况	$\gamma_0\psi S(\cdot)$	$R(\cdot)/\gamma_d$	比值
236.50	设计洪水位工况	29126	29202	1.00

坝后回填料进行夯实或碾压处理，其边坡及顶面采用铅丝石笼防护，防止度汛期新老坝之间的横向水流对其产生冲刷破坏。

（2）方案二：基坑开挖料堆放于老坝坝后并结合坝后坡锚索方案

锚索布置遵循尽量与水平方向夹角小（抵消滑动力效果好）、不破坏上游帷幕幕体、坝基锚固可靠的原则进行方向及坝后坡优化布置。同时考虑坝后回填的基坑开挖料产生的水平向土压力以及下游水压力作用。

根据以上原则，经试算，锚索最优布置如下：锚索吨位200t，间排距3m×3m，单个坝段（宽18m）坝轴线方向6排，剖面上9排，合计54根，锚索与水平方向夹角65°。计算成果见表4.17。方案处理图见图4.6。

表 4.17　　　　　坝后坡锚索方案抗滑稳定计算（刚体法）

单宽吨位/t	与水平面夹角/(°)	计算工况	$\gamma_0\psi S(\cdot)$	$R(\cdot)/\gamma_d$	比值
580（2.9根）	65	设计洪水位工况	27109	27154	1.00

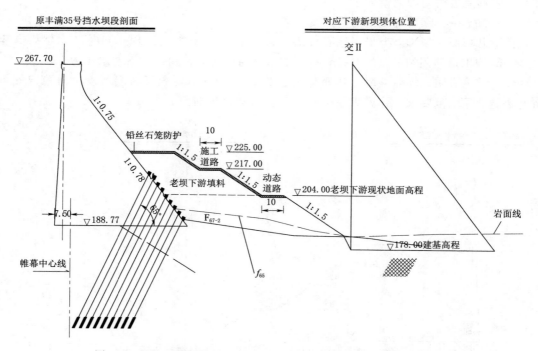

图 4.6　基坑开挖料堆放于老坝坝后并结合坝后坡锚索方案处理图

坝后回填料进行夯实或碾压处理，其边坡及顶面采用铅丝石笼防护，防止度汛期新老坝之间的横向水流对其产生冲刷破坏。

（3）方案三：坝后混凝土压重结合坝后坡锚索方案

在下游坝面，坝脚以上采用毛石混凝土（或堆石混凝土）压重和打锚索处理，混凝土压重及锚索布置仍然遵循以上原则，同时考虑坝后高程 217.00m 施工道路回填的基坑开挖料产生的水平向土压力以及下游水压力作用。

由多次试算，混凝土压重体及锚索布置如下：坝后混凝土压重体需要填至高程 224.00m；锚索吨位 200t，间排距 3m×3m，单个坝段（宽 18m）坝轴线方向 6 排，剖面上 6 排，合计 36 根，锚索与水平方向夹角 60°。计算成果见表 4.18。方案处理图见图 4.7。

表 4.18　　　　坝后混凝土压重十坝后坡锚索方案抗滑稳定计算（刚体法）

单宽吨位 /t	与水平面夹角 /(°)	压重体高程 /m	计算工况	$\gamma_0 \psi S(\cdot)$	$R(\cdot)/\gamma_d$	比值
400（2 根）	60	224.00	设计洪水位工况	26926	26947	1.00

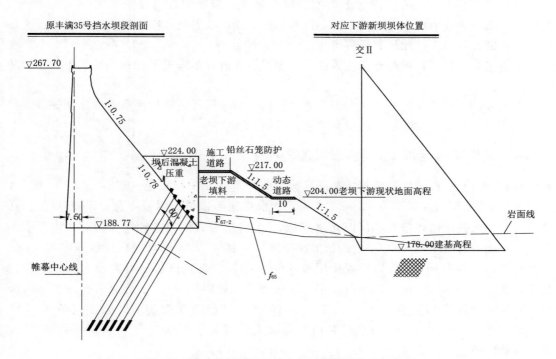

图 4.7　坝后混凝土压重结合坝后坡锚索方案处理图

坝后回填料进行夯实或碾压处理，其边坡及顶面采用铅丝石笼防护，防止度汛期新老坝之间的横向水流对其产生冲刷破坏。

（4）各方案工程量及投资比较

针对以上 3 个处理方案，对新坝基坑开挖期以及度汛期老坝 F_{67} 断层坝段抗滑稳定进行复核计算，计算成果表明新坝基坑开挖期以及度汛期各年，老坝断层坝段抗滑稳定均满足规范要求。

各方案工程量及投资比较见表 4.19。

表 4.19　　　　　　　　　　　　各方案工程量及投资比较

项　　目	方案一 混凝土压重	方案二 开挖料＋锚索	方案三 混凝土压重＋锚索
土方开挖/m³	22361	22361	22361
毛石或堆石混凝土/m³	48875	—	26592
锚索（200t）/根	—	167	112
土方回填/m³	44128	82229	44128
锚杆 ϕ22/根	378	—	284
铅丝石笼/m³	5470	8200	5470
投资/万元	1689	1697	1874
投资差值/万元	0	8	185

从投资上分析，坝后混凝土压重方案投资最少，需增加直接投资费用为 1689 万元；坝后坡堆渣与预应力锚索方案与方案一投资基本一样；坝后坡预应力锚索与坝后混凝土压重相结合的方案最贵，相比方案一增加投资 185 万元。

从施工方面比较，坝后坡预应力锚索结合坝后堆渣方案施工干扰小，且不影响工程的施工进度。

综上分析，推荐基坑开挖料堆放于老坝坝后并结合坝后坡施加预应力锚索加固方案作为新坝建设期保障老坝断层坝段安全稳定运行的工程措施。

4.2.4　实施阶段老坝 F_{67} 断层坝段加固优化

4.2.4.1　老坝 F_{67} 断层坝段坝基抗剪断参数

老坝 F_{67} 断层坝段对应为 34～36 号坝段，根据地质提供资料及参数，F_{67} 断层由挤压破碎带、强烈挤压破碎带及断层泥化带组成，F_{67} 断层带岩体完整性差～破碎，以Ⅳ类为主，坝基面抗滑稳定由基岩/基岩的抗剪断强度控制；老坝 34 号坝段挤压破碎带占 95％、强烈挤压破碎带占 5％，35 号坝段挤压破碎带占 44％、强烈挤压破碎带占 53％、断层泥化带占 3％，36 号坝段挤压破碎带占 47％、强烈挤压破碎带占 1％、完整岩石占 52％；完整岩石抗剪断强度均值为 $f'=1.1$，$c'=1.1$MPa，挤压破碎带抗剪断强度均值为 $f'=0.85$，$c'=0.6$MPa，强烈挤压破碎带抗剪断强度均值为 $f'=0.7$，$c'=0.5$MPa，断层泥化带抗剪断强度均值为 $f'=0.35$，$c'=0.05$MPa。

根据各坝段完整岩石、挤压破碎带、强烈挤压破碎带及断层泥化带的组成比例，加权平均综合得 F_{67} 断层坝段基岩与基岩之间的抗剪断均值见表 4.20。

表 4.20　　　　　　　　　老坝 F_{67} 断层坝段基岩/基岩抗剪断参数

部　　位	均　　值		备　　注
	f'	c'/MPa	
34 号坝段	0.84	0.60	根据可研阶段地质勘查成果资料选用
35 号坝段	0.76	0.53	
36 号坝段	0.98	0.86	

4.2.4.2 老坝 F_{67} 断层坝段加固方案初期布置

根据计算结果，老坝 F_{67} 断层坝段加固处理初期实施方案为：基坑开挖料堆放顶高程为 225.00m。由于各坝段坝基面抗剪断参数的不同，34 号坝段坝后坡共布置 27 根单根锚固力为 200t 的预应力锚索，梅花形布置，间排距均为 3.5m；35 号坝段共布置 55 根，间排距均为 3m；36 号坝段共布置 14 根，间排距均为 4m。经上述加固措施后，F_{67} 断层坝段抗滑稳定安全裕度由原状的不满足现行规范要求（安全裕度计算值 0.65，现行规范要求 1.0）提高至满足现行规范要求（计算值最小 1.07，设计洪水位工况，第三、第四年度汛期）。同时，对正常蓄水、100 年度汛、设计洪水、校核洪水等工况等均进行了稳定计算复核，结果表明，F_{67} 断层坝段在各工况下稳定均满足现行规范要求。老坝 35 号断层坝段加固剖面见图 4.8。

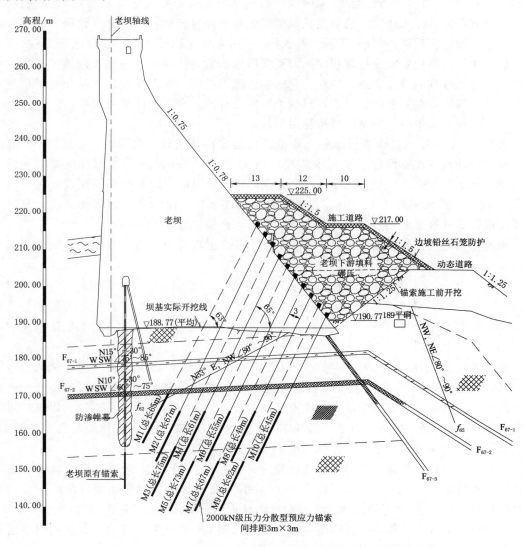

图 4.8 老坝 35 号断层坝段加固剖面示意

4.2.4.3　老坝 F_{67} 断层坝段加固实施方案优化研究

老坝 F_{67} 断层坝段加固工程计划于 2014 年 8 月—2014 年 11 月进行施工，因受三期电站改造工程投运的限制，原一期、二期机组不能按原定时间退出运行，老坝 F_{67} 断层坝段加固处理工程的施工一直处于停滞状态，影响了下游新坝基坑开挖施工。为确保 2015 年汛前及汛期老坝 F_{67} 断层坝段的安全稳定运行，特开展老坝 F_{67} 断层坝段锚索加固实施方案专题研究，通过相关的计算分析及研究工作，确定水库在老坝锚索加固实施阶段合理的运行水位、锚索加固具体实施方案以及合理的施工进度安排，从而确保新坝正常施工及施工期老坝的安全稳定运行。

为确保老坝 F_{67} 断层坝段加固工程稳步推进以及新坝基坑开挖施工顺利进行，根据老坝 F_{67} 断层坝段实际开挖揭露的坝基面情况以及新颁布实施的《混凝土重力坝设计规范》（NB/T 35026—2014），结合老坝 F_{67} 断层坝段坝基面抗滑稳定复核，对老坝 F_{67} 断层坝段加固实施方案进行深入研究，稳定复核及研究的主要内容包括：①根据开挖揭露的实际坝基面情况，假定坝后堆渣范围不变的前提下，采用老坝原特征水位，复核老坝 F_{67} 断层各坝段坝基面的抗滑稳定安全裕度和实际需要实施的锚索总数量；②根据实际施工条件，对锚索施工进行合理的进度安排；③在合理的锚索施工进度安排以及假设坝基面抗滑稳定安全裕度满足现行规范要求的情况下，反演上游所允许的最高库水位控制成果。

（1）实际开挖揭露的坝基面抗滑稳定复核

老坝 34～36 号坝段坝脚锚索施工场地开挖至原设计基础底高程时，发现 34 号和 35 号坝段坝趾处高程比原设计图中所示高程升高 4.00～5.00m，34 号坝段坝趾处高程由原设计图中所示的 190.23m 上抬至高程 195.00m，35 号坝段坝趾处高程由原设计图中所示的 188.77m 上抬至高程 193.30m。为保证基础的连续性，经参建各方现场确定，及时对该部位进行了混凝土回填，回填混凝土采用 C15，回填顶高程 196.20m。

经开挖揭露的实际情况分析，老坝 F_{67} 断层坝段建基面为倾向上游的倾斜面或者整体提高 4～5m 的水平面，具体见图 4.9。

同时，由于 34 号和 35 号坝段坝趾高程的抬升，导致 35 号坝段下游侧最下面的 M9（高程 194.43m）、M10（高程 191.77m）2 排合计 11 根锚索和 34 号坝段下游侧最下面的 M15（高程 196.33m）、M16（高程 193.23m）2 排合计 9 根锚索，共计 20 根锚索无法有效锚固坝体。

根据老坝 F_{67} 断层坝段的抗滑稳定计算结果，设计洪水位工况下新坝建设期第三、四年（2015 年和 2016 年）抗滑稳定不满足规范要求，因此，本次复核计算以现场开挖揭露分析的坝基面情况，假定坝后堆渣范围不变的前提下，水库原特征水位不变，以设计洪水位工况（控制工况），第三、四年度汛对应的下游水位为控制条件，采用新规范对老坝 F_{67} 断层坝段减少锚索数量后的坝基面抗滑稳定重新进行了复核。

根据下游基坑的实际开挖情况，抗滑稳定计算时，34 号和 35 号坝段坝基验算界面共计算了三种情况：①下游坝趾位置抬升 4～5m 后倾向上游的倾斜滑动面（角度 5°左右）；②整体提高 3～4m 的水平滑动面；③原设计图显示的建基高程位置的深层水平滑动面。

经分析及验算，最终稳定安全度是由③原设计图显示的建基高程位置的深层水平滑动面控制的。控制界面计算成果见表 4.21。

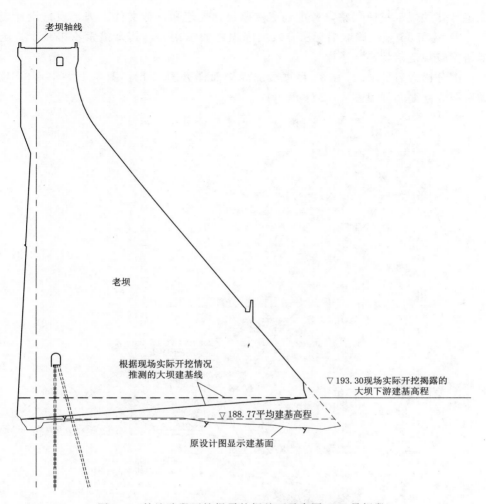

图 4.9 技施阶段开挖揭露的坝基面示意图（35 号坝段）

表 4.21   34 号和 35 号坝段取消部分锚索后坝基面抗滑稳定复核（控制界面）

坝段编号	原锚索总数量 /根	取消锚索数量 /根	取消后锚索总数量 /根	与水平面夹角 /(°)	设计洪水位工况 第三、第四年度汛		$\gamma_0\psi S(\cdot)$	$R(\cdot)/\gamma_d$	比值
					上游库水位 /m	下游水位 /m			
34	27	9	18	65	266.50	198.90	26815	30047	1.12
35	55	11	44	65	266.50	198.90	26447	27928	1.06
36	14	0	14	65	266.50	198.90	27761	38818	1.40

根据表 4.21 计算成果可知，34 号和 35 号坝段取消部分锚索后，采用新规范，坝后堆渣范围不变，原设计洪水位工况下，各坝段坝基面抗滑稳定安全裕度均满足现行规范要求，其中 34 号和 36 号坝段裕度稍大，但原设计时计算依据为《混凝土重力坝设计规范》（DL 5108—1999），新规范《混凝土重力坝设计规范》（NB/T 35026—2014）与老规范对

抗滑稳定计算的规定有所调整，考虑到尊重原设计规范和招标文件、满足现行设计规范的原则下，34 号和 36 号坝段取消无法有效锚固坝体的锚索后，其余锚索不再减少，抗滑稳定安全裕度较规范值稍高。

取消部分锚索后的 34 号和 35 号坝段加固剖面详见图 4.10、图 4.11，34～36 号坝段坝脚锚索布置立面图详见图 4.12。

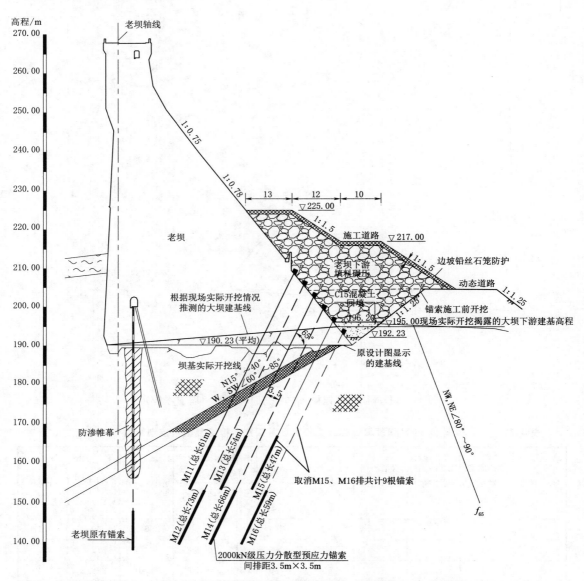

图 4.10　老坝 34 号坝段加固剖面示意图

（2）锚索施工进度安排

由于实际开挖揭露 34 号和 35 号坝段坝趾高程有所抬升，导致 34 号坝段的 9 根锚索和 35 号坝段的 11 根锚索，共计 20 根锚索无法有效锚固坝体而予以取消，则剩余的总锚

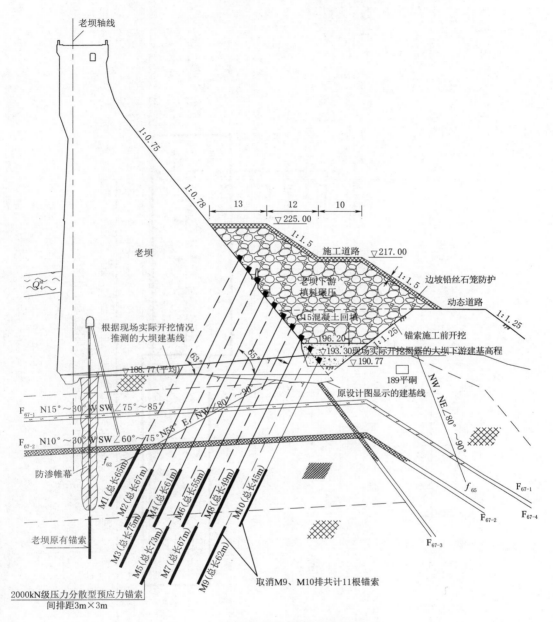

图 4.11 老坝 35 号坝段加固剖面示意图

索数量为 76 根。

　　受实际条件限制，锚索施工开工日期较晚（2014 年 9 月底），基本进入冬季施工，考虑到冬季锚索孔注浆、锚索张拉、外锚墩施工等难度较大，因此，开工后至第二年开春前（2015 年 4 月底前）应进行坝后锚索施工基坑开挖和锚索造孔，5 月和 6 月进行锚索孔注浆、锚索张拉以及外锚墩的施工。

　　根据以上分析，老坝 F_{67} 断层坝段坝后锚索合理的施工进度安排见表 4.22。

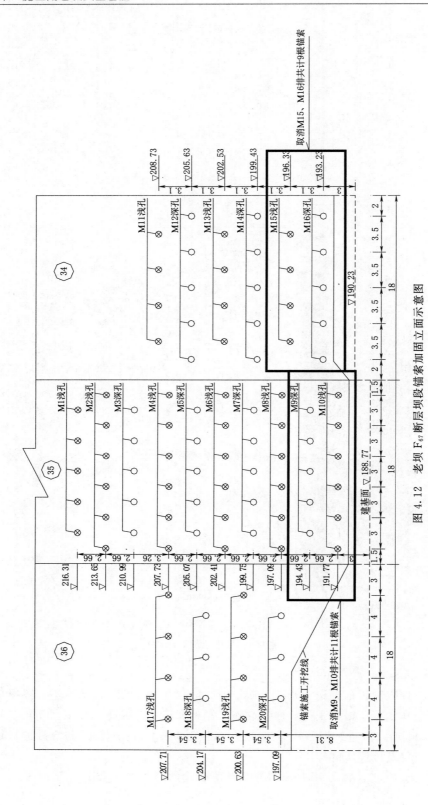

图 4.12　老坝 F$_{67}$ 断层坝段锚索加固立面示意图

表 4.22　　　　　　　　　　　锚索施工进度安排　　　　　　　　　　单位：根

施工时段	锚索施工进度安排			备　注
	34 号坝段	35 号坝段	36 号坝段	
2014.9.27—2015.4.30	造孔和锚索施工基坑开挖			2014.9.27 开工
2015.5.1—2015.5.31	9 根	22 根	7 根	
2015.6.1—2015.6.30	9 根	22 根	7 根	
合　计	18 根	44 根	14 根	
	76 根			

（3）施工各阶段上游允许最高库水位反演分析

老坝 F_{67} 断层坝段在坝后开挖形成锚索施工基坑以及表 4.22 所示的施工进度安排下，以地质条件最差和抗滑稳定安全裕度最小的 35 号坝段为上游允许最高库水位分析的控制坝段，假定其坝基面的抗滑稳定安全裕度满足现行规范要求，即 $R(\cdot)/\gamma_d = \gamma_0 \psi S(\cdot)$，反算施工各时段坝前所允许的最高库水位。计算结果见表 4.23。

表 4.23　　　　　　　锚索施工各阶段最高库水位控制分析成果

施工时段	上游允许最高库水位/m	《施工期水库调度实施方案》上游允许最高库水位/m	$\gamma_0 \psi S(\cdot)$	$R(\cdot)/\gamma_d$	比值
2014.9.27—2015.4.30	256.70	256.00	26065	26113	1.00
2015.5.1—2015.5.31	258.70	254.00	26587	26686	1.00
2015.6.1—2015.6.30	260.70	254.00	27152	27161	1.00

表 4.23 反算出来的各施工时段的允许最高库水位不低于《施工期水库调度实施方案》研究成果制定的各时段水位控制成果。因此，按照《施工期水库调度实施方案》2015 年汛前各时段推荐水库调度方案进行上游库水位控制，完全可以满足 2015 年开春前只进行施工基坑开挖和锚索造孔、5 月和 6 月进行锚索孔注浆、锚索张拉以及外锚墩的施工的合理进度安排。

另外，统计老坝 1953—2008 年共计 56 年的 3—6 月上游实际运行最高库水位资料，结果见表 4.24。

表 4.24　　　　老坝 1953—2008 年 3—6 月上游实际运行最高库水位情况

历年 3—6 月最高库水位/m	3—6 月最高库水位区间/m	频次/年	比例/%	累计比例/%
262.75	260.00～262.75	2	3.6	100
	255.00～260.00	16	28.6	96.4
	250.00～255.00	20	35.7	67.9
	245.00～250.00	9	16.1	32.2
	240.00～245.00	8	14.3	16.1
	240.00 以下	1	1.8	1.8

根据上表统计结果，3—6 月老坝上游库水位低于 255.00m 以下运行的频次占 67.9%，接近 70%，而根据表 4.21 的成果，在上游库水位控制在 256.00m 或 254.00m 以下时，老坝 F_{67} 断层坝段的锚索可以进行科学合理的施工进度安排。

　　因此，从老坝 3—6 月历年上游实际运行最高库水位资料分析，按照表 4.22 进行锚索的施工进度安排以及按照《施工期水库调度实施方案》2015 年汛前各时段推荐水库调度方案进行上游库水位控制也是比较合理和科学的。

4.2.4.4　坝后堆渣体优化研究

　　根据老坝原特征水位下的坝基面抗滑稳定复核成果可知，34 号和 35 号坝段由于坝基条件变化取消部分锚索后，采用新规范，坝后堆渣范围不变的情况下，各坝段坝基面抗滑稳定安全裕度均满足现行规范要求。其中 34 号和 36 号坝段安全裕度稍大，分别为 1.12 和 1.40，35 号坝段安全裕度为 1.06，比较适中。考虑到尊重原设计规范和招标文件、满足新设计规范的原则下，34 号和 36 号坝段取消无法有效锚固坝体的锚索后，其余锚索不再减少，抗滑稳定安全裕度较规范值稍高，因此，坝后堆渣体的体量存在适量减少的余地。

　　老坝 F_{67} 断层坝段坝后施工道路顶高程为 217.00m 左右，根据原设计，为了维持老坝 F_{67} 断层在新坝施工期的安全稳定运行，坝后采用预应力锚索和堆渣压重进行加固处理，根据抗滑稳定计算成果，坝后堆渣顶高程需要填筑至高程 225.00m，距施工道路的高差为 8m，施工比较困难，根据抗滑稳定计算成果，高程 225.00m 的堆渣二级台存在取消的可能，同时 36 号坝段坝后堆渣体体量有较大的减少空间。

　　综上，本节就通过新坝施工期老坝 F_{67} 断层坝段坝基面的抗滑稳定计算，对坝后堆渣体的适量减少进行研究。

　　根据取消部分锚索后的各坝段锚索布置以及现场开挖揭露分析的坝基面情况，假定取消坝后高程 225.00～217.00m 的二级堆渣平台，原设计洪水位工况下，老坝 F_{67} 断层各坝段坝基面抗滑稳定计算成果详见表 4.25。

表 4.25　　　　　取消坝后高程 225.00m 二级堆渣平台后坝基面抗滑稳定复核

坝段编号	原锚索总数量/根	取消锚索数量/根	取消后锚索总数量/根	与水平面夹角/(°)	坝后堆渣体顶高程/m	设计洪水位工况第三、四年度汛		$\gamma_0 \psi S(\cdot)$	$R(\cdot)/\gamma_d$	比值
						上游库水位/m	下游水位/m			
34 号	27	9	18	65		266.50	198.90	26815	29219	1.09
35 号	55	11	44	65	217.00	266.50	198.90	26447	27152	1.03
36 号	14	0	14	65		266.50	198.90	27761	37813	1.36

　　由上表计算成果可知，取消坝后高程 225.00～217.00m 的二级堆渣平台后，34 号和 35 号坝段坝基面抗滑稳定安全裕度仍然满足规范要求，安全裕度适中，36 号坝段安全裕度仍然较大为 1.36，但是，高程 217.00m 为老坝 F_{67} 断层坝后回填施工道路顶高程，考虑到施工道路平顺过渡等因素，36 号坝段坝后堆渣体仍然维持高程 217.00m 不变。

因此，施工期可将老坝 F_{67} 断层坝段坝后高程 225.00～217.00m 的二级堆渣平台取消，取消之后的最终加固平面、立面及剖面详见图 4.13～图 4.17。

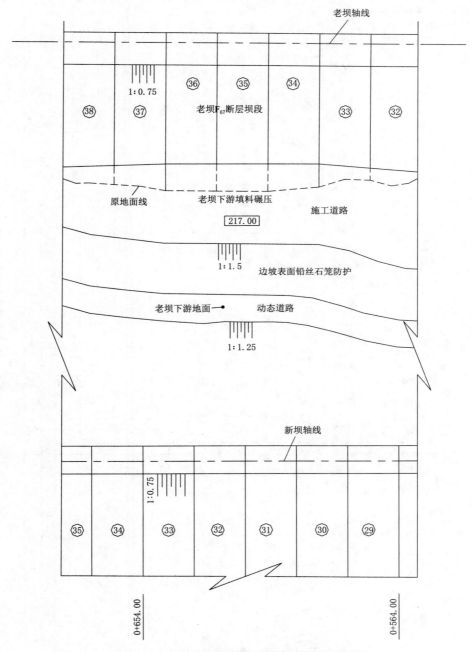

图 4.13　老坝 F_{67} 断层坝段最终加固平面示意图

4.2.4.5　老坝 F_{67} 断层坝段加固实施方案结论

根据以上的研究成果，施工阶段老坝 F_{67} 断层坝段加固具体实施方案为：

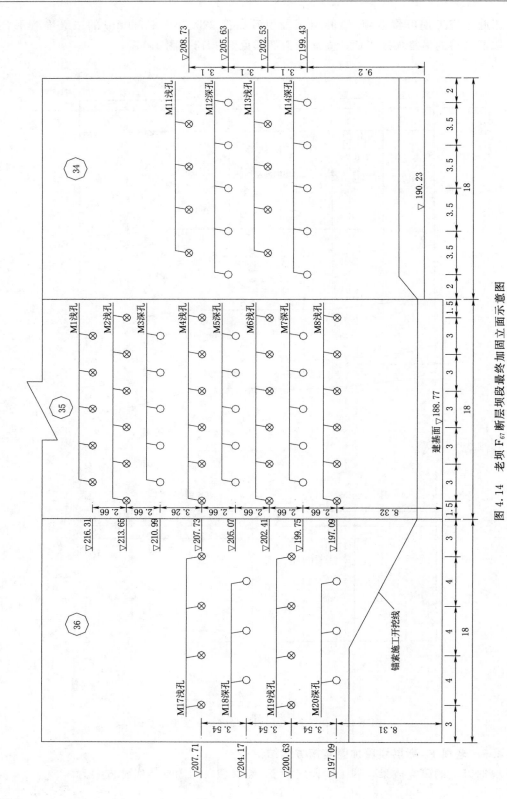

图 4.14　老坝 F₆₇ 断层坝段最终加固立面示意图

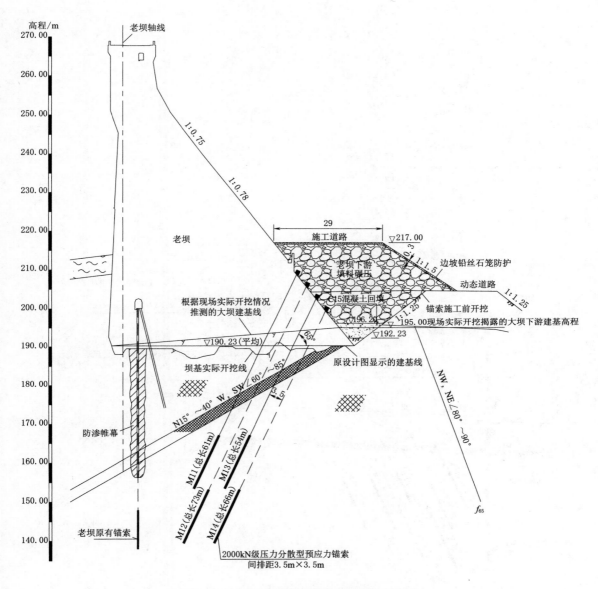

图 4.15 老坝 34 号坝段最终加固剖面示意图

（1）根据实际开挖揭露的坝基面情况和抗滑稳定复核成果，取消 34 号坝段下游侧最下面的 M15（高程 196.33m）、M16（高程 193.23m）2 排合计 9 根锚索和 35 号坝段下游侧最下面的 M9（高程 194.43m）、M10（高程 191.77m）2 排合计 11 根锚索；对 34 号和 35 号坝段坝趾处开挖形成的坝基面凌空区域进行 C15 混凝土回填，回填顶高程 196.20m。

（2）根据坝后堆渣体研究和抗滑稳定复核成果，在锚索现有施工布置情况下，取消坝后高程 225.00～217.00m 的二级堆渣平台。

（3）根据表 4.22 进行锚索施工进度的合理安排，同时，按照《施工期水库调度实施

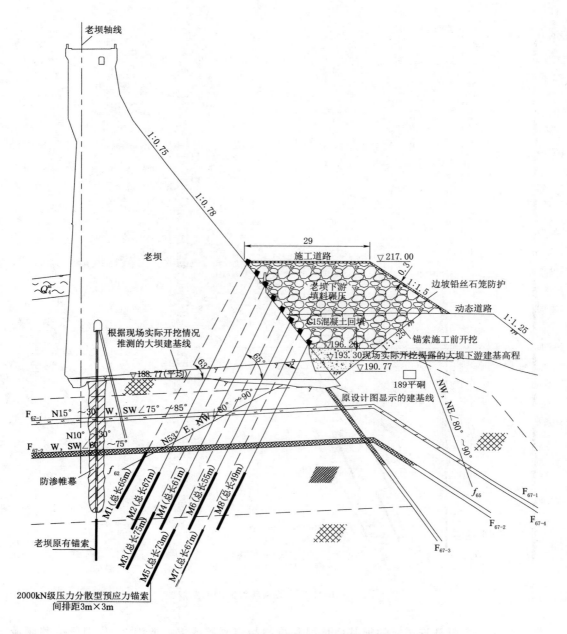

图 4.16 老坝 35 号坝段最终加固剖面示意图

方案》2015 年汛前各时段推荐水库调度方案进行上游库水位控制。

（4）为确保新坝建设期老坝的安全稳定运行及新坝基坑开挖的顺利推进，设计仍然建议施工单位在 2015 年大汛前，老坝 F_{67} 断层各坝段的所有锚索、坝后堆渣体及其表面铅丝石笼护坡应尽量完成。

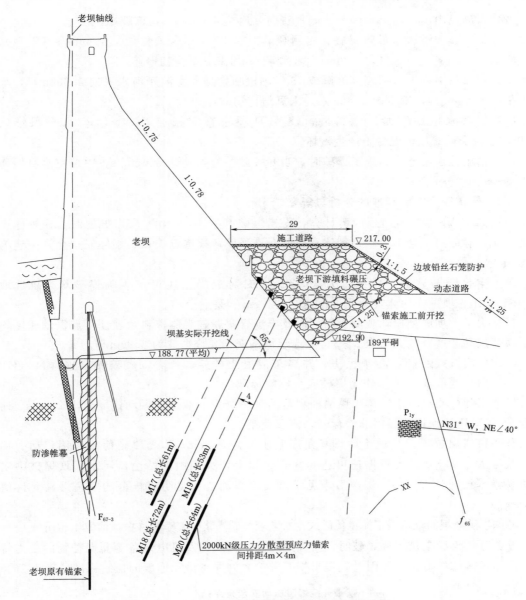

图 4.17 老坝 36 号坝段最终加固剖面示意图

4.3 新坝基坑开挖爆破振动监测及控制

4.3.1 新坝基坑开挖爆破老坝安全控制标准

4.3.1.1 与安全允许振速有关的实测资料

（1）2485 工程灯塔混凝土块上垂直振速达 19.49cm/s 未见破坏。坝首顶部垂直振速达 15.8cm/s，原有裂缝未见进一步扩展。

（2）青岛灵山船厂船坞，坞首北侧垂直向振速达 6.65cm/s，未破坏。

（3）禹门口上游岩坎拆除爆破，实测闸墩顶部 15.0cm/s（水平），4.6cm/s（垂直），闸墩底部 16.0cm/s（垂直），12.6cm/s（水平），均未见结构物损坏。

（4）沙溪口工程上游围堰拆除爆破 15 号坝段闸墩顶，实测顺河水平向 4.65cm/s，坝轴水平向 5.26cm/s，垂直向 3.8cm/s，未见结构物破坏。

（5）岩滩水电站下游围堰拆除，18 号坝顶垂直向振速 22.4cm/s，水平坝轴向 12.9cm/s，未见对坝体混凝土产生破坏。

（6）白山抽水蓄能电站施工爆破时，当开关站垂直振速达 3.5cm/s、中控室垂直振速达 1.4cm/s 时，安全检查正常。

4.3.1.2　爆破安全控制标准的分析与研究

采用 ANSYS 程序进行反应谱计算，得出爆破产生 10.0cm/s 质点振速时，在坝体中产生的动、静应力组合不会超过坝体材料的允许强度，故选定坝顶、坝体安全允许振速为 10.0cm/s。

动力实验结果显示，当振速为 30.0cm/s 时对混凝土块可产生临界破坏，故选取 10.0cm/s 作为坝顶、坝体安全允许振速，10.0cm/s 是适合的。

根据大量大坝原型振动观测资料，以及丰满岩塞爆破观测资料，坝顶质点振动速度均大于坝基振动速度，放大系数 2～3，故选定坝基安全允许振速为 3.0cm/s。

电站厂房抗震性能远高于民房，并属于混凝土建筑。参考《爆破安全规程》（GB 6722—2014）选取 5.0cm/s 作为爆破安全抗震标准。

目前水利行业对灌浆帷幕采用葛洲坝电站观测资料，取质点振动速度为 1.2cm/s，通过近 20 年运用该允许值显得非常保守，需要调整。

有些科研单位，通过理论计算其允许振速可为 5.3cm/s，受爆破荷载作用，动力提高系数可大于 1.3，即允许振速可达 6.9cm/s 以上，大朝山电站出口尾水岩坎爆破中实测防渗帷幕振速达 8cm/s，爆破后未见帷幕发生渗涌，可见防渗帷幕的安全爆破允许值还可提高。

考虑丰满老坝的帷幕灌浆体年代已久，对老坝基础灌浆体安全允许振速值取 1.5cm/s。

综合分析丰满重建工程爆破时，周围建筑物、构筑物及机电设备等需保护物的受力特征及距离爆区的相对位置等因素，提出坝基开挖允许质点振动速度的控制标准见表 4.26。

表 4.26　　　　坝基开挖爆破振动安全允许标准

序号	防护对象名称	允许振速/(cm/s)	备　注
1	上游坝踵、坝基	3.0	
2	坝顶	10.0	
3	厂房基础	5.0	对爆破振动起控制作用的是帷幕灌浆区和中控室
4	帷幕灌浆区	1.5	
5	电厂机电设备	2.5～3.0	
6	电厂中控室、机旁盘	0.5	

续表

序号	防护对象名称	允许振速/(cm/s)	备 注
7	电站引水管进口、钢闸门	5.0	
8	水轮机室（运行中）	1.6	
9	尾水闸门	3.0	对爆破振动起控制作用的是帷幕灌浆区和中控室
10	开关站	2.5	
11	廊道、洞室	5.0	
12	止水结构	5.0	

4.3.2 爆破振动监测设备及测点布置

丰满新建大坝基础开挖自 2014 年 7 月 16 日开始，至次年 6 月结束，期间大体可分为三个阶段。第一阶段从初期开挖至 2014 年 8 月 29 日，主要在右岸进行爆破施工，爆破振动测试也集中于右岸，共计开展了 23 次爆破施工及振动测试工作。第二阶段从 2014 年 9 月初至 2015 年 5 月初，在总结以往爆破经验和振动衰减规律的基础上，严格控制单响起爆药量和质点振动速度标准，对左右岸同时进行大规模开挖施工，合计 588 次爆破，每次爆破施工也同步开展了爆破振动测试工作。第三阶段 2015 年 5 月初至 6 月，主体坝基开挖工作基本完成，主要开展了断层开挖和处理爆破，期间共进行 65 次爆破及振动测试。

4.3.2.1 监测试设备

爆破振动监测采用 TC4850 爆破振动监测仪、YBJ－Ⅲ远程微型动态记录仪和 Mini Mate Plus 爆破记录仪多种设备。测振仪经法定机构的校准并处于校准有效期内。

Mini Mate Plus 爆破记录仪是加拿大 Instantel 公司生产的测振设备。该设备有 4 个监测通道：1 个通道记录爆破噪声，3 个通道记录爆破振动，每个通道存储容量为 300×1024 样点。采样率在 $1024 \sim 4096$ 范围内分为三档。爆破噪声量程为 $88 \sim 148 dB$，精度可达 0.1dB。爆破振动量程为 $0.13 \sim 254 mm/s$，精度可达 0.1mm/s。系统频率响应范围为 $2 \sim 300Hz$。可进行滤波、频谱分析、pa－dB 转换、mm/s－dB 转换。

4.3.2.2 测点布置

根据被保护对象的位置，同时为了监测及获得爆破振动衰减规律，共布置了 19 个振动测点，其中左岸 6 个测点，右岸 12 个测点，测点编号详见表 4.27。

表 4.27 　　　　　　　新坝基坑开挖爆破振动监测位置统计

位置	测点编号	测点位置描述	备 注
左岸	Z1	三期厂房开关站	被保护对象，振速允许值 0.5cm/s
	Z2	三期厂房	
	Z3	老坝 7 号坝段坝顶	被保护对象，振速允许值 6cm/s
	Z4	老坝 7 号坝段坝脚	被保护对象，振速允许值 3cm/s
	Z5	三期发电输水洞调压井	被保护对象，振速允许值 5cm/s
	Z6	老泄洪洞口帷幕灌浆	被保护对象，振速允许值 1.5cm/s

续表

位置	测点编号	测点位置描述	备 注
右岸	1 号	原发电厂办公楼 1 楼活动室	被保护对象
	2 号	原技校宿舍 2 号宿舍楼 116 室	
	3 号	原发电厂集体企业管理处 4 号宿舍楼一楼南侧走道	
	4 号	微波楼外	
	5 号	离爆区较近的基岩上（爆心距 10m）	监测振动衰减规律
	6 号	老坝 44 号坝段坝顶	被保护对象，振速允许值 6cm/s
	7 号	老坝 44 号坝段坝脚	被保护对象，振速允许值 3cm/s
	8 号	乙地区控制室外	被保护对象，振速允许值 0.5cm/s
	9 号	一期、二期厂房开关站	
	10 号	原发电厂松花湖矿泉水厂	监测振动衰减规律
	11 号	离爆区较近的铁塔墩上	监测振动衰减规律
	12 号	离爆区较远的铁塔墩上	

4.3.3 爆破振动监测成果

根据新坝基坑开挖位置以及控制要素等的不同，开挖爆破最大单响药量在 0.6～193.5kg 之间，大部分在 5～40kg 不等，只有三次超过 40kg，分别为 193.5kg、178kg 和 89.1kg，这三次的爆破位置均在新坝坝脚附近，距离老坝相对较远。

每次爆破振动监测所测得的各个方向上（水平切向、水平径向和垂直向）的振速峰值及相差都不大，均未超过新坝基础开挖爆破各保护对象的爆破振动安全允许振速，不会对各种保护对象造成有害影响。仅 2014 年 10 月 15 日左岸 Z2 测点最大峰值振速为 0.41cm/s（水平径向），超过被保护对象爆破振动安全允许振速的预警值 0.4cm/s（允许振速为 0.5cm/s，允许振速的预警值取其 80%）。

爆破振动各方向的主频大部分在 10～30Hz。

列举右岸阶地上分别距离老厂开关站 9 号监测点比较近的 29 号坝段的基础开挖爆破振动监测成果以及距离老坝 44 号坝段 6 号、7 号监测点比较近的 37 号坝段的基础开挖爆破振动监测成果，详见表 4.28、表 4.29。

表 4.28　　　　　　　　29 号坝段的基础开挖爆破各测点振动监测成果

测点编号	仪器编号	爆心距 /m	水平切向		水平径向		竖直向	
			峰值 /(cm/s)	主频 /Hz	峰值 /(cm/s)	主频 /Hz	峰值 /(cm/s)	主频 /Hz
8 号	YBJ0181	146	0.17	15	0.22	16	0.14	23
7 号	YBJ0186	223	0.16	35	0.07	36	0.09	13
3 号	YBJ0180	221	0.09	16	0.14	15	0.14	15
1 号	BE10495	243	0.09	18	0.06	11	0.13	12

注 本次爆破最大单响药量为 14.5kg。所列测点监测成果为触发测点的成果，其余测点未触发（触发值为 0.1cm/s）。

表 4.29　　　　　　　37 号坝段的基础开挖爆破各测点振动监测成果

测点编号	仪器编号	爆心距 /m	水平切向		水平径向		竖直向	
			峰值 /(cm/s)	主频 /Hz	峰值 /(cm/s)	主频 /Hz	峰值 /(cm/s)	主频 /Hz
6 号	YBJ0126	167	0.09	14	0.23	23	0.13	14
7 号	YBJ0187	116	0.51	24	0.25	36	0.36	24
8 号	YBJ0183	76	0.50	14	0.29	6	0.35	14
3 号	YBJ0180	102	0.28	28	0.22	27	0.24	26

　注　本次爆破最大单响药量为 9.5kg。所列测点监测成果为触发测点的成果，其余测点未触发（触发值为 0.1cm/s）。

由表 4.29 监测成果可知，按照施工设计的最大单响药量进行基础开挖爆破，各保护对象的振速峰值远小于允许振速控制标准，各保护对象是安全的。

4.3.4　爆破振动监测成果分析

结合主要开挖时段的振动监测数据，选择若干主要爆次对新坝基础开挖的爆破振动衰减规律和老坝自振频响特点进行分析。

4.3.4.1　爆破振动效应衰减规律回归

采用以炸药量和爆心距为主要影响因素的萨道夫斯基经验公式对质点峰值振速的衰减特性进行描述：

$$V = K \left(\frac{Q^{1/3}}{R} \right)^{\alpha} \tag{4.2}$$

式中：V 为质点振动速度峰值，cm/s；Q 为最大单响药量，kg；R 为测点至爆源中心距离，m；K、α 分别为场地系数及衰减指数。

根据历次爆破及各部位的振动监测成果，对上述公式的 K、α 值进行回归分析。

水平切向、水平径向以及竖直向爆破振动的回归曲线如图 4.18～图 4.20 所示。K、α 回归值见表 4.30。

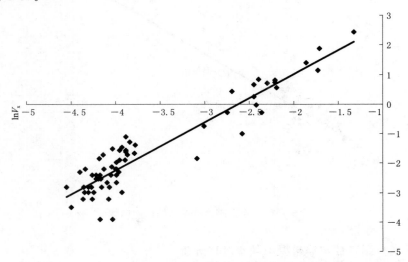

图 4.18　水平切向爆破振动的回归曲线

表 4.30 $\quad\quad\quad\quad\quad\quad\quad\quad\quad$ **K、α 回归值**

方　　向	K 回归值	α 回归值
水平切向	71	1.62
水平径向	170	1.83
竖直向	115	1.79

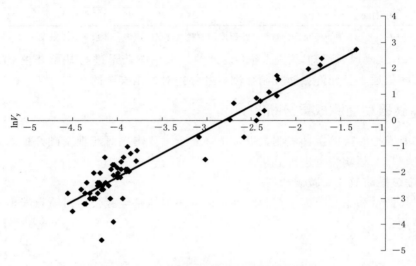

图 4.19　水平径向爆破振动的回归曲线

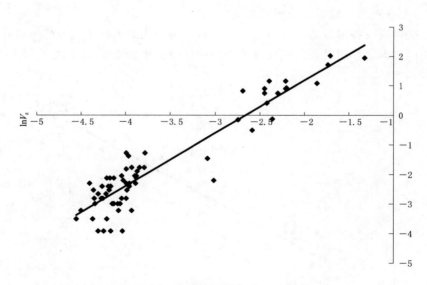

图 4.20　竖直向爆破振动的回归曲线

4.3.4.2　老坝自振特性与爆破振动频谱对比分析

大坝抗震计算时，采用平面有限元法对老坝各代表性坝段分别进行了空库和正常蓄水位情况下的频谱分析，老坝各代表性坝段在空库和正常蓄水位情况下的自振频率详见表4.31。其中一阶频率为基本频率。

表 4.31　　　　　　　　　　有限元法老坝各典型坝段自振频率　　　　　　　　　单位：Hz

坝　　段		典型挡水坝段		典型溢流坝段		典型厂房坝段	
		空库	正常蓄水位	空库	正常蓄水位	空库	正常蓄水位
自振频率	一阶	2.8215	2.1588	3.1464	2.4508	2.8935	2.2593
	二阶	5.9210	4.5901	6.4287	5.0349	5.9487	4.6713
	三阶	6.3531	5.1307	6.7716	5.6141	6.3195	5.3181
	四阶	10.716	8.3010	11.907	9.3550	10.823	8.6032
	五阶	15.396	11.748	16.237	13.555	15.391	12.267
	六阶	16.910	13.010	18.523	13.996	17.089	13.101
	七阶	23.387	16.005	22.909	17.889	22.523	14.981
	八阶	25.137	17.553	23.576	19.242	24.993	17.155
	九阶	26.484	19.378	27.603	20.408	26.568	18.159
	十阶	30.462	20.008	29.278	21.966	29.091	19.999

根据新坝基坑开挖爆破振动监测成果，开挖爆破振动各方向的主频大部分在 10～30Hz。而老坝在空库和正常蓄水位情况下的基频分别为 3Hz 和 2Hz 左右，前三阶自振频率均小于 7Hz。因此，开挖爆破振动各方向的主频与老坝的自振基频相差较大，不会引起老坝的共振，不会对老坝产生过大的危害。

综上，按照设计的最大单响药量，所测得的各个方向上（水平切向、水平径向和垂直向）的振速峰值远小于各保护对象的允许振速控制标准，各保护对象是安全的。通过回归得到的爆破振动规律线性相关显著，可以反应监测区域范围内的爆破振动衰减特性。开挖爆破振动主频与老坝自振基频相差较大，不会引起老坝的共振。说明新坝基坑开挖设计爆破参数是合理的，不会对老坝造成危害。

4.3.5　爆破飞石控制

与爆破振动有害效应控制同步，新坝基础开挖爆破期间还严格控制爆破飞石，避免其对周围建筑物或开关站、高压线等设备设施造成破坏。

现场施工中采取的主要控制爆破技术包括调整作业临空面朝向、降低钻孔间排距、保证炮孔堵塞长度和质量、采用不耦合结构装药等，以便控制飞石方向及产生数量；此外，还采取炮被覆盖措施，进一步控制飞石距离。爆后实际检查和调查结果显示，爆破飞石基本控制在设计允许范围以内，未对现场发电设施造成破坏影响。

应用 SpeedCam VISARIO 高速照相机系统对 2015 年 1 月完成的 30 次爆破进行爆破飞石拍摄，连续高清图像可以记录爆破瞬间飞石飞行的空间-时间信息，通过系统软件能够确定其飞行轨迹和距离。

考虑设备、人员安全及拍摄视角，历次拍摄现场照相机架设点与爆心距离为 150～250m，根据相机性能，在拍摄距离大于 180m 情况下，观测到最小的飞散物直径为 5cm。

历次飞石轨迹数据见表 4.32，表中飞散物为每次拍摄时能观察到的飞散物的最大飞行高度和距离，飞散物主要为爆破飞石。典型飞散物轨迹见图 4.21。

表 4.32　　　　　　　　　新坝基础开挖爆破飞散物摄影成果表

序号	拍摄日期	拍摄时间	总药量 /kg	单段药量 /kg	飞 散 物 轨 迹 数 据		
					最大飞行水平距离 /m	最大飞行高度 /m	最大飞行时间 /s
1	2015-1-6	16：22	802.0	44.5	31.2	9.6	2.8
2	2015-1-6	16：23	138.4	24.75	28.3	24.8	4.5
3	2015-1-7	16：16	154.2	29.5	36.8	16.8	3.7
4	2015-1-8	16：40	477.0	37.0	32.1	17.7	3.8
5	2015-1-9	16：23	1116.0	20.5	42.8	19.6	4.0
6	2015-1-10	16：17	648.0	20.5	43.9	15.9	3.6
7	2015-1-11	16：15	926.0	18.0	25.1	21.6	4.2
8	20151-12	16：14	662.0	20.0	25.4	13.4	3.3
9	2015-1-13	16：19	746.0	30.0	40.8	24.8	4.5
10	2015-1-13	16：20	228.0	46.8	19.3	11.8	3.1
11	2015-1-14	16：15	938.0	19.5	41.7	15.0	3.5
12	2015-1-14	16：25	384.0	25.0	43.2	17.7	3.8
13	2015-1-15	16：30	290.0	28.0	29.6	18.6	3.9
14	2015-1-16	16：21	1046.0	19.0	31.3	21.6	4.2
15	2015-1-16	16：22	289.5	27.5	30.7	20.6	4.1
16	2015-1-17	16：29	1196.0	21.5	21.3	11.0	3.0
17	2015-1-18	16：19	1102.3	47.0	27.8	10.3	2.9
18	2015-1-19	16：26	542.0	17.5	21.1	25.9	4.6
19	2015-1-19	16：47	158.0	31.0	47.4	29.4	4.9
20	2015-1-20	16：29	244.5	22.5	45.2	28.2	4.8
21	2015-1-21	16：20	1088.0	19.0	32.7	13.3	3.3
22	2015-1-22	16：28	280.5	21.0	27.3	15.9	3.6
23	2015-1-22	16：29	328.5	22.5	41.7	21.7	4.2
24	2015-1-23	16：29	1122.0	34.5	44.2	20.6	4.1
25	2015-1-24	16：54	620.1	39.15	39.7	24.8	4.5
26	2015-1-24	16：55	29.5	10.375	42.5	27.1	4.7
27	2015-1-25	16：21	666.0	18.5	24.0	5.9	2.2
28	2015-1-25	16：22	708.7	44.3	18.1	14.2	3.4
29	2015-1-26	16：21	214.0	13.5	23.5	23.7	4.4
30	2015-1-27	16：30	702.0	22.0	31.7	15.9	3.6

图 4.21 典型拍摄飞散物轨迹图片（2015 年 1 月 22 日 16：29 拍摄）

从表 4.32 中可以看出，每次爆破，飞散物距爆心最大飞行水平距离范围为 18.1～47.4m，最大飞行高度范围为 5.9～29.4m。

图 4.21 拍摄视频时长为 4.92s，拍摄速度为 50 帧/秒，拍摄距离为 162.7m，拍摄角度为 16°。高速摄影观测结果表明，该次爆破在激发枪激发后 200ms 内，拍摄区内地表未观测到明显反应，200～500ms 后地表开始有明显的位移，鼓包产生，鼓包出现明显的加速过程，鼓包出现破裂，开始明显漏气。500ms 后，鼓包表面边界较模糊，但特征飞石抛掷的轨迹仍比较清楚，飞石和土体分离后，飞石由爆破能量冲击出来并达到最大高度后呈抛物线形态下落。不同的爆破网络，鼓包产生时间、破裂时间和飞石产生时间有所差异。

该次深孔爆破的飞石距离按瑞典德堂尼克研究基金会经验公式进行估算：

$$S_{\max} = \frac{40}{2.54}d \approx 15.8d \tag{4.3}$$

式中：$S_{\max}$ 为飞石飞行最大距离，m；d 为钻孔直径，cm，这里取 9.9cm。

计算得到爆破飞石最大飞行距离为 142m，远大于实际观测最大值 47.4m。说明控制爆破技术及覆盖措施较好地控制了飞石的危害效应。

综上所述，爆破飞石飞行距离能够控制在《爆破安全规程》规定的安全距离范围内，其飞行距离也小于经验公式的估算值。

4.4　老坝廊道下游出口及横缝封堵

《国家能源局综合司关于转发丰满水电站全面治理（重建）工程建设时期原大坝安全运行有关意见的通知》（国能源安全〔2013〕286 号）提出：新坝施工期老坝需要监控的项目和内容，还需要针对施工期老坝过水情况下其基础检查廊道被淹、坝内检查无法正常开展、监测设施可能受损的情况明确具体的工程和管理措施，确保新坝建设期老坝监测设施完好、有效和监测、检查、维护具体工作的正常开展。

设计虽然对老坝廊道内的监测设施进行了改造升级，但仍不能完全解决新坝度汛期间老坝廊道进水淹没仪器，导致部分监测设施无法正常运行的问题，老坝在此期间的工作性态无法掌握，鉴于此，又研究了新坝度汛期防止老坝廊道被淹的对策措施。

4.4.1　老坝止排水情况简介

老坝为混凝土重力坝，最大坝高 91.7m，坝顶高程 267.70m，坝顶全长 1080m，共分 60 个坝段，坝段长均为 18m。左岸 1～8 号坝段为非溢流坝段，9～19 号坝段为溢流坝段，20 号坝段为过渡坝段，21～31 号为电站取水坝段，32～60 号坝段为右岸挡水坝段。

老坝上游横缝设有一道止水铜片、一道横缝止水井和一道横缝排水井，除溢流和厂房坝段下游面设有止水外，其他挡水坝段下游无止水，廊道在跨坝横缝周边无止水。大坝排水系统由坝体廊道、大坝排水孔和坝基岩石排水孔组成。

主要廊道布置为：

检查廊道：一般高程 200.00m 左右，布置于 2～55 号坝段；

电缆廊道：高程 264.00m，长度 1015m；

操作廊道：高程 228.00m，设于 20～32 号坝段。

大坝廊道下游出口分布简述如下：

检查廊道的出口共计 4 个，分别为：

1 号出口：位于 8 号坝段，高程 199.00m，通过长度为 43m 的横廊通往下游坝面；

2 号出口：位于 20 号坝段，高程 199.00m，通过长度为 45m 的横廊通往下游坝面；

3 号出口：位于 27 号坝段，高程 201.00m，通过长度为 55m 的横廊通往下游坝面；

4 号出口：位于 32 号坝段，高程 200.00m，通过长度为 45m 的横廊通往下游坝面。

电缆廊道（高程 264.00m）的出口共计 2 个，分别位于左右岸坝顶附近。

操作廊道没有通往下游坝面的出口，但在 28 号坝段通过横廊与电梯井相连。

另外在高程 244.00m（下游钢制坝后桥高程）设置有 2 个出口，分别位于 28 号坝段和 32 号坝段，28 号坝段电梯井右侧墙在该高程设置有 1 个出口。

大坝排水孔和坝基岩石排水孔均为 1 排，孔距 4.5m，孔径 120mm。其中溢流坝段经 2008—2009 年的坝体降低渗水压力工程实施后，坝体新增 1 排排水孔，位于坝轴线下 0＋004.2m，孔距 2.25m，每个坝段布置 8 孔，孔径 150mm；原上游基础廊道内新钻设 3 排扇形排水孔，第 1 排仰角为 60 度，每个坝段布置 8 孔，第 2 排仰角为 30 度，每个坝段布置 7 孔，第 3 排仰角为 10 度，每个坝段布置 7 孔，各排孔孔距均为 2.25m，各排孔孔位依次错开 0.75m 布置，排水孔孔径 110mm。

坝体渗水经由坝体及坝基排水孔至大坝廊道，然后汇集至 20 号坝段和 32 号坝段经由坝体横向交通廊道 2 号和 4 号出口自流至下游坝外排水沟。

老坝坝体廊道的渗水为自排，无抽排设备。

老坝右岸挡水坝段坝脚以上覆盖有厚度 5～30m 不等的碎石混合土。

4.4.2　老坝渗漏量监测

根据老坝二次定检时的《丰满大坝观测资料分析报告（1997—2004）》，老坝设有坝基、坝体和上游横缝漏水观测系统，经后期改造，已基本实现数据自动化采集。

该报告显示，1997—2004 年坝基、坝体和上游横缝漏水与库水位关系密切，水位越高漏水量越大。坝基总漏水量最大值为 33.99L/min，发生在 1998 年高水位运行期间，相应库水位为 260.35m；坝体总漏水量最大值为 19.08L/min，发生在 1997 年高水位运行期间，该年最高库水位为 250.60m；横缝总漏水量最大值为 234.24L/min。该三部分总和，即总渗漏量为 287.31L/min，折合 4.8L/s。总渗漏量较小。

4.4.3　老坝廊道下游出口及横缝封堵方案

老坝廊道下游出口及横缝封堵处理方案应遵循以下原则：①方案简单、施工简便；②尽可能节省工程投资；③处理方案在新坝施工期持续时间短，发生概率低；④局部渗漏水可以通过在廊道内设置集水井和抽排设备解决。

4.4.3.1　设计洪水标准

根据《丰满水电站全面治理（重建）工程施工期水库调度实施方案》（2014 年 5 月）成果，通过降低汛限水位运行以及水库调蓄，可以尽最大可能保证施工期在发生 100 年一遇及其以下标准洪水时，老坝溢流表孔不开闸泄洪，为工程建设创造干地施工条件。

1953 年丰满水库投入正常运行以来，在历年的大汛期间，溢流坝总计泄洪 14 次，泄量最大为 7550m³/s（1953 年 8 月 21 日）。但是白山水库于 1986 年投入防洪运行后，从 1986—2010 年的 25 年中，丰满水库的溢流坝总计泄流 4 次，即 1986 年、1991 年、1995 年和 2010 年。其相应最大泄量分别为 3560m³/s、2980m³/s、4550m³/s、4578m³/s，均未超过 5500m³/s。经初步统计分析，1986 年来水大于 10 年一遇洪水；1991 年来水大于 20 年一遇洪水；1995 年来水近 150 年一遇洪水；2010 年来水近 100 年一遇洪水。

综上，新坝施工期 100 年一遇及其以下标准洪水时，老坝不开闸度汛，新老坝之间无水，老坝廊道也不会被倒灌淹没；水库从运行至今最大泄量 7550m³/s，相当于 500 年一遇设计洪水工况。因此，从新坝施工期间老坝度汛以及老坝历史上遭遇的最大洪水等角度分析，方案的设计洪水标准定为大于 100 年一遇洪水（$P=1\%$，新坝施工期，$Q=2449\text{m}^3/\text{s}$），小于等于 500 年一遇洪水（$P=0.2\%$，$Q=7500\text{m}^3/\text{s}$）。

4.4.3.2　新老坝之间泄洪水位及稳定水位分析

由上所述，新坝施工期遭遇大于 100 年一遇洪水时，老坝开闸泄洪，新坝预留缺口度汛，新老坝之间充水，因此，新老坝之间的水位与下泄流量和新坝各年施工面貌有关，即稳定水位等于新坝各年预留的最低缺口高程，泄洪静水位等于新坝各年预留的最低缺口高程＋设计泄量对应的堰上水头 H_w，根据计算分析，2018 年新坝预留缺口高程为坝顶高程 249.60m，为施工期历年最高，另根据泄流能力计算，新坝敞泄流量为 7500m³/s 时，堰上水头 H_w 为 10.5m，因此，新坝度汛期间新老坝之间稳定水位为 249.60m，泄洪静水位为 260.10m。

4.4.3.3　老坝廊道进水通道分析

老坝廊道进水通道主要有：

（1）下游廊道出口。检查廊道的出口共计 4 个，分别为：1 号出口，位于 8 号坝段，高程 199.00m；2 号出口，位于 20 号坝段，高程 199.00m；3 号出口，位于 27 号坝段，高程 201.00m；4 号出口，位于 32 号坝段，高程 200.00m。高程 244.00m 廊道出口共计 2 个，分别位于 28 号坝段和 32 号坝段。28 号坝段电梯井右侧墙在高程 244.00m 有 1 个出口。

（2）老坝下游面出露的坝体横缝。高程 260.10m 以下老坝下游坝面出露的横缝。

（3）廊道跨坝体横缝位置。

（4）坝体及坝基排水孔。

4.4.3.4　封堵处理方案

（1）下游廊道出口封堵方案。

检查廊道的 1、2、3、4 号出口，作用水头约 60m，根据外水荷载以及廊道断面尺寸（1.8m×2.5m），由内力及配筋验算，采用厚度为 1.3m、边界比廊道出口内边线大出 0.5m 的钢筋混凝土厚板进行封堵，适当位置设 BW 遇水膨胀止水条止水，周圈设置 1 排、直径为 $\phi25$mm、间距为 1m、长度为 2.9m，入坝体深度为 1.5m 的锚杆，厚板内外表面设 $\phi22$mm，间距 20cm 的钢筋网。高程 244.00m 的 2 个坝体廊道出口以及电梯井侧墙的 1 个出口，作用水头约 16m，根据外水荷载以及廊道断面尺寸（1.8m×2.5m），由内力及配筋验算，采用厚度为 0.5m、边界比廊道出口内边线大出 0.5m 的钢筋混凝土板吊装进行封堵，适当位置设 BW 遇水膨胀止水条止水，边界比廊道出口内边线大出 0.55m、深 0.55m 的周圈混凝土凿除后用厚度 3cm 的 M10 水泥砂浆找平，以提供现浇混凝土板的支撑，厚板内外表面设 $\phi22$mm，间距 20cm 的钢筋网，安装完毕之后采用两道槽钢和膨胀螺栓将其固定于坝面。

结合施工期新老坝之间施工道路的布置，河床段及右岸阶地段临时道路填筑顶高程（约 220.00m，具体以实际情况为准）以下的坝体横缝以及检查廊道的 1、2、3、4 号出口采用现浇混凝土厚板予以先期封堵。高程 244.00m 的 2 个坝体廊道出口以及电梯井侧墙的 1 个出口采用预制混凝土板吊装予以封堵（单块板重量约 13t）。高程 220.00m 以上坝缝封堵、高程 244.00m 的廊道出口封堵所用材料及施工机械等必备条件均应先期落实，考虑老坝坝内廊道通风、进人观测、老坝开闸泄洪概率等因素，高程 220.00m 以上坝缝封堵施工以及高程 244.00m 的廊道出口封堵安装施工可作为预案，视各年度汛期的实际情况决定是否实施。具体见图 4.22。

高程200.00m左右的检查廊道4个出口

高程244.00m左右3个出口

图 4.22 廊道出口封堵大样

（2）坝缝封堵方案。

根据处理原则以及老坝廊道进水通道分析，对应的处理方案大的可以分为两种：坝内处理和坝外处理。坝内处理是指封堵廊道跨坝体横缝位置，坝外处理是指封堵老坝下游面出露的坝体横缝。封堵方案分别制定了诸如老混凝土凿除+新浇混凝土+橡胶止水、填充膨胀止水条+外覆面层防水+封闭面层、打止水井+填充膨胀止水条、喷涂聚氨酯、局部清理+充填塑性填料+封闭面层等不同的处理方案进行了优缺点对比，最终考虑作用水头、水压力方向、防渗效果、施工简便、节省投资等

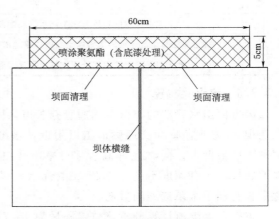

图 4.23 下游坝缝封堵大样

因素，选择坝外处理方案，即高程 260.10m 坝体下游面出露的横缝部位喷涂厚 5cm、宽 60cm 的聚氨酯（含底漆）进行处理，厂房坝段及溢流坝段处理至基岩面，右岸挡水坝段坝后填土面以下至基岩面部分的不再处理，利用碎石混合土铺盖天然防渗，详见图 4.23。

（3）坝体及坝基排水孔由于要降低渗压，不便封堵。

4.4.3.5 渗漏量计算

处理完下游地面高程以上、高程 260.10m 以下的坝缝以及廊道出口后，剩余的进水

通道主要有两个：一个是右岸填土面以下至坝趾的横缝，另一个是坝体及坝基的排水孔。现需要计算这两部分的渗漏量，以便布置集水井和抽排设备。

上述渗漏量可以分为三部分：一为实测的上游库水进大坝廊道的总渗漏量；二为右岸填土面以下至坝趾横缝渗漏量；三为新老坝之间水位反渗至坝体及坝基排水孔渗漏量。

计算所需基本资料如下：

（1）右岸挡水坝后填土厚度：5~30m 不等。

（2）坝体及坝基排水孔参数：直径均为 120mm，均为 1 排，间距均为 4.5m。其中溢流坝段降渗工程新增的第 2 排坝体排水孔孔距为 2.25m，孔径为 150mm。

（3）水位：库水位按施工期设计洪水位 263.72m，新老坝之间水位采用设计洪水标准下的最高静水位 260.10m。

（4）计算原理：达西定律。

（5）渗透系数：老坝坝体 1×10^{-5} cm/s、坝基岩体 1×10^{-4} cm/s、坝后回填碎石混合土 1×10^{-2} cm/s。

（6）坝体横缝：缝宽假定 2cm，无充填物。

（7）廊道内水位：廊道最低点底板高程 199.00m。

经计算，如图 4.24 阴影部分所示的右岸填土面以下至坝趾横缝的渗漏量为 5.3L/s；新老坝之间水位反渗至坝体及坝基排水孔的渗漏量为 4.6L/s。

总渗漏量统计见表 4.33。

表 4.33　　　　　　　　　　　总 渗 漏 量 统 计

序号	渗 漏 部 位	单位	数量	总量
1	库水导致的坝体及坝基渗水（实际监测值）	L/s	4.8	
2	新老坝之间存水导致的下游填土面以下横缝渗水（本次计算值）	L/s	5.3	14.7
3	新老坝之间存水导致的坝基及坝体排水孔反向渗水（本次计算值）	L/s	4.6	

4.4.3.6　集水井布置

为方便出水管路的布置及缩短管路长度，同时考虑尽量减少开挖等因素，集水井布置在老坝 20 号坝段横向交通廊道出口附近，该部分基廊底板高程 199.00m，为整个基础廊道系统的最低点；同时允许高程 199.00m 的总长为 65m 的纵向（25m）和横向（40m）廊道底板以上有深度不超过 0.25m 的存水，以减少集水井有效容积，达到减少集水井开挖量和有利于水泵选型的目的。

根据以上渗流计算分析，总渗漏量为 14.7L/s，考虑水泵运行要求，大坝集水井尺寸为：高程 199.00~197.50m，长、宽、深分别为 2m、1.4m、1.5m 的立方体。

高程 199.00~197.50m 的部分为人工混凝土凿除。

4.4.3.7　抽排设备布置

为了排除检查廊道内渗漏积水，集水井中设置 2 台 $Q = 80 \sim 230 m^3/h$、$H = 68 \sim 40m$、功率 $N = 55kW$ 的潜水排污泵（1 台工作，1 台备用），水泵通过井内液位开关控制自动运行，通过出水管路系统将渗漏水沿老坝 20 号坝段横向交通廊道、封堵的出口以及下游坝面排至高程 260.50m 处，井内设置一套液位传送器，用来监视井内水位变化。

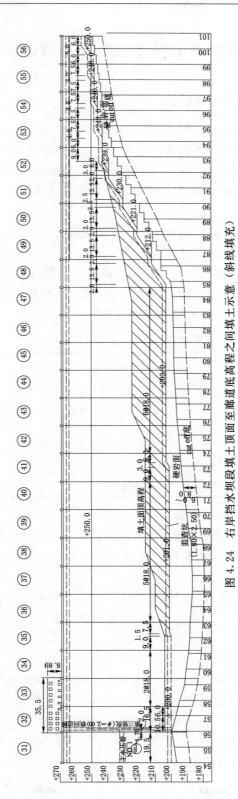

图 4.24 右岸挡水坝段填土顶面至廊道底高程之间填土示意（斜线填充）

4.5　度汛期新老坝之间预充水措施及防护

4.5.1　新老坝之间预充水措施研究

为降低施工期老坝泄流对新建坝迎水面的瞬时最大冲击力以及折冲后的水流对老坝产生的反冲作用，根据水流冲击模型试验成果，在老坝宣泄各频率洪水之前，应调度老坝溢流坝闸孔以较小的开度对新老坝之间的区域进行预充水，当水位达到一定高度后，再开启其他参与运行的闸孔进行泄洪。因此，对新老坝之间的区域进行了预充水措施研究。

4.5.1.1　施工期各年新坝预留缺口高程及新老坝之间面貌

（1）各年大汛前新坝预留最低缺口高程

本工程新坝度汛标准采用大汛 100 年重现期洪水，根据《施工期水库调度实施方案》成果，对应上游水位为 262.28m。各年大汛前新坝预留最低缺口高程详见表 4.34。从表中可以看出，2016—2018 年大汛前新老坝之间存在预充水的可能。

表 4.34　　　　　　　　　新坝各年度汛前新坝预留最低缺口高程

度汛时段	度汛标准 /年	库水位 /m	新坝最低缺口高程 /m	总泄流量/（m³/s）		
				新坝缺口	导流洞	三期厂房
2015 年	100 年	262.28	原河床	3150	1800	550
2016 年			198.00			
2017 年			240.00			
2018 年			249.60（新坝堰顶高程）			

（2）各年大汛前新老坝之间的面貌

由于新坝溢流坝段及厂房坝段上部为常态混凝土浇筑，因此，在新坝迎水面前填筑了满足门机运行的石渣平台，平台紧靠新坝迎水面，平台顶高程 212.00m，上游坡比 1∶1.5。具体见图 4.25。

因此，施工期度汛时，新老坝之间的区域变成了一个巨大的消力池，预充水期间，泄洪水流冲击石渣平台的上游坡，之后逐步漫过平台顶面，新老坝之间水垫逐渐加厚，形成消能塘。

4.5.1.2　老坝闸孔出流计算

老坝 9～19 号坝段为溢流坝段，为老坝的泄洪系统，堰顶高程 252.50m，溢流孔孔口尺寸 12m×6m（宽×高），闸墩厚度 6m，为带胸墙的闸孔泄流，闸门类型为平板闸门。消能方式为差动式挑流消能，反弧末端底板高程为 193.00m。

假定闸门局开高度分别为 1m、1.5m、2m、2.5m、3m、3.5m、4m、4.5m、5m、5.5m、6m（全开），分别计算单孔在 100 年度汛工况（对应上游水位为 262.28m）下的下泄流量，详见表 4.35。

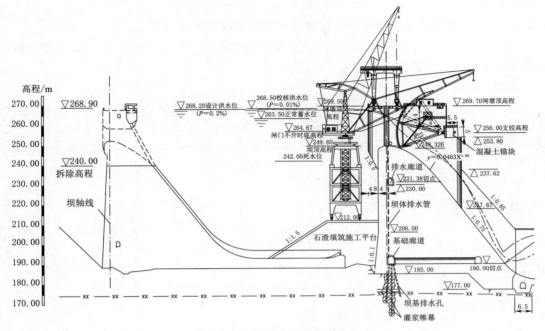

图 4.25 新老坝之间门机基础平台示意

表 4.35 百年度汛工况老坝单孔局开泄流量计算

闸门局开高度/m	库水位/m	e/H	单孔泄量 $Q/(\text{m}^3/\text{s})$	孔口处单宽泄量 $q/(\text{m}^3/\text{s})$
1.0		0.10	119	10
1.5		0.15	175	15
2.0		0.20	229	19
2.5		0.26	280	23
3.0		0.31	330	28
3.5	262.28	0.36	376	31
4.0		0.41	421	35
4.5		0.46	463	39
5.0		0.51	503	42
5.5		0.56	540	45
6.0（全开）		0.61	575	48

闸底孔为曲线型堰、平板闸门挡水情况下的出流量按照下式进行计算：

$$Q = \sigma_s \mu_0 e B \sqrt{2gH_0} \tag{4.4}$$

式中：Q 为流量，m^3/s；e 为闸孔局开高度，m；B 为闸孔总净宽，m；H_0 为计入行近流速水头的堰上总水头，m；g 为重力加速度，m/s^2；μ_0 为闸孔出流的流量系数；曲线型堰、平板闸门情况下 $\mu_0 = 0.745 - 0.274 \dfrac{e}{H}$，适用范围为 $0.1 < \dfrac{e}{H} < 0.75$；$\sigma_s$ 为淹没系数，

自由出流1.0。

4.5.1.3 施工期老坝下泄100年重现期洪水下游跃后水深 h_c'' 计算

施工期老坝下泄100年重现期洪水时，老坝溢流孔下泄流量为3150m³/s，假定开启3孔泄洪，水流下泄时扩散角假定为5°。

收缩水深 h_c 按照下式计算：

$$E = h_c + \frac{q^2}{2g\varphi^2 h_c^2} \tag{4.5}$$

式中：E 为以下游消力池为基准面的泄水建筑物上游总水头，m；q 为收缩断面单宽流量，m²/s；φ 为流速系数，高坝情况下 $\varphi = \sqrt{1 - 0.1\dfrac{E^{1/2}}{q^{1/3}}}$。

跃后水深 h_c'' 按照下式计算：

$$h_c'' = \frac{h_c}{2}(\sqrt{1 + 8Fr_c^2} - 1) \tag{4.6}$$

式中：Fr_c 为收缩断面弗劳德数，$Fr_c = \dfrac{q}{h_c\sqrt{gh_c}}$。

计算结果详见表4.36。

表 4.36　　　　　　　　　　　百年度汛工况下游跃后水深计算

度汛标准/年	库水位/m	收缩断面单宽流量 q/(m²/s)	收缩水深 h_c/m	跃后水深 h_c''/m
100	262.28	76.4	2.35	21.4

由以上计算成果可知，下游水深至少需要21.40m才能淹没跃后水深，形成淹没出流。因此，预充水所形成的水垫厚度至少应在21.4m以上，老坝溢流面反弧末端底板高程为193.00m，充水顶高程至少为214.40m，考虑一定的安全裕度，充水后新老坝之间水面顶高程应不小于220.00m（水垫厚度27.00m）。

4.5.1.4 新老坝之间预充水措施定性分析

调度老溢流坝以较小闸门开度开启1孔或几孔，以较小的流量，对新老坝之间、新坝最低缺口高程以下（或220.00m高程以下）的区域进行预充水，以降低泄洪水流对新建坝迎水面的瞬时冲击力。

4.5.1.5 预充水体积

根据新老坝布置、坝剖面以及新老坝之间的地形，分施工期各年，估算新老坝之间、新坝最低缺口高程以下（或220.00m以下）区域的预充水体积，详见表4.37。

表 4.37　　　　　　　　　新坝各年度汛前新老坝之间预充水体积估算

度汛时段	新坝最低缺口高程/m	预充水高程/m	新老坝之间区域体积估算值/万 m³
2015 年	原河床	—	—
2016 年	198.00	198.00	18
2017 年	240.00	220.00	128
2018 年	249.60（新坝坝顶高程）	220.00	128

4.5.1.6　预充水时间敏感性分析

开单孔的情况下，2016—2018 年大汛前新老坝之间预充水时间与闸门局部开启高度的敏感性计算详见表 4.38。

表 4.38　　　　　　　　百年度汛工况老坝单孔局开充水时间敏感性计算

度汛时段	新老坝间预充水高程/m	新老坝之间充水体积/万 m³	闸门局开高度/m	单孔泄量 Q/(m³/s)	预充水时间/min	预充水时间/h
2016 年	198.00	18	1.0	119	25	0.42
			1.5	175	17	0.29
			2.0	229	13	0.22
			2.5	280	11	0.18
			3.0	330	9	0.15
			3.5	376	8	0.13
			4.0	421	7	0.12
			4.5	463	6	0.11
			5.0	503	6	0.10
			5.5	540	6	0.09
			6.0	575	5	0.09
2017 年 2018 年	220.00	128	1.0	119	179	2.99
			1.5	175	122	2.03
			2.0	229	93	1.55
			2.5	280	76	1.27
			3.0	330	65	1.08
			3.5	376	57	0.95
			4.0	421	51	0.84
			4.5	463	46	0.77
			5.0	503	42	0.71
			5.5	540	40	0.66
			6.0	575	37	0.62

4.5.1.7　推荐预充水措施及闸门调度

根据预充水时间敏感性分析，即使单孔和闸门局部开启时，新老坝之间预充水区域的充水时间都较短，不会构成对老坝泄洪的制约。

从闸门的运行调度经验来看，闸门的最小开度宜避开易振动区域，此区域一般取孔口高度的 20% 以下，对老坝泄洪孔口而言，孔口高度为 6m，则闸门局部开启时应避开 1.2m（6m×0.2）以下的易振动区域。

从尽量减少老坝泄洪水流对新建坝迎水面的瞬时最大冲击力以及折冲后的水流对老坝产生的反冲作用来讲，闸门开启高度和开启的数量越少越好。

从闸门开启孔位来讲，首先应避开或远离老溢流坝的 12～14 号坝段［《关于印发白山、丰满水库防洪联合调度临时方案的通知》（松汛〔2008〕8 号）通知，12～14 号坝段不参加泄洪］。从闸门局部开启的运行条件来讲，老坝的 18～19 号坝段溢流闸门后期经改造为液压启闭方式，满足局开的运行条件。从水流扩散的角度来讲，应尽量开启中间孔，以增加水流在下泄过程中的扩散和能量消散。综合上述分析，应开启老坝的 18 号溢流孔较好。

综上，推荐预充水措施及闸门调度方案为：

（1）闸门调度方案：开启老坝 18 号坝段溢流孔，开启高度为 1.50m（单孔泄量 175m³/s，单宽泄量 15m²/s），对新老坝之间、新坝最低缺口高程以下（或 220.00m 以下）的区域进行预充水。

（2）新老坝之间预充水高程：施工期各年汛前，新坝预留最低缺口高程在 220.00m 以下的，充水高程至新坝预留最低缺口高程；新坝预留最低缺口高程在 220.00m 以上的，充水高程至 220.00m。

（3）预充水时间：2016 年，预充水高程 198.00m，预充水时间为 17min；2017 年和 2018 年，预充水高程 220.00m，预充水时间为 122min。

4.5.1.8　推荐预充水措施及闸门调度方案下的水力特性分析

根据本节所列的相关计算公式，计算推荐预充水措施及闸门调度方案下的跃后水深 h''_c，计算成果见表 4.39，下泄流速计算成果详见表 4.40。

表 4.39　推荐预充水措施及闸门调度方案下的下游跃后水深计算

度汛标准/年	库水位/m	闸门开启孔位	局开高度/m	收缩断面单宽流量 q/(m²/s)	收缩水深 h_c/m	跃后水深 h''_c/m
100 年	262.28	老坝 18 号溢流孔	1.5	10.1	0.35	7.6

表 4.40　推荐预充水措施及闸门调度方案下泄流速计算

库水位/m	下游高程/m	对应流速 v/(m/s)
262.28	193.00	31
	198.00	30
	203.00	29
	208.00	28
	213.00	26
	218.00	25
	223.00	24

根据上述计算成果，推荐的单孔局开运行方式下，跃后水深为 7.60m，因此，预充水高程在达到 200.60m（7.6+193＝200.6）以下时，为自由出流，水流对门机基础平台的上游坡冲刷能量较大，水舌流速在 31m/s 左右，直接冲击门机基础平台的上游坡。当预充水高程超过 200.60m 以上时，新老坝之间水垫达到一定厚度并形成淹没出流，相应的冲刷能量也逐渐减小，水舌入水流速在 30m/s 左右，同时水垫对门机基础平台的上游坡也形成一定的保护作用。

经估算，新老坝之间、高程 200.60m 以下之间的区域体积为 27 万 m^3，单孔局开运行方式下充水时间为 27min。因此，预充水的前 27min，下泄水流对门机基础平台的上游坡冲刷流速较大，过此时间段后，新老坝之间区域水垫形成一定厚度，下泄水流对门机基础平台的上游坡以及新坝的冲击减弱，此时间段持续较短，通过相应的防护措施后，预充水过程不会对门机基础平台以及新坝成大的危害。

4.5.2 度汛期门机基础平台防护措施

由于厂房坝段与溢流坝段平面布置上游前缘有较大错台，因此考虑门机轨道也分两段布置。

根据施工总进度安排，厂房坝段上游门机基础平台先于溢流坝段形成，由于溢流坝段预留度汛缺口，为了保证度汛缺口行洪断面，门机基础平台端头以 1∶1.5 放坡，坡脚与度汛缺口右侧衔接。

20 号坝段、溢流坝段门机基础平台及坡面采用 1.0m 厚混凝土进行防护；其他坝段门机基础平台顶面浇筑 1.0m 厚混凝土，坡面采用喷 10cm 厚混凝土防护。

4.6 老坝安全监测系统升级改造

4.6.1 老坝安全监测改造设计

4.6.1.1 监测目的及原则

由于新建工程与老坝距离较近，新坝建设期各种因素会不可避免地对老坝安全稳定运行产生一定影响。为保证老坝安全监测系统在重建期的正常运行，达到如下目的：

（1）通过对老坝的安全监测系统改造，确保在重建期可及时获取老坝的工作性态；

（2）根据老坝安全监测自动化系统中各子系统的特点，对大坝自动化系统软、硬件进行改造，以便在丰满水电站全面治理（重建）过程中，准确、迅速获得老坝安全监测数据、分析结果，确保工程安全；

（3）新坝建设期对老坝安全监测系统影响，在有洪水预警的前提下，将基础廊道安全监测设施损坏情况降到最低，在洪水退却后可以快速恢复；在没有洪水预警的前提下，安全监测设施虽有部分设施发生损坏，但通过储备相应的备品备件及厂家的快速反应技术支持，也可在较小的代价下完成系统的快速恢复。系统恢复要注意和前期观测数据的衔接，保证观测数据的连续性，为老坝在丰满水电站全面治理（重建）施工期安全运行提供可靠的技术支持及安全保障。

4.6.1.2 安全监测系统过渡期改造设施布置

（1）坝基真空激光准直测坝变形系统

坝基真空激光准直系统位于 32～38 号坝段基础廊道内，设有 5 个测点，管道总长 93.3m，32 号、38 号坝段分别为接收和发射端点，两个端点设有倒垂线用来观测端点本身变位。坝基的真空激光准直测坝变形系统将发射端及接收端进行更换；同时更换测点密封圈及测点控制模块、真空泵控制装置等，实现自动控制；坝基真空激光准直测坝变形系统的自动化数据采集由坝顶真空激光准直测坝变形系统的采集工作站完成，需要自坝基接收端到坝顶接收端铺设一条单模光缆（8芯），将CCD摄像机的图像信号及通信信号接入与坝顶接收端采集工作站中。

对基础廊道真空激光准直测坝变形系统的发射端、接收端部分设备如：激光接收装置、接收幕、监视摄像机、光电转换器等设施在洪水预报示警后可通过27号坝段电梯井运至高程245.00m检修廊道存放；为防止抽真空控制系统及采集系统因水浸损坏，在洪水预报示警后可通过27号坝段电梯井运至高程245.00m检修廊道存放，以保证退水后基础廊道真空激光准直测坝变形系统能够快速恢复观测。

测点箱和真空管道采取加固措施，测点箱用钢筋锚固在测点墩上，真空管道锚固在廊道墙壁上，防止因浮力过大导致测点箱体及真空管道出现飘浮、损坏。

（2）垂线观测

当有洪水预报示警后，为防止流水将杂物带入垂线孔中卡住垂线，采用胶泥将倒垂双标管密封，退水后取出；为防止廊道内水位超过倒垂线浮筒导致浮筒出现飘浮，拉断垂线，采用可拆卸角钢支架对浮筒进行固定；倒垂人工观测设备、遥测双标仪和遥测垂线仪快速拆除通过27号坝段电梯井运至高程264.50m廊道存放，退水后重新安装并保证测值的连续性。

有电缆连接的设备，在设备拆除后对电缆进行防水保护，采用防水胶泥密封处理。

1）14号坝段倒垂线。

14号坝段倒垂线布置在14号坝段基础廊道，目前采用光学垂线仪进行人工监测。改造方法：更换观测支架，使其即能安装光学垂线仪进行人工监测，又能安装双向垂线坐标仪，增设1台CCD式光学垂线坐标仪，纳入自动化系统后实现自动监测。

2）32号坝段及38号坝段倒垂线。

32号和38号坝段的倒垂线在监测自身坝段坝基的水平位移的同时，还作为坝基激光水平位移改正的基点，对坝基水平位移监测至关重要。改造方法：更换观测支架，使其即能安装光学垂线坐标仪进行人工监测，又能安装双向垂线坐标仪，安装2台CCD式光学垂线仪，纳入自动化系统后实现自动监测。

3）32号坝段正垂线。

32号坝段正垂线分为上、下两段布置，是丰满大坝唯一的挠度观测系统，目前已处于瘫痪状态，严重影响32号坝段挠度和坝基激光监测系统的观测。改造方法：更换浮筒、支架、高强不锈钢丝等有关垂线设备，安装9台CCD式光学垂线坐标仪，同时实现自动化监测和人工观测。

4）垂线防护。

由于垂线布置在坝体廊道内，观测环境恶劣，为防止坝体渗水、掉物等对垂线测量平台与设备的破坏及预防风扰对观测的影响，在以顶拱为垂线井的垂线监测站加装保护垂线井防护罩，除32号坝段悬挂点外其他正垂井均需安装保护罩，共计8个。

（3）坝基裂缝观测

坝基裂缝观测布设10支弦式表面测缝计，可将其电缆延长至245.00m检修廊道，并接入安装在该处的多功能数据采集装置进行观测。

（4）坝基渗流监测

坝基扬压力观测：廊道进水前将扬压力观测孔上的压力表卸下，退水后再重新安装；廊道进水前将各排水孔的自动化观测设备拆下，退水后再重新安装，由于扬压力数据采集装置为单只对应接入，且坝基纵、横向扬压力数据采集装置需要重新安装到 245.00m 检修廊道，因此，集中更换数据采集装置；为预防洪水破坏的影响，提前将坝基纵、横向扬压力数据采集装置安装到 245.00m 检修廊道，相应的 123 支传感器电缆也要加长。3～19号坝段电缆沿右侧基础廊道延长至 245.00m 检修廊道的 4 号坝段，该处安装 1 台 32 通道多功能数据采集装置；中间 20～37 号坝段电缆沿 32 号坝段爬梯延长至 245.00m 检修廊道的 31 号坝段，该处安装 2 台 32 通道多功能数据采集装置；38～54 号坝段电缆沿左侧基础廊道延长至 245.00m 检修廊道的 51 号坝段，该处安装 2 台 32 通道多功能数据采集装置。

（5）工程安全监测自动采集系统硬件设计

1）自动化监测项目集成与统一。

①自动化监测系统结构模式。

老坝自动化监测系统设计上采用分布式结构模式，测控单元就近一次传感器，以缩短数字量与模拟量的转输距离，并且由于测控单元传输都是数字量，传输距离可超过1000m，即使一个测控单元出现问题也不会影响整个系统的运行。

②自动化监测系统通信控制。

老坝自动化监测系统拟采用 RS485 接口通信总线，通信波特率暂定为 2400bit/s。为保证系统通讯的可靠性，系统 RS485 通信总线采用光缆为传输介质，配合 RS485 光电转换器按"主干"型布设。分支可采用屏蔽双绞线作为传输介质，双绞线末端加匹配电阻，以减少通信信号回涌的影响。

③自动化监测系统电源控制。

为保证自动化监测系统长期可靠与稳定的运行，拟定从丰满电厂大坝左岸观测室安放大功率 UPS，并从 UPS 下引 220V 动力电缆与 RS485 通讯电缆并行铺设，个别对电源要求较高的自动化监测项目（如真空激光等）可设立单独的 UPS 以保证整个监测系统的稳定运行。

2）安全监测管理网络的构建。

①网络服务器。

老坝观测班现有一台 IBM PC Server 325 服务器同时作为 Web 服务器、自动监测服务器数据库服务器和数据库服务器，其 CPU 为 Intel PentiumPro 200，运行速度慢，安全性比较低。另有一台 HP Netserver 5/75LH 服务器由于购买较早、运行速度慢，只能作为打印服务器、简单的数据备份服务器使用。因此需重新购买 2 台性能先进的服务器作为自动监测网络域服务器及 SQL Server 2008 数据库服务器，以满足系统要求。

②工作站。

观测班现有机器均购买较早，运行速度慢，不能满足设计要求的观测资料日常管理工作及多媒体和图形处理要求，需要另外购置 3 台高性能的 IBM PC 兼容机及 2 台现场数据采集器作为工作站，以满足日益增长的观测数据分析处理需要。

3）新坝建设期对老坝坝基自动化通讯集成影响。

245.00m 检修廊道内安装的多功能数据采集装置及坝基真空激光真空控制系统的通讯总线均采用光缆作为传输介质，接入坝顶真空激光采集工作站。

（6）安全监测系统软件改造设计

"老坝安全监测自动化软件系统"（简称系统）是一个基于自动化数据采集网络、计算机管理网络系统、分布式关系数据库和数学物理模型方法为基础的，为老坝安全运行服务的工程安全监测系统。

老坝安全监测自动化系统规模较大、测点较多，监测对象具有多样性与复杂性，整个系统是一个集现代自动化测控技术、计算机技术、网络技术、软件工程技术、水工监测技术和综合分析推理等为一体的高科技的集成监测系统。系统应具有先进性、可靠性、实用性、易用性和可扩充性等先进特征，同时系统应建立完善的指标库及预警模型，并提供观测数据在线检测及分析、预警功能。

1）系统组成。

系统主要由以下子系统组成：

数据库子系统—主要由原始数据库、整编数据库、分析数据库、系统配置库、模型库、方法库、工程资料库等组成；

数据采集子系统—人工观测数据输入模块、自动化数据采集模块、远程控制数据采集模块；

综合信息管理子系统—综合信息管理程序；

综合分析推理子系统—综合分析推理程序；

Web 子系统—观测数据 Web 浏览与查询系统。

数据库子系统是整个软件系统的核心，它为其他子系统提供底层数据服务支持。各子系统之间的关系见图 4.26。

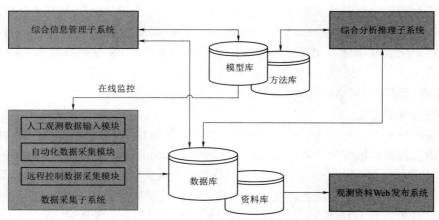

图 4.26　安全监测自动化软件系统组成框图

2）数据库子系统功能概述。

系统的全部数据包括观测数据、数据模型、分析方法、工程资料等均以关系数据库方式统一存放在服务器上，客户机通过其上运行的相应功能模块对服务器上的数据进行调用及处理。

为了对系统各部分需要的类型复杂、数量庞大，操作方式和应用方法都有相当大区别的数据和信息进行有效的管理，满足安全监测工程的总体要求，必须对数据库表的设置和功能进行详细设计。

3）数据采集子系统功能概述。

①自动化数据采集。

丰满水电站共纳入各种可自动化监测仪器880支，安装32台多通道DAU，23台单点式DAU，4台控制式DAU。一套及时准确、功能可靠的现场实时自动化数据采集系统是整个自动化系统成功实施的必须。

现场实时自动采集系统安装在现场监测管理站的数据采集工作站上，系统通过RS485通讯总线与枢纽安装的自动化测量控制单元（DAU）进行数据通讯完成数据采集工作。

②远程控制数据采集。

远程控制自动采集系统安装在远程监测管理中心站的工作站上，系统通过TCP/IP协议与现场监测管理站的采集工作站通讯，通过向现场监测管理站的采集工作站发送相应的控制命令完成远程数据采集工作。

③人工观测数据输入。

对于人工采集的观测数据提供人工键盘录入和脱机批量处理，并将原始观测数据存入原始数据库中。依照原始数据库的检验规则，对入库数据自动进行检验。

4）综合信息管理子系统功能概述。

①子系统的管理对象和管理功能。

综合信息管理子系统是系统对各模块经常使用的各种类型基础数据和信息进行统一管理的子系统。该子系统的管理对象实际上就是存储在各类数据库中的基础性数据和信息，所以子系统与数据库联系在一起的，是数据库的外在表现形式。

数据管理子系统应提供灵活的查询方式、方便的操作方法和友好直观的查询界面。观测数据资料的查询应提供单项查询、组合查询、时段查询和模糊查询的方法。单项查询应包括按测点编号、观测日期、建筑物及工程部位、仪器类型、仪器名称等关键字进行的查询操作；组合查询提供所有单项查询项目的任意组合作为查询条件的查询操作；时段查询是针对某一特定时间段间隔内的观测数据的查询；模糊查询利用有关模糊算法，提供非精确条件值的查询。数据的检索和查询结果可通过调用报表及图形功能模块生成报表和相关图形。

数据处理要求：在分析库内，用户可对库内数据修改、编辑，程序应提供对该库数据相应的修改、编辑、输出功能。分析库的数据补插、删除等数据操作一般也应有"恢复""确认"等辅助操作，以保证不致造成数据的损坏。

②工程信息管理要求。

由于建筑物、工程部位、工程断面、仪器类型、测点等工程对象是系统应用十分频繁的数据项，对它们的管理功能要求较高：

a. 相互关联、隶属关系准确、调用方便。

b. 有良好的操作窗口和界面，如：树状目录、示意图等。

c. 工程对象的管理不但包括对应数据库表的管理，还应对示意图等进行管理。

d. 与此相关的工程对象引导方式的方便调用。

③成果的标准图形及报表输出。

根据规程规范要求，结合工程实际，实现标准的各类图形及报表输出功能。

5）观测资料 Web 发布子系统。

观测资料 Web 发布子系统其实质就是一个安全监测网站系统，主要功能为：

①工程基本信息的存储与网页发布。

②工程相关资料的存储与网页发布。

③工程安全监测介绍。

④工程安全监测成果数据的网页式浏览、查询及图表统计。

⑤工程安全监测成果资料的存储与发布。

4.6.2　新坝建设期老坝安全监测系统采取的措施

4.6.2.1　老坝安全监测系统改造

根据老坝安全监测改造设计的工作内容，目前改造工程已完成并通过竣工验收。

4.6.2.2　洪水来临预警后安全监测设备采取措施

（1）基础廊道真空激光准直系统发射端

在洪水预报示警后，迁移前切断电源系统，用万用表测量确定断电后，首先做好电缆防水处理并把从控制箱引来的给激光管供电的电源线拆除，将发射端拆卸，通过 27 号坝段电梯井运至 31 号坝段高程 245.00m 检修廊道存放，退水后重新安装。

（2）基础廊道真空激光准直系统接收端

在洪水预报示警后，迁移前切断电源系统，用万用表测量确定断电后，首先做好电缆防水处理并将电源线拆除，因接收端设备比较多，拆除前制作设备清单并统一编号，拆除时根据设备清单进行拆除同时做上编号，安装附件由密封袋密封，激光接收装置、接收幕、监视摄像机、光电转换器等设施通过 27 号坝段电梯井运至 31 号坝段高程 245.00mm 检修廊道存放，退水后重新安装。

（3）基础廊道真空激光准直系统抽真空控制系统及采集系统

抽真空控制系统主要为激光系统抽真空控制系统及真空泵等仪器设备，迁移前切断电源系统，用万用表测量确定断电后，首先做好电缆防水处理和线路拆除，然后进行抽真空控制系统的迁移，将这些仪器设备搬迁至 31 号坝段的 245.00m 高程检修廊道存放。

（4）基础廊道真空激光准直系统的真空泵

丰满的坝基激光准直系统的真空泵采用小型的真空泵，当洪水预警时，首先切断真空泵电源，并用万用表确认已经切断成功。然后将真空泵连同电磁阀以及连接管迁移至 31 号坝段高程 245.00m 检修廊道存放。真空泵软管与真空管道连接处的小孔用法兰（如图 4.27 所示）堵头堵住，法兰堵头与小孔之间放置一个小橡胶圈。

（5）基础廊道真空激光准直系统的仪表

真空激光管道包含许多监测真空激光管路内压强的压力表、真空表、麦氏真空计等，当洪水预警时，应将全部的压力表，真空表，麦氏真空计拆卸运至 31 号坝段高程 245.00m 检修廊道存放，连接处的小孔用小法兰（图 4.28）堵住。

图 4.27 法兰   图 4.28 压力表处小孔封堵法兰

（6）基础廊道真空激光准直系统测点箱和真空管道

测点箱和真空管道采取加固措施。测点箱用钢筋锚固在测点墩上，真空管道锚固在廊道墙壁上，防止因浮力过大导致测点箱体及真空管道出现飘浮、损坏。

1）测点箱的加固措施。

测点箱加固采取螺纹钢插筋固定，测点箱 4 角处各打 1 根直径 20mm 的插筋，插筋打入地面混凝土，深度 15cm 以上；在测点箱中线高度位置，测点箱水平方向用 4 根螺纹钢与 4 根竖直方向的螺纹钢焊接加固；测点箱顶部位置同样焊接 4 根水平方向的螺纹钢，这样就形成了一个框型结构将测点箱框住，如图 4.30 和图 4.31 所示。顶部位置再用两条 4cm 宽的扁铁将测点箱上部框住，扁铁与螺纹钢处采用可拆卸的螺栓丝扣结构连接，方便洪水过后快速恢复测点箱工作及日常检修工作。

为了防止水从螺丝孔进入测点箱，在测点箱盖上的每个螺丝处以及测点箱盖板和测点箱接缝处涂抹玻璃胶。

2）真空激光管道的加固措施。

真空激光管道与加固测点箱类似，用直径为 20mm 的螺纹钢打插筋，插筋深度 15cm 以上，见图 4.29。

为了防止水从波纹管处进入真空管道，在波纹管法兰盘交界处以及法兰盘上的螺丝处涂抹玻璃胶。在波纹管外包三圈土工膜，防止洪水中的泥沙冲击磨破波纹管的伸缩节导致漏气。

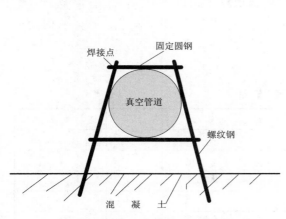

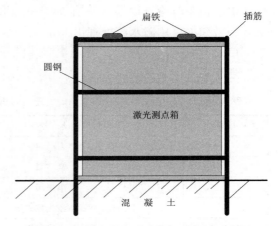

图 4.29 坝基激光真空管道加固剖面图   图 4.30 坝基激光测点箱加固侧面示意图

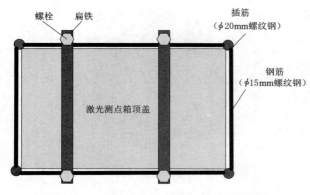

图 4.31　坝基激光测点箱加固平面示意图

（7）基础廊道真空激光准直系统的电缆与光缆

电缆保护与垂线等仪器电缆保护类似。迁移前切断电源系统，拆除设备后做电缆防水标签，将电缆头进行绝缘密封。

（8）倒垂及垂线坐标仪

当有洪水预报示警后，为防止流水将杂物带入倒垂线孔中卡住垂线，采用胶泥将 14 号坝段、32 号坝段及 38 号坝段倒垂线的倒垂保护管密封，退水后取出；为防止廊道内水位超过倒垂线浮筒导致浮筒出现飘浮，拉断垂线，采用可拆卸角钢支架对浮筒进行固定；为了防止洪水进入浮筒内，应在浮筒盖四周涂抹玻璃胶。

快速拆除垂线坐标仪，通过 27 号坝段电梯井运至高程 264.50m 廊道存放，退水后重新安装并保证测值的连续性。垂线拆迁后电缆头的保护措施和激光系统设备拆除后电缆头的保护措施相同。

（9）基础廊道渗流监测

1）压力表。

廊道进水前将扬压力观测孔上的压力表卸下，拆卸时根据拆卸位置、仪器编号在压力表上做上相应的仪器标签，并统一存放在高程 264.50m 廊道处。

2）管口附件。

压力表拆除后，压力表拆除位置用堵头堵住，堵头丝扣用生料带缠绕保护防水及杂物进入测压管。

（10）水工观测电缆

水工观测电缆为四芯屏蔽电缆，电缆本身防水，仪器牵引前需将电缆接头防水处理做好。洪水预警时检查电缆接头有无破损，根据破损情况作相应处理。严重时重做防水接头，轻微破损可用防水胶处理。

（11）迁移设备清单

迁移设备清单见表 4.41。

表 4.41　　　　　　　　　　　迁 移 设 备 清 单

序号	设　　备	单位	数量
一	发射端		
1	真空泵	个	2
2	电磁阀	个	2
3	真空激光控制箱	个	1
4	激光发射管	个	1

续表

序号	设 备	单位	数量
5	真空表	个	1
6	数显真空表	个	1
7	规管	个	1
二	接收端		
1	视频光端机	台	1
2	信号控制光端机（NDA3421）	台	1
3	摄像头	个	1
4	接收端像屏	个	1
5	麦氏真空计	台	1
6	真空表	台	1
三	倒垂		
1	垂线坐标仪	台	3

4.6.2.3　退水后真空激光准直系统恢复安装及数据衔接

（1）发射端设备恢复

在恢复安装前，把保护电缆的密封胶泥拆除，检查电缆是否进水，进行电缆绝缘度等测试工作，如果电缆测试不合格需要重新更换电缆，检查测试工作结束后才能恢复安装。发射端设备恢复方法如下。

1）将坝基激光系统电源切断，然后用万用表测量确定已经断电，然后将原发射端激光管拆除，其次安装新的发射端，步骤如下：

①将 O 型圈涂上真空硅脂后装配到发射端平焊钢法兰上。

②将安装平晶的平晶法兰和平晶垫片擦拭干净。

③用专用的擦拭纸将平晶擦干净，平放在一个干净平面上。

④将平晶垫片放置平晶上，外径与平晶一致。

⑤将平晶法兰缓缓套上平晶，此时平晶法兰应保持与平晶平行。在套平晶的过程中，关键要慢，感觉有点平晶与法兰的配合是否较紧，如果紧，则应停止安装，查看原因并修正。

⑥将法兰套好后，用手托住平晶，连法兰一起翻转过来，准备与发射端平焊钢法兰对接；与发射端平焊钢法兰对接时应对角安装固定螺栓，慢慢的拧紧螺栓，应注意对称均匀的加紧，一次不能拧得太紧，重复多次，拧紧时应注意观察 O 型圈的变形以及平晶与固定法兰凸边之间的间距，平晶不能与发射端平焊钢法兰的凸边接触。螺栓全部拧紧后平晶即安装完毕。

2）发射端光源及保护箱的安装。

①将激光微调装置的底板按照设计的高程和桩号安装于发射端支墩上，要求底板的中心线与放样的桩号一致，底板的底面高程与设计的高程一致，两者的误差不大于±3mm。用膨胀螺栓将底板固定。将微调装置按照图 4.32 所示装好。

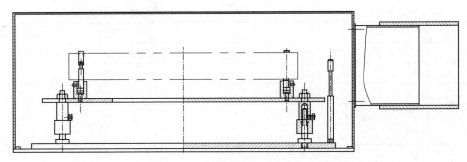

图 4.32　微调装置安装示意图

②将激光管安装至微调装置的 V 型块上，用螺丝固定好。

打开距发射端最近的一个测点箱，在测点箱内放置一张白纸，使白纸平面与管道轴线垂直。打开激光管电源，点燃激光管，调节激光管的位置，使激光光束照到白纸上，光斑在白纸上的位置应大体在管道中间。一般情况下，对于长度为 300m 左右的真空激光准直系统，在 50m 左右对准即可以使激光光束穿过整条管道，对于准直距离较长的真空管道，这个距离大约要延长至 100m 左右。调整后，将固定激光管的螺钉紧固，在紧固时应防止光斑跑偏。

③检查激光管道。首先对真空管道进行抽真空的工作，真空管道内的真空度达到要求后，在接收端的成像屏上出现一个直径与真空管道一样大小的圆斑，圆斑为红色，较亮，说明激光管道无偏差，如果有偏差需重新校正激光管道。

（2）接收端设备恢复

接收端设备主要包括接收端密封段、成像屏、CCD 坐标仪、接收端底板、接收端保护箱等几部分。

接收端恢复安装时与发射端类似，首先检测电缆、信号线等是否进水以及电缆绝缘度，不满足要求需更换电缆或者信号线，满足要求则恢复安装，安装步骤如下。

1）接收端密封段安装步骤（同发射端密封段的安装）。

2）接收端底板、成像屏、坐标仪、保护箱的安装。

①将接收端底板按照设计的高程和桩号安装于接收端支墩上，用膨胀螺栓固定牢固。底板的安装误差控制在 ±5mm 范围内。

②将两块成像屏玻璃的毛面相对并固定到屏框里。再将成像屏用螺钉固定到接收端底板上，调节成像屏的位置，要求成像屏的中心与接收端的平晶的中心基本在同一直线上。

③将 CCD 坐标仪按图 4.33 所示的工艺固定到接收端底板上。

④将 CCD 接上电源，并将 CCD 上 VIDEO OUT 的输出端子与安装在工控机上的视频卡用 75Ω 视频线接好，在工控机上运行激光程序，在"实时监视"对话框内应能看到 CCD 采集的图像。调节 CCD 镜头的物距，调节进入 CCD 镜头的光的强弱，使"实时监视"对话框内能看到清晰的采集图像。

⑤在成像屏上标记四个点，分别在成像屏的四个角。记下水平两点的距离，再在电脑上"实时监视"对话框内的图像上用鼠标分别点到两个点上，记下两点的像素。再根据这三个值计算出水平方向的换算系数。计算公式为

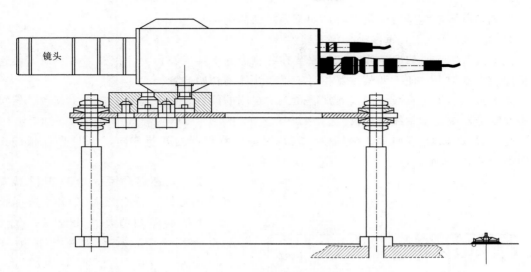

图 4.33　CCD 坐标仪安装示意图

换算系数＝两点间的距离/两点的像素差

⑥再用同样的方法计算出垂直方向的换算系数。水平方向向右为正，垂直方向向下为正。

⑦把换算系数输入激光监测系统软件的相应位置。重新启动软件。

⑧装好接收端保护箱，保护箱不能有漏光点，并注意防尘。

（3）抽真空控制系统及采集系统恢复

抽真空控制系统及采集系统如控制箱、真空泵等设备恢复安装，首先检查电缆是否进水、测试电缆绝缘指标能否满足要求，满足要求即可进行恢复安装，不满足要求需更换电缆。

（4）恢复观测及数据衔接

基础廊道真空激光准直系统恢复安装后因安装初值发生变化，需要重新获取初值，然后与原数据衔接。

衔接时首先重新取初值，对每个测点进行巡测，计算出本次测值与迁移前测值的差值，将差值作为偏移量填入激光监测软件相应的测量方向上，监测数据衔接的情况，并查看过程线是否衔接。

4.6.2.4　退水后垂线的恢复、仪器设备安装及数据衔接

（1）倒垂线的恢复

14 号坝段、32 号坝段及 38 号坝段倒垂线恢复。首先取出倒垂孔内胶泥等封堵物；检查倒垂浮筒，使钢丝恢复自由状态。

（2）仪器设备安装

1）仪器支架。

检查仪器支架是否满足设计要求。如不满足，需重新安装。

2）电缆准备。

垂线监测系统采用二芯（或三芯）屏蔽通信电缆和电源电缆连接。用万用表检查屏蔽

通信电缆和电源电缆是否满足要求，如不满足则需更换。

3）光电式（CCD）垂线坐标仪安装。

光电式（CCD）双向垂线坐标仪安装在各测点的支架或墩台上。仪器通过一对安装连接板固定在支架上，便于调整仪器相对于垂线线体的初始位置。

光电式（CCD）垂线坐标仪通常需同人工观测的读数装置一起安装，人工读数装置可为垂线瞄准器或光学垂线坐标仪。

光电式（CCD）双向垂线坐标仪在安装时应注意仪器的安装方向，CCD 坐标仪的正方向如图 4.34 所示。

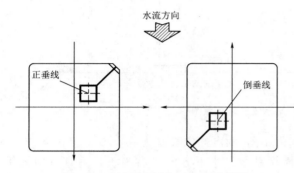

图 4.34　CCD 坐标仪正方向示意图

仪器安装就位后，应检查仪器安装的方向是否符合设计要求，坐标仪与人工比测的测值是否相近等。在现场检测环境下，检测的最大偏差应 $<0.3\,\mathrm{mm}$，否则，应及时与生产厂家联系处理。

为了便于计算，垂线坐标仪的测值方向应与《规范》一致，即坝体向下位移为正，坝体向左位移为正。若不一致，应改变测值符号使其一致。

4）电缆安装。

光电式（CCD）双向垂线坐标仪采用二芯（或三芯）屏蔽通信电缆和电源电缆，仪器电缆引出至附配的接线盒，现场电缆可直接通过接线盒实现与仪器的连接。二芯电源线与现场电源连接，屏蔽通信电缆与监测站的数据采集模块连接。

（3）恢复观测与数据衔接

垂线恢复安装后首先检测仪器是否正常，其次是重新选取初值，然后计算本次初值与上一次自动化数据的差值，分别在 X、Y 方向加上差值即可与原数据衔接。最好再进行测试，查看数据衔接是否吻合。

4.6.2.5　渗流监测恢复观测

（1）压力表的恢复

退水后根据压力表拆卸时的编号恢复安装，安装后观察压力表测值变化是否正常及接口处是否漏水。

（2）渗压计观测的恢复

压力表安装测值恢复后即可进行仪器的自动化观测。注意观察仪器测值变化情况，测值变化较大，需查找原因并测试仪器绝缘值是否正常。

4.6.2.6　测缝计的恢复观测

退水后直接恢复自动化测量，注意观察仪器测值变化情况，测值变化较大，需查找原因并测试仪器绝缘值是否正常。

4.6.2.7　电缆的恢复焊接

退水后检查电缆是否进水，根据仪器接线要求重新焊接电缆。

4.7 老 坝 安 全 预 警

新坝建设期间,老坝仍需正常运行,保障老坝在建设期的安全是新坝正常施工的基本前提。然而,由于地质条件的复杂性以及勘察手段的局限性,一些与安全密切相关的问题在原设计和施工阶段不可能全部揭露,可能给工程安全带来隐患;与此同时,由于新坝施工改变了老坝原有的边界条件,也可能带来新的安全问题。

实践表明:利用监测设备采集相关数据并据此开展分析,是保障工程安全的必要手段。对于重大的、特殊的工程,开展监控指标采集及分析和预警模型的研究则具有更为突出的意义和不可替代的地位。鉴于丰满全面治理工程的特殊性和重要性,有必要在大坝安全监测和预警等方面开展深入研究,及时发现危及老坝安全的征兆,确保老坝在工程建设期间的稳定,满足新坝正常施工的要求;同时,可起到指导施工、反馈设计的作用,防患于未然。

4.7.1 大坝安全监控的关键坝段

控制老坝安全的核心问题是强度、稳定问题,包括沿坝基面的稳定以及坝体内部稳定。该问题又与建基面抗剪强度、坝体混凝土的强度、扬压力、坝体变形等因素有关,从安全监控角度,可归纳为变形、渗流、稳定三类关键问题,安全监控的关键坝段如下:

4.7.1.1 34~36 号坝段安全监控

34~36 号坝段是监控的核心坝段,其重要性远大于其他坝段,其中,又以 35 号坝段更突出。主要有以下几点原因:

(1) 34~36 号处于断层破碎带上,而 35 号坝段又处于破碎带中心区域,建基面物理力学参数偏低,抗滑承载力不足,坝基稳定安全系数最低,是控制全坝安全的核心。

(2) 坝顶大位移问题。1950 年 7 月,35 号坝段坝顶位移达到 65mm。由于当时坝体 B 块尚未浇筑完成,A 块单独挡水,据推断可能当时 A 坝块可能在 220~245m 高程之间开裂,存在潜在的不利滑动面。

(3) 坝顶向上游时效变形问题。35 号坝段 1954—1985 年坝顶向上游时效变位 25mm。加固后,时效速度变缓,但仍然存在,2005—2010 年的监测分析表明,大坝每年向上游的时效位移每年大约 0.3mm。

(4) 处于河床中央,坝高接近全坝最高,库水推力大。

(5) 坝体混凝土强度低。根据钻孔取芯结果,35 号三类混凝土出现频率高,因此这些坝段的坝体稳定是监控的重点。

(6) 从近几年的观测数据看,扬压力时效有一定程度的增加;同时防止爆破、基础开挖对 F_{67} 大断层揭露后的渗透稳定性,需要加强变形和渗流状态的监测。

4.7.1.2 14 号坝段安全监控

将 14 号坝段列为监测重点坝段,主要是基于以下原因:

(1) 向上游时效位移问题。14 号坝段 1954—1985 年坝顶向上游时效变位 22mm。由于当时坝体 B 块尚未浇筑完成,A 块单独挡水,据推断可能当时 A 坝块可能在 220.00~

245m 高程之间开裂，存在潜在的不利滑动面。

（2）坝顶上抬比较明显。目前公认的解释是坝体裂缝进水后在冬季冻胀、冻融后混凝土疏松破坏的残余变形引起，对大坝安全不利。

（3）坝基存在 F_{61} 断层，破碎带宽度大于 5m。

（4）溢流坝段，坝体较高，库水推力大，坝体裂缝较严重。

4.7.1.3　22 号坝段安全监控

将 22 号坝段列为监测重点坝段，主要是基于以下原因：

（1）坝基扬压力大。22 号坝段的纵向扬压力及变幅是最大的，且有一定的时效发展趋势，扬压系数大于设计指标值。

（2）坝基漏水量较大。近 10 年的监测数据表明，22 号坝段坝体漏水量较大。

（3）坝体混凝土质量较差。根据动弹模测定结果，22 号坝段的坝体混凝土质量较差。

（4）厂房坝段，坝高接近全坝最大值，库水推力大。

4.7.1.4　28 号坝段安全监控

将 28 号坝段列为监测重点坝段，主要是基于以下原因：

（1）坝体混凝土质量差。坝体 240.00m 高程附近混凝土质量低劣，水平施工缝结合差、漏水量大、溶蚀破坏严重，是坝体稳定控制高程。根据钻孔取芯结果，28 号坝段三类混凝土出现频率较高，因此这些坝段的坝体稳定是监控的重点。

（2）坝体漏水量大。28 号坝段坝体漏水量是历来漏水量大的坝段，坝体水平施工缝可能存在长期溶蚀、强度降低特征，监测中应给予重视。

4.7.1.5　其他重点监控坝段

（1）7 号、8 号岸坡坝段。坝体上抬及向上游变形明显，坝基稳定安全系数低。

（2）16 号溢流坝段。坝高接近全坝最大，库水推力大，坝体裂缝较严重。

（3）18 号溢流坝段。坝体裂缝较严重，坝体漏水量长期较大，坝体较高，库水推力大。

（4）26 号和 27 号坝段，坝基横向扬压力大，且 27 号坝段横向扬压力都有一定程度的时效增加趋势，监控中需要引起注意。

（5）47 号坝段由于坝基岩体破碎、实测扬压力高，坝体漏水量大，稳定安全系数也较低，监控时也应加以注意。

4.7.2　工程监控指标拟定与预警方法

综合国内外研究成果，大坝安全监控指标拟定方法总体可分为三类：统计方法、结构分析法及混合方法。对于丰满重建工程，在工程施工的不同时期，三种方法均有所涉及。其中：统计方法主要用于渗流监控等受不确定因素影响影响大、观测精度低、采用结构分析法又十分复杂的情况，结构分析法可供丰满新坝施工期在缺乏监测数据或监测数据的量较少时采用，而混合方法主要用于变形监控。

在拟定监控指标的统计方法、结构分析法以及混合方法中，统计方法最为简单，但该法使用的前提是"大样本"，即有大量的监测资料可以采用，而且统计方法没有与工程的结构特性相结合，精度和外延性略低，可用于丰满老坝渗流监控等受不确定因素影响影响大、观测精度低、采用结构分析法又十分复杂的情况。

结构分析法具有明确的物理力学概念，在计算参数准确的情况下具有很高的精度和预测外延性，可以在缺乏监测数据或监测数据的量较少时采用。不足之处是有限元计算前后处理工作量大、耗时多；而且，结构分析法所要求的计算参数一般难以准确获取，通常首先要根据施工前期获取的监测数据开展反分析，在此基础上再进行正分析后拟定监控指标，因此拟定监控指标的难度较大，对计算人员的力学的认识、理解要求高，分析费用也较高。本章给出的拟定监控指标的计算本构模型和反演分析方法是实践中证明比较有效的方法，可供丰满新坝施工期缺少足够的监测数据时采用。

混合方法在一定程度上综合了统计方法和结构分析法的优点，计算工作量显著低于结构分析法，精度也较高，通常情况下可作为首选方法。混合方法中，若水压分量和温度分量均采用结构分析成果，所建立的模型通常称为确定性模型；若仅水压分量采用结构分析成果，其余采用统计模式，所建立的模型通常称为混合模型。对于丰满老坝而言，由于缺乏实测温度资料，建立混合模型较为合适。

4.7.3　监控指标统计及预警模型

4.7.3.1　水平位移统计及预警模型

（1）水平位移统计模型

大坝水平位移的主要影响因素有温度、库水压力及时效，也就是水平位移主要由水压、温度和时效分量组成，即：

$$\delta = \delta_H + \delta_T + \delta_\theta \tag{4.7}$$

式中：δ 为位移量；δ_H 为水压分量；δ_T 为温度分量；δ_θ 为时效分量。

1）水压分量（δ_H）。

由工程力学及坝工理论可知，重力坝水平位移的水压分量 δ_H 与水深 H、H^2、H^3 有关，包括下游水位，即：

$$\delta_H = \sum_{i=1}^{3} a_i (H^i - H_0^i) + \sum_{i=4}^{6} a_i (h^{i-3} - h_0^{i-3}) \tag{4.8}$$

式中：H 为上游水位；h 为下游水位；a_i 为水压因子回归系数，$i = 1 \sim 6$。

2）温度分量（δ_T）。

考虑到丰满大坝已运行 60 余年，坝体已处于准稳定温度场变化状态，因此可以选用周期项模拟坝体温度场的变化，即温度分量表达式为：

$$\delta_T = \sum_{i=1}^{2} \left[b_{1i} \left(\sin \frac{2\pi i t}{365} - \sin \frac{2\pi i t_0}{365} \right) + b_{2i} \left(\cos \frac{2\pi i t}{365} - \cos \frac{2\pi i t_0}{365} \right) \right] \tag{4.9}$$

式中：n 为根据丰满大坝的实际情况取 2；t 为测值当天至起测日累计天数，d；b_{1i}，b_{2i} 为温度因子回归系数，$i = 1 \sim 2$。

3）时效分量（δ_θ）。

各个分量的因子选择基本原理见大坝安全监控理论，结合丰满大坝的具体情况，水压分量和温度分量表达式与水平位移统计模型相同，对时效分量，选择多项式时效因子和对数时效因子，即：

$$\delta_\theta = c_1(\theta - \theta_0) + c_2(\ln\theta - \ln\theta_0) \tag{4.10}$$

式中：$c_1 \sim c_2$ 为回归系数；θ 为从测点起测日开始的天数乘以 0.01；θ_0 为建模系列第一天至起测日的累计天数乘以 0.01。起测日为 2001 年 2 月 13 日。

水平位移的统计模型为：

$$\delta = \delta_H + \delta_T + \delta_\theta$$

$$= a_0 + \sum_{i=1}^{3} a_i(H^i - H_0^i) + \sum_{i=4}^{6} a_i(h^{i-3} - h_0^{i-3})$$

$$+ \sum_{i=1}^{2} \left[b_{1i}\left(\sin\frac{2\pi it}{365} - \sin\frac{2\pi it_0}{365}\right) + b_{2i}\left(\cos\frac{2\pi it}{365} - \cos\frac{2\pi it_0}{365}\right) \right]$$

$$+ c_1(\theta - \theta_0) + c_2(\ln\theta - \ln\theta_0) \tag{4.11}$$

式中：a_0 为常数项；a_i 为水压因子回归系数；b_{1i}，b_{2i} 为温度因子回归系数，$i = 1 \sim 2$；$c_1 \sim c_2$ 为时效因子回归系数。

（2）水平位移预报模型

通过以上对水平位移监测资料的定量分析，采用式（4.11）统计模型及其系数，选择复相关系数较高（$R > 0.8$）的水平位移测点进行预报，其预报模型为：

若 $|\delta - \hat{\delta}| \leqslant 2S$，则正常；

若 $2S < |\delta - \hat{\delta}| \leqslant 3S$，则应跟踪监测，如无趋势性变化为正常；否则为异常，需进行成因分析；

若 $|\delta - \hat{\delta}| > 3S$，则测值异常，分析其成因。

上述中，δ 为水平位移实测值；$\hat{\delta}$ 为水平位移的模型计算值；S 为统计模型标准差。

4.7.3.2　垂直位移统计及预警模型

（1）垂直位移统计模型

大坝垂直位移的主要影响因素有温度、库水压力及时效，也就是垂直位移主要由水压、温度和时效分量组成，即：

$$\delta = \delta_H + \delta_T + \delta_\theta \tag{4.12}$$

式中：δ 为位移量；δ_H 为水压分量；δ_T 为温度分量；δ_θ 为时效分量。

1）水压分量（δ_H）。

由工程力学及坝工理论可知，重力坝水平位移的水压分量 δ_H 与水深 H，H^2，H^3 有关，包括下游水位，即：

$$\delta_H = \sum_{i=1}^{3} a_i(H^i - H_0^i) + \sum_{i=4}^{6} a_i(h^{i-3} - h_0^{i-3}) \tag{4.13}$$

式中：H 为上游水位；h 为下游水位；a_i 为水压因子回归系数，$i = 1 \sim 6$。

2）温度分量（δ_T）。

考虑到丰满大坝已运行 60 余年，坝体已处于准稳定温度场变化状态，因此可以选用周期项模拟坝体温度场的变化，即温度分量表达式为：

$$\delta_T = \sum_{i=1}^{2} \left[b_{1i}\left(\sin\frac{2\pi it}{365} - \sin\frac{2\pi it_0}{365}\right) + b_{2i}\left(\cos\frac{2\pi it}{365} - \cos\frac{2\pi it_0}{365}\right) \right] \tag{4.14}$$

式中：n 为根据丰满大坝的实际情况取 2；t 为测值当天至起测日累计天数；b_{1i}，b_{2i} 为温度因子回归系数，$i = 1 \sim 2$。

3）时效分量（δ_θ）。

各个分量的因子选择基本原理见大坝安全监控理论，结合丰满大坝的具体情况，水压分量和温度分量表达式与水平位移统计模型相同，对时效分量，选择多项式时效因子和对数时效因子，即：

$$\delta_\theta = c_1(\theta - \theta_0) + c_2(\ln\theta - \ln\theta_0) \tag{4.15}$$

式中：$c_1 \sim c_2$ 为回归系数；θ 为从测点起测日开始的天数乘以 0.01；θ_0 为建模系列第一天至起测日的累计天数乘以 0.01。起测日为 2001 年 2 月 13 日。

水平位移的统计模型为：

$$\delta = \delta_H + \delta_T + \delta_\theta$$

$$= a_0 + \sum_{i=1}^{3} a_i(H^i - H_0^i) + \sum_{i=4}^{6} a_i(h^{i-3} - h_0^{i-3})$$

$$+ \sum_{i=1}^{2}\left[b_{1i}\left(\sin\frac{2\pi it}{365} - \sin\frac{2\pi it_0}{365}\right) + b_{2i}\left(\cos\frac{2\pi it}{365} - \cos\frac{2\pi it_0}{365}\right)\right]$$

$$+ c_1(\theta - \theta_0) + c_2(\ln\theta - \ln\theta_0) \tag{4.16}$$

式中：a_0 为常数项；a_i 为水压因子回归系数；b_{1i}，b_{2i} 为温度因子回归系数，$i = 1 \sim 2$；$c_1 \sim c_2$ 为时效因子回归系数。

（2）垂直位移预报模型

通过以上对垂直位移监测资料的定量分析，采用式（4.16）统计模型及其系数，选择复相关系数较高（$R > 0.8$）的垂直位移测点进行预报，其预报模型为：

若 $|\delta - \hat{\delta}| \leqslant 2S$，则正常；

若 $2S < |\delta - \hat{\delta}| \leqslant 3S$，则应跟踪监测，如无趋势性变化为正常；否则为异常，需进行成因分析；

若 $|\delta - \hat{\delta}| > 3S$，则测值异常，分析其成因。

上述中，δ 为垂直位移实测值；$\hat{\delta}$ 为垂直位移的模型计算值；S 为统计模型标准差。

4.7.3.3 扬压力统计及预警模型

（1）扬压力统计模型

扬压力或测压孔水位（H）主要受上游库水位和下游库水位变化的影响，其次受温度、降雨、时效等影响。因此，在分析时采用下列统计模型：

$$H = H_{hu} + H_{hd} + H_T + H_\theta \tag{4.17}$$

式中：H 为扬压力监测孔孔水位的拟合值；H_{hu} 为扬压力监测孔孔水位的上游水位分量；H_{hd} 为扬压力监测孔孔水位的下游水位分量；H_T 为扬压力监测孔孔水位的温度分量；H_θ 为扬压力监测孔孔水位的时效分量。

1）上游水位分量 H_{hu}。

由时空分析可知，上游水位和下游水位变化对扬压力监测孔水位有一定的影响，且有一定的滞后效应，考虑选择监测日前一个月内的上游水位影响，即：

$$H_{hu} = \sum_{i=1}^{5} \left[a_{1i}(H_{ui} - H_{u0i}) \right] \qquad (4.18)$$

式中：H_{ui} 为监测日当天、监测日前 1～4 天、前 5～10 天、前 11～20 天、前 21～30 天的平均水位上游（$i=1～5$）；H_{u0i} 为初始监测日上述时段对应的上游水位平均值（$i=1～5$）；a_{1i} 为水位因子回归系数（$i=1～5$）。

2）下游水位分量 H_{hd}。

下游水位对扬压力的影响也有一个滞后的过程，但由于下游水位测次少，基本上每月才有一个测值，且下游水位变化小。因此，下游水位取当日测值作为因子，即：

$$H_{hd} = a_d(H_d - H_{d0}) \qquad (4.19)$$

3）温度分量 H_T。

考虑到测孔水位随温度呈不规则周期性变化，选取如下形式的周期项温度因子：

$$H_T = \sum_{i=1}^{2} \left[b_{1i}\left(\sin\frac{2\pi it}{365} - \sin\frac{2\pi it_0}{365} \right) + b_{2i}\left(\cos\frac{2\pi it}{365} - \cos\frac{2\pi it_0}{365} \right) \right] \qquad (4.20)$$

式中：t 为从监测日至始测日的累计天数；t_0 为建模所取资料序列的第一个测值日至始测日的累计天数；b_{i0}、b_{2i} 为温度因子回归系数（$i=1，2$）。

4）时效分量 δ_θ。

时效分量 H_θ 的组成比较复杂，它与库前泥沙淤积、扬压力监测孔周围的岩性、裂缝分布及产状有密切的联系，时效分量采用如下形式：

$$H_\theta = d_1(\theta - \theta_0) + d_2(\ln\theta - \ln\theta_0) \qquad (4.21)$$

式中：d_1、d_2 为时效分量回归系数；θ 为监测日至始测日的累计天数 t 除以 100；θ_0 为建模资料序列第一个测值日至始测日的累积天数 t_0 除以 100。

综上所述，扬压力测孔水位的统计模型为：

$$\begin{aligned} H = H_{hu} + H_{hd} + H_T + H_\theta &= a_0 + \sum_{i=1}^{5} \left[a_{1i}(H_{ui} - H_{u0i}) \right] + a_d(H_d - H_{d0}) \\ &+ \sum_{i=1}^{2} \left[b_{1i}\left(\sin\frac{2\pi it}{365} - \sin\frac{2\pi it_0}{365} \right) + b_{2i}\left(\cos\frac{2\pi it}{365} - \cos\frac{2\pi it_0}{365} \right) \right] \\ &+ a_d H_d + d_1(\theta - \theta_0) + d_2(\ln\theta - \ln\theta_0) \end{aligned} \qquad (4.22)$$

式中：a_0 为常数项；其余符号意义同式（4.17）～式（4.21）。

（2）预报模型

通过以上对坝基扬压力监测资料的定量分析，利用式（4.22）统计分析模型及其系数，选择复相关系数 0.8 以上的坝基扬压力测点进行预报，其预报模型为：

若 $|P - \hat{P}| \leqslant 2S$，则正常；

若 $2S < |P - \hat{P}| \leqslant 3S$，则跟踪监测，无趋势性变化为正常；否则异常，需进行成因分析；

若 $|P - \hat{P}| > 3S$，则测值异常，应进行成因分析。

式中：P 为坝基扬压力测孔水位实测值；$\hat{P}$ 为回归模型计算值；S 为模型标准差。

4.7.3.4　漏水量统计及预警模型

（1）漏水量统计模型

漏水量主要受上、下游水位、温度以及时效等因素的影响，其统计模型可以表示为：

$$Q = Q_{H1} + Q_{H2} + Q_T + Q_\theta \tag{4.23}$$

式中：Q 为漏水量的测值；Q_{H1} 为上游水位分量；Q_{H2} 为下游水位分量；Q_T 为温度分量；Q_θ 为时效分量。

各个分量的因子选择基本原理见大坝安全监控理论，结合丰满大坝的具体情况，水压分量包括上游水位分量和下游水位分量，上游水位分量与水深的一次和二次方有关，下游水位分量与水深的一次方有关。与此同时，库水位对漏水量影响有滞后效应。则水压分量的表达式为：

$$Q_H = Q_{H1} + Q_{H2} = \sum_{i=1}^{2} a_i (H_1^i - H_{10}^i) + \sum_{i=3}^{7} a_i (\overline{H_{1i}} - \overline{H_{10i}}) + a_d (H_2 - H_{20}) \tag{4.24}$$

式中：a_i 为上游水位分量的回归系数；H_1^i 为监测日的上游水位；$\overline{H_{1i}}$ 为监测日前 1d、前 2d、前 3～4d、前 5～15d、前 16～30d 的平均上游水位；a_d 为下游水位分量的回归系数；H_2 为监测日的下游水位。

因无基岩温度资料，采用周期项作为温度因子，选两组周期项温度因子，即：

$$\delta_T = \sum_{i=1}^{2} \left[b_{1i} \left(\sin \frac{2\pi it}{365} - \sin \frac{2\pi it_0}{365} \right) + b_{2i} \left(\cos \frac{2\pi it}{365} - \cos \frac{2\pi it_0}{365} \right) \right] \tag{4.25}$$

式中：t 为从监测日至始测日的累计天数；b_{1i}，b_{2i} 为温度因子回归系数，$i=1\sim2$。

对于时效分量，选择多项式时效因子和对数时效因子，即：

$$Q_\theta = c_1 (\theta - \theta_0) + c_2 (\ln\theta - \ln\theta_0) \tag{4.26}$$

式中：$c_1 \sim c_2$ 为时效因子回归系数；θ 为从测点起测日开始的天数乘以 0.01；θ_0 为建模系列第一天至起测日的累计天数乘以 0.01。起测日为 1995 年 1 月 16 日。

综上所述，坝基漏水量的统计模型为：

$$Q = Q_{H1} + Q_{H2} + Q_T + Q_\theta = a_0 + \sum_{i=1}^{2} a_i (H_1^i - H_{10}^i) + \sum_{i=3}^{7} a_i (\overline{H_{1i}} - \overline{H_{10i}}) + a_d (H_2 - H_{20})$$

$$+ \sum_{i=1}^{2} \left[b_{1i} \left(\sin \frac{2\pi it}{365} - \sin \frac{2\pi it_0}{365} \right) + b_{2i} \left(\cos \frac{2\pi it}{365} - \cos \frac{2\pi it_0}{365} \right) \right] \tag{4.27}$$

式中：a_0 为常数项，其余符号意义同式（4.23）～式（4.26）。

（2）漏水量预测模型

通过以上对坝基漏水监测资料的定量分析，利用式（4.27）统计模型及其系数，选择复相关系数 0.8 以上的坝基漏水测点进行预报，其预报模型为：

若 $|P - \hat{P}| \leqslant 2S$，则正常；

若 $2S < |P - \hat{P}| \leqslant 3S$，则跟踪监测，无趋势性变化为正常；否则异常，需进行成因分析；

若 $|P - \hat{P}| > 3S$，则测值异常，应进行成因分析。

式中：P 为漏水测孔实测值；$\hat{P}$ 为回归模型计算值；S 为模型标准差。

4.7.3.5　绕坝渗流统计及预警模型

（1）绕坝渗流统计模型

绕坝渗流测孔的统计模型同式（4.22），分析时不计下游水位变化的影响。

（2）绕坝渗流预测模型

通过以上对绕坝渗流监测资料的定量分析，利用式（4.22）统计模型及其系数，选择复相关系数 0.8 以上的绕坝渗流测点进行预报，其预报模型为：

若 $|P - \hat{P}| \leqslant 2S$，则正常；

若 $2S < |P - \hat{P}| \leqslant 3S$，则跟踪监测，无趋势性变化为正常；否则异常，需进行成因分析；

若 $|P - \hat{P}| > 3S$，则测值异常，应进行成因分析。

式中：P 为绕坝渗流实测值；$\hat{P}$ 为回归模型计算值；S 为模型标准差。

针对丰满大坝的工程特点，选择若干典型测点建立了监控指标，包括变形监控指标和渗流监控指标，给出了预警方程。其中，变形选择 5 号、8 号、14 号、22 号、35 号、47 号等 6 个坝段作为典型坝段，并基于坝顶水平位移监测数据建立监控指标；渗流则选择 22 号坝段纵向扬压力，26 号、27 号横向扬压力，18 号、22 号、28 号、37 号、39 号、43 号等 6 个坝段的坝基渗漏量，以及 8 号、18 号、28 号等共 3 个坝段的坝体渗漏量等监测数据建立监控指标。

变形监控指标拟定采用混合方法，即基于弹性有限元计算和混合模型分析，并用置信区间法建立预警模型。报告中给出了预警模型的计算公式和模型系数，当获取新的环境量数据和坝顶位移后，代入预警方程后可以判断测值是否异常。

渗流监控指标采用小概率法，通过对全序列观测值中每年最大值的统计分析，获取不同概率条件下某次监测值超过监控指标的可能性，由此可以评估渗流监测数据的异常程度。

4.7.4　坝基扬压力预警值分析

在上述新坝建设期度汛时段，老坝稳定复核计算，坝基扬压力折减系数采用实测值。但新坝建设期度汛，老坝下游壅水，可能会恶化老坝坝基及坝体渗流条件，因此，对坝基扬压力折减系数与坝基抗滑稳定安全度进行了敏感性分析，研究最不利的坝基渗流变化条件，以利原大坝安全监测预警，确保工程安全。

这里主要针对度汛期最不利年份，即第四年新老坝间水位 198m 情况时的老坝坝基面抗滑稳定进行计算分析。采用刚体极限平衡法，坝基不同扬压力折减系数时老坝沿建基面的抗滑稳定安全裕度计算成果见表 4.42~表 4.44。

表 4.42　　　　　　　百年度汛工况老坝典型坝段建基面抗滑稳定计算成果

坝段	上游水位 /m	下游水位 /m	坝基扬压力折减系数 α	扬压力折减系数倍数关系	建基面抗滑稳定		
					$\gamma_0\psi S(\cdot)$	$R(\cdot)/\gamma_d$	比值
14 号溢流坝段			0.12	1.00	300368	385521	1.28
			0.24	2.00		369198	1.23
			0.36	3.00		352825	1.17
			0.48	4.00		336452	1.12
			0.60	5.00		320078	1.07
			0.74	6.20		300370	1.00
22 号引水坝段	264.6	198	0.16	1.00	574626	652684	1.14
			0.24	1.50		632951	1.10
			0.32	2.00		613218	1.07
			0.40	2.50		593484	1.03
			0.48	3.00		573751	1.00
			0.56	3.50		554018	0.96
			0.64	4.00		534285	0.93
49 号岸坡挡水坝段			0.35	1.00	307258	390545	1.27
			0.49	1.40		369287	1.20
			0.63	1.80		348029	1.13
			0.77	2.20		326771	1.06
			0.84	2.40		316142	1.03
			0.90	2.57		307108	1.00
			0.98	2.80		294884	0.96

表 4.43　　　　　　　设计洪水工况老坝典型坝段建基面抗滑稳定计算成果

坝段	上游水位 /m	下游水位 /m	坝基扬压力折减系数 α	扬压力折减系数倍数关系	建基面抗滑稳定		
					$\gamma_0\psi S(\cdot)$	$R(\cdot)/\gamma_d$	比值
14 号溢流坝段			0.12	1.00	335759	397098	1.18
			0.24	2.00		379148	1.13
			0.36	3.00		361145	1.08
			0.48	4.00		343141	1.02
			0.53	4.40		335765	1.00
22 号引水坝段	266.5	198	0.16	1.00	611267	648886	1.06
			0.19	1.20		640697	1.05
			0.22	1.40		632509	1.03
			0.26	1.60		624320	1.02
			0.29	1.80		616131	1.01
			0.30	1.85		614084	1.00
			0.32	2.00		607942	0.99
			0.35	2.20		599753	0.98

续表

坝段	上游水位 /m	下游水位 /m	坝基扬压力 折减系数 α	扬压力折减 系数倍数关系	建基面抗滑稳定 $\gamma_0\psi S(\cdot)$	$R(\cdot)/\gamma_d$	比值
49号岸坡 挡水坝段	266.5	198	0.35	1.00	340060	386662	1.14
			0.42	1.20		375573	1.10
			0.49	1.40		364485	1.07
			0.56	1.60		353396	1.04
			0.63	1.81		341753	1.00
			0.70	2.00		331219	0.97
			0.77	2.20		320131	0.94

表4.44　　　　校核洪水工况老坝典型坝段建基面抗滑稳定计算成果

坝段	上游水位 /m	下游水位 /m	坝基扬压力 折减系数 α	扬压力折减 系数倍数关系	建基面抗滑稳定 $\gamma_0\psi S(\cdot)$	$R(\cdot)/\gamma_d$	比值
14号溢流 坝段			0.12	1.00	208964	278612	1.33
			0.24	2.00		266623	1.28
			0.36	3.00		254598	1.22
			0.48	4.00		242573	1.16
			0.60	5.00		230548	1.10
			0.72	6.00		218523	1.05
			0.82	6.80		208950	1.00
22号引水 坝段	267.7	198	0.16	1.00	534424	646987	1.21
			0.24	1.50		626146	1.17
			0.32	2.00		605304	1.13
			0.40	2.50		584463	1.09
			0.48	3.00		563621	1.05
			0.56	3.50		542780	1.02
			0.59	3.70		534443	1.00
			0.64	4.00		521938	0.98
			0.72	4.50		501097	0.94
49号岸坡 挡水坝段			0.35	1.00	299517	384720	1.28
			0.49	1.40		362083	1.21
			0.63	1.80		339447	1.13
			0.77	2.20		316810	1.06
			0.88	2.50		299833	1.00

　　由以上计算成果，三种计算工况，随着老坝扬压力折减系数的增大，各典型坝段建基面的抗滑稳定安全系数成逐渐降低趋势，近似为线性，符合结构受力的一般规律。

　　14号溢流坝段，在百年度汛工况、设计洪水工况及校核洪水工况下坝基扬压力折减系数分别达 0.74、0.53 和 0.82 时，其建基面抗滑稳定安全裕度达到 1.0，处于规范允许临界状态。

22 号引水坝段，在三种工况下坝基扬压力折减系数分别达 0.48、0.30 和 0.59 时，其建基面抗滑稳定安全裕度达到 1.0，处于规范允许临界状态。

49 号岸坡挡水坝段，在三种工况下坝基扬压力折减系数分别达 0.90、0.63 和 0.88 时，其建基面抗滑稳定安全裕度达到 1.0，处于规范允许临界状态。

4.8　建设期非常情况保下游供水

丰满水库承担着下游城市供水、农业灌溉和生态环境用水等任务，新坝建设期间仍要保证原丰满水库的各项功能的持续发挥。正常情况下，丰满水库向下游供水是通过三期电站发电泄流实现的。若出现三期电站发生故障，不能向下游供水的特殊情况，将对下游生产生活造成严重影响，因此，如何确保向下游正常供水，是重建工程建设期的重中之重。

4.8.1　建设期保下游供水任务及阶段划分

4.8.1.1　建设期保下游供水任务

工程建设期及永久运行期下游各业用水要求一致，即：吉林市及其下游环境用水流量 150m³/s，保证率 95%，引松入长工程引水流量 11.0m³/s；为保证下游松花江沿岸约 150 万亩农田灌溉取水水位要求，根据每年春灌季节（5 月初至 6 月初泡田期间）的实际需要，要求丰满水库放流量一般不小于 350m³/s（不包括引松入长流量），保证率 75%。

4.8.1.2　建设期保下游供水阶段划分

根据施工阶段划分以及保下游供水通道的情况，建设期可分为两个阶段，即泄洪兼导流洞投入运行前和泄洪兼导流洞投入运行后两个阶段。

泄洪兼导流洞投入运行前（2014 年 9 月—2015 年 6 月），该时段大坝下游围堰开始填筑，原丰满一号、二号机组退出运行，新建泄洪兼导流洞尚不具备泄流条件，此期间下游供水通道仅为丰满三期发电厂一条。

泄洪兼导流洞投入运行后（2015 年 7 月 1 日—2019 年 5 月 31 日），该时段进行大坝和厂房、新建机组安装、老坝缺口拆除和鱼道等施工项目。新建泄洪兼导流洞完工具备泄流条件，此期间保下游供水通道为丰满三期发电厂、泄洪兼导流洞共二条泄水通道。

在各时段内，当出现三期发电机组不能正常运用，且不能保证下游正常供水的特殊情况，即为建设期保下游供水非常事件。

4.8.2　泄洪兼导流洞投入运行前保下游供水措施和方案研究

在原丰满一号、二号机组退出运行至新建泄洪兼导流洞投入运行前，改造完成的丰满三期两台机组投入运行，其最大发电引用流量约为 594m³/s，通过下游的永庆反调节水库的调节，可以满足下游供水要求。当丰满水库水位低于三期电站运行要求的最低库水位时，可通过上游梯级水库为丰满水库补水，也可满足下游供水要求。永庆反调节水库具有日调节能力，当水库保持正常蓄水位运行时，可通过永庆水库控制泄流，为下游供水约 15h。

当三期发电机组因事故停机不能正常运用时，水库将不能向下游供水。为防止此非常事件发生时，导致不能保证下游供水，根据原丰满水电站运行情况，研究利用原左岸泄洪洞作为保下游供水应急方案；若原泄洪洞弧门无法启闭时，则根据左岸新建泄洪兼导流洞施工进度情况，进一步研究利用新建泄洪兼导流洞作为临时供水应急方案（该方案为破坏性供水方案）。

4.8.2.1　原泄洪洞应急供水方案研究

（1）原泄洪洞临时封堵段设计

为满足施工工期短、能够供水放流、后续永久封堵施工三期停机时间短等要求，经综合考虑，在永久封堵体上游设置临时封堵段。临时封堵段内预留过流通道，三期发电运行后，利用原弧门挡水，应急情况下开启弧门放流。

临时封堵体设置在永久封堵体上游，桩号范围：泄 0+000.00～泄 0+040.00m。封堵体内预留过流通道，其中，泄 0+000.00～泄 0+015.00m 过流孔口尺寸宽 3.2m，高 3.4m。临时闸室设置于桩号泄 0+015.00～泄 0+020.00m，宽 5.2m，高 3.4m。为防止水流冲刷封堵混凝土，满足临时闸门安装精度要求，泄 0+020.00m 上、下游各 1m 范围内预埋钢衬。在泄 0+020.00～泄 0+030.00m 范围布置中墩，将过流孔口分隔成两孔，单孔尺寸宽 1.6m，高 2.6m。为使过流与原衬砌平顺过度，防止淘刷，在泄 0+030.00～泄 0+040.00m 设置渐变段，将过流断面由矩形渐变为半圆形。丰满三期电厂独立改造完成发电前，完成临时封堵体施工。

（2）大坝下游围堰缺口设计

为泄放保下游供水流量，便于现场拆除和恢复施工，在原泄洪洞泄流前，大坝下游围堰挖出缺口，其缺口断面为梯形，缺口宽 42.33m，侧向边坡 1:2，缺口拆除底高程 193.83m。为防止围堰底部和侧向过流冲刷，缺口及左右侧 20m 范围内，过流表面铺设 0.5m 厚钢筋石笼防护。

（3）原泄洪洞临时封堵泄流能力计算

原泄洪洞泄流能力按有压隧洞自由出流计算，计算公式如下：

$$Q = \mu\omega\sqrt{2g(T_0 - h_p)} \tag{4.28}$$

$$\mu = \frac{1}{\sqrt{1 + \sum \zeta_i \left(\dfrac{\omega}{\omega_i}\right)^2 + \sum \dfrac{2gl_i}{C_i^2 R_i}\left(\dfrac{\omega}{\omega_i}\right)^2}} \tag{4.29}$$

$$R_i = \frac{\omega_i}{\chi_i} \quad C_i = \frac{1}{n}R_i^{1/6} \tag{4.30}$$

式中：μ 为隧洞自由出流的流量系数；ω 为隧洞出口断面面积，m^2；T_0 为水面与隧洞出口底板高程差及上游行进流速水头之和，计算时忽略行进流速水头；h_p 为隧洞出口断面水流的平均单位势能，$h_p = 0.5a + \overline{p}/\gamma$，$\overline{p}/\gamma$ 为出口断面平均单位压能，取 $\overline{p}/\gamma = 0.5a$；$a$ 为出口断面洞高，m；ζ_i 为隧洞第 i 段上的局部能量损失；ω_i 为隧洞第 i 段断面面积，m^2；l_i 为隧洞第 i 段长度，m；C_i、R_i 分别为隧洞第 i 段水力半径、谢才系数；χ_i 为隧洞第 i 段断面湿周，m。

按临时封堵段预留的过流面积计算，在死水位高程 242.00m 时，经计算对应的下泄

流量为 $162m^3/s$，满足下游供水要求。

（4）大坝下游围堰缺口高程及宽度计算

大坝下游围堰缺口拆除的基本原则：

1）满足下泄保下游供水流量要求。

2）围堰拆除需便于现场拆除和后期恢复施工。

大坝围堰缺口泄流能力按宽顶堰流（非淹没流）计算，计算公式如下：

$$Q = m\varepsilon B\sqrt{2g}H_0^{3/2} \qquad (4.31)$$

式中：Q 为流量，m^3/s；H_0 为计入行进流速的堰上水头，m，本次不考虑行进流速影响；m 为流量系数；ε 为侧收缩系数；B 为堰孔宽度，m。

对应不同的堰上水深计算出大坝下游围堰缺口的宽度，计算结果见表4.45。

表 4.45　　　　　　　　　　大坝下游围堰缺口宽度计算结果

参数	单位	计　算　结　果			
缺口底高程	m	194.33	194.33	194.33	194.33
缺口净宽 B	m	30.00	40.00	50.00	60.00
堰上水头 H_0	m	2.50	2.08	1.81	1.61
流量 Q	m^3/s	160.10	161.13	162.19	163.23
堰上流速 v	m/s	2.14	1.93	1.79	1.69

通过比选不同堰上水深和缺口宽度，综合考虑施工速度和缺口部位水流条件，选定大坝下游围堰开挖缺口宽度为 40.00m。

（5）封堵体稳定分析

封堵体按承载能力极限状态进行结构设计，根据《水工隧洞设计规范》（DL/T 5195—2004）推荐计算方法，按柱状封堵体进行抗滑稳定计算。

1）计算公式如下：

$$S(\cdot) = \sum P \qquad (4.32)$$

$$R(\cdot) = f\sum W + CA \qquad (4.33)$$

式中：γ_0 为结构重要性系数；ψ 为设计状况系数；γ_d 为结构系数；$S(\cdot)$ 为作用效应函数，kN；$\sum P$ 为滑动面上封堵体承受全部切向作用之和，kN；$R(\cdot)$ 为抗力函数，kN；$\sum W$ 为滑动面上封堵体全部法向作用之和，向下为正，kN；f 为封堵体与滑动面摩擦系数；C 为封堵体与滑动面黏聚力，MPa；A 为底拱 $120°$ 范围封堵体与滑动面接触面的面积，m^2。封堵体稳定计算参数见表4.46。

2）计算工况。

根据封堵体结构特点，计算分两种滑动情况：①封堵体混凝土＋原衬砌混凝土沿围岩滑动。②封堵体混凝土沿原衬砌滑动。

临时门安装后将承担永久封堵段施工期临时挡水任务，有以下两种挡水工况：①持久状况—正常蓄水位（263.50m）。②短暂状况—调压井最高涌浪水位（284.08m）。

表 4.46　　　　　　　　　　封堵体稳定计算参数表

项　　目		单位	数量	备　注
结构重要性系数 γ_0			1.1	1级建筑物
设计状况系数 ψ	持久状况		1	
	短暂状况		0.95	
结构系数 γ_d			1.2	
原衬砌与围岩摩擦系数标准值 f_R			1	Ⅲ类围岩
原衬砌与围岩黏聚力标准值 C_R		MPa	1	
封堵体与原衬砌摩擦系数标准值 f_c			1.08	常态混凝土层面粘结
封堵体与原衬砌黏聚力标准值 C_c		MPa	1.16	
材料性能分项系数	摩擦系数 f		1.3	
	黏聚力 C		3.0	
持久状况水位		m	263.50	正常蓄水位
短暂状况水位		m	284.08	调压井最高涌浪

3）封堵体稳定计算。

根据临时封堵体布置，计算稳定状况，临时封堵体稳定计算结果见表 4.47。经计算，临时封堵体抗滑稳定满足规范要求。

表 4.47　　　　　　　　　　临时封堵体稳定计算结果

滑动面情况	计算工况	$\gamma_0\psi S(\cdot)/\mathrm{kN}$	$R(\cdot)/\gamma_d/\mathrm{kN}$	$\dfrac{R(\cdot)/\gamma_d}{\gamma_0\psi S(\cdot)}$
沿围岩滑动	持久状况	55518.52	127112.34	2.29
	短暂状况	72059.96		1.76
沿原衬砌面滑动	持久状况	40287.10	102024.22	2.53
	短暂状况	52290.43		1.95

4.8.2.2　泄洪兼导流洞应急供水方案研究（洞子已通，但正常情况下尚未达到通水面貌）

（1）泄洪兼导流洞应急供水方案设计

泄洪兼导流洞为满足下游供水流量 $161\mathrm{m^3/s}$ 要求，按照最短时间内达到供水要求的原则，制定泄洪兼导流洞进、出口围堰开挖及洞内主洞与施工支洞临时封堵方案。

1）进口围堰缺口开挖。

泄洪兼导流洞进口上游围堰岩坎缺口，通过水力学计算比选确定。开挖缺口为矩形，缺口宽度 33.00m，根据上游库水位变化情况，缺口底高程低于上游库水位 2.50m。缺口宽度范围两侧草袋土围堰以 1:1.5 坡比拆除。

泄洪兼导流洞进口开挖时，洞内施工机械、施工人员需要紧急撤离。

2）出口围堰缺口开挖方案。

泄洪兼导流洞下游围堰开挖缺口，断面形式为梯形，底部高程 192.00m，底部宽度 45m，缺口侧向开挖坡比为 1:1。

3）洞内主洞与施工支洞临时封堵方案。

泄洪兼导流洞施工支洞与主动交叉部位临时封堵时，迎水面采用格栅钢结构防冲结构，格栅钢结构采用型钢 HW250mm×250mm×6mm×14mm 格梁与 8mm 厚钢板组合结构；格栅安装后，支洞内采用 2.68m 草袋土封堵。格栅钢结构先期制作完成，应急放水时及时安装。

（2）泄洪兼导流洞应急供水水力计算

1）进、出口围堰缺口宽度计算。

泄洪兼导流洞进、出口围堰缺口泄流按非淹没的宽顶堰流计算泄流能力。进、出口围堰缺口宽度计算结果见表 4.48、表 4.49。

表 4.48　　　　　　　　　泄洪兼导流洞进口围堰缺口宽度计算结果

参数	单位	计 算 结 果			
缺口净宽 B	m	71.00	46.00	33.00	25.00
堰上水头 H_0	m	1.50	2.00	2.50	3.00
流量 Q	m^3/s	161.00	161.00	161.00	161.00
堰上流速 v	m/s	1.51	1.75	1.95	2.14

表 4.49　　　　　　　　　泄洪兼导流洞出口围堰缺口宽度计算结果

参数	单位	计算结果	参数	单位	计算结果
缺口底高程	m	192.00	流量 Q	m^3/s	161.00
缺口净宽 B	m	30.00	堰上流速 v	m/s	2.19
堰上水头 H_0	m	2.44			

泄洪兼导流洞进口围堰通过比选不同堰上水深和缺口宽度，综合考虑施工速度和缺口部位水流条件，选定缺口宽度为 33.00m。泄洪兼导流洞出口围堰缺口底部降低至河床高程 192.00m，选定缺口宽度为 30.00m。

2）泄洪兼导流洞洞内水面线计算。

a. 隧洞进口水深。

泄洪兼导流洞按非淹没宽顶堰流计算泄流能力。隧洞进口水深依据泄流量确定，隧洞进口水深计算结果见表 4.50。

b. 洞内水面线计算。

表 4.50　泄洪兼导流洞进口水深计算结果

参数	单位	计算结果
隧洞进口宽度 B	m	10.50
隧洞进口水深 H_0	m	4.51
流量 Q	m^3/s	161.00

泄洪兼导流洞过流时，洞内水流为无压流。洞内水面线根据能量方程，用分段求和法计算，计算公式如下：

$$\Delta l_{1-2}=\frac{\left(h_2\cos\theta+\dfrac{\alpha_2 v_2^2}{2g}\right)-\left(h_1\cos\theta+\dfrac{\alpha_1 v_1^2}{2g}\right)}{i-\overline{J}} \tag{4.34}$$

$$\overline{J}=\frac{n^2\overline{v}^2}{\overline{R}^{4/3}}$$

式中：Δl_{1-2} 为分段长度，m；h_1、h_2 分别为分段始、末断面水深，m；v_1、v_2 分别为分

段始、末断面平均流速，m/s；α_1、α_2 分别为流速分布不均匀系数，取 1.05；θ 为隧洞底坡角度，(°)；i 为隧洞底坡，$i=tg\theta$；$\overline{J}$ 为分段内平均摩阻坡降；n 为隧洞糙率系数，取 0.014；$\overline{v}$ 为分段平均流速，$\overline{v}=(v_1+v_2)/2$，m/s；$\overline{R}$ 为分段平均水力半径，$\overline{R}=(R_1+R_2)/2$，m。

水流掺气水深按下式计算：

$$h_b=\left(1+\frac{\zeta v}{100}\right)h \tag{4.35}$$

式中：h 为不计入波动及掺气的水深，m；h_b 为计入波动及掺气的水深，m；v 为不计入波动及掺气的计算断面上的平均流速，m/s；ζ 为修正系数，$\zeta=1.0\sim1.4$s/m，当流速大于 20m/s 时取大值。

泄洪兼导流洞洞内水面线计算结果见表 4.51。

表 4.51　　　　　　　　　　　　泄洪兼导流洞洞内水面线计算结果

断 面 位 置	水深/m	流速/(m/s)	掺气水深/m
隧洞进口（0+000.00）	4.51	—	—
渐变段末端（0+099.00）	4.00	5.35	—
纵向转弯段末端（0+337.45）	1.68	18.00	2.00
隧洞出口（0+847.12）	2.14	12.63	2.50

（3）最低施工面貌要求

根据丰满水电站全面治理（重建）工程的施工安排，为使泄洪兼导流洞能够在建设期紧急情况下，下泄保下游供水流量，最低施工形象面貌需满足表 4.52 的要求。

表 4.52　　　　　　　　　　　　最低施工形象面貌要求

时 间	施 工 形 象 面 貌
2014 年 10 月底	①三期电厂投入正常使用； ②三期泄洪洞泄流消能建筑物具备过流能力，进出口闸门及设备可正常使用； ③泄洪兼导流洞洞身段完成下半洞衬砌、检修和事故闸门投入使用、出口消能防冲段底板完成混凝土浇筑、边墙浇筑至高程 198.00m

（4）存在风险分析

泄洪兼导流洞在未投入运行期间，采用打开其进口上游围堰进行泄流，该非常措施的实施对泄洪兼导流洞的施工安全、施工进度和施工恢复将产生较大影响，存在一定风险，相关风险如下：

1）泄洪兼导流洞施工机械设备撤离时间紧，撤离需制定可靠方案实施。

2）泄洪兼导流洞进口围堰顶高程 264.00m，启用应急方案围堰拆除至 250.00m 高程，工程量较大，工期大约 20 天。

3）泄洪兼导流洞恢复施工，需要较长时间，其工期将推延。

4）要求完成的施工面貌工期很紧。当无法达到施工面貌的情况下，上游围堰缺口可能无法恢复，造成洞内无法施工。泄洪兼导流洞 2015 年汛期将无法投入使用。

5）如果三期机组事故能及时检修完毕或在相应时间内使原泄洪洞投入使用，此预案可不使用。

4.8.3 泄洪兼导流洞投入运行后保下游供水措施和方案研究

建设期泄洪兼导流洞投入运行后，原泄洪洞于 2015 年汛后不再使用，2015 年 10 月以后建设期保下游供水通道有丰满三期电厂和泄洪兼导流洞，共两条。

丰满三期发电厂其最大发电引用流量约为 $594\text{m}^3/\text{s}$，通过下游的永庆反调节水库的调节，可以满足下游供水要求。当丰满水库水位低于三期电站运行要求的最低库水位时，可通过上游梯级水库为丰满水库补水，也可满足下游供水要求。

当水库水位降低至泄洪兼导流洞进口岩坎以下或冬季泄洪兼导流洞设备未采用防冰冻措施而不具备启用条件，且三期发电机组因事故停机不能正常运用时，水库将不能向下游供水。为防止发生此非常事件而导致不能保证下游供水，根据原丰满水电站运行和施工进展情况，进一步研究利用泄洪兼导流洞泄流来保证施工期非常时期保下游供水的应急措施和方案。

4.8.3.1 建设期冬季启用泄洪兼导流洞方案措施研究

因原设计泄洪兼导流洞冬季不需运行，为保证冬季保下游供水期间泄洪兼导流洞能够运行，2015 年冬季通过对泄洪兼导流洞的实际情况以及运行条件分析，制定冬季启用泄洪兼导流洞方案措施如下：①为避免泄洪兼导流洞渗水和尾水产生的冰冻问题，研究制定泄洪兼导流洞出口临时挡水和排水措施。②为保证冬季保下游供水期间泄洪兼导流洞闸门系统正常运行，研究闸门、启闭机、油压系统等运行所需的工作环境，制定保护措施。③根据冬季保下游供水措施用电负荷需求，制定临时供电方案。

（1）泄洪兼导流洞出口挑坎越冬保下游供水临时挡水措施

1）泄洪兼导流洞出口临时挡水措施制定。

为保障施工期冬季非常情况泄洪兼导流洞为下游供水，施工期泄洪兼导流洞出口挑坎越冬保下游供水临时挡水措施如下：①泄洪兼导流洞洞内设置洞内挡水围堰。②泄洪兼导流洞出口挑坎设置下游挑坎挡水围堰。③泄洪兼导流洞出口弧门设置防冻棉帘。④为防止泄槽反弧段大面积结冰，应适时对该区域进行凿冰处理。⑤为保证临时挡水措施正常运行，应安排专人进行日常经常性巡视。

2）方案设计。

泄洪兼导流洞下游挑坎挡水围堰，位于挑坎顶部，宽 0.73m，高 0.70m。堰体采用草袋土填筑，迎水面采用复合土工膜防渗。泄洪兼导流洞出口弧门设置两层防冻棉帘，单层棉帘宽 10.80m，长 4.00m。

泄洪兼导流洞洞内挡水围堰，距出洞点 40m，围堰中心线桩号 0+807.12，围堰断面型式为梯形，顶宽 1.54m，顶高程和底高程分别为 194.67m 和 193.17m，堰高 1.50m，全长 7.34m。堰体采用草袋土填筑，上游坡度为 1:1.5，上游迎水坡面采用复合土工膜防渗，复合土工膜上铺设 20cm 厚草袋土；下游边坡两侧草袋土为铅直，中间为阶梯状，坡度为 1:1.5。泄洪兼导流洞下游挑坎挡水围堰和洞内挡水围堰在放水前需全部拆除。

（2）建设期泄洪兼导流洞越冬保下游供水机电临时措施

1）金属结构临时措施。

　　泄洪兼导流洞金属结构设备主要包括进口平面检修闸门及 2×1600kN 固定卷扬式启闭机、进口平面事故闸门及 2×2500kN 固定卷扬式启闭机、出口弧形工作闸门及 1×4500kN 液压启闭机。原设计该部位金属结构设备冬季不运行，正常运行时环境温度应不低于 0℃。考虑到工程冬季施工期，若丰满三期机组全部停机，无法满足下游生态供水需求，需通过该导流洞保下游供水。为满足泄洪兼导流洞金属结构设备冬季运行要求，应对金属结构设备采取相应的保温及防冰冻措施。

　　①进口平面检修闸门及启闭机防冰冻措施。

　　进口平面检修闸门及启闭机不参与冬季运行，无需采取任何措施。

　　②进口平面事故闸门及启闭机防冰冻措施。

　　进口平面事故闸门：

　　进口平面事故闸门平时挡水，参与冬季运行。该闸门主要结构材料为 Q345B，正常运行时环境温度应不低于 0℃。该闸门属于潜孔式闸门，闸门处水库冬季水温在 4℃ 左右，闸门下游导流洞出口采取防冻棉布帘保温密封措施，闸门井以上启闭机房等建筑结构通过关闭门窗隔绝外部冷空气，同时房屋内采取电热保温措施，能够保证闸门的正常运行温度。

　　进口 2×2500kN 固定卷扬式启闭机：

　　该闸门由一台 2×2500kN 固定卷扬式启闭机操作，该启闭机减速器内使用的齿轮油为常温用油，应更换为耐低温的齿轮油，质量指标不低于 L-CKC 220（一等品），制动器应更换为耐低温液压油（使用温度为 -20℃）。

　　启闭机电气盘柜：

　　启闭机电气盘柜设有自动加温装置，可适应任何低温环境。

　　③出口弧形工作闸门及启闭机防冰冻措施。

　　出口弧形工作闸门：

　　出口弧形工作闸门主要结构材料为 Q345B。当环境温度低于 0℃，闸门在动荷载作用下不宜长时间操作，因冬季泄流的需要该闸门需局部开启运行，运行时实时进行观测，避开振动区。闸门上游 40m 处及下游泄槽挑槛处已设有挡水围堰，保证底槛位置不受冰冻影响，但挡水围堰仍有可能少量渗水以及底槛侧墙处有少量渗水均会在底槛处凝结成冰，影响弧形闸门关闭，因此有必要采取措施防止底槛上冻。

　　初步拟定两套方案：方案一，增设一套底槛融冰装置确保安全。该融冰装置采用填充式融冰方式：在闸门底槛中心线两侧 500mm、轴线 8800mm、高度 300mm 范围内放置体积相同的融冰装置，闸门需要关闭时，提前 8～24h 开启融冰装置融冰，融冰结束后将融冰装置撤离，人工制造一个无冰空间，供弧形门关闭使用。融冰加热器采用感应加热方法，加热速度快，不需要长期加热，节省能源。方案二：在底槛上部堆放保温材料并配以草袋土加重，阻止渗水在底槛上部形成冰面，闸门需要关闭时，将其拆除撤离，供弧门关闭使用。由于保温材料具有一定的吸水率，一旦结冰，会使保温材料与底槛结为一体，过流时增加清理的难度。基于以上原因，在保温材料与闸门底槛间设置带套管的伴热电缆加热系统，使其不结冰。经技术经济比较，方案一采用的是融冰方案，造价 48 万元左右；

方案二采用的是预防结冰方案，造价 1 万元左右。两种方案均能保证弧门正常关闭，因此从经济上考虑推荐选用方案二。

出口 1×4500kN 液压启闭机：

该闸门由一台 1×4500kN 液压启闭机操作，液压启闭机泵站外表面、管路、缸体均应覆盖或缠绕伴热电缆并辅以保温材料包裹，保证启闭机运行时液压油温度不低于 0℃。

2）洞内临时排水。

根据建设期泄洪兼导流洞出口越冬保下游供水防冰冻措施，需设置排水泵将泄洪兼导流洞进口闸门至洞内挡水围堰之间的积水（包括闸门水封少量漏水及衬砌混凝土裂缝少量漏水）排至下游，拟定泄洪兼导流洞冬季临时排水方案如下：

①基本参数。

排水对象：进口闸门至洞内挡水围堰之间的积水；

总积水量 V：约 185m³；

渗漏量 Q：约 9.5m³/h。

②水泵选择及自动控制方案。

经比较选择 2 台 WQ2210-416 型移动式潜水排污泵，以将渗漏水排至下游。

该型水泵 Q=50～150m³/h、H=5～16m、N=5.5kW，排水泵的起停由液位开关自动控制。当液位高于 194.37m 时，启动主泵；当液位高于 194.50m 时，启动备用泵并报警；当液位低于 193.67m 时停泵。设置 1 套泄洪兼导流洞冬季临时排水泵控制装置，布置在一次低压动力盘内，采用继电器搭接的常规控制方式，完成排水泵启停自动控制。在动力盘上设有"自动-切除-手动"三种工作方式的切换开关，及水泵运行状态信号灯、水泵启、停按钮等监视控制元件，可实现手动/自动控制排水泵的启停。

3）启闭机室采暖。

根据金属结构专业启闭机设备对室内环境温度的需要，在泄洪兼导流洞进、出口启闭机室室内均设置适当数量的移动式电暖风机，以达到对室内环境温度的要求。泄洪兼导流洞进口启闭机室室内温度按照 -10℃ 计算，采暖的热负荷为 120kW，室内共布置 12 台 10kW 的电暖风机；出口启闭机室室内温度按照 -15℃ 计算，采暖的热负荷为 50kW，室内共布置 5 台 10kW 的电暖风机。

根据《水力发电厂厂房采暖通风与空气调节设计规程》（DL/T 5165—2002）和《水电工程设计防火规范》（GB 50872—2014）中相应条文中所有工作场所禁止采用明火采暖的规定，故本建筑不适合采用其他的采暖形式。

4）临时供电方案。

①泄洪洞进口启闭机室冬季保温临时供电。

根据泄洪洞进口启闭机室冬季保温方案，进口启闭机室冬季保温时的供电负荷为 12 台功率为 10kW 暖风机，故拟增加 1 面动力配电箱给其供电，其电源从进口配电屏室 13D1-5 临时引接，该动力箱布置在进口启闭机室内。

②泄洪洞出口冬季保温临时供电。

根据"建设期泄洪兼导流洞出口越冬保下游供水防冰冻措施"，出口需供电的负荷有：2 台 5.5kW 移动式潜水排污泵、20kW 排水管伴热电缆、启闭机室内液压缸体伴热电缆负荷 15kW 及 5 台 10kW 暖风机。故拟增加 1 面动力配电屏给其供电，其电源从出口配电屏室 14D1-5 临时引接，该动力配电屏布置在出口启闭机室 216.15m 高程，另在出口启闭机室 225.60m 高程增加 1 面动力配电箱给液压缸体伴热电缆及暖风机供电。

③运行要求。

上述负荷在进、出口闸门运行时，均应切除。

4.8.3.2　建设期启用泄洪兼导流洞保下游供水库水位控制方案研究

泄洪兼导流洞进口岩坎 2015 年 8 月上旬拆除到高程 245.56m，拆除宽度为 78.00m，与原设计进水口岩坎高程 245.00m 和宽度 93.00m 相比发生改变，对进水口的泄流流量和库水位控制要求产生影响。为保证 2015 年冬季遭遇非常事件时启用泄洪兼导流洞为下游供水，需要对水库水位提出控制要求。进水口岩坎开挖纵剖面图见图 4.35。

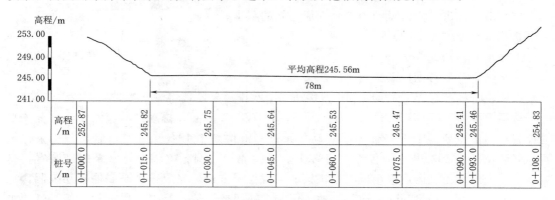

图 4.35　进水口岩坎开挖纵剖面图

（1）泄洪兼导流洞非常时期保下游供水运行要求

正常运行期泄洪兼导流洞仅承担泄洪任务，施工期承担施工导流任务。施工期当三期电站发生故障不能泄流时，泄洪兼导流洞将承担保下游供水紧急供水任务。同时，永久运行期当遭遇极端气候条件，水库水位降至死水位以下以及大坝缺口不能过流时，紧急供水通道将由泄洪兼导流洞承担。泄洪兼导流洞建设期导流和永久运行期泄洪时均为有压流，建设期保下游供水可根据上游库水位情况按明流或有压流泄流。

1）泄洪兼导流洞低水位明流运行时，可满足保下游供水要求，但根据低水位泄流水工模型试验成果，库水位为 247.26～248.34m，进口岩坎斜坡流速为 11～14m/s。由于进口岩坎斜坡喷锚支护措施尚未完成，岩坎岩石抗冲流速小于等于 10m/s，即岩坎会因过流面水流流速高于岩石的抗冲流速发生冲刷破坏，且冰冻期泄洪兼导流洞进水口易被冰块堵塞，建设期非常时期启用泄洪兼导流洞保下游供水除特殊情况外不建议使用明流泄流。

2）泄洪兼导流洞有压流运行时，通过控制出口弧形工作闸门开度保证泄洪兼导流洞为有压流。考虑弧形闸门自身安全避免其长时间在振动区运行，同时应防止泄洪兼导流洞泄洪时出口结构发生空蚀破坏。

3）闸门控泄要求。非常时期保下游供水，启用泄洪兼导流洞泄流时，应对出口弧形工作闸门进行合理控制，隧洞运行时，应结合闸门自身安全和出口结构防空蚀要求，适时调整泄流量或开度。

（2）建设期启用泄洪兼导流洞保下游供水水库水位控制水力计算

1）计算基本参数确定。

①进水口岩坎宽顶堰尺寸。

施工过程中，考虑保障下游供水并结合工程实际情况，泄洪兼导流洞进口岩坎于2015年8月上旬拆除到了高程245.56m，岩坎拆除宽度为78.00m。

因此，进口岩坎宽顶堰泄流计算采用堰顶高程245.56m，堰宽78.00m。

②进水口岩坎宽顶堰综合流量系数。

参考泄洪兼导流洞水工模型试验成果，进行试验数据流量系数的对比分析，进口岩坎试验流量系数见表4.53。由于试验精度和堰顶表面糙率对水流的影响，在低水位时试验成果不能反映实际情况。因此，当堰上水深小于1.80m时，出于安全考虑，综合考虑堰上水头、堰后衔接底坡坡度、开挖粗糙度等，进水口岩坎综合流量系数没有采用试验数据，而是按宽顶堰流量系数取为0.385；当堰上水深大于等于1.80m时，进水口岩坎堰综合流量系数按试验数据取为0.44。

表4.53 进口岩坎试验流量系数表

库水位/m	流量/(m³/s)	流量系数	备　　注
246.97	508	0.446	隧洞明流
247.56	800	0.474	隧洞明满流过渡
247.95	988	0.473	
248.38	1216	0.475	
248.73	1480	0.499	

③进水口岩坎宽顶堰过流量。

当库水位较低时，泄洪兼导流洞采用明流泄流，控制最小泄流量为161m³/s；

当库水位较高时，泄洪兼导流洞采用有压流泄流，控制出口弧形闸门开度2m时，对应最小泄流量为419m³/s；控制出口弧形闸门开度3m时，对应最小泄流量为593m³/s。

根据相关试验成果及计算，求出上述明流和有压流最小流量对应的控制水位，即为本次控制水位任务要求。

2）泄洪兼导流洞明流泄流库水位控制计算。

明流泄流时，下泄流量的控制因素在于进口岩坎过流，洞内过流能力不控制，但要考虑不同流量下，洞内的流态应满足明流要求，避免流量过大出现明满流状态。泄洪兼导流洞明流泄流时，最低库水位按下游供水流量161m³/s计算，最高库水位计算按泄洪兼导流洞有压控泄的最小流量计算，根据试验此时洞内水流流态为明流。

①明流泄流最低、最高控制库水位计算。

泄洪兼导流洞进水口岩坎泄流能力按宽顶堰流（非淹没流）计算，计算公式如下：

$$Q = mB\sqrt{2g}\,H_0^{3/2} \tag{4.36}$$

式中：Q 为流量，m³/s；H_0 为计入行进流速的堰上水头，m；m 为综合流量系数；B 为堰宽，m。

泄洪兼导流洞明流泄流最低、最高控制库水位计算结果见表4.54。

表 4.54　　　　泄洪兼导流洞明流泄流最低、最高控制库水位计算结果

参　　数	单位	计　算　结　果		备注
		库水位最低	库水位最高	
库水位高程	m	246.70	247.53	
堰顶高程	m	245.56	245.56	
堰宽 B	m	78.00	78.00	
堰上水头 H_0	m	1.14	1.97	
综合流量系数 m		0.385	0.440	
流量 Q	m³/s	162.0	420.0	>161.0 m³/s

②明流泄流洞内水面线计算。

a. 隧洞进口水深。

泄洪兼导流洞按非淹没的宽顶堰流计算泄流能力。隧洞进口水深依据泄流量确定，隧洞进口水深计算结果见表 4.55。

表 4.55　　　　泄洪兼导流洞进口水深计算结果

参　　数	单位	计　算　结　果	
		最低库水位 246.70m	最高库水位 247.53m
隧洞进口宽度 B	m	10.50	10.50
隧洞进口水深 H_0	m	4.53	8.55
综合流量系数 m		0.361	0.361
流量 Q	m³/s	162.00	420.00

注　泄洪兼导流洞综合流量系数 m 与进口岩坎综合流量系数 m 相比，由于考虑了侧收缩系数影响，隧洞综合流量系数 m 要小于进口岩坎处的综合流量系数。

b. 洞内水面线计算。

泄洪兼导流洞过流时，洞内水流为无压流。洞内水面线根据能量方程，用分段求和法计算，计算公式如下：

$$\Delta l_{1\text{-}2} = \frac{\left(h_2\cos\theta + \dfrac{\alpha_2 v_2^2}{2g}\right) - \left(h_1\cos\theta + \dfrac{\alpha_1 v_1^2}{2g}\right)}{i - \overline{J}} \tag{4.37}$$

$$\overline{J} = \frac{n^2 \overline{v}^2}{\overline{R}^{4/3}}$$

式中：$\Delta l_{1\text{-}2}$ 为分段长度，m；h_1、h_2 分别为分段始、末断面水深，m；v_1、v_2 分别为分段始、末断面平均流速，m/s；α_1、α_2 分别为流速分布不均匀系数，取 1.05；θ 为隧洞底坡角度，(°)；i 为隧洞底坡，$i = \text{tg}\theta$；$\overline{J}$ 为分段内平均摩阻坡降；n 为隧洞糙率系数，取 0.014；$\overline{v}$ 为分段平均流速，$\overline{v} = (v_1 + v_2)/2$，m/s；$\overline{R}$ 为分段平均水力半径，$\overline{R} = (R_1 + R_2)/2$，m。

水流波动及掺气水深按下式计算：

$$h_b = \left(1 + \frac{\zeta v}{100}\right)h \tag{4.38}$$

式中：h 为不计入波动及掺气的水深，m；h_b 为计入波动及掺气的水深，m；v 为不计入波动及掺气的计算断面上的平均流速，m/s；ζ 为修正系数，$\zeta=1.0\sim1.4$s/m，当流速大于 20m/s 时取大值。

泄洪兼导流洞洞内水面线计算结果见表 4.56。洞内水面线简图见图 4.36。

表 4.56 泄洪兼导流洞明流泄流洞内水面线计算结果

断面位置	计算结果					
	最低库水位 246.70m（$Q=162$m³/s）			最高库水位 247.53m（$Q=420$m³/s）		
	水深/m	流速/(m/s)	波动及掺气水深/m	水深/m	流速/(m/s)	波动及掺气水深/m
隧洞进口 （洞 0+000.00）	4.53	3.41	—	8.55	4.67	—
渐变段末端 （洞 0+099.00）	4.00	5.35	—	6.54	7.41	—
纵向转弯段末端 （洞 0+337.45）	1.68	18.10	2.05	3.00	20.60	3.90
隧洞出口 （洞 0+847.12）	2.14	12.80	2.50	3.42	17.20	4.15

注 当水流流速小于 10m/s 时，水流水深不考虑掺气水深影响。

由计算结果可知，泄洪兼导流洞在明流泄流时，隧洞洞内最大水深 8.55m，水面线以上最小净空空间为断面面积的 18.6%，满足规范最小净空面积率 15% 的要求。

根据上述计算分析，库水位范围控制在 246.70~247.53m 时，泄洪兼导流洞能够以明流泄流，满足下游供水要求。

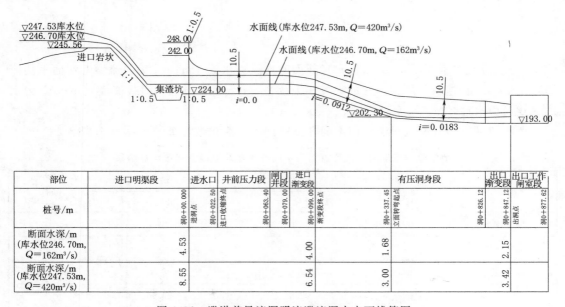

图 4.36 泄洪兼导流洞明流泄流洞内水面线简图

3）泄洪兼导流洞有压流泄流库水位控制计算。

有压流泄流时，下泄流量的控制因素既要考虑出口闸门的控制因素，还有考虑进口岩坎过流能力。泄洪兼导流洞采用有压流泄流，控制出口弧形闸门开度 2m 时，对应最小泄流量为 419m³/s；控制出口弧形闸门开度 3m 时，对应最小泄流量为 593m³/s。同时，为满足隧洞有压流泄流，泄洪兼导流洞进口岩坎宽顶堰泄流量应大于隧洞出口泄流量，即控制弧形闸门开度 2m 时，进口岩坎宽顶堰泄流量应大于 419m³/s；控制弧形闸门开度 3m 时，进口岩坎宽顶堰泄流量应大于 593m³/s。

泄洪兼导流洞进水口岩坎泄流能力按非淹没的宽顶堰流计算泄流能力。弧门开度 2m 和 3m 有压流最低控制库水位计算结果见表 4.57。

表 4.57　　　　　泄洪兼导流洞有压流泄流最低控制库水位计算结果

参　　数	单位	计　算　结　果		备　　注
		弧门开度 $e=2m$	弧门开度 $e=3m$	
库水位	m	247.53	248.04	
堰顶高程	m	245.56	245.56	
堰宽 B	m	78.00	78.00	
堰上水头 H_0	m	1.97	2.48	
综合流量系数 m		0.44	0.44	试验对比分析确定
流量 Q	m³/s	420	594	闸门 $e=2m$，$Q>419m³/s$ 闸门 $e=3m$，$Q>593m³/s$

隧洞出口水流空化数，计算公式如下：

$$\sigma = \frac{h_0 + h_a - h_v}{v_0^2/2g} \quad h_a = 10.33 - \frac{\nabla}{900} \tag{4.39}$$

式中：σ 为水流空化数；h_0 为来流参考断面时均压力水头，m；v_0 为来流参考断面平均流速，m/s；h_a 为建筑物所在地区的大气压力水柱，m；∇ 为当地的海拔高度，m；h_v 为水的气化压力水柱，m，与水温有关。

泄洪兼导流洞有压流泄流弧门不同开度隧洞出口空化数计算结果见表 4.58。

表 4.58　　　　泄洪兼导流洞有压流泄流弧门不同开度隧洞出口空化数计算结果

参　　数	单位	结果	结果	备注
		弧门开度 $e=2m$	弧门开度 $e=3m$	
断面流量	m³/s	420	594	
断面水深	m	2	3	
断面宽度	m	8.8	8.8	
v_0	m	23.86	22.50	
σ		0.41	0.50	

根据上述计算分析，泄洪兼导流洞有压流下泄下游供水流量，控制出口弧门开度 2m，最低控制库水位为 247.53m；控制出口弧门开度 3m，最低控制库水位为 248.04m。

（3）建设期启用泄洪兼导流洞保下游供水水库水位控制确定

1）非冰冻期水库水位控制确定。

通过水工模型试验和水力学计算分析研究，非冰冻期隧洞明流泄流时，需考虑进口岩坎过流冲刷问题。进口岩坎支护措施完成时，库水位范围为 246.70～247.53m；而当进口岩坎支护措施未完成时，岩坎过流面水流流速高于岩石的抗冲流速，岩坎会因高流速过大而被冲刷破坏，隧洞则不宜采用明流泄流。当进口岩坎完成非冰冻期隧洞有压流泄流时，控制出口弧门开度 2m，最低控制库水位范围为 247.53m；控制出口弧门开度 3m，最低控制库水位为 248.04m。进口岩坎高程为 245.56m，建设期非冰冻期启用泄洪兼导流洞保下游供水不同库水位和流量见表 4.59。

2）冰冻期水库水位控制确定。

冰冻期隧洞明流泄流时，由于明流状态下，进口水流水位较低，冰冻期冰块随水流进入进口，将出现堵塞进口、水位壅高、对结构产生撞击破坏等，而水位壅高还可能会导致出现明满流过度等不利状况，隧洞不能使用明流泄流。

建设期启用泄洪兼导流洞保下游供水作为保下游供水应急预案，其时段为 2015—2018 年历时较短，依据丰满水库坝前冰厚统计最大冰厚达 0.85m 和坝前冰厚调查最大冰厚达 1.00m 左右，建设期启用泄洪兼导流洞保下游供水泄洪兼导流洞进口最大冰厚按 1.00m 考虑。

冰冻期隧洞有压流泄流时，考虑 1.00m 冰厚对泄流量的影响，水库控制水位按冰面下水位选取。控制出口弧门开度 2m，最低控制库水位为 247.53m；控制出口弧门开度 3m，最低控制库水位为 248.04m。建设期冰冻期启用泄洪兼导流洞保下游供水不同库水位和流量见表 4.59。

（4）建设期启用泄洪兼导流洞保下游供水水库水位控制小结

1）泄洪兼导流洞作为非常时期的保下游供水通道，根据水库水位情况，可采用明流或有压流过流。

2）明流过流时，非冰冻期，进口岩坎支护措施完成情况下，库水位控制在 246.70～247.53m 时，相应下泄流量为 162～420m³/s。冰冻期，因冰冻引起的不利影响，不能使用明流泄流。根据施工面貌，在岩坎下游边坡没有支护措施的情况下，非冰冻期和冰冻期均不能使用明流泄流。

3）有压流过流时，当出口弧门开度控制在 2m 时，冰冻期和非冰冻期水库最低库水位需控制在 247.53m，相应的下泄流量为 420m³/s。

4.8.3.3 建设期泄洪兼导流洞降低进口岩坎方案研究

2015 年 9 月，泄洪兼导流洞完工后具备泄流条件，原泄洪洞于 2015 年汛后可不再使用，保下游供水通道有丰满三期发电厂和泄洪兼导流洞，共两条。但考虑到水库运行，特别是冬季运行期间，水库水位会持续下降，一旦水库水位降落至泄洪兼导流洞进口岩坎高程以下时，或接近进口岩坎高程时，水库向下游的泄水通道将仅剩下丰满三期电厂一条。

表 4.59　　　　　建设期启用泄洪兼导流洞保下游供水库水位和流量关系

库水位/m	明流泄流流量/(m³/s) 闸门全开	有压流泄流流量/(m³/s) e=2m	e=3m	e=4m	e=5m	e=5.5m	e=6m	全开	备注
246.70	162	×	×	×	×	×	×	×	
247.53	420	420	×	×	×	×	×	×	
247.56	×	425	×	×	×	×	×	×	
247.95	×	427	×	×	×	×	×	×	
248.04	×	429	594	×	×	×	×	×	
248.38	×	431	600	×	×	×	×	×	
248.73	×	432	602	×	×	×	×	×	
250.00	×	437	610	×	×	×	×	×	
251.00	×	×	617	×	×	×	×	×	
252.00	×	×	620	×	×	×	×	×	当前情况下，保下游供水时，尽量不采用明流过流
253.00	×	×	628	×	×	×	×	×	
254.00	×	×	633	×	×	×	×	×	
255.00	×	×	638	×	×	×	×	×	
256.00	×	×	643	×	×	×	×	×	
257.00	×	×	649	×	×	×	×	×	
258.00	×	×	×	×	1011	×	×	×	
259.00	×	×	×	×	1019	×	×	×	
260.00	×	×	×	×	1027	×	×	×	
261.00	×	×	×	×	×	1123	×	×	
262.00	×	×	×	×	×	1130	×	×	
262.30	×	×	×	×	×	1133	×	×	

注　1. 表中"×"表示应避免在该水位和相应开度长时间工作。

　　2. 根据闸门动水试验成果，弧门振动区在 1.0m 以下。

　　3. 表中数据为岩坎高程 245.56m 时的计算结果。

当丰满三期发电机组因事故停机不能正常运用时，水库将不能向下游供水。

根据 2014 年 9 月—2015 年 4 月水库最低库水位为高程 241.00m，泄洪兼导流洞进口岩坎建设期高程 250.00m 的实际情况，为保证泄洪兼导流洞在 2015 年冬季低水位时，仍能启用泄洪兼导流洞向下游供水。2015 年 2 月，进行了泄洪兼导流洞降低岩坎高程方案研究，分别制定了岩坎高程降低至 238.00m、239.00m 两个方案，以此保证丰满三期发电机组因事故停机不能正常运用情况下，启用泄洪兼导流满足下游供水的要求。2015 年春灌时库水位降至 243.00m，由于泄洪兼导流洞进口施工尚未结束，该方案未能实施。当泄洪兼导流洞完工后已进入汛期，该方案已没有条件实施。

考虑 2018 年冬季老坝缺口拆除时，水库水位将降至 243.00m，仍比进水口岩坎高程 245.00m 低 2m。水库向下游的供水水通道也只有丰满三期发电厂一条，丰满三期发电机组因事故停机不能正常运用情况下，水库将不能向下游供水。2016 年 2 月 29 日，丰满建设局召开了建设期后期冬季保下游供水方案研究会议，会议确定 2016 年 4 月—2016 年 5 月末拆除进水口岩坎至 240.00m 高程左右，以确保整个建设期后保下游供水通道有两条。为此，在分析 2016—2019 年建设期施工逐步进展情况，并参考前期岩坎降低方案和启用泄洪兼导流洞保下游供水水库水位控制的研究成果的基础上，重新制定了岩坎高程降低至 239.50m 方案。

（1）泄洪兼导流洞进口岩坎降至 238.00m、239.00m 方案研究

1）方案设计。

通过设计水力分析，同时考虑施工条件，确定泄洪兼导流洞进口岩坎降低高程和岩坎豁口底宽度，分别拟定泄洪兼导流洞进口岩坎降低至 238.00m、239.00m 两个方案。

①泄洪兼导流洞进口岩坎降至 238.00m 方案设计。

泄洪兼导流洞进口岩坎采取开挖梯形断面豁口形式，将岩坎降至高程 238.00m，梯形断面豁口底宽度 27.00m，进口右侧设置半径 20.00mm 圆弧扩散段，豁口前缘底高程 237.00m。进口岩坎豁口采用稳定边坡开挖，覆盖层边坡开挖边坡采用 1:1.5，岩石边坡开挖采用 1:1.0 和 1:1.5。对于岩坎豁口开挖形成的永久岩石边坡采用喷锚支护措施，锚杆直径 22mm，入岩深度 2.5m，间、排距 1.5m，喷混凝土厚度 10cm，外挂钢筋网采用直径 8mm 钢筋，间距 20cm；对于岩坎豁口开挖形成的永久土质边坡也采用喷锚支护措施，土锚杆直径 28mm，入土深度 1.0m，间、排距 1.5m，喷混凝土厚度 20cm，外挂钢筋网采用直径 8mm 钢筋，间距 20cm。施工时，试验岩塞口围堰高程 237.00m 以上部分全部拆除，并保证干地施工。

②泄洪兼导流洞进口岩坎降至 239.00m 方案设计。

泄洪兼导流洞进口岩坎采取开挖梯形断面豁口形式，将岩坎降至高程 239.00m，梯形断面豁口底宽度 27.00m，进口右侧设置半径 60.00mm 圆弧扩散段。进口岩坎豁口采用稳定边坡开挖，覆盖层边坡开挖边坡采用 1:1.5，岩石边坡开挖采用 1:1.0 和 1:1.5。对于岩坎豁口开挖形成的永久岩石边坡采用喷锚支护措施，支护措施与进口岩坎降至 238.00m 方案相同。施工时，试验岩塞口围堰高程 237.00m 以上部分全部拆除，并保证干地施工。

2）方案设计计算。

参考 2014—2015 年枯水期水库水位情况，最低库水位 241.00m 时，为满足施放下游流量要求，泄洪兼导流洞进口岩坎豁口下泄 161m³/s 的下游供水流量。

进口岩坎豁口泄流按宽顶堰流（非淹没流）计算泄流能力，计算公式如下：

$$Q = m\varepsilon B\sqrt{2g}H_0^{3/2} \tag{4.40}$$

式中：Q 为流量，m³/s；H_0 为计入行进流速的堰上水头，m，本次不考虑行进流速影响；m 为流量系数；ε 为侧收缩系数；B 为堰孔宽度，m。

进口岩坎豁口高程和宽度计算结果见表 4.60。

表 4.60　　　　　泄洪兼导流洞进口岩坎豁口底高程和底宽度计算结果

参　　数	单位	数　　值	
		进口岩坎降至 239.00m	进口岩坎降至 238.00m
最低库水位	m	241.00	241.00
豁口底高程	m	239.00	238.00
进口岩坎豁口底宽度	m	49.00	27.00
堰上总水头	m	2.00	3.00
下泄流量	m³/s	171.29	173.39
堰上流速	m/s	1.75	2.14

3）施工实施方案。

①泄洪兼导流洞进口岩坎降至 238.00m 方案施工实施方案。

施工方法：进口岩坎豁口开挖距导流洞进口建筑物较近，石方开挖宜采用浅孔小药量控制爆破，分两层开挖，单层层高 3.5m，推土机集渣，3m³ 反铲装 20t 自卸汽车运至段吉村弃渣场。锚杆及喷混凝土防护施工采用常规施工工艺。

施工进度安排：本方案工作内容主要试验岩塞口围堰开挖、土石方开挖及边坡挂网喷锚防护等，土方开挖安排 5 天，石方开挖分两层进行，共 15 天，边坡防护安排 10 天工期，总工期 25 天。具体工期安排见表 4.61。

表 4.61　　　　泄红兼导流洞进口岩坎降至高程 238.00m 方案进度安排

项　　目	工　程　量		第　一　月		
	单位	数量	上	中	下
土方明挖	m³	2387	——		
石方明挖	m³	6631	——	——	
边坡防护（含锚杆、挂网喷混凝土）	项	1		——	——
试验岩塞口围堰开挖	m³	29593	——		

②泄洪兼导流洞进口岩坎降至 239.00m 方案施工实施方案。

施工方法：施工方法基本同 238 底高程方案，石方开挖分两层开挖，单层层高 3.0m，推土机集渣，3m³ 反铲装 20t 自卸汽车运至段吉村弃渣场。锚杆及喷混凝土防护施工采用常规施工工艺。

施工进度安排：本方案施工工序同 238m 方案，工期亦相同。具体工期安排见表 4.62。

表 4.62　　　　泄红兼导流洞进口岩坎降至高程 239.00m 方案进度安排

项　　目	工　程　量		第　一　月		
	单位	数量	上	中	下
土方明挖	m³	2728	——		
石方明挖	m³	7129	——	——	
边坡防护（含锚杆、挂网喷混凝土）	项	1		——	——
试验岩塞口围堰开挖	m³	29593	——		

（2）泄洪兼导流洞进口岩坎降至 239.50m 方案研究

鉴于 2015 年研究的岩坎降低高程方案没有实施，2016 年 2 月，又开展研究岩坎降低高程至 240.00m 方案的实施。考虑到施工难度及供水需要，经研究提出了岩坎高程降低至 239.50m 的方案，其目的是确保水库降至 243.00m（2016—2019 年建设期水库最低水位）时，泄洪兼导流洞泄流仍能满足保下游供水流量要求。

1）方案设计。

根据前期岩坎降低方案和启用泄洪兼导流洞保下游供水水库水位控制的研究成果，通过水力设计分析，同时考虑施工条件，确定了泄洪兼导流洞进口岩坎降至 239.50m 的方案。

泄洪兼导流洞进口岩坎采取开挖梯形断面豁口形式，将岩坎降至高程 239.50m，梯形断面豁口底宽度 57.95m，豁口前缘底高程 239.50m。进口岩坎豁口采用稳定边坡开挖，岩坎豁口顶部距原边界线 4.0m，边坡开挖边坡采用 1：1.5。为保证后期石渣不进入洞内，先期将集渣坑内石渣全部清除。

2）方案设计计算。

泄洪兼导流洞有压泄流时，具有洞内流态较好，可避免冬季冰冻对泄流的影响，启用泄洪兼导流洞为下游供水时，考虑最低库水位为 243.00m，泄洪兼导流洞采用有压式过流，出口弧门开度控制在 2m。

库水位在 243.00m 时，参考泄洪兼导流洞水工模型试验成果，泄洪兼导流洞出口弧门开度 2m，隧洞有压式过流的泄流量为 400m³/s。因此，为满足隧洞控制弧形闸门开度 2m 形成有压流泄流，泄洪兼导流洞进口岩坎宽顶堰泄流量应大于隧洞出口泄流量，同时还满足保下游供水流量要求，即进口岩坎宽顶堰泄流量应大于 400m³/s。

泄洪兼导流洞进口岩坎豁口泄流按非淹没流宽顶堰流计算泄流能力。进口岩坎豁口高程和宽度计算结果见表 4.63。

表 4.63　　　　　泄洪兼导流洞进口岩坎豁口底高程和底宽度计算结果

参　　数	单位	数值	备注
库水位高程	m	243.00	
豁口底高程	m	239.50	
进口岩坎豁口底宽度	m	55.95	
堰上总水头	m	3.50	
下泄流量	m³/s	683.00	>400.00m³/s
岩坎上流速	m/s	3.19	

3）施工实施时机。

泄洪兼导流洞进口岩坎降至 239.50m 方案，因 2016 年春季丰满水库维持较高水位，该方案并未实施。考虑库水位影响，该方案可于水库低水位运行时段采取合适的施工方法实施。

4.8.4　建设期保下游供水措施研究结论

4.8.4.1　建设期丰满三期发电厂正常运行情况下保下游供水措施

建设期改造完成的丰满三期发电厂是保下游供水的常规通道，丰满三期电厂正常运行情况下，丰满三期电厂两台机组过流量为 $594\mathrm{m}^3/\mathrm{s}$，通过永庆反调节水库的调节以及上游梯级水库联合调度，可以满足下游供水要求。当丰满水库水位低于三期电站运行要求的最低库水位时，可通过上游梯级水库为丰满水库补水，亦可满足下游供水要求。

4.8.4.2　建设期丰满三期发电厂不能正常运行情况下保下游供水方案和措施

（1）泄洪兼导流洞投入运行前

泄洪兼导流洞投入运行前，新建泄洪兼导流洞尚不具备泄流条件，此期间原下游供水通道仅为丰满三期发电厂一条。

当丰满三期发电机组因事故停机不能正常运用的供水非常事件发生时，根据原丰满水电站运行情况，首先利用原泄洪洞临时封堵段内预留过流通道为下游临时供水；当原泄洪洞弧门无法启闭时，根据左岸新建泄洪兼导流洞施工进度情况，利用新建泄洪兼导流洞为下游应急供水。

（2）泄洪兼导流洞投入运行后

泄洪兼导流洞投入运行后，泄洪兼导流洞完工具备泄流条件，此期间保下游供水通道为丰满三期发电厂和泄洪兼导流洞，共两条。

当丰满三期发电机组因事故停机不能正常运用的供水非常事件发生时，通过水位控制、泄洪兼导流洞冬季保温防冻以及降低泄洪兼导流洞进口岩坎高程等措施保证泄洪兼导流洞达到启用条件，利用泄洪导流洞为下游供水确保大坝下游供水要求。

4.9　建设期老坝安全运行管理

建设期老坝正常运行，老坝安全管理机构、安全管理范围、水库运行调度方案与建设前相比，没有发生质的变化。原有的老坝安全管理体系没有发生改变，老坝安全管理主体、责任方均不变。建设期，老坝安全管理重点为：明确老坝安全监察管理机制、明确老坝安全管理职责以及重视老坝安全监测。

4.9.1　大坝及泄洪系统运行管理和维护

丰满发电厂分别制定了《水力机械设备检修运行规程》《水工建筑物维护规程》《坝上电气设备运行检修规程》用以水工机械设备、水工建筑物、坝上电气设备运行、检修、维护及操作、故障处理、监督管理等。

《水力机械设备检修运行规程》：本标准规定了丰满发电厂水工机械设备运行、检修、维护、操作规范。包括取水闸门、取水闸门固定启闭机、取水门侧路阀、厂用机取水阀；溢流闸门、溢流闸门门式启闭机、溢流闸门液压启闭机、柴油发电机组；泄水洞平板闸门、平板闸门固定启闭机、弧形闸门、弧形闸门固定启闭机、永庆反调节水库弧形工作闸门、平面检修闸门、平面检修闸门门式启闭机等水工机械设备。设备的运行、检修、维护、操作工作由丰满发电厂水工部机械班负责。

《水工建筑物维护规程》：本规程简述了水工建筑物的维护范围及水工建筑物监督维护的管理方法。本规程适用于丰满发电厂水工建筑物（包括丰满大坝水工建筑物、三期扩建机组水工建筑物、永庆大坝水工建筑物）现场维护工作及水工建筑物检修工作。

《坝上电气设备运行检修规程》：本标准规定了丰满发电厂坝上电气设备、取水门启闭机、溢流门液压启闭机、溢流门门式启闭机、坝中直流系统电气部分的运行、检修、维护、操作及故障处理方法等。

4.9.2　水库调度运行管理和维护

丰满发电厂水库调度主要内容包括：进行水文信息收集、洪水预报及调度、日常水库调度等工作。规定了气象预报进行气象资料收集、气象短期预报及中长期预报等工作的制度；规定了水文气象观测、水情测报进行水位、气温、降雨等观测工作方法及制度。

4.9.3　安全监测运行管理和维护

丰满发电厂制定了一整套安全监测制度：包括观测项目及测次；观测设备、方法及精度；水工建筑物的现场检查；观测设施的管理、维护与更新改造；观测资料整理分析等。施工期，老坝安全监测按安全监测预警要求，做好以下工作：

（1）正常情况和特殊情况下水工建筑物的观测工作。

（2）水工建筑物的现场检查工作，包括经常性巡检、年度现场检查及专项检查工作。

（3）观测设施的保养、维护、管理、检验及更新改造工作。

（4）观测资料和检查成果的整理分析及上报工作；做好观测资料的整编、汇编工作。

（5）大坝的重点观测项目应进行长期、系统地观测，观测设备和方法在一定时期内应保持不变，变动时必须保证观测资料的连续、统一。

（6）各项观测精度应足以反映水工建筑物的变化规律．选择观测设备、方法时，应尽量采用精度高、长期稳定性好、观测速度快、自动化程度高的手段。

（7）观测工作应做到"三准四及时"，即观测准、记录准、计算准；观测及时、计算及时、分析及时、上报及时。

4.10　本　章　小　结

通过加强施工期水库合理调度，充分发挥水库的调蓄作用，在不影响水库防洪安全和供水任务的前提下，可以保证新坝施工期在发生 100 年及以下标准洪水时，老坝不开闸泄洪，为工程建设创造干地施工条件，确保重建工程按期完工，同时减少老坝开闸泄洪带来的损失。

针对老坝 F_{67} 断层坝段抗滑稳定不满足规范要求的情况，通过计算分析和方案对比，最终选用坝后堆渣结合预应力锚索的方式进行加固处理。同时，根据建基面开挖状况和水库水位控制运用，优化了坝后锚索数量和堆渣高程，并对锚索施工进度进行了合理安排，彻底解决了新坝施工期老坝 F_{67} 断层坝段的抗滑稳定安全问题。

重建工程大坝基础开挖爆破环境复杂，需要保证老坝及三期发电厂房正常运行。因此，在老坝及厂房的关键部位和个别薄弱坝段布置振动速度传感器，用以监测爆破施工对这些已有建筑物（或设施）的振动影响。通过建立爆破振动在线监测系统，开展爆破振动测试和监测分析，及时反馈并优化爆破参数，同时采取了相应的安全防护措施，使整个坝基开挖的爆破振动有害影响均得到了有效控制，保证了老坝的安全稳定运行。

通过老坝下游廊道出口和横缝封堵措施的实施，可以保证新坝施工期度汛在遭遇大于100 年一遇小于 500 年一遇标准的洪水时老坝廊道不被淹没，保障老坝安全监测系统可以在此工况下正常运行，及时获取老坝工作性态，确保老坝安全。

新坝施工期度汛时，建议按照推荐闸门调度方案，以较小的闸门开度对新老坝之间进行预充水，并对新坝溢流坝前的门机基础平台进行防护，可有效降低老坝泄洪水流对新建坝迎水面的瞬时冲击力以及折冲水流对老坝产生的反冲作用。新坝初期蓄水阶段，采用局部拆除老坝挡水坎形成先期过流缺口的方式进行新老坝间预充水，同时对老坝过流面和坝趾处进行了适当防护，避免了高速下泄水流对老坝过流面和新老坝之间区域的冲刷破坏。

通过对老坝安全监测系统的升级改造和安全监测预警系统的建立，可以将老坝基础廊道的安全监测设施损坏情况降到最低，并实现安全监测系统的快速恢复，确保在新坝施工期准确、迅速地获得老坝安全监测数据，全面评估老坝的工作性态，及时发现危及大坝安全的征兆，保障老坝安全。

建设期正常情况下，丰满水库通过三期电站实现保下游供水功能。针对三期电站因故障不能向下游供水的特殊情况，根据工程建设的不同阶段，分别提出了泄洪兼导流洞投入运行前和投入运行后的应急供水方案和处理措施，满足了丰满水库向下游供水的保证率要求。

通过建设期老坝安全运行管理，加强大坝及泄洪系统、水库调度运行和安全监测的管理和维护，实时掌握老坝的运行状态，确保老坝安全运行。

第5章　过渡期老坝拆除

5.1　老坝拆除期水库水位控制及影响对策

5.1.1　老坝拆除施工期丰满水库运行水位

丰满水电站全面治理重建工程，其目的是通过重建，恢复电站的原有功能，使其能够正常发挥应有的作用，而新坝建成后老坝必须拆除，且拆除越快越好。为此，在充分考虑环境保护要求的前提下，通过施工组织优化设计提出丰满水电站老坝缺口拆除施工将于2018年10月中开始，至2019年4月末结束。缺口拆除不同时间水库最高水位见表5.1。

表 5.1　　　　　　　　　　老坝缺口拆除水库最高水位控制表

时　间	控制水位/m	老坝缺口拆除底高程/m	备　注
2018 年 10 月末	251.50		
2018 年 12 月末	250.50	255.70	
2019 年 1 月末	246.50	251.70	
2019 年 2 月末	242.00	247.70	
2019 年 4 月末	242.00	239.90/上游侧预留临时挡水坝体顶高程 245.00m	

5.1.2　老坝拆除期水库水位控制及其对下游用水影响分析与对策

5.1.2.1　原工程任务

重建方案按恢复电站原任务和功能，在原丰满大坝下游120m处新建一座大坝，并利用原丰满三期工程。治理工程实施后，不改变水库主要特征水位，不新增库区征地和移民。新坝建设期间必须确保原大坝安全稳定运行，并做好新老机组运行衔接的相关工作，同时，要协调好与发电、防洪和供水的关系，做到建设期间对防洪和供水不产生大的影响。

5.1.2.2　原丰满水库承担的城市和环境供水要求

吉林江段的环境用水要求：根据1992年9月松辽委编制的《松花江流域水资源保护规划》，为保证哈尔滨江段饮水水源的安全，满足哈尔滨江段的环境用水250m³/s，"尼尔基水库建成后，丰满水库在枯水期坝下最小放流量调到150m³/s，满足吉林江段的环境用水要求即可"。该报告2004年已经国务院批复。

引松入长：引松入长调水工程1994年9月开工，1998年11月正式通水，调水工程在吉林市下游将松花江水引至长春石头口门水库，供长春市用水，全长63km，引水11m³/s，年调水量约 3.5 亿 m^3。

永庆反调节水库建成前，原丰满水电站通过电站基荷容量发电，为下游供水。为解放丰满水电站基荷运行的机组，且满足下游供水要求，在丰满水电站下游约 10.5km 处修建了永庆反调节水库。永庆反调节水库建成后，丰满水电站调峰运行下泄的水量，通过永庆反调节水库均匀下泄，调节能力为日调节，满足下游供水要求。

5.1.2.3 重建工程建设期丰满水库承担的城市和环境供水要求

可研阶段，对建设期下游供水任务进行了研究并提出了实施方案，具体结论如下：

工程施工过程中，必须保证不间断地向下游供水，满足下游生产、生活、灌溉、城市供水的最小放流量 161m^3/s，春灌期下泄流量 361m^3/s 的要求。新建工程保留了丰满三期电站，并对三期电站进行了改造，确保在整个施工过程中，三期机组（11 号、12 号）正常发电，发电流量 594m^3/s，通过丰满水电站下游永庆反调节水库调节，对下游均匀供水，满足下游供水要求。

上述设计成果 2011 年通过了水电水利规划设计总院的审查。

5.1.2.4 重建工程建设期施工可能对下游用水影响分析及对策

（1）工程措施

丰满重建工程面临着非常复杂的建设条件。一方面要确保新建工程的正常建设，另一方面要保证原丰满水库的各项功能的持续发挥，同时，还要考虑两者之间的相互影响问题。可研阶段，丰满水库保证向下游供水是通过三期电站发电泄流实现的。重建工程施工期内，原一期、二期厂房拆除后，长达数年的施工期仅保留的三期厂房发电机组可以向下游供水，期间存在较多因素均可能造成三期不能正常运行而对下游供水产生严重影响，如机组本身故障、发电引水进出口闸门故障、引水发电洞身故障，以及接入系统故障等，特别是吉林市内的吉化公司，依托松花江不间断取水运行，若松花江出现断流，吉化公司将不能正常运转，将造成影响，后果严重。因此，确保下游供水，是重建工程建设期的重中之重。

为保证下游供水，受业主委托进行了专题研究，并编制了《丰满水电站全面治理（重建）工程非常时期向下游供水应急通道研究报告》，报告将保证下游供水按照施工期和运行期分别进行了研究。即建设期非常时期向下游供水应急通道方案研究和永久运行期向下游供水措施研究。该成果报告已经过业主单位组织的咨询，并应用于实际工程，运行情况良好，保证了自开工以来下游各业的用水需求。

建设期采用丰满三期 2 台机组发电，保证向下游供水，三期单台机组引用流量为 297m^3/s。

泄洪兼导流洞进口岩坎平均高程 239.25m，低于水库死水位 242.00m，可作为向下游供水的应急备用通道。

（2）非工程措施

根据 2019 年施工计划安排，5 月初两坝之间开始充水，5 月 31 日溢流坝表孔弧门有 5 孔具备运行条件，其他 4 孔闸门应具备临时挡水条件，至 6 月 15 日全部弧门具备运行条件。在 5 月 31 日前，丰满水库水位仍需保持在 242.00m 运行。丰满水库自 6 月 1 日至 6 月 15 日期间，允许由死水位开始蓄水，但还有 4 个弧门不具备启闭条件，丰满水库允许回蓄最高水位至 251.00m。由于适逢春灌期，丰满水库水位太低、且下游用水量较大，5—6月灌溉供水期间，仍将由白山水库承担补偿调节。为此需要以大坝拆除后期的 3—4 月直至春灌结束的 6 月底期间，共计 4 个月的水量排频选年，并以此计算分析需要白山水库补偿的水量。

方法、方案及相关依据资料：

1）在不考虑白山水库调节的前提下，仅以其天然入库加白、丰区间流量和下游供水要求的最小流量进行水量平衡，以确定需要白山水库补偿的水量并初步分析其补偿能力。

2）代表年选取。

以径流系列采用 1933—2008 年，以大坝拆除后期的 3—4 月直至春灌结束的 6 月底之间，共计 4 个月的水量排频并选取丰（$P=20\%$）、平（$P=50\%$）、枯（$P=80\%$、90%、95%）代表年进行水量平衡。

3）扣水。

包括水库上游用水及中部城市调水及蒸发增损和渗漏损失，其中水库蒸发增损及渗漏损失本次水量平衡计算过程中暂不考虑。

按照吉林省水利厅《吉林省水利厅关于丰满水库重建有关问题的报告》（吉水办〔2009〕41 号）提出的设计水平年（2020 年及 2030 年一致）上游用水地区及中部城市调水分别见表 5.2 和表 5.3。其中中部城市调水供水按 95% 的保证率。

表 5.2　　　　　　　　上游地区设计水平年各业用水过程线

月份	1	2	3	4	5	6	7	8	9	10	11	12	平均
流量/(m³/s)	7.30	7.30	7.30	7.30	62.49	120.48	36.49	62.77	17.98	7.30	7.30	7.30	29.28

表 5.3　　　　　　　吉林中部城市引松供水工程引水过程线

月份	1	2	3	4	5	6	7	8	9	10	11	12	平均
引水流量/(m³/s)	24.1	24.6	35.0	35.9	36.7	33.9	31.4	29.4	32.1	0.0	22.7	24	27.5

4）下游用水。

包括下游城市及环境用水 150m³/s、引松入长 11m³/s、春灌溉用水 300～350m³/s。

5）计算方案。

由于蓄水过程临近可研设计采用的设计水平年 2020 年，在进行水量平衡时考虑如下几种因素：

①各项用水均参与水量平衡计算，并考虑 5—6 月两个月的春灌期，作为基本方案；

②首先下游城市及环境用水 150m³/s 必须保证；

③引松入长 11m³/s，自工程建成以来并非年年引水，因此本次工作中考虑了引水与不引水两种情况；

④春夏季灌溉可行性研究批复为 5—6 月 350m³/s，结合历史实际运行情况，一般 5 月初至 6 月初的泡田期 300～350m³/s，因此分别按照 5—6 月和 5 月至 6 月上旬考虑 300m³/s 和 350m³/s（基本方案）两种情况进行水量平衡计算。75% 及以上的枯水年份灌溉供水按 80% 考虑。

6）计算结果。

按照上述相关引调水工程以及可能的春灌期和春灌流量等不同情况，共设置 20 种不同的需、供水方式，分别进行水量平衡计算。各方案所需白山水库补偿水量供需平衡计算成果统计见表 5.4。

表 5.4　　　　　丰满坝址断面供需平衡计算成果统计表（不考虑梯级调节）　　　　单位：亿 m³

方案序号	方案			保证率				
				20%	50%	80%	90%	95%
				代　表　年				
				1988	1949	1992	2002	1996
				灌溉流量				
1	5—6 月灌溉的基本方案			2.13	6.78	3.00	8.16	6.85
2	5—6 月两个月春灌	考虑中部城市引水	不考虑引松入长	1.85	6.50	2.72	7.69	6.46
3			灌溉 300m³/s	2.13	5.49	3.00	6.00	5.12
4			灌溉 75% 以上年按 80% 供水	2.13	6.78	3.00	5.15	4.43
5			不考虑引松入长，灌溉 300m³/s	1.85	5.2	2.72	5.53	4.74
6		不考虑中部城市引水	不考虑中部城市引水	1.23	5.91	2.09	6.63	5.65
7			不考虑引松入长	0.94	5.62	1.81	6.15	5.27
8			灌溉 300m³/s	1.23	4.61	2.09	4.6	3.92
9			灌溉 75% 以上年按 80% 供水	1.23	5.91	2.09	3.91	3.23
10			不考虑引松入长，灌溉 300m³/s	0.94	4.32	1.81	4.22	3.54
11	5 月上旬至 6 月上旬约 40 天春灌期	5 月 1 日—6 月 10 日灌溉的基本方案		2.13	3.33	3.00	7.57	4.30
12		考虑中部城市引水	不考虑引松入长	1.82	3.04	2.72	7.19	3.75
13			灌溉 300m³/s	2.13	3.27	3.00	5.84	3.93
14			灌溉 75% 以上年按 80% 供水	2.13	3.33	3.00	5.15	3.93
15			不考虑引松入长，灌溉 300m³/s	1.85	2.98	2.72	5.46	3.55
16		不考虑中部城市引水	不考虑中部城市引水	1.23	2.45	2.09	6.33	3.13
17			不考虑引松入长	0.94	2.16	1.81	5.95	2.87
18			灌溉 300m³/s	1.23	2.36	2.09	4.60	2.71
19			灌溉 75% 以上年按 80% 供水	1.23	2.45	2.09	3.91	2.71
20			不考虑引松入长，灌溉 300m³/s	0.94	2.08	1.81	4.22	2.33

注　表中除注明灌溉流量为 300m³/s 者外，其余方案均以 350m³/s 作为灌溉流量计算。

由表中可见，在考虑了上游地区、中部城市用水、下游引松入长以及 5—6 月两个月春灌用水的情况下，所需白山水库补偿水量最大值为方案 1 中 90% 枯水年 8.16 亿 m³，约相当于白山水库水位 409.90~416.50m 的库容（8.25 亿 m³）；或 405.88~413.00m 之间的库容。

按照各引调水工程实际运行情况，引松入长工程引水概率较小，而中部城市引水工程尚未全面贯通，因此方案 7 更接近实际引水情况，且以 90% 年份最大，需要白山补偿水量

6.15 亿 m³，约相当于白山水库水位 411.65～416.50m 的库容（6.19 亿 m³）或者相当于白山水库 407.70～413.00m 之间的库容。

考虑到丰满水库多年来对下游春灌供水情况，每年供水期为 5 月初到 6 月上旬，加之中部城市及引松入长的实际调水情况，即表中方案 17，90％枯水年所需水量为 5.95 亿 m³，约相当于白山水库 407.86～413.00m 之间的库容（5.97 亿 m³）。

综合分析，推荐采用方案 7，考虑到了丰满老坝拆除及拆坝后的头两个月，丰满水库处于死水位运行并持续 4 个月时间，为保障下游供水需要，适当留有余地，相应所需补偿水量 6.15 亿 m³。白山死水位为 380.00m，当白山水库在 3 月 1 日前水位不低于 389.05m 时（2019 年 4 月 13 日 8 时白山库水位为 410.80m），可为丰满补水量为 6.15 亿 m³，满足丰满供水要求。

5.1.3　老坝拆除施工期丰满水库控制水位对防洪影响及对策

5.1.3.1　度汛标准

（1）老坝缺口拆除期间导流标准

老坝缺口拆除期间的施工导流标准采用拆除期间的 10 年重现期洪水标准，相应设计洪峰流量为 2870m³/s。

采用三期机组＋泄洪洞联合泄流，经水库调洪计算分析，水库水位控制在 242.00m 时，拆除期间的 10 年重现期洪水设计水位为 244.38m（水位比要求的控制水位高 2.38m），因此在拆除期间，为满足干地施工要求，对于最后一层老坝缺口拆除，采用老坝上游预留临时断面挡水，预留临时断面顶高程为 245.00m。

其余各层老坝缺口拆除底高程及库水位均按表 5.2 控制，满足老坝缺口拆除期间施工要求。

（2）度汛标准

老坝缺口拆坝施工计划安排，拆除施工期工程主要在枯水期（2018 年 1 月至 2019 年 3 月中旬）和春汛期（2019 年 3 月 15 日—4 月 30 日）进行。

枯水期不存在施工期度汛问题，仅春汛期需要考虑度春汛。

根据《水电工程施工组织设计规范》（DL/T 5397—2007）中第 4.4.7 条和 4.4.8 条的规定，结合新建大坝 2018 年末的实际浇筑面貌，2019 年老坝拆除期间的度汛标准采用春汛期 200 年重现期洪水。

（3）度汛方式

根据丰满水库调洪计算成果，当遭遇 200 年一遇标准的春汛洪水时，仅通过三期机组和泄洪兼导流洞泄流，水库水位将回蓄至 251.04m，超过新坝溢流堰顶高程 1.44m。因此 2019 年春汛期间，新坝采用临时闸门挡水，当遭遇春汛 200 年重现期洪水时，新坝挡水运行。

（4）超标洪水度汛措施

当遭遇超标洪水时，结合水情预报应及时进行施工撤场工作，确保施工设备和人员安全，待春汛洪水过后再恢复干地施工。

5.1.3.2　老坝拆除期间的防洪方案

经对老坝拆除施工条件及进度安排对水库水位要求进行分析，在缺口拆除及充水期间的 2 月末至 5 月末约 3 个月时间内，丰满水库水位需降至死水位 242.00m。

因老坝拆除施工后期适逢春汛期，水库水位在 242.00m，且水库放流通道保留三期机组和泄洪兼导流洞合计放流能力约 1000m³/s，当发生春汛洪水时，仅通过三期机组难以满足水位控制要求，因此，春汛期间泄洪必须考虑泄洪兼导流洞与保留的三期机组共同参与泄洪。

（1）计算原则及方法

1）春汛导流、度汛标准。

本次施工导流标准以 10 年一遇春汛洪水对施工要求的水库控制水位方案进行复核，并对春汛度汛标准采用 200 年一遇的洪水进行调节计算分析。

2）泄洪设备。

春汛放流通道仅考虑保留的三期机组泄流或与导流兼泄洪洞同时泄流。

3）最大泄量。

按照施工导流要求，春汛最大泄量不超过 2500m³/s。

4）春汛洪水调度起调水位。

3 月—4 月大坝拆除采用施工要求的控制水位 242.00m。

5）梯级调节。

考虑大坝拆除期间 3—4 月，以及拆除后的 5 月，因丰满水库水位保持在死水位附近，其下游供水将由白山水库承担，当区间来水小于下游供水要求的流量时，需要白山水库予以补充，这就需要白山水库保持较高水位运行，以保证在丰满大坝拆除期间满足下游用水要求，因此，春汛洪水调节不考虑梯级调节作用。

6）计算方法。

春汛洪水调节，采用列表试算法。

（2）计算成果

按照春汛施工导流度汛 10 年一遇和春汛大坝度汛标准 200 年一遇标准，进行春汛洪水调节计算，结果汇总见表 5.5。详细过程见表 5.6～表 5.9。

表 5.5　　白山、丰满联合调洪计算成果表（春汛 200 年）泄洪兼导流洞十三期机组

洪水频率/%	白山水库（汛限 413.00m）			丰满水库（汛限 242.00m）			
	入库洪峰流量/(m³/s)	出库洪峰流量/(m³/s)	最高洪水位/m	入库洪峰流量		出库洪峰流量/(m³/s)	最高洪水位/m
				天然/(m³/s)	实际/(m³/s)		
10	1710	1710	413.00	2870	2870	1000	244.38
0.5	3820	3820	413.00	6060	6060	1640	251.04

通过表 5.5 春汛洪水调节计算成果分析可见，当发生 10 年一遇春汛洪水时，若通过泄洪兼导流洞与三期机组发电放流，最高洪水位为 244.38m。

当遭遇 200 年一遇标准的春汛洪水时，最高洪水位仍达到 251.04m，将超过新建大坝的表孔溢流坝堰顶高程。

表 5.6   春汛洪水调节计算成果表（P＝10％）（仅三期机组放流）

时　间	入流/(m³/s)	出流/(m³/s)			库容增量/(m³/s)	末库容/亿 m³	平均库容/亿 m³	末水位/m	平均水位/m
		总出流	三期	导流洞					
4 月 13 日	595	593.4	593.4		1.6	26.86	26.86	242.00	242.00
4 月 14 日	691	593.4	593.4		97.6	26.94	26.90	242.00	242.00
4 月 15 日	730	593.4	593.4		136.6	27.06	27.00	242.00	242.00
4 月 16 日	691	593.4	593.4		97.6	27.14	27.10	242.00	242.00
4 月 17 日	899	593.4	593.4		305.6	27.41	27.28	242.00	242.00
4 月 18 日	1210	593.4	593.4		616.6	27.94	27.67		
4 月 19 日	989	593.4	593.4		395.6	28.28	28.11		
4 月 20 日	1040	593.0	593.4		446.6	28.67	28.47		
4 月 21 日	2870	553.4	593.4		2276.6	30.63	29.65		
4 月 22 日	2545	593.4	593.4		1951.6	32.32	31.48		
4 月 23 日	1750	593.4	593.4		1156.6	33.32	32.82		
4 月 24 日	1290	593.4	593.4		696.6	33.92	33.62		
4 月 25 日	950	593.4	593.4		356.6	34.23	34.08		
4 月 26 日	1090	593.4	593.4		496.6	34.66	34.44		
4 月 27 日	1120	593.4	593.4		526.6	35.11	34.89		
4 月 28 日	860	593.4	593.4		266.6	35.34	35.23		
4 月 29 日	711	593.4	593.4		117.6	35.45	35.40		
4 月 30 日	622	593.4	593.4		28.6	35.47	35.46	246.60	246.59

表 5.7   春汛洪水调节计算成果表（P＝10％）（三期十导流洞）

时　间	入流/(m³/s)	出流/(m³/s)	库容增量/(m³/s)	末库容/亿 m³	平均库容/亿 m³	末水位/m	平均水位/m
4 月 13 日	595	595.0	0	26.85	26.85	242.00	242.00
4 月 14 日	691	691.0	0	26.85	26.85	242.00	242.00
4 月 15 日	730	730.0	0	26.85	26.85	242.00	242.00
4 月 16 日	691	691.0	0	26.85	26.85	242.00	242.00
4 月 17 日	899	899.0	0	26.85	26.85	242.00	242.00
4 月 18 日	1210	989.4	220.6	27.05	26.95		242.05
4 月 19 日	989	989.4	−0.4	27.05	27.05		242.11
4 月 20 日	1040	989.4	50.6	27.09	27.07		242.12
4 月 21 日	2870	991.4	1878.6	28.71	27.90		242.61
4 月 22 日	2545	995.4	1549.6	30.05	29.38		243.45
4 月 23 日	1750	998.4	751.6	30.70	30.38		244.00
4 月 24 日	1290	999.4	290.6	30.95	30.83		244.24
4 月 25 日	950	1000.4	−50.4	30.91	30.93		244.29
4 月 26 日	1090	1000.4	89.6	30.99	30.95		244.30
4 月 27 日	1120	1000.4	119.6	31.09	31.04	244.38	244.35

续表

时 间	入流 /(m³/s)	出流 /(m³/s)	库容增量 /(m³/s)	末库容 /亿 m³	平均库容 /亿 m³	末水位 /m	平均水位 /m
4 月 28 日	860	1000.4	-140.4	30.97	31.03		244.35
4 月 29 日	711	998.4	-287.4	30.72	30.84		244.25
4 月 30 日	622	998.4	-376.4	30.39	30.56		244.15

表 5.8　　　　　春汛洪水调节计算成果表（P＝0.5%）（仅三期机组放流）

时 间	入流 /(m³/s)	出流 /(m³/s)	库容增量 /(m³/s)	末库容 /亿 m³	平均库容 /亿 m³	末水位 /m	平均水位 /m
4 月 13 日	1257	593.4	663.6	27.43	27.14	242.33	242.17
4 月 14 日	1465	593.4	871.6	28.18	27.80		
4 月 15 日	1540	593.4	946.6	29.00	28.59		
4 月 16 日	1460	593.4	866.6	29.75	29.37		
4 月 17 日	1900	593.4	1306.6	30.88	30.31		
4 月 18 日	2554	593.4	1960.6	32.57	31.72		
4 月 19 日	2095	593.4	1501.6	33.87	33.22		
4 月 20 日	2200	593.4	1606.6	35.26	34.56		246.16
4 月 21 日	6060	582	5478	39.99	37.62		247.63
4 月 22 日	5380	557	4823	44.16	42.07		249.56
4 月 23 日	3690	542	3148	46.88	45.52		250.99
4 月 24 日	2720	533	2187	48.77	47.82		251.88
4 月 25 日	2010	529	1481	50.05	49.41		252.47
4 月 26 日	2310	525	1785	51.59	50.82		252.99
4 月 27 日	2360	520	1840	53.18	52.38		253.54
4 月 28 日	1820	516	1304	54.30	53.74		254.02
4 月 29 日	1500	513	987	55.16	54.73		254.35
4 月 30 日	1312	510	802	55.85	55.50	254.73	254.61

表 5.9　　　　　春汛洪水调节计算成果表（P＝0.5%）（三期＋导流洞）

时 间	天然入流 /(m³/s)	出流量 /(m³/s)	末库容 /亿 m³	平均库容 /亿 m³	末水位 /m	平均水位 /m
4 月 13 日	1257	1001	24.51	24.40	242.14	242.07
4 月 14 日	1465	1014	24.90	24.71	242.39	242.27
4 月 15 日	1540	1033	25.34	25.12	242.68	242.54
4 月 16 日	1460	1050	25.70	25.52	242.91	242.79
4 月 17 日	1900	1073	26.41	26.05	243.35	243.13
4 月 18 日	2554	1114	27.66	27.03	244.11	243.73
4 月 19 日	2095	1156	28.47	28.06	244.58	244.34
4 月 20 日	2200	1189	29.34	28.90	245.08	244.83
4 月 21 日	6060	1280	33.47	31.41	247.27	246.17
4 月 22 日	5380	1412	36.90	35.19	248.94	248.10

续表

时 间	天然入流 /(m³/s)	出流量 /(m³/s)	末库容 /亿 m³	平均库容 /亿 m³	末水位 /m	平均水位 /m
4 月 23 日	3690	1498	38.79	37.85	249.80	249.37
4 月 24 日	2720	1544	39.81	39.30	250.25	250.03
4 月 25 日	2010	1571	40.19	40.00	250.42	250.34
4 月 26 日	2310	1591	40.81	40.50	250.69	250.56
4 月 27 日	2360	1616	41.45	41.13	250.97	250.83
4 月 28 日	1820	1634	41.61	41.53	251.04	251.01
4 月 29 日	1500	1640	41.49	41.55	250.99	251.01
4 月 30 日	1312	1625	41.22	41.36	250.87	250.93

（3）老坝拆除防洪结论

当遭遇 10 年一遇标准的春汛洪水时，通过泄洪兼导流洞与三期机组发电放流，水库水位将回蓄至 244.38m，而同期施工要求的水库控制水位为 242.00m，将有可能影响大坝拆除施工进度，建议在大坝拆除的施工过程中应考虑此因素。

当遭遇 200 年一遇标准的春汛洪水时，通过泄洪兼导流洞与三期机组发电放流，水库水位为 251.04m，超过溢流坝堰顶高程 1.44m。

由此可见，在春汛期间进行老坝拆除，如果要保证老坝原防洪功能，需要溢流坝闸门挡水，同时还需保证新建厂房机组尾水闸门具备挡水条件。

综上所述，老坝拆除工作所用原理、方法虽然均为常规原理和方法，但是外围条件较复杂，特别是上游地区用水以及吉林中部城市引水对河道径流的影响，以至于对丰满坝址断面径流量计算的不确定，最终对下游供水可能会造成影响。本次工作中，通过多方案拟定和分析，最终采用较为保守可靠的方案，计算分析白山的补偿能力；相反，对径流及洪水预估不足的话，也可能造成丰满出库能力不足，致使本已处于死水位的水库回蓄而影响老坝拆除进度，因此，也进一步提出要求，并为此准备了预案，临时停工、撤离人员和重要设备，并为新坝制定临时挡水措施。通过实践检验，老坝拆除进展顺利，且无论是春汛防洪，还是对下游各业供水都得以满足。

5.2 老坝缺口拆除爆破控制标准

5.2.1 类似工程实例及爆破控制标准

可供借鉴的相类似的工程多为混凝土、浆砌石围堰或岩坎的爆破拆除施工，对于丰满重建工程，在水库正常运行条件下进行老坝拆除爆破，存在着制约因素多、环境影响敏感等工程特点和难点，如此大规模的混凝土坝体拆除尚无先例。

5.2.1.1 围堰或岩坎拆除爆破设计原则及拆除爆破方法

（1）围堰拆除爆破设计原则

1）要因地制宜地制定合理的爆破总体方案。在无须清渣的条件下，可以考虑采用整体倾覆爆破；当需要清渣时，既要考虑充分破碎，也要有合理的爆堆形状；采用冲渣方案时，要考虑水动力学与爆破块度之间的关系，以保证石渣能被水流带走，同时减轻混凝土的磨损。

2）应确保爆破一次成功，必须考虑爆破器材的抗水性，以及施工过程的安全、可靠及简易性、起爆网路的安全可靠性等。

3）应充分论证爆破地震波、水中冲击波、涌浪及动水压力、个别飞石等爆破有害效应对邻近建筑物的影响，制定恰当的爆破安全控制标准，采取必要的防护措施，将爆破有害效应控制在允许范围内。

4）根据我国围堰爆破拆除的经验，通常采用"高单耗、低单段"的设计原则。即单位炸药消耗量要高，单段起爆药量要低。

（2）围堰堰拆除爆破方法

围堰拆除爆破有两种方法：一是炸碎法，使被爆围堰充分破碎；二是倾倒法，使被爆围堰定向倾倒或滑移至水中。

根据炮孔或药室布置情况，可以分为垂直孔爆破、扇形孔爆破、水平孔爆破、垂直孔与水平孔结合爆破、硐室爆破、硐室与钻孔结合爆破等类型。

围堰拆除爆破总体方案可以分为：分层（分区或分次）爆破和一次爆破方案；从爆后石渣清理方式可以分为：爆后机械清渣、聚渣坑聚渣、水流冲渣等爆破方案；从围堰内侧充水与否可以分为：堰内不充水或堰内充水爆破方案；从装药形式不同可以分为：钻孔爆破、集中药室爆破方案。

常用的钻孔形式有：垂直孔、倾斜孔、水平孔及其相互组合。

5.2.1.2　爆破效应及其防护实例

（1）爆破振动安全允许标准

制定邻近爆破区不同类型水工建筑物安全爆破允许标准是围堰及岩坎爆破设计最为关键的一项内容。部分成功实施的围堰及岩坎爆破设计采用的安全振速允许标准见表5.10～表5.13及表5.19。实际观测资料见表5.14～表5.18。

表 5.10　　　　　　　　　沙溪口水电站围堰拆除爆破安全振速允许标准

防护对象名称	爆源距防护对象 最小距离/m	允许振速 /(cm/s)	备　　注
大坝挡水建筑物	5.00	5.00	
基础帷幕灌浆	11.10	1.80	
闸门墩	5.00	5.00	
坝顶起闭机房	24.50	2.50	对爆破振动起控制作用的是上游 5 号导航墩和大坝基础帷幕灌浆等
左岸上游 5 号导航墩	6.93	7.00	
基础上游导航墙	62.00	5.00	
电厂设备	235.00	0.50	

表 5.11 岩滩水电站围堰拆除爆破安全振速允许标准

防护对象名称	爆源距防护对象 最小距离/m	水平允许质点振速 /(cm/s)	垂直允许质点振速 /(cm/s)
厂房建筑物	180.00	2.00	4.00
18 号坝段	0.00	4.00	6.00
12 号导水导墙	70.00	4.00	6.00
消力库鼻坎	30.00	4.00	
20~23 号坝段（新浇）	150.00	2.00	
右岸拌和楼	110.00	5.00	
爆破近区		15.00	

表 5.12 葛洲坝上游围堰混凝土凝土心墙壁拆除爆破振速允许标准

防护对象名称	爆源距防护对象 最小距离/m	允许振速（加速度） /(cm/s)	备 注
二江正在运行的电站	800.00	0.50	
大江电厂前混凝土护坡	60.00	5.00	
灌浆廊道		2.50	
大江冲沙闸	180.00	2.50	
大江厂房 8 号机行车梁牛腿		5.00	
大江船闸升楼顶楼		2.50	对爆破振动起控制作用的是基础帷幕灌浆等
1 号船闸	420.00	0.41	
高压输电线增基础	160.00	3.00	
靠船墩	290.00	5.00	
大江电厂基础帷幕灌浆区	250.00	1.20	

表 5.13 禹门口上游岩坎拆除爆破安全振速允许标准

防护对象名称		爆源距防护对象 最小距离/m	允许振速 /(cm/s)	备 注
闸墩前缘		1.50	5.00	
拦污栅		3.50	1.80	
叠梁闸门		4.70	5.00	
主厂房		11.50	2.50	对爆破振动起控制作用的是闸墩前缘和公路桥台
黄河山西侧	铁路桥台	80.00	7.00	
	公路桥台	67.00	5.00	
	公路锚锭洞	70.00	0.50	

表 5.14 工程实测质点振速资料

序号	测点部位	测点号	峰值振速 /(cm/s)	频率 /Hz	爆后调查结果
1	离爆区 7.9m 泵房顶部	1 号垂直	16.40	30	未见损坏
2	泵房底部输水廊道顶	2 号水平	12.05	28	未见损坏

续表

序号	测点部位	测点号	峰值振速 /(cm/s)	频率 /Hz	爆后调查结果
3	离坞顶2.9m	2号垂直	14.76	38	未见损坏
4	坞首顶部	3号垂直	15.80	40	未见损坏
5	泵房顶部裂缝处	1号垂直	10.40	70	原有裂缝未 进一步护展
6		2号垂直	11.90	47	
7	灯塔混凝土块上	6号垂直	19.40	60	未见损坏

表 5.15　　　　　禹门口上游岩坎拆除爆破实测质点振速资料

测点部位	垂直峰值振速 /(cm/s)	水平峰值振速 /(cm/s)	爆破查结果
闸墩顶部	4.60	15.00	未见破坏，顶部前缘长1.5m、宽0.8m的牛腿也未损坏
闸墩底部	16.00	12.60	
拦污栅	2.90	3.41	未见任何破坏
叠梁闸门	2.04	2.52	
主厂房	0.71	1.01	
铁路桥墩	0.07	0.11	
公路桥墩	0.10	0.19	
公路锚锭洞	0.08	0.16	

表 5.16　　　　　沙溪口二期上游围堰第一层拆除爆破实测质点振速资料

被测建筑物	测点位置	测点方向	V_{max} /(cm/s)	实测主峰频率 /Hz	主频范围 /Hz	持续时间 /ms	爆破调查结果
上游右导墙	底部	＝（顺河向）	0.31	40.3	30～81.2	1500	未见损坏。15号坝段直接与围堰相连。灌浆廊道的实测频率大于表面测点
		⊥（铅垂向）	0.28	37.3	33～88	1500	
	顶部	＝（坝轴向）	0.69	23.0	24～50	1500	
		⊥	0.78	29.2	24～50	1500	
15号坝段	灌浆廊道	＝（顺河向）	1.28	131.3	44～254	1560	
		⊥	1.92	175.0	52～176	1420	
	溢流面顶端	＝（顺河向）	1.39	100.0	30～65.5	1650	
		⊥	2.21	100.0	30～65.5	1670	
	15号闸墩顶	＝（坝轴向）	4.65	23.0	27～50	1770	
		＝（坝轴向）	5.26	31.3	19.2～52.5	1760	
		⊥	3.80	41.7	25～50	1720	
电厂	4号发电机层 混凝土上机架	＝（顺河向）	0.20	46.5	17～52	1000	
		⊥	0.15	46.5	35～78	950	
	2号发电机层	⊥	46.5	46.5	29.2～85	1800	
	中控室主梁	＝（顺河向）	46.5	46.5	34.6～85	2900	
		⊥	46.5	46.5	33～46.8	3000	

表 5.17   **葛洲坝上游围堰混凝土防渗墙拆除爆破实测质点振速资料**

被测建筑物	测点位置	测点方向	V_{max} /(cm/s)	实测主峰频率 /Hz		爆破调查结果
输电线塔座顶部		水平	0.655	22.4、10.7、26.3		未见损坏
		垂直	0.333	21.4、29.2、9.7		
		垂直	0.711	29.2、23.4、10.7		
大江厂房坝段 10 号中间平板检修门	约 200	中间垂直	2.100	基频	12	未见损坏
		边上垂直	0.910	2 阶	44	
		中间水平	2.80	3 阶	70	
		边上水平	1.150	4 阶	120	
中导墙钢板桩	2.08	垂直	38.60	65		与防渗相连 1.6m 内钢板严重变形弯曲
	2.05	水平	34.030	60		
灌浆廊道混凝土与基岩胶结面	302	机组	0.100	110		未见损坏
	377	18 号机组	0.040	107		
防淤堤厂房段			0.456	28		
防淤堤航道段	50		0.783	28		未见损坏
	83		0.548	28		
10 号机组坝段基础行车轨道		水平径向	0.394	0.80（加速度）		未见损坏
		垂直向	0.330	0.645g（加速度）		
10 号机组坝段基础		水平径向	0.146	0.463g（加速度）		未见损坏
		垂直向	0.122	0.377g（加速度）		
J11 铁塔基础	140.43	水平	1.152	59.6		未见损坏
		垂直	0.775	52.6		
500kV 开并站边缘	205.50	水平	0.817	23.5		未见损坏
		垂直	0.515	27.4		
500kV 开并站中间	291.28	水平	0.710	26.3		未见损坏
		垂直	0.128	30		

表 5.18   **岩滩水电站下游碾压混凝土围堰拆除爆破实测质点振速资料**

监测部位	高程 /m	实测最大振速/(cm/s)			实测主峰频率 /Hz	爆破调查结果
		垂直向	水平坝轴向	水平顺河向		
厂房尾墩	193.50	0.546	0.872		19～29	
12 号坝顶	191.00	0.928	2.880	1.304	15～25	
12 号坝脚	150.00	0.848	1.310	0.721	31～37	
溢流坝闸墩	233.00		1.560		13.5～21.5	未见损坏
18 号坝顶	187.00	22.400	12.900		25	
20～23 号坝段新浇碾压混凝土	179.00	1.160	2.150			

表 5.19　　　　　　　　白山蓄能电站爆破振动安全允许控制标准统计表

工程部位	安全允许质点振速/(cm/s)	备注
大坝坝基	1.0（统一各方专家意见）	白山情况特殊
大坝坝顶	3.0	
帷幕灌浆体	1.2	
4号、5号压力钢管及邻近洞室	5.0	
镇墩	5.0	
开关站	2.5	垂直振速至 3.5cm/s 工作正常
电站厂房	5.0	
水轮机室	1.6	
尾水闸门	3.0	
中控室机电设备和机组保护屏	0.5～1.0（开机试验后取 1.0）	当垂直振速至 1.4cm/s 时安全检查正常

仅采用工程类比分析初拟老坝拆除爆破振动安全允许标准见表 5.20。并进行数模计算、试验等进行验证进一步明确。

表 5.20　　　　　　　　　　老坝拆除爆破振动安全允许标准

防护对象名称	允许振速/(cm/s)	备注
上游坝踵、坝基	3.0	
坝顶	10.0	
厂房基础	5.0	
帷幕灌浆区	1.5	
水电站及发电厂中心控制室设备	0.5	对爆破振动起控制作用的是帷幕灌浆区、电厂机电设备和中控室
电站引水管进口、钢闸门	5.0	
开关站	2.5	
廊道、洞室	5.0	
止水结构	5.0	

（2）最大允许单响药量计算

最大允许单响药量可用下式计算：

$$Q_m = [([V]/K)^{1/a} R]^3 \qquad (5.1)$$

式中：Q_m 为最大允许单响药量，kg；$[V]$ 为控制点允许质点振速，cm/s；R 为控制点至爆源的距离，m；K、a 为与爆破区地形、地质条件有关的系数和衰减指数。表 5.21 列举了一些围堰及岩坎爆破的实测值。

表 5.21　　　　　　国内若干工程围堰及岩坎爆破质点振速观测所得的 K、a 值

工程名称	地质条件	K	a	备　注
2458 工程	中细粒花岗岩	315.00	1.810	垂直方向
禹门口工程	白云质灰岩	7.80	1.186	垂直方向（近区）
		8.00	1.023	水平方向（近区）
葛洲坝工程		101.30	1.970	基岩上水工建筑物
		16.05	1.010	覆盖层上水工建筑物
沙溪口工程	片麻岩	40.00	1.554	过顶裂缝，垂直方向
		60.20	1.419	不过预裂缝，垂直方向
东风水电站工程	石灰岩	82.70	1.334	垂直方向
岩滩水电站工程	辉绿岩	30.00	1.200	垂直方向
青岛灵山船厂	流纹岩	153.82	1.550	水平方向
		76.14	1.490	垂直方向

5.2.1.3　水击波、脉动水压力效应及其防护

围堰及岩坎爆破时，一部分炸药能量从被爆体中逸出至水中（爆破时生成的高压气体直接作用于水中）形成水击波，其压力峰值承受传播距离增加很快衰减，持续时间一般在几个毫秒以内；另外还有部分炸药能量通过岩体（或被爆体）以应力波的形式作用于水中，产生水体振动而形成脉动水压力，其压力峰值不大但持续时间较长，一般达数十毫秒，并且频率较低。国内几个围堰及岩坎爆破工程中测得的水击波压力波形反映了此现象。一般由应力波入射水中产生的水体振动很小，所测信号主要反映是水击波，波速在 1500m/s 左右。

（1）围堰及岩坎爆破水击波峰值压力的估算

在无限水介质场中，忽略重力与位移的影响，对于悬挂在水中的 TNT 集中药包，库尔得出初始水击波的压力峰值为

$$P = 533 p^{1.13} \quad (10^5 \, \text{Pa}) \tag{5.2}$$

$$P = Q^{1.13}/R$$

然而，对于围堰及岩坎爆破，由于大部分炸药能量被用来破碎，抛掷被爆体，只有极小部分能量形成水击波；加之实际工程大多为有限水域，水击波在传播中经过多次折射与反射，还要耗散部分能量，因此在设计中采用库尔公式计算水击波压力必然会与实际情况有很大出入，往往会大大限制爆破规模，影响工程进度。表 5.22 列出了几个工程实测资料。

表 5.22　　　　　　类似工程水击波压力经验公式与库尔公式的对比

公式来源	爆破方式	水击波压力经验公式	与水中爆炸的压力比/%	P 值范围
库尔公式	水中爆破	$533 p^{1.13}$	100.0	
青岛灵山工程	岩坎爆破	$23.3 p^{1.11}$		

续表

公式来源	爆破方式	水击波压力经验公式	与水中爆炸的压力比/%	P 值范围
葛洲坝工程	围堰心墙爆破	$11.47p^{0.97}$		
	水下钻孔爆破	$30p^{1.4}$	2.4～3.4	0.066～0.196
密云水库工程	岩塞爆破	$80.27p^{0.42}$	0.4～3.6	0.010～0.500

（2）水击波效应及其防护

一般在围堰及岩坎爆破条件下，水击波压力峰值均不高，不可能构成威胁大坝等主体水工建筑物的安全问题。通常要予以重视的是水面以下迎水侧的闸门、拦污栅及坞门等结构。在水击波及爆破地震波的共同作用下，这些结构有可能会产生强迫振动响应，从而造成它们部分功能失效（诸如启闭困难、漏水等）。因此要做好安全检验计算，采取必要的主动防护和加固措施。

在工程实际中，要从理论上计算水击波效应是非常困难的。一般是采用拟静力经验方法进行估算。即控制爆破时的坝前水位，使之与正常蓄水位有相当差值（即有一定的富余水头 Δh），把水击波荷载拟静力化进行校核计算。校核计算公式如下：

$$[P] \leqslant \eta \gamma \Delta h \tag{5.3}$$

式中：$[P]$ 为允许水击波压力峰值，kPa；η 为动、静荷载转换系数，通常可取为 $1.0 \sim 1.2$；γ 为水的容重，kN/m^3；Δh 为富余水头，m。

对水击波效应进行主动防护的措施，主要是采用气泡帷幕防护技术。所谓气泡帷幕，就是在爆源与被保护物之间的水底设置一套气泡发射装置，自水底发出的无数细小气炮，由于浮力的作用自下而上运动，形成一道帷幕，它能有效地耗散穿越它的水击波能量，从而达到削减水击波压力峰值的目的。气泡帷幕中的气泡密度越大，帷幕厚度越厚，则气泡帷幕削减水击波峰值压力的效果越显著。因此，设计气泡帷幕的原则是尽可能地提高单位时间内气泡在水中的密度，即要尽可能地提高气泡发装置内压缩空气的压力和流量；恰当增加发射孔的数目和减小孔的直径，改善发射装置的结构或设置多排发射装置等。葛洲坝大江围堰混凝土心墙爆破拆除中采用的气泡帷幕发射管为一根直径 91mm 的钢管，总长 160m，发射管上有 2 排发射孔，呈三角形布置，孔间距 60mm，孔直径 1.5mm，发射角 45°，发射管的底部设置了 1 排排水孔，排水孔直径为 1.75mm，间距 30cm，共用 8 台 $9m^3/min$ 的移动式空压机供风。现场实测结果表明，采用气泡帷幕技术，能削减水击波峰值压力 70% 以上。

5.2.1.4　水石流效应及其防护

水工建筑物上游围堰及岩坎爆破拆除，采用泄渣施工方案时，大量爆落石渣经水流挟带通过导流洞、放空洞等冲击往下游。岩渣对隧洞结构各部位的磨损情况如何，爆后闸门能否正常启闭，是关系到围堰及岩坎爆破成败与否的一个重要课题。

工程实践表明，爆后瞬间产生的水石流造成隧洞结构磨损和破坏集中于洞底，水石流对洞内衬砌的磨损按冲击磨损考虑，根据水利水电科学研究院的试验成果，磨损量可采用下式估算：

$$U_s = G^{0.7}d^{0.75}U^{2.7}R^{-1} \tag{5.4}$$

$$G = \frac{Vr}{3600tQ_w}$$

式中：U_s 为磨损量，$kg/(m^2 \cdot h)$；G 为含渣量，kg/m^3；d 为平均岩渣粒径，m；U 为洞内流速，m/s；R 为计算长度，m；V 为泄渣量，m^3；r 为松渣容量，kg/m^3；t 为泄渣历时，h；Q_w 为泄流量，m^3/s。

水石流对洞内混凝土衬砌磨损的厚度采用下式计算：

$$\delta = U_s / r_c \tag{5.5}$$

式中：δ 为磨损厚度，m；r_c 为混凝土容重，kg/m^3。

通过对上述两个计算公式进行分析，不难看出要减轻水石流对洞内衬砌的磨损，可以通过以下三个措施来实现：

（1）尽量减小爆渣平均粒径。这正是前述爆破设计原则中，强调高单耗设计的原因所在。

（2）爆破瞬间要在爆区形成缺口，尽可能使泄渣洞多分流，增大泄渣洞的泄流量。

（3）尽量缩短泄渣历时。

围堰及岩坎爆破造成的水石流肯定会对洞内结构造成磨损，其磨损规律与推移质运动的磨损规律一致。但在爆破设计中采取上述三条措施后，泄渣造成的磨损程度属于轻微，对洞身、闸门槽等均不产生破坏作用，对工程的正常运用不会产生危害。这与水工隧洞在运行过程中，由于长期排泄推移质造成的磨损破坏是有很大区别的。

水工隧洞经过长达数年的大粒径推移质石渣磨损是会对洞内结构带来破坏性危害的。如刘家峡水电站左岸导流隧洞长约 710m，洞身断面为 $13.5m \times 13m$ 门形洞，洞身衬砌段混凝土标号为 C15，衬砌厚度为 $2 \sim 3m$，半衬砌及不衬砌段的底板全部采用素混凝土抹面，厚度 15cm，个别处达 $30 \sim 50cm$。在历时近 8 年的运行过程中，排泄过大量粒径很大的岩渣。隧洞断流后，在开挖的 300 多米范围内，原底板素抹区厚 $15 \sim 30cm$ 混凝土区域只残存几平方米，其余全部磨损，冲露的岩面凹凸不平。

围堰及岩坎爆破拆除，在前述设计原则的基础上，通过合理选取爆破参数、起爆方式及对有碍泄渣洞分流的河道进行清淤处理，就可以做到爆破后平均石渣粒径在 $30 \sim 50cm$ 以内，泄渣洞有较大的泄流量，泄渣历时在几分钟到数十分钟以内。工程实践证明，达到如此爆破效果的情况下，水石流将不会对洞内结构造成破坏性危害。因此也就没有必要对水石流效应采取专门的防护措施。

5.2.1.5 围堰爆破拆除工程实例

（1）三峡工程三期上游碾压混凝土围堰爆破拆除工程实例

1）工程概况。

三峡工程三期上游碾压混凝土围堰平行于大坝布置，横向围堰轴线位于大坝轴线上游114m，其右侧与右岸白岩尖山体相接，左侧与混凝土纵向围堰上纵堰内段相连。横向围堰轴线总长 546.5m。围堰为重力式结构。堰顶宽度 8m，堰体最大高度 121m。迎水面高程 70.00m 以上为垂直坡，高程 70.00m 以下为 $1:0.3$ 的斜坡；背水面高程 130.00m 以上为垂直坡，高程 130.00m 至 50.00m 为 $1:0.75$ 的台阶边坡，其下为平台。围堰爆破拆除总长度为 480m，总拆除工程量为 18.6 万 m^3。

2）围堰拆除总体爆破方案。

经过研究、试验和专题设计，决定采用"围堰中段 380m 预埋药室（孔）倾倒爆破与两端深孔爆破相结合"的拆除方案。根据倾倒空间的差异，15～7 号堰块采用完全倾倒爆破方案，而 6 号堰块采用预埋药室倾倒与钻孔炸碎相结合的爆破方案。

3）倾倒部位爆破参数设计。

在围堰的修建过程中，采用拆建结合，将爆破拆除方案中的所有药室及断裂孔预先埋置。

1 号药室位置：高程 108.70m，离上游面 2.2m，药室间距 2.2m；2 号药室位置：高程 101.50m，离上游面 6.0m，药室间距 50m；3 号药室位置：高程 106.40m、离上游面 10.50m，药室间距 4.0m；在装药廊道下游侧堰体内高程 109.70m 预埋一排断裂孔。预埋药室及断裂孔布置横剖面图如图 5.1 所示。

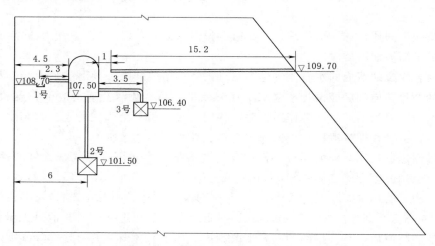

图 5.1　预埋药室、断裂孔布置横剖面示意图（单位：m）

共预埋药室 354 个，其中 1 号药室 178 个，2 号药室 78 个，3 号药室 98 个，断裂孔 376 个。

围堰爆破时，要求堰外水位降至 135.00m 高程，堰内水位充至 139.00m 高程，利用堰内外水头差，形成围堰向上游方向的倾覆力矩，增加围堰倾倒的可靠度。

药室内全部采用装药车装混装炸药。1 号药室水平装药孔填塞长 2.2m；2 号药室垂直装药孔填塞长 55m；3 号药室水平装药孔填塞长 3.3m。

4）深孔部分爆破设计。

采用垂直孔、梅花形布孔。从上游至下游共布置 11 排主爆孔：第 1～3 排炮孔布置在堰顶，孔径 10mm；第 4～11 排炮孔布置在堰后斜坡面上，孔径 10mm。第 1～3 排炮孔孔排距 3.0m×2.0m；第 4 排炮孔孔排距 3.0m×2.3m；第 5 排炮孔孔排距 3.0m×2.0m；第 6～11 排炮孔孔排距 2.0m×1.5m。局部浅孔采用手风钻钻孔，孔径斗 2mm。上游 6 排孔孔底连线呈 55°下倾角。主爆孔孔底高程距保留面或预裂面 0.5m。

5）起爆网路。

整个爆区爆破网路由三个子网路组成：①左连接段深孔爆破网路；②15～6 号堰块倾

倒爆破网路；③5～6号深孔爆破网路。起爆网路中三个子网路的起爆次序为：左连接段深孔爆破网路→15～6号堰块倾倒爆破网路→5～6号堰块深孔爆破网路。

各子网路内部起爆次序分别为：①左连接段起爆网路：纵断面上主要起爆次序为从中部向两侧传爆；横断面主要起爆次序为从上游至下游顺序起爆，最大单段药量475kg。②15～6号堰块倾倒爆破网路：倾倒部分总体起爆顺序是从15号堰块向6号堰块依次起爆；各堰块垂直堰轴线向的起爆次序为；1号药室→2号药室→上、下游排水孔3号药室→下游水平断裂孔→单元间切割孔；1号药室4～6个为一段，2号药室1个为一段，3号药室2个为一段。最大单段药量690kg；从15号堰块至6号堰块以每个堰块为倾倒单元依次爆破（其中15号堰块和14号堰块为一个倾倒单元）。③5～6号堰块深孔爆破网路：纵断面上主要起爆次序为从右至左即5号堰块主爆孔→6号堰块主爆孔；横断面主要起爆次序为从上游至下游。最大单段药量407kg。

所有炮孔及预埋药室均采用数码雷管，该雷管可在0～15000ms范围内按要求设置。每个1号、2号、3号预埋药室及深孔均装2发数码雷管，其余孔装1发数码雷管。

相邻的1号药室段间、相邻的2号药室段间、相邻的3号药室段间以及断裂孔段间切割孔段间时差均为68ms。2号药室滞后于相邻的1号药室间的时差为765ms；3号药室滞后于相邻的2号药室间的时差为357ms；断裂孔滞后于相邻的3号药室短间时差为17ms。排水孔辅助装药在相邻的2号药室之后9ms起爆。两端深孔部分的段间时差为8～9ms。整个爆破网路总延时1288ms、总段数961段。图5.2为典型的三期碾压混凝土围堰10号堰块起爆网路图。

6）爆破方案的实施。

2006年6月6日16时，三峡三期碾压混凝土围堰按预定时间起爆。共装炸药191.3t，数码雷管2506发。起爆瞬间，只见左连接段炸碎部分的炮孔首先起爆，并激起较大的水柱；起爆后第3s开始，在堰前有一道水波从15号堰块迅速向6号堰块方向传播；同时还看到在堰顶有一排水柱从左岸向右岸依次窜出。当布置在两堰块间的切割孔按约0.9ms的时间间隔依次起爆时，被切割的堰块也按设计起爆顺序依次向上游方向倾倒，同时产生涌浪。当5号堰块从右岸向左岸反向传爆时，右岸炸碎部分激起巨大水柱，一时间水柱及倾倒激起的水浪，一起向上下游方向传播。

监测资料表明：实测爆破产生的振动值均小于安全允许标准，堰块触地振动远小于事前预计值；在闸门上测到的动应变却远小于控制标准；实测最大涌浪爬高为3.8m，与爆前预测值基本一致。爆破取得了成功。由于Orica公司数码雷管专家的操作失误使15号堰块的42发雷管未接到起爆指令，造成15号堰块未倾倒，在潜水员将损坏的雷管脚线修复后重新起爆，15号堰块也顺利倾倒。

（2）沙溪口水电站混凝土围堰爆破拆除

1）工程概况。

沙溪口水电站二期施工围堰平面布置见图5.3。它由上游围堰、15号坝段导流墙及下游围组成。待拆除的上游二期围堰为重力式混凝土挡墙加戗石断面形式，位于坝左0＋206.5～0＋349.0m，坝上0＋0～0＋125m范围内，全长229.5m。其中重力式混凝土挡墙自左往右被分成14个堰段，堰顶高程为86.20m，最大堰高42.4m，堰顶宽度2.2～

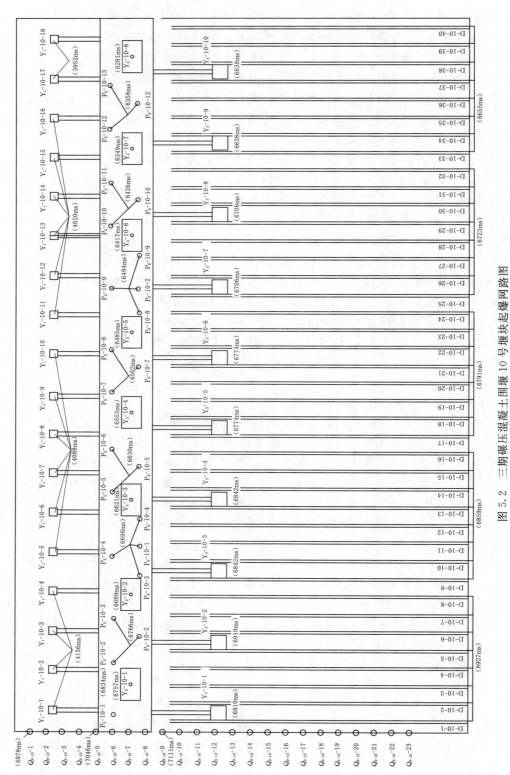

图 5.2 三期碾压混凝土围堰 10 号堰块起爆网路图

5.0m，堰背坡度为 1∶0.5～1∶0.6。二期上游围堰自 1～13 号堰段右侧为拆除范围，其中 5 号导航墩向左的 13 号堰段拆至 81.50m 高程；平面布置图上 f 点向右 30m 内拆除高程自 81.50m 呈阶梯形递减至 72.00m 高程，并延伸至 4 号堰段；3 号堰段拆至 71.00m 高程；2 号堰段拆至 70.00m 高程；1 号堰段靠 15 号溢流坝段的 10m 范围拆至 68.50m 高程。其余部位拆至 69.00m 高程。

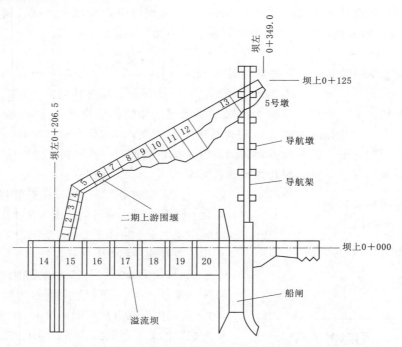

图 5.3 沙溪口水电站主要水工建筑物平面布置示意图（单位：m）

该工程混凝土拆除量为 1.98 万 m^3，饯石挖方量 5.1 万 m^3。拆除施工工期为 5 个月。

2）工程特点。

通过对该拆除工程的具体情况和要求进行分析，可知其具有如下特点：

①拆除体周围环境复杂，爆破安全防护等级高。在距拆除体数米至数百米范围内，已建成了许多水工建筑物，如大坝基础灌浆帷幕、溢流坝段及其闸门、已运行的发电厂系统和正在安装的二期工程水工建筑物等。其中待拆除的 1 号堰段与 15 号溢流坝闸墩衔接、13 号堰段与上游 5 号导航墩相衔接，衔接处均只用二毡三油贴面作为隔离措施。此外，与 1 号堰段相邻的水工建筑物还有 14 号、16 号两个溢流坝段以及 11 号、12 号弧形钢闸门。

②拆除体内部结构复杂，爆破设计难度大。由于需采用爆破方法拆除的围堰混凝土体内，留有大量插筋、模板拉条、竹脚手架、工字钢柱、钢筋混凝土和少量木支柱等构件，并且它们在混凝土体内的分布情况不详。因此对爆破方案的取定、爆破参数的合理选定均带来很大难度。

③拆除工程紧，对爆破设计、施工要求高。整个二期上游围堰施工需要在 5 个月内完成。拆除施工包括临时道路敷设、临近建筑物防护、钻孔、装药爆破以及爆渣与饯石挖运至堰外指定地点等工序。由于上述施工工序与堰内二期主体工程施工存在很大的干扰，因

此，这就要求围堰混凝土挡墙的拆除必须是大规模的一次或二次爆破，而不能是多次的小规模控制爆破。在如此邻近永久水工建筑物的区域进行大规模爆破，必须解决爆破质量与爆破安全这一突出矛盾，不仅要求整个拆除施工程序安排紧凑、合理，更主要的是应做到爆破设计完善、可靠以及爆破技术措施安全、切实可行，确保万无一失。

④应利用库区河道深槽积渣，减少开挖工程量。根据设计要求，爆渣可以抛至围堰上游河床内，其堆积高度不得高出设计炸除高程。8 号堰段附近为原主河床，河床高程低于60.00m。因此，围堰局部地段可以考虑倾覆下河方案。

3）爆破方案。

鉴于混凝土堰体为重力式，堰前者坡度较缓（1：0.5～1：0.6），不利于倾覆，加之最大拆除深度达到 17.7m，若不能水平倾倒，则可能部分倒塌堰体超高，需二次爆除。在进行爆破方案比较后，放弃了集群炮孔底部装药定向倾覆拆除爆破方案，斜孔（扇形孔）一次到位炸碎爆破存在炸除深度大，钻孔精度不易控制，靠 15 号闸门墩和 5 号靠船墩单响药量不易降到允许值，另考虑拆除时间尚有余地，故放弃一次拆除方案。最后选定的是总体分二层、局部分小区垂直深孔炸碎爆破方案。

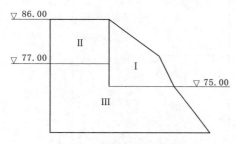

图 5.4　爆破分区示意图

该选定方案是在 77.00m 高程处将混凝土堰体分为上、下两层，并将最靠近永久水工建筑的 1 号堰段在坝上 0+0～0+4.0m 范围，采用手风钻密孔孔间微差顺序起爆方法逐层拆除（每层拆除高度小于 3m），0+4.0～0+18.8m 范围内被分为三个小区（见图 5.4），第Ⅰ区拆除方法与 0+0～0+4.0m 范围内拆除方法相同。第Ⅱ、第Ⅲ区则分别与其他堰段的上、下层拆除爆破同步进行。

为了确保整个围堰下层拆除爆破的施工安全及爆破效果，在上层进行爆破拆除的同时，还在 77.00m 高程进行了水平预裂。

上、下层拆除爆破时的库水位分别为 76.00m 和 68.00m 高程。

采用分上、下二层拆除爆破方案的另一个主要目的是充分发挥已建电厂的发电效益。因为该电厂发电的最低水位为 76.00m，采用的上、下拆除分界面高程为 77.00m，上层拆除完后至下层爆破这段较长的时间内，库区水位都可以维持在 76.00m 高程，从而延长整个拆除期间的发电时间。

4）爆破参数选择。

①钻孔直径。手风钻逐层剥离区钻孔直径为 40mm，深孔爆破区钻孔直径为 76mm。

②孔网参数。手风钻逐层剥离区孔距为 0.5m，排距为 0.5m，1 号、13 号与堰段直径2.0m，排距为 1.0～1.5m；水平预裂爆破孔孔距为 1.0m。上层垂直爆破孔孔底至水平预裂面的距离为 0.5～0.8m。

③炸药单耗。考虑到混凝土围堰体内存在着大量插筋、镀锌水管等构件，故宜采用较大的炸药单耗值。围堰拆除爆破的平均单耗定为 0.8～0.9kg/m³。水平预裂爆破的线装药密度为 300g/m。

④炮孔堵塞长度、堰顶垂直爆破孔的孔口堵塞长度取（1.0～1.2）W（最小抵抗线），

堰背坡上铅直（直径 76mm）炮孔堵塞长度不小于 2.0m；水平爆破孔及水平预裂炮孔堵塞长度取 1.0m。

⑤装药结构形式。除水平预裂孔采用间隔、不耦合装药结构外，其余炮孔均为连续装药结构。

1 号堰段（上、下层）、11 号堰段（下层）部分铅直炮孔，由于受到允许单响药量的限制，其钻孔密度大，单孔药量小，故采用小药卷连续不耦合装药结构。其他铅直炮孔均为连续耦合装药结构。

5）爆破设计中几个关键问题的处理。

①单响药量控制。本项拆除爆破最关键的技术难题是如何有效地控制爆破地震效应对邻近建筑物的影响。

由于上、下层拆除爆破的规模均很大，各层爆破方量均近 1 万 m³，炸药量分别为 7.1t 和 8.6t。而根据前述允许振速及通过现场试验获得的振速衰减规律，反算得到的单响安全药量仅为 1~300kg（距离防护对象较远时取大值，反之则取小值）。因此，采用先进的起爆技术进行多分段爆破，严格控制单响药量是关系到本次拆除爆破能否获得成功的关键所在。

为了达到上述控制爆破要求，采用了塑料导爆管接力式起爆网络技术进行爆破。上、下层两次拆除爆破的起爆段数分别为 227 段和 345 段。实施的起爆网络见图 5.5（局部图）。该起爆网络中，所有炮孔内均装二发 MS10 段塑料导爆管毫秒雷管作为起爆元件；孔外同排不同段间采用 MS2 段塑料导爆管毫秒雷管作为传爆延时元件，按 25ms 时差顺序起爆；相邻排间采用 MS3 和 MSS 塑料导爆管雷管延时，起爆间隔时差为 50~100ms；整个网络系统中，每隔 3~4 个传爆节点，采用一次排间传爆搭接措施，从而确保网络具有较高的设计可靠度和起爆延时按设计要求同步。

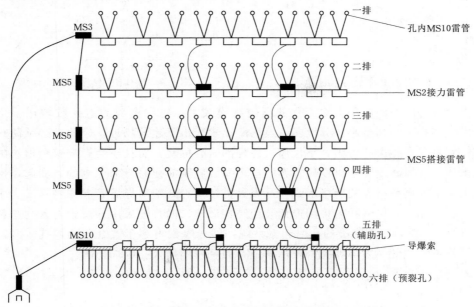

图 5.5　沙溪口二期上游围堰拆除爆破起爆网络示意图

②渣料下河率。为了有效地利用堰前河床深槽的积渣能力，减少出渣工作量，加快施工进度。因此，有必要在爆破技术上想办法，尽量提高爆后渣料的下河率。

根据本项工程的具体情况，选择了临水面先行爆破，然后依次顺序爆破的起爆顺序。除最后一排炮孔外，其余各排炮孔的作用方向均指向库区，由于各排孔是按适当间隔依序爆破的，故该起爆方式有利于提高爆渣下河率。

③堰体转角处的处理。待拆除的混凝土围堰，在 4 号、5 号堰段交接处有一约 120°的转角（见图 5.6）。该部位混凝土受到的夹制作用较大，处理不好将使爆破效果恶化以及出现向堰内大批抛渣的不良后果。为了克服上述问题，在设计时采用转角处两侧炮孔先行爆开口，然后转角处炮孔再施爆的起爆顺序，从而使转角处炮孔爆破时的自由面增多且逐排向库区推进。

④堰背斜坡一角体的处理。如图 5.7 所示，由于堰背坡度为 1∶0.5～1∶0.6，采用直径 76mm 铅直孔爆破，为了确保指向堰内的最小抵抗线不小于 1.0m，孔口需堵塞 2m 以上，造成堰背三角体部位炸药单耗偏低；加之爆破方向指出库区，最后排铅直孔堰内底盘抵抗线偏大，处理不好将造成堰背产生大块，甚至出现小三角体状岩坎等不利后果，故在设计中考虑在距爆除高程以上 1.0m 处加一排孔距为 1.5m、深 3.5m 的水平炮孔，来改善堰背三角体的爆破效果。

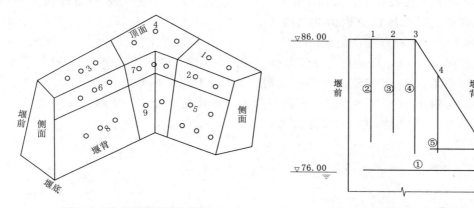

图 5.6　分区顺序起爆示意图　　　　　图 5.7　堰体剖面起爆顺序示意图

⑤安全准爆问题。本项拆除工程的爆破规模较大，每层爆破的炮孔数均在千余孔以上，加之允许的单响药量小，分段多，爆区距离永久水工建筑物近，因此，必须防止炮孔拒爆，特别是多孔拒爆。否则，不仅爆后处理困难、危险，而且还会影响整个枢纽的施工进度。本项工程爆破设计是以设计方案安全可靠、施工简便易行为原则的。如起爆网络设计，就采用了准爆率极高的网络形式——多处搭接接力式塑料导爆管起爆网络；为了保证炮孔内炸药准爆，不仅炮孔内采用连续装药结构形式，而且还采用导爆索与入孔塑料导爆管雷管（MS10 段）双重保险的孔内起爆系统，即导爆索贯穿于整个装药炮孔，两发入孔塑料导爆管雷管中的一发绑在孔口导爆索上，另一发则插入孔中炸药内。

⑥安全防护问题。为了防止爆破飞石对邻近永久建筑物的危害，采用了如下防护措施：

14～16 号溢流坝段及船闸，在闸墩和钢闸门迎飞石面设置挡飞石竹排。竹排由 3 层整根毛竹按紧闭、横排列组成，层间用 8～10 号铁丝绑扎。竹排悬吊于闸前并与闸门或闸墩固定。12～13 号、17～20 号溢流坝段迎飞石面上亦设置挡飞石竹排，由两层整根毛竹按竖、横排列，层间用 8～10 号铁丝绑扎，悬吊于闸前，并与闸墩固定。

坝顶闸门启闭机用竹跳板遮挡进行防护。

11 号溢流孔的溢流面采用黄土麻包覆盖保护，覆盖厚度为 0.5～1.0m。

邻近 1 号堰段的各浮动门支承墩顶面也采用黄土麻包覆盖两层。

6）爆破施工。

①施工组织。为了确保本项拆除爆破施工的顺序进行，由闽江水利水电工程局有关部门和水利水电爆破咨询服务部等单位共同成立了围堰爆破指挥部。该指挥部负责指挥、协调施工爆破，并对其中出现的技术难题进行决策和解决。

现场施工设置了技术组、钻孔爆破班、警戒班、爆破监测等班组。各班组均由专人负责。对爆破作业中的各道环节进行全面质量管理，使整个爆破施工能够安全、保质保量地完成。

②施工工序。根据设计方案要求，上层施工工序为：堰顶平整→堰顶钻孔→戗石下降至堰背第一排孔口高程→平整 3～6m 宽工作面→堰背钻孔→戗石下降至堰背第二排孔口高程→堰背钻孔→平整 3～6m 宽工作面→堰背钻孔→戗石逐层下降至 76.00m 高程→水平预裂及水平爆破孔钻孔→装药、连网、爆破。

③钻爆施工。上、下层各层钻孔均采用阿特拉斯液压钻机施工。该钻机每台班进尺为98m。钻孔作业严格按照设计图纸进行。

装药爆破施工由技术组及爆破班成员分成几个小组负责进行，装药过程中，始终由专人按照设计图纸逐孔发放炸药和雷管，避免装错等现象发生。

起爆网络连网工作由技术人员和受过专门训练的优秀炮工组成的连网小组完成。

7）爆破效果。

①爆破质量调查结果。两次爆破约 50% 以上的爆渣按设计抛入河床深槽中，大大减少了推渣工作量；爆破块度及爆堆形状较理想，并达到了设计要求，便于推土机正常工作，两次爆破均达到了设计的拆除高程，没有造成炮孔拒爆现象，没给爆后施工造成困难和危险。

②爆破安全调查及监测结果。通过 3 台在不同方位的摄像机对拆除体爆破过程的观测表明，两次爆破均没有产生飞石而危及各邻近防护对象，爆后对各防护对象认真检查的结果也证实了这一点。

爆破过程中，对邻近爆区的几个主要建筑物的爆破振动效应进行了监测，监测成果表明，两次爆破的振动效应均控制在设计要求以内，没有对永久建筑产生不利影响。

（3）岩滩水电站碾压混凝土围堰爆破拆除

1）工程概况。

岩滩水电站采用明渠导流及上、下游碾压混凝土围堰（以下简称碾压混凝土围堰）施工。上、下游碾压混凝土围堰是重力式，以 18 号坝段作为纵向围堰。碾压混凝土围堰爆破拆除在我国是第一次。下游围堰拆除及尾水渠加深是控制 1992 年 7 月发电的控制性工程。本节主要叙述下游围堰的爆破拆除。

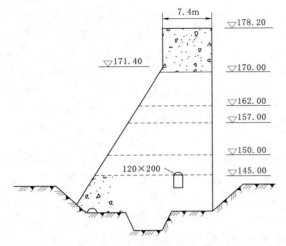

图 5.8　下游碾压混凝土围堰横断面示意图
（高程：m，廊道尺寸：cm）

下游围堰待拆除段长 314.8m，高 33.2m，顶宽 7m，总方量约 96300m³。堰体下游迎水面垂直，背水面呈 1:(0.5～0.66) 的阶梯状，如图 5.8 所示。拆除的最终平面高程不一致，分别为 ▽162.00（桩号 x：0+429～0+459m），▽157.00（桩号 x：0+406～0+429m），▽150.00（桩号 x：0+263.36～0+351.5m）及河中深槽 ▽145.00（桩号 x：0+351.5～0+406.5m）。总工期 6 个月。

2）工程特点。

①堰体层间结合面为力学性弱面。碾压混凝土围堰标号 100 号，由于配合比、施工质量、碾压间歇时间的长短及气候等因素影响，碾压层之间的胶合质量亦不同。钻探资料表明：通过水平层面取得的芯样有 30% 是脱开的。层间抗剪断试验表明：试块绝大多数沿面剪断。因面碾压混凝土的层面是力学性能的软弱面。

②确保邻近建筑物的安全。要确保主体水工建筑物的厂房、导墙、鼻坎、机电安装工程及 20～23 号坝段新碾压混凝土等安全。要严格控制爆破飞石，以免砸坏正在安装的机组及其他设备。拆除围堰的左端紧接 18 号坝段，需做特殊处理。

③拆除高程和进度必须考虑下游水位的变化。下游碾压混凝土围堰拆除，尾水工程未完。在下游临时土围堰尚未合垅之前，下游碾压混凝土围堰还有挡水要求。因此，堰体爆除的进度应随下游可能出现的洪水位逐层下降。

3）爆破设计。

依据下游可能出现的洪水位情况，决定分层开挖，第一层高程 178.00～170.00m，第二层高程 170.00～162.00m，第三层高程 162.00～157.00m，第四层高程 157.00～150.00m，第五层高程 150.00～145.00m（图 5.8）。主要的开挖在第二、第三层、第一层为试验层。

①设计思想。

a. 安全准爆是设计的主导思想。由于每一层开挖方量都较大，尤其是第二、第三层，一旦拒爆，处理非常困难。因此，安全方面，主要控制飞石和严格限制单响起爆药量。

b. 堰体不同部位，分别采用不同的布孔方式和引爆顺序、重点安排堰体背水面阶梯部位的布孔方式，防止飞石和产生大块。与 18 号坝段相接部位进行专门设计。

c. 要充分考虑碾压混凝土围堰的特点，利用它的有利面，防止其不利面。层面胶结较弱，可不采用水平预裂或超钻，利用弱层面作为下一层的工作面。同时也要考虑有些面的胶结较好，会使下一工作面呈"馒头"状而不利施工。

②爆破参数。

a. 炮孔参数见表 5.23，炮孔布置见图 5.9。

表 5.23 孔 网 参 数

分层编号	分层高度 /m	孔间排距 $a \times b$ /(m×m)	孔径/mm 垂直孔	斜孔	孔深/m	备注
Ⅰ	8.2	2.1×1.8	100	—	$h_1=8.2, h_2=8.7, h_3=8.5$	
Ⅱ	8.0	2.8×2.8	100	150	$h_1=8.5, h_2=8.8$	
Ⅲ	5..0	2.5×2.2	100	150	$h_1=5.5, h_2=5.8$	
Ⅳ	7.0	2.5×2.2	100	100	$h_1=7.5, h_2=7.8$	
Ⅴ	5.0	2.0×2.0	100	100	$h_1=6.0, h_2=6.5$	

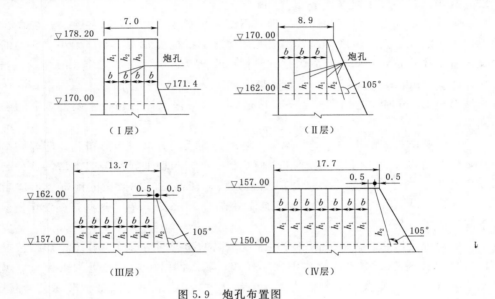

图 5.9　炮孔布置图

b. 平台各分层爆破的二端部布置了预裂爆破炮孔，预裂孔距0.7m、预裂孔前布一排缓冲孔，孔距1.3m，以保护预裂面的质量。

c. 单位耗药量。实际设计单耗在 $0.45\sim0.6kg/m^3$ 之间、上层用小值，以后逐层加大。预裂爆破线装药密度 $200\sim220g/m$。

d. 堵塞长度。直孔堵长按 $(0.8\sim1.0)W$ 选取。斜孔一般在1.0m抵抗线的炮孔位置开始堵塞，预裂孔堵长1.0m。

e. 装药结构。设计原则是使药包在装药段内均匀分布，以增强破碎效果。直孔一般为连续耦合装药；斜孔根据实际抵抗线，采用变药径，耦合或不耦合，连续或间隔装药的形式；预裂爆破的结构为药串，绑在导爆索和竹片上。

4) 爆破设计中几个重要问题的处理。

①允许质点振动速度。《红水河岩滩电站后期导流与蓄水发电设计专题报告》规定，在爆破作用下，厂房建筑物允许振速，水平2.0cm/s，垂直4.0cm/s；18号坝段，水平4.0cm/s，垂直6.0cm/s；12号导水墙，水平4.0cm/s，垂直6.0cm/s；消力戽鼻坎，水平4.0cm/s；20~23号坝段新碾压混凝土，水平向2.0cm/s；右岸拌和楼，5.0cm/s。但

是紧连 18 号坝段部位的爆破在上述允许标准下，较难实施爆破。为此，采用禹门口泵站围堰拆除对厂房钢筋混凝土的控制指标 15cm/s（该值爆后证明是安全的）作为本次拆除爆破的近区允许标准。

②一响起爆药量的控制。对主体建筑物的控制，采用 $V=150(Q^{1/3}/R)^{1.8}$ 经验公式，以设计规定的允许振速值，计算在特定别具匠心离下的允许炸药量、18 号坝段与碾压混凝土围堰的连接面上有 1cm 厚的泡沫塑料板，它是一个很好的隔离层，根据实测振速表明，可减振 50% 进行计算的。距 18 号坝段 5m 范围内，密集布孔，呈 0.8m×0.5m 的矩形，单响药量控制在 2.0kg 以下。以 ϕ35mm 的小药卷间隔不耦合装药，采用塑料导爆管接力式起爆网络顺序法起爆。

③堰体背水面台阶状三角体的处理。下游碾压混凝土▽170 以下各层，均存在三角体问题，由于斜孔倾角与坡度不一致，故三角体底部抵抗线偏大，上部偏小。它们的抛掷方向又向着主体建筑物。其控制原则是：当抵抗线 $W\geq 3.0$ 时，装 ϕ130mm 药卷；当抵抗线 $W=2.0\sim 3.0$m 时，装 ϕ75mm 药卷；当抵抗线 $W=1.0\sim 1.5$m 时，装 ϕ35mm 药卷；当抵抗线 $W\leq 1.0$m 时，为堵塞段。药径选定后，再根据设计装药量来调整选取间隔或连续装药方式。

④改善破碎效果的措施。碾压混凝土围堰拆除采用方形或矩形布孔。起爆则呈对角线形式，将对角线上的孔用导爆索连接，使抵抗线方向与堰轴斜并偏向下游。这种起爆法使 $m\geq 2$，从而改善了破碎效果。堵塞段易出大块，在保证堵塞质量的前提下，适当减少堵长至 $(0.7\sim 0.8)W$；另外，在堵塞段加装两节 ϕ35mm 小药卷。这些措施使堵塞段的大块率下降，破碎效果得到改善。

⑤安全准爆措施。设计采用准爆可靠度较高的起爆网络形式，施工中严格按操作规程（自定的塑料导爆管起爆网络操作细则）作业。实爆网络由塑料导爆管雷管与导爆索混合排间毫秒（50ms）复式接力网络为主。紧接 18 号坝段采用孔间毫秒顺序接力起爆网络，实施单孔依序爆破，以保证较小的单响药量。保证该网络安全准爆的主要措施是：其一，对所采用塑料导爆管雷管抽样检验，实测准爆率及延时，根据实测结果选择接力网络的传爆雷管和起爆雷管的段位，传爆雷管取低段位，起爆雷管取高段位，并使传爆雷管延时大于起爆雷管实际延时与平均延时之差，保证前后段不发生重串段和跳段现象。其二，采用复式网络，提高网络可靠度，预裂孔前 3～5 排炮孔，保证在预裂孔起爆时前几排炮的雷管已点燃。排间进行交叉搭接。其三，传爆节点进行必要的防护。图 5.10 为第二层爆破网络图。

5）实爆效果。

下游碾压混凝土围堰的第一层为试验层，1991 年 9 月底以前分 3 次爆除。第二层高 8m，第三层高 5～6.5m，分别于 1991 年 10 月 30 日和 12 月 15 日爆除。第二层总方量 20000m³，总药量 9676.6kg，平均单耗 0.48kg/m³，共分 84 段起爆。设计总延时 3760ms。第三层总方量 13500m³，总装药量 7100kg，平均单耗 0.53kg/m³，共分 61 段起爆，设计总延时 2725ms。

第二、第三层均安全准爆。约 50% 以上的爆渣堆弃于堰体两侧，渣堆形状较为理想。第三层的爆破块度优于第二层，采用 4m³ 电铲和 5.6m³ 装载机挖掘，需改炮的大块均在

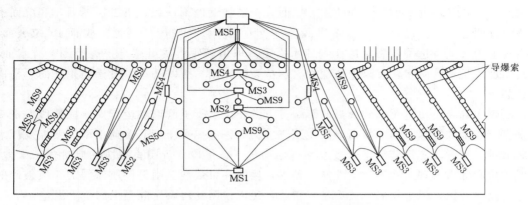

图 5.10 高程 170.00～162.00m 爆破网络图

5％以下。弧线段在 3％以下。大块主要出现在直线段的堵塞段和堰背三角体区。弧线段局部呈碎粒状（骨料脱离）。爆渣块体特征绝大部分表现为两面平行的板、块状，不像常态混凝土爆渣那样，块体呈不规则形状。

飞石得到控制，飞石抛距绝大部分不超过 30m，开口处约 50m，个别小石稍远些，未对建筑物和设备造成伤害。

第二层的基底平整度欠佳，起伏差约 0.5～1.0m。第二、第三层爆破在迎水面均出现 45°拉裂。背水面则无拉裂现象。

6）影响爆破效果的因素。

碾压混凝土围堰爆破拆除效果既与钻爆参数有关，也与堰体混凝土自身的特点及浇筑碾压质量有关。

①钻爆参数对破碎效果的影响。堰体多面临空，无论起爆顺序如何安排，每孔负担的平均面积不可能全部相同。因此，也不是所有孔的单耗都相等。第二层炮孔呈 2.8m× 2.8m 的方形布孔，采用对角线起爆。实际间排距为 4.0m×2.0m。中间孔的单耗达到 0.6kg/m³，而边孔只有 0.4kg/m³ 左右，平均单耗 0.48kg/m³。实践证明这一单耗值偏小。第三层孔网参数做了调整。取为 2.5m×2.2m 的矩形布孔，实际起爆的间排距 3.3m ×1.6m，平均单耗增至 0.53kg/m³，实爆效果证明，破碎效果优于第二层。几层的爆破结果表明，下游 100 号碾压混凝土围堰的单耗值取 0.6～0.65kg/m³，对提高破碎效果和装渣效率是有利的，从而提高了综合效益。

②碾压混凝土的层面对爆破效果的影响。剪切试验表明，绝大多数试件沿层面剪断。只有少数呈不规则面剪断。这表明层面胶结强度不均匀，骨料产生分离。这种弱面的存在，形成与常态混凝土不同的块体特征。炸药爆炸后在近区由于爆炸压力很高，层面影响并不显著，碾压混凝土的破坏较为严重。距炮孔较远的碾压混凝土，因爆炸应力在弱层面集中，使介质很易沿层面开裂而产生大块，破碎效果差，块体不均一。又因碾压混凝土的碾压层面多为平行面，所以块体又多呈两面平行的板块状。碾压混凝土层面胶结强度对块度的影响还表现在块度的不均匀性上，碾压混凝土围堰大都为（30±3）cm 层碾压，实爆表明，两个层面之间块度的线性尺寸分别为 30cm、60cm、100cm 不等。这说明，由于混凝土配合比、碾压工艺及气候等影响，碾压混凝土上、下层间胶结强度有差异，软弱面总

是先脱开，故其块度不均匀。即使同一层面，胶结强度也不一致。第二层爆后，底层面不平整就证明这一点。迎水面因是垂直面，拉应力更易破坏碾压混凝土，故有 45°拉裂面，在布孔上为了减少这种拉裂，边孔到迎水面距离取值较小，尽量减小拉裂范围。背水面，因是斜坡，且呈台阶状，有阻止和减小上述拉裂的作用，所以基本沿阶梯面脱开而不易向下拉裂。

③碾压混凝土质量对爆破效果的影响。下游碾压混凝土围堰在运行期，弧形段发现三条垂直于堰轴的裂缝，据了解弧形段在第三层的高程部位碾压期间曾遇下雨，钻探及压水试验揭示，直线段芯样获得率及吸水率指标均优于弧形段，说明直线段的质量优于弧段。介质质量的优劣表现为物理力学性能的差异，反映在可爆性上则是性质软弱的介质破碎效果好，反之亦然，弧形状局部爆后呈碎粒状，足以说明此段碾压混凝土的质量很差。

7）爆破安全监测。

下游围堰第二、第三层爆破共用 60 个拾振器布置在各主体建筑物上和衰减规律测点上。实测资料中取其 V_{min} 值：厂房尾墩为 0.872cm/s；12 号坝顶 2.88cm/s，12 号坝脚 1.31cm/s；溢流坝闸墩 1.56cm/s；18 号坝顶 22.4cm/s，20～23 号坝段新碾压混凝土 2.15cm/s。上述测值是垂直向与水平向中的最大值。除 18 号坝段外，其他 V_{min} 均未超过前述允许或与允许值相差不大。而 18 号坝段虽超过 15cm/s 较多，但未发现损坏或发生裂缝现象。采用反应谱理论对 18 号坝进行动力分析，导墙的应力安全系数达 4.0，满足《水工建筑物抗震设计规范》的规定。振动速度受到控制，主要是采用孔间毫秒顺序起爆技术，尤其在紧邻 18 号坝段的堰体部位，使单响药量控制在很小的数值内。18 号坝段与堰体相接部位采用薄型泡沫隔开，对减振起了重要作用。

8）结论。

碾压混凝土围堰爆破效果受其自身的层面所制约。层面的影响主要表现在块度及块体特征不同于常态混凝土的破碎特征，多呈两面平行的板、块状。层面胶结强度的差异还影响了爆渣的不均匀性及块体的线性长度，且对基底的平整度起控制作用。

合理地选择钻孔爆破参数，充分考虑碾压混凝土的层面影响是改善碾压混凝土围堰爆破效果的关键。适当增加单耗值可以提高爆破与装运爆碴的综合效益。采用孔间毫秒顺序起爆技术不仅能减小爆破振动效应，同时还可改善爆破的破碎效果。

（4）东风水电站导流洞混凝土围堰爆破拆除

1）工程概况。

东风水电站是乌江干流的第二个梯级水电站，位于贵州省清镇。导流洞布置在乌江右岸，全长 595m。导流洞进出口均处于陡直的岩壁下和临过河水面。进口混凝土围堰修建在高程为 836.30m。进水口围堰位置如图 5.11 所示。

1989 年 6 月，由于左岸原溢洪道开挖时发生坡岩体塌方，落入乌江水中达 2000m³ 的石渣块阻断了河道水流，造成上游水位率先升高，使导流洞进口处原上游河水位抬高至 841.30m 高程，而且堆渣水下高程约在 839.50m。相应在出口段围堰同样存在此类情况。因此，本工程爆破拆除特点之一，就是围堰外堆渣将会影响正常的爆除实施。

本工程拆除爆破时值枯水季节，流量不足 100m³/s，导流洞内流速很小，爆除的块度要求比原堆渣小，否则爆除的石渣难以冲走并叠加于原堆渣上，这又将影响爆除的后续

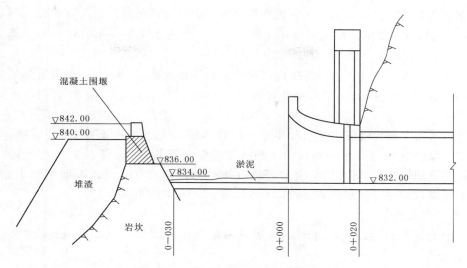

图 5.11　进水口围堰及岩坎位置示意图

工期。

另外导流洞进口渐变段的混凝土龄期较短，相应对爆除带来难度。

2）爆破拆除设计方案。

鉴于上述情况，本工程爆破拆除设计思想，在于下列 3 点：

①使拆除围堰在爆破过程中形成 U 形槽的缺口，保证枯水期小流量时能具备过流条件。

②尽量使爆破后的石渣抛出多些，采用加强抛掷爆破设计。

③应使爆破后石渣块度减小，尽量"碎"些，易被水流冲走，经单耗值应大些。

形成 U 形槽的条件是采用分段间隔时间为 50ms 的依序爆破设计。这符合本工程岩体为石灰岩实际，即石灰岩破裂速度在 1000m/s 左右。而石渣爆破后抛出速度可达 10～18m/s，不至于影响后面的爆破，可以先在围堰两端形成 U 形缺口。再依次向中间爆破，最后中间底部加强抛掷，完成爆除全过程（图 5.12）。

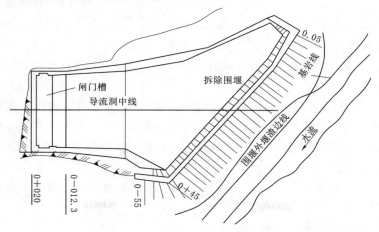

图 5.12　导流洞进水口围堰爆破拆除平面图

根据石灰岩抵抗线、围堰外水深折算抵抗线和加强抛掷距离，以及爆破后 95％石渣不大于 40cm 的块度的要求，确定单位耗药量。同时，考虑到围堰外基岩地形给计算单耗带来的误差因素，采取适当增大单耗药量办法以弥补。

根据进水口部位的建筑物临界质点爆振速度允许标准值（10cm/s）来计算爆破允许的最大单响药量 $Q_{max}=338$kg，考虑到距爆区仅 40m 的 1 号混凝土只有 7d 龄期，将 Q_{max} 修正为 300kg。

本工程采用塑料导爆管雷管与导爆索相结合的接力式起爆网络爆破。在实施爆破前，对将采用的爆破网络进行了现场试验。塑料导爆管毫雷管（1～15 段）进行了延时差测试，每箱雷管抽样检查，任取 30 发雷管进行检验测试，若有一发拒爆即整箱不能使用。乳化药和导爆索均进行防水性能试验，在水中浸泡 24h 不得拒爆。

3）爆破拆除施工。

①用手持式风动凿岩机在进水口围堰顶部钻 2 排垂直孔。孔径 42mm，孔深 1.9～2.4m，孔距 50m。

②在堰体内侧 838.60～839.30m 的高程，用手持式风动凿岩机钻两排俯角 5°钻孔，每排 75 个孔，孔径 42mm，孔深 1.4～1.8m，孔距 70cm。

③用 CLQ-15 型潜孔钻机在 834.00～838.20m 高程钻 8 排炮孔，其排号为表 5.24 中的 W、D、H、E、K、F、Q 和 G，孔径 110mm，孔深 1.6～9.0m，倾角 5°。

表 5.24　　　　　　　　　　　进水口围堰炮孔实际装药量

孔口编号	ABC	W	D	H	E	K	F	Q	G
孔数	360	28	31	4	32	2	32	8	36
孔深/m	1.8～2.0	1.8～2.0	2.0～2.1	2.0～2.2	2.2～2.6	2.8～3.1	3～5.6	5.1～7.0	4.3～9.6
装药/kg	0.80～1.18	6.20～8.50	5.00～6.50	7.50	7.50～10.00～12.50	12.50	12.50～25.00	25.00～35.00	20.00～42.50
孔径/mm	12	110	110	110	110	110	110	110	110
备注	手风钻孔			加孔		加孔		加孔	
		潜孔钻孔							

4）出水口围堰。

①用手持式风动凿岩机在出水口围堰堰顶钻 5 排 250 个垂直炮孔，孔径 42mm，孔深 9m，孔距 50cm。

②用 CLQ-15 型潜孔钻机在出水口堰体下部钻 3 排 69 个水平炮孔、孔径 110mm。

③使用乳化炸药，直径 36mm 与 80mm 两种分别用于 12mm 与 110mm 炮孔，孔内采用连续装药。炮孔孔口采用 0.6～1.2m 的炮泥进行孔口堵塞密封，以利高效爆破拆除。

5）爆破拆除效果。

爆破后 15min，爆渣即被冲尽，上游河道 95％的水量通过导流洞进行分流，爆区周围邻近建（构）筑物及相关设施安全无恙。

（5）国内典型围堰拆除工程统计

国内典型围堰拆除工程统计见表 5.25。

表 5.25 国内典型围堰拆除工程统计表

序号	工 程 名 称	围堰类别	围堰结构	距建筑物最近距离 /m	工程量 /m³	炸药单耗 /(kg/m)	总药量 /t	爆破方案	完成时间
1	三峡三期碾压混凝土围堰爆破拆除	大江围堰	碾压混凝土	—	186000	1.03	192.0	倾倒爆破	2006 年 6 月
2	构皮滩电站下游大江围堰		碾压混凝土	100	475000	0.30~0.80	38.0	炸碎清渣	2006 年 12 月
3	大朝山电站尾水出口围堰	尾水围堰	混凝土+岩石	15	6600	1.60	9.5	冲渣爆破	2004 年 9 月
4	小湾电站导流洞进出口围堰		混凝土+岩石	5	29000	1.90	55.0	冲渣爆破	2004 年 10 月
5	构皮滩电站导流洞进出口围堰		混凝土+岩石	25	11000	1.49	16.4	冲渣爆破	2004 年 11 月
6	彭水电站导流洞进出口围堰		岩石	30	12000	1.50	18.0	冲渣爆破	2004 年 12 月
7	溪洛渡导流洞进出口围堰	导流洞进出口围堰	浆砌石+岩石	5	410000	1.50~2.00	280.0	冲渣+机械清渣	2007 年 9 月
8	深溪沟导流洞进出口围堰		混凝土+岩石	—	11000	0.60~0.75	15.0	冲渣爆破	2007 年 11 月
9	东风水电站导流洞进出口围堰		混凝土+岩石	40				冲渣爆破	
10	瑞丽江电站导流洞进出口围堰		岩石	10	38000	0.80~1.50		冲渣+机械清渣	2006 年 11 月
11	永跃船厂围堰爆破拆除		砌石+桩基+岩石	3	35000	1.10		竖直孔充水开门爆破	2006 年 2 月
12	舟山中远船务围堰爆破拆除		挡墙+岩石	2	53410	1.15		倾斜孔不充水关门爆破	2007 年 5 月
13	金海湾 3 号、4 号船坞围堰拆除		桩基+岩石	2	26670	1.20		倾斜孔不充水开门爆破	2008 年 1 月
14	隆昇船厂 2 号船坞围堰拆除		浆砌石+岩石	3	5000	1.20		倾斜孔不充水开门爆破	2008 年 5 月
15	半岛船业船坞围堰爆破拆除	船坞围堰	挡墙+岩石	5	28000	1.10		倾斜孔不充水开门爆破	2008 年 12 月
16	龙山船厂船坞围堰爆破拆除		全桩基	7	33000	0.85		竖直孔充水关门爆破	2009 年 7 月
17	中基船业船坞围堰爆破拆除		钢支撑+桩基+岩石	2	52100	1.05		竖直孔充水开门爆破	2009 年 11 月
18	同基船业船坞围堰爆破拆除		浆砌石+岩石	3	205090	1.25		倾斜孔充水开门爆破	2009 年 12 月

5.2.2 设备仪器的振动试验专题研究

5.2.2.1 研究目的

工程中的开挖项目包括新坝坝基和左岸施工导流洞以及原有大坝拆除等内容。其中新坝坝基开挖紧邻原大坝进行，其爆破施工不可避免地要影响到原大坝及其内部已有的监测仪器设备。

由于原丰满大坝坝体混凝土强度低，加之冻胀影响，导致大坝纵缝、横缝较多，且渗漏严重。从安全角度出发大坝内陆续地布置了一些变形、渗流及应力应变等观测仪器，这些监测仪器运行至今大部分已经损坏，现在仅存部分仪器可以应用。为监测原丰满大坝在新建大坝开挖期间的安全，必须避免爆破施工对这些仅存的监测仪器的振动破坏，有必要对其中的关键仪器进行抗震指标试验研究。

5.2.2.2 既有工作

资料搜集表明，有关监测仪器的爆破抗震试验资料不多，尚无系统的研究成果可以借鉴。从工作角度出发，对丰满大坝的监测仪器进行调研，选择那些比较重要而又无法更换的仪器进行抗震指标研究，以避免因爆破施工对其产生破坏影响。

（1）丰满大坝现有仪器资料搜集

2010年3月，搜集了丰满大坝监测仪器改造资料，文件显示丰满大坝的监测仪器陆续地经过了几次补充，当时完好的内部观测仪器有：测量坝体扬压力的渗压计，观察裂缝开度的测缝计，泄洪洞、引水洞分岔段的钢筋计、应变计（无应力计）；完好的外部观测仪器设备有：测量坝体水平位移的真空激光系统、引张线系统；测量坝体垂直位移的精密水准网、真空激光系统。

虽然从仪器类型可以看出仪器的安装埋设性质，即属于外观仪器还是内观仪器，但仪器的埋设方式和位置无法判断。所以，需要进行现场调研。

（2）丰满大坝现场调研

实地调查结果表明，丰满大坝观测仪器的既有情况与文件资料介绍基本一致，外部观测设施有真空激光系统、引张线系统、精密水准网等；内部观测仪器主要有渗压计和测缝计。内观监测仪器均为美国基康公司产品，渗压计型号为 GK-4500S，数量为158支；测缝计型号为 GK-4420 型，数量为20支。

由于激光、精密水准等外观仪器易于维护和维修，具备检修和更换条件，即便仪器设备受爆破振动影响后发生失常或损坏，也可以重新更换，继续工作。因此可以不做抗振性能试验研究。相反，内观仪器一旦损坏则无法（或很难）更换，必须重点考虑。从空间位置关系看，应变计和钢筋计安装在泄洪洞内，但它们距离爆心较远，而渗压计、测缝计位于大坝内，距离爆心相对较近，并且是现有仪器完好数量较多的类型。因此，仪器抗振试验主要选择渗压计和测缝计这两种监测仪器。

5.2.2.3 振动试验条件分析

一般而言，安全监测仪器受到振动而产生损毁或失效的原因有两种情况，一种情况是仪器本身抗震性能较低发生损毁，另一种情况是仪器所处安装的环境发生破坏而导致仪器损毁。本课题仅研究仪器本身的抗震能力问题，而其所处环境的抗震标准将在其他章节内论述。

已有静态安全监测仪器抗震指标研究，将选择室内振动台模拟测试和现场实际检验两种方式进行。

（1）爆破振动特点分析

与天然地震类似，爆破振动也具有急剧释放能量并以波动的形式向外传播而引起介质的质点振动的特点。这种爆破振动波是一个非常复杂的随机变量，其振幅、周期和频率都随时间变化而变化，在实验室内完全模拟爆破振动条件是不切实际的。但是，工程实践也积累了大量的爆破振动资料，对常规爆破的振动强度大小、持续时间及其频谱特征等也都有了较深入地了解。比如，爆破振动的震源能量远比天然地震小，其振动持续时间较短、频率较高，对附近的建筑物的影响和破坏程度要比同强度的天然地震要轻，等等。这样，可以根据工程爆破情况，初步预判爆破振动的主要特征，然后，利用天然地震模拟技术来开展爆破振动室内模拟试验，并最终判断监测仪器是否满足爆破振动的能力要求。

（2）振动强度

振动强度可以采用质点的振动速度、加速度、位移以及相应振动频率等参数指标来衡量，但国内外多采用质点振动速度作为爆破振动效应强度的判据。对仪器所处环境（或被保护对象）而言，规程规范中的爆破安全允许振动标准也是以质点振动速度作为标准。对于非速度指标的振动数据，除了可以采取微积分计算手段转换成速度量外，天然地震烈度（或加速度）指标还可以借助《中国地震烈度表》（1999 年）大体查询其对应的速度指标。所以，本研究拟采用振动速度单位来衡量试验中振动强度的大小。

丰满水电站全面治理（重建）工程中选取的大坝安全允许振动标准，即是以速度值为衡量标准，允许值为 5.0cm/s。试验期间，拟首先选择 5.0cm/s 的强度标准开始试验；仪器指标检测正常后，继续增大振动强度。如果安全系数取 2 倍，则下一步的振动标准选择 10.0cm/s，然后检验仪器指标是否发生变化。

（3）振动频率及持续时间

在振动频率方面，《土工试验仪器 岩土工程仪器 振弦式传感器通用技术条件》（GB/T 13606—2007）和《岩土工程仪器的基本参数及通用技术条件》（GB/T 15406—2007）给出了振弦式传感器在运输包装条件下的振动和冲击试验标准。该试验条件是扫频频率 10Hz～150Hz～10Hz，扫频速度为 1 倍频程/min，在加速度为 2g 的条件下对传感器进行循环 3 个周期/单轴振动试验。冲击试验则是在振动台上进行 6ms 时间的脉冲作用，其频率为脉冲高频。岩石爆破产生的振动波虽然也具有冲击特性，但其实测主频大多为中低频。水电水利工程爆破安全监测规程（DL/T 5333—2005）对爆破近区和中区振动速度测试提出的频率范围为 10～500Hz。因此，在仪器抗振性能试验中，选择的频率范围为 10～500Hz，采用 1 倍频程/min 的扫频速度，在设计振动强度条件下对传感器进行循环 3 个周期/单轴振动试验。

当试验振动台不具有倍频扫描功能并且仪器结构自振频率很高（>500Hz）时，可在 10～500Hz 之间均匀选择 5～8 个频率点，在每个频率下连续振动 1min；先从低到高起振（升程），再由高到低进行振动（回程）。

5.2.2.4 振动试验设备和样品选择

（1）试验设备选择

在有关抗震测试中，多采用大型振动台提供电源。从前述振动条件研究结果看，苏州东菱振动试验仪器有限公司生产的 ES-30 型振动试验系统可以满足本试验的振动强度、频率及持续时间要求。该振动台主要由 ET-30 型振动台、DA-30 型功率放大器、振动控制仪及励磁电源等部分组成。其中，振动台为系统的核心，其主要技术参数如下：

①台面尺寸：1.0m×1.0m。

②频率范围：5～3000Hz。

③最大空载加速度：1000m/s²。

④最大速度：1.8m/s。

⑤最大负载：500kg。

⑥一阶共振频率：2400Hz±10%。

⑦容许偏心力矩：1150N·m。

振动台起振方向为竖直向，整个振动试验系统可以连续工作，电脑控制操作。

（2）试验样品选择

从丰满大坝内既有监测仪器种类、规格以及检验的必要性，本抗震试验主要选择了渗压计和测缝计两种仪器。为了便于对比，同时还节约成本，每种仪器各选 2 支。

在向生产厂家采购时，选择了原仪器厂家，并且保证了与现场同型号规格的监测仪器，使试验结果尽量保持客观。

开展振动测试检验期间，被测传感器采用 φ10mm 螺杆直接紧固在振动台面板上（图5.13）。

图 5.13　检测仪器在振动台上固定示意图

5.2.2.5　监测仪器抗震性能检测结果

（1）监测仪器的率定检测

根据丰满大坝现场调研结果购买的 4 支仪器，其规格型号及生产厂家与现场使用的仪器相同。仪器到货后，首先对各支仪器进行了室内率定检测。其中，渗压计是采用压力罐和压力表进行率定，测缝计则是采用率定架和百分表进行率定。率定用的压力表和百分表均经过了计量检验部门的检测。

两种仪器的率定都是均分为 5 级（满量程），并且进行了 3 个循环的检定测试，每个循环包括 1 次升压（或拉伸）和降压（或压缩）过程。然后，根据 3 个循环的检测读数，分别拟合每支仪器的端基线性度误差（α）、回差（α'）、重复性误差（α''）及灵敏度系数（K'）。经计算，首先标定的 4 支仪器的各种参数见表5.26。

表 5.26　被检测仪器的各种率定参数

仪器名称	编　号	端基线性度误差（α）	回差（α'）	重复性误差（α''）	灵敏度系数（K'）	厂家灵敏度系数（K）
渗压计 1	0912999	0.43%	0.65%	0.53%	0.1882	0.1869
渗压计 2	0938585	0.43%	0.84%	0.68%	0.1686	0.1675
测缝计 1	09-2170	0.36%	0.13%	0.12%	0.002395	0.002414
测缝计 2	09-2169	0.35%	0.19%	0.13%	0.002408	0.002432

本次试验选择 4 支仪器，其端基线性度误差、回差和重复性误差均小于 1.0%，且本次率定的灵敏度系数 (K') 与厂家灵敏度系数 (K) 的偏差也在 1.0% 以内，说明这 4 支仪器均为合格产品，可以进行后续的抗震性能试验。

（2）5.0cm/s 振动强度后检测结果

按照预定振动试验方案，4 支仪器固定在振动台上后依次经过了 10、80、150、220、290、360、430 和 500Hz 等频率下，强度为 5.0cm/s 的振动检验；每级频率下振动 1min 个频率下强度为 5.0cm/s 的振动检验，每个频率下振动时间为 20~25s。然后，将仪器从振动台上拆离后进行率定检测，各项检测参数的整理结果见表 5.27。

表 5.27　　　　　　　　　经过 5.0cm/s 振动强度后各仪器的率定参数

仪器名称	编号	端基线性度误差(α)	回差(α')	重复性误差(α'')	灵敏度系数(K')	厂家灵敏度系数(K)
渗压计 1	0912999	0.56%	0.46%	0.43%	0.1880	0.1869
渗压计 2	0938585	0.68%	0.99%	0.81%	0.1689	0.1675
测缝计 1	09 - 2170	0.34%	0.18%	0.16%	0.002398	0.002414
测缝计 2	09 - 2169	0.36%	0.13%	0.17%	0.002411	0.002432

表 5.27 中各仪器的端基线性度误差、回差和重复性误差亦均小于 1.0%，其新标定的灵敏度系数 (K') 与厂家灵敏度系数 (K) 的偏差也在 1.0% 以内，说明这 4 支仪器经过 5.0cm/s 的振动试验后，其各项参数指标并未出现明显变化，仪器的正常监测使用功能未受影响，可以进行下一强度级别的抗震试验。

（3）10.0cm/s 振动强度后检测结果

与 5.0cm/s 的振动强度试验一样，被检验的 4 支仪器在振动台上又先后经过了五个频率下强度为 10.0cm/s 的振动试验，每次时间也是 20~25s。振动结束后，再次将仪器进行率定检测，其结果整理见表 5.28。

表 5.28　　　　　　　　　经过 10.0cm/s 振动强度后各仪器的率定参数

仪器名称	编号	端基线性度误差(α)	回差(α')	重复性误差(α'')	灵敏度系数(K')	厂家灵敏度系数(K)
渗压计 1	0912999	0.52%	0.38%	0.50%	0.1879	0.1869
渗压计 2	0938585	0.98%	0.66%	0.98%	0.1688	0.1675
测缝计 1	09 - 2170	0.35%	0.14%	0.15%	0.002396	0.002414
测缝计 2	09 - 2169	0.36%	0.15%	0.13%	0.002410	0.002432

同样，上表中各仪器的端基线性度误差、回差和重复性误差亦均小于 1.0%，重新标定的灵敏度系数 (K') 与厂家灵敏度系数 (K) 的偏差也在 1.0% 以内，说明这 4 支仪器经过 10.0cm/s 的振动试验后，其各项参数指标仍然没有出现明显变化，仪器监测使用功能完全正常。

（4）振动试验结果综合分析

按照钢弦式监测仪器本身的振动特点，钢弦开始工作时的固有频率往往在 1000Hz 以上；但常规爆破振动对周围建筑物影响的主频一般不超过 500Hz，多数在 100Hz 以内，二者之间差异很大。因此，丰满水电站大坝全面治理工程中施工爆破对大坝内已有静态监测仪器（钢弦式）的影响不会产生共振。

尽管爆破振动波具有随机频率特征，但试验所选择 10、80、150、220、290、360、430、500Hz 的频率下每级振动 1min，1 个升程和回程循环共计 16min；这种频率工况能够覆盖爆破振动对周围建筑物（如大坝）影响的主频范围。本次用振动台来模拟爆破振动对丰满大坝内监测仪器的影响还是有一定代表性的。

另外，试验中每个振动强度级别内单一频率下的振动时间为 1min，整个振动持时长达 16min，已经达到甚至超过天然地震的作用时间，远远大于爆破振动的作用时间（0.1~0.2s）。这样，也保证了振动台对监测仪器的振动影响在时间上应不亚于实际爆破振动。

从定性角度分析，按照冲量定理：

$$F\Delta t = mv \tag{5.6}$$

式中：F 为爆破振动作用在仪器上的力；Δt 为爆破振动作用持续时间；m 为仪器的质量；v 为仪器的运动速度。

当作用力 F 和质量 m 不变时，持续时间 Δt 越小，则运动速度 v 越小，对监测仪器的影响越小；反之，运动速度 v 越大，对仪器的影响也越大。这就是说，爆破振动时间短，其对仪器的振动影响也较小。

通过以上分析，在振动强度为 5.0cm/s 和 10.0cm/s 条件下，所选 4 支监测仪器的各项检验参数均保持正常，可以初步认为爆破施工对大坝振动影响不超过 10.0cm/s 时坝内的主要监测仪器（钢弦式）应能保持正常工作。由于丰满水电站大坝全面治理工程中施工爆破对大坝的振动影响控制标准在 10.0cm/s 以内，所以认为丰满大坝现有的监测仪器（钢弦式）基本不受爆破施工影响。

事实上，丰满大坝基础开挖爆破历时长达一年多，并未大坝内原有监测仪器造成破坏影响，这表明仪器抗震试验结果是能够满足工程实践检验的。

5.2.2.6　试验结论

丰满大坝已有监测仪器抗震性能试验，选择有代表性的 4 支钢弦式仪器，通过室内振动台进行了爆破振动影响试验，取得以下认识。

（1）4 支监测仪器先后经历了强度为 5.0cm/s 和 10.0cm/s 振动，振后率定检测结果显示，仪器的各项检测指标与受振前基本一致，仪器监测功能正常，说明仪器在振动台试验基本不受影响。

（2）在相同震级条件下，爆破作用对仪器的振动效应往往比振动台上的振动效应要小，由此可以推测，在质点振动速度不超过 10.0cm/s 时，丰满水电站大坝全面治理工程施工爆破对坝内现有监测仪器（钢弦式）基本不会造成振动破坏影响。

（3）丰满大坝基础开挖历时长达一年多，施工爆破并未大坝内原有监测仪器造成破坏影响，这表明仪器抗震试验结果是能够满足工程实践检验的。

5.2.3　冲击波等其他爆破有害效应的控制标准研究

分析老坝缺口拆除爆破的有害效应，除了前文叙述的爆破振动破坏外，还有水中冲击波及动水压力、空气冲击波（噪声）和飞石等破坏。

爆破产生的水击波压力、脉动水压力和涌浪等如果压力过大，可能对大坝产生直接破坏或通过引起大坝振动而产生局部或整体破坏。根据以往工程经验，钻孔内爆破产生的水击波压力都很小，一般在 1MPa 以内，并且持续时间很短；而混凝土抗压强度一般可达 20MPa，因此可以不考虑水击波或动水压力对新建大坝的直接破坏。

空气冲击波（噪声）的大小主要与爆破药量和炮孔的堵塞质量有关，由于老坝拆除爆破采用钻孔方案，属于孔内爆破；爆破环境为开阔的露天场所，与新坝的距离在数十米以外。因此，可以推断老坝拆除爆破产生的空气冲击波超压将十分有限，不会对临近的新坝产生破坏影响；同时，在施工过程中，通过加强炮孔堵塞质量避免冲孔，也可以减轻噪声强度。

老坝缺口拆除爆破时不可避免地会产生飞石。相关的爆破安全规程规范中给出了飞石防护标准大约为 200～300m，而新老坝的距离为 100m 左右，新坝表面为清水混凝土，坝后还有开关站和高压线等需要防护。所以，为避免老坝拆除爆破对新坝表面和开关站等造成破坏，必须采取炮被覆盖措施来进行防护和预防，力争将飞石控制在 100m 以内。

拆除爆破有较多的临空面，爆破的飞石有其自身的特性，本工程需严格控制爆破飞石及爆破的破碎程度，要求爆后"碎而不抛"。对此，必须认真分析和获取被拆除坝体混凝土与乳化炸药爆炸作用对飞石的影响情况。

5.2.4　生产性爆破试验

在 2018 年 12 月初老坝缺口拆除开始时，施工单位首先选择了 31 号进行了两次爆破试验，以此为后续正式爆破施工提供科学依据。

5.2.4.1　测点布置

结合老坝的降水干地施工爆破拆除方案及其周围影响对象，施工期间应开展爆破振动监测和水中冲击波监测。其中，爆破振动监测包括质点振动速度和质点加速度监测，部分测点实行在线监测；水中冲击波布置在库区内，在水下爆破施工期间进行测试。

（1）振动测点布置

在新坝的 13 号、23 号、32 号坝段的坝基廊道和坝顶处各布置 1 个振动测点，每个测点上分别布置 1 套三向质点振动速度传感器和 1 套三向质点振动加速度传感器，共计安装 6 套速度传感器和 6 套加速度传感器。另外，分别在新建开关站、中控室和发电厂房内各布置 1 个振动速度测点，每个测点上分别布置 1 套三向质点振动速度传感器；在三期的调压井口以及发电厂房、开关站内各布置 1 个振动速度测点，每个测点上各布置 1 套三向质点振动速度传感器；在老坝的 5 号、44 号坝段的坝基廊道和坝顶处各布置 1 个振动速度测点。

（2）水中冲击波测点布置

水中冲击波测点主要布置在老坝上游库区内，当爆破梯段位于水下时进行测试。测试传感器沿直线布置，直线方位为自 43 号坝段附近向东偏南方向延伸，最近点距离 42 号坝段与 43 号坝段连接处大约 50m，最远点大约 250m，总计布置 6 个测点，按近密远疏的原则布置。

5.2.4.2　孔网参数

试验坝段选择引水发电坝段的 31 号坝段，结合实际施工方案进行。

布置 8 排垂直孔，上游面的抵抗线 1.2m，下游面的抵抗线 1.4m，排距 1.0～1.6m，孔间距 2.0m，钻孔深度 3.5～4.5m。

炮孔直径取 90mm，主爆孔炸药药卷直径取 70mm，预裂孔和光爆孔炸药药卷直径取 32mm。钢筋混凝土及锚杆混凝土部位的炸药单耗为 1.0～1.2kg/m³，素混凝土的炸药单耗为 0.6kg/m³。

5.2.4.3　爆破试验结果

在 2018 年 12 月 3 日和 7 日共进行了两次爆破试验，并进行了振动安全监测，监测数据分别见表 5.29 和表 5.30。由于本次试验均在旱地工况下进行，因此并未开展水中冲击波测试。

表 5.29　　　　　　　　　　31 号坝段第 1 次爆破试验振动安全监测成果表

监测部位		测点编号	速　　度						测点编号	加　　速　　度					
			顺河向		坝轴线方向		铅锤向			顺河向		坝轴线方向		铅垂向	
			峰值/(cm/s)	频率/Hz	峰值/(cm/s)	频率/Hz	峰值/(cm/s)	频率/Hz		峰值/g	频率/Hz	峰值/g	频率/Hz	峰值/g	频率/Hz
老坝	坝顶 44 号坝段	v13	1.02	11	0.86	8	0.41	9.5	—	—	—	—	—	—	—
	坝顶 5 号坝段	v15	2.24	10	0.61	20	0.76	12	—	—	—	—	—	—	—
	廊道 44 号坝段	v14	0.24	33	0.36	24	0.15	24	—	—	—	—	—	—	—
	廊道 5 号坝段	v16	0.19	10	0.26	20	0.13	20	—	—	—	—	—	—	—
新坝 190	坝顶 32 号坝段	v5	0.44	12	0.14	13	0.19	16	a9/a10	<0.03	—	<0.03	—	<0.03	—
	坝顶 23 号坝段	v3	0.21	11	0.25	19	0.15	17	a5/a6	0.04	27	0.03	54	0.03	38
	坝顶 13 号坝段	v1	0.26	10	0.15	10	0.12	13	a1/a2	<0.03	—	<0.03	—	<0.03	—
	廊道 32 号坝段	v6	<0.05	—	<0.05	—	<0.05	—	a11/a12	<0.01	—	<0.01	—	<0.01	—
	廊道 23 号坝段	v4	0.02	9	0.02	9	0.10	7	a7/a8	0.01	318	0.01	635	0.01	454
	廊道 13 号坝段	v2	<0.05	—	<0.05	—	<0.05	—	a3/a4	<0.01	—	<0.01	—	<0.01	—
	厂房 2 号机组	v9	0.07	18	0.16	25	0.08	23	—	—	—	—	—	—	—
	中控楼	v8	0.07	17	0.06	10	0.07	17	—	—	—	—	—	—	—
	开关站	v7	0.05	10	0.05	12	0.10	15	—	—	—	—	—	—	—
三期发电厂	厂房	v11	0.05	16	0.06	13	0.04	22	—	—	—	—	—	—	—
	开关站	v12	0.03	15	0.05	15	0.04	11	—	—	—	—	—	—	—
	调压井	v10	0.12	18	0.16	16	0.38	10	—	—	—	—	—	—	—

表 5.30　　　　　　　　　　31 号坝段第 2 次爆破试验振动安全监测成果表

监测部位			测点编号	速度						测点编号	加速度					
				顺河向		坝轴线方向		铅锤向			顺河向		坝轴线方向		铅垂向	
				峰值/(cm/s)	频率/Hz	峰值/(cm/s)	频率/Hz	峰值/(cm/s)	频率/Hz		峰值/g	频率/Hz	峰值/g	频率/Hz	峰值/g	频率/Hz
老坝	坝顶	44 号坝段	v13	2.57	14	1.4	60	0.70	37	—	—	—	—	—	—	—
		5 号坝段	v15	0.83	12	0.2	21	0.29	13	—	—	—	—	—	—	—
	廊道	44 号坝段	v14	0.17	11	0.18	30	0.15	23	—	—	—	—	—	—	—
		5 号坝段	v16	0.09	12	0.08	19	0.08	17	—	—	—	—	—	—	—
新坝	坝顶	32 号坝段	v5	0.26	14	0.11	16	0.11	16	a9/a10	0.05	20	0.02	26	0.03	41
		23 号坝段	v3	0.12	17	0.08	23	0.04	25	a5/a6	<0.03	—	<0.03	—	<0.03	—
		13 号坝段	v1	<0.05	—	<0.05	—	<0.05	—	a1/a2	<0.03	—	<0.03	—	<0.03	—
	190 廊道	32 号坝段	v6	<0.05	—	<0.05	—	<0.05	—	a11/a12	<0.03	—	<0.03	—	<0.03	—
		23 号坝段	v4	<0.05	—	<0.05	—	<0.05	—	a7/a8	<0.03	—	<0.03	—	<0.03	—
		13 号坝段	v2	<0.05	—	<0.05	—	<0.05	—	a3/a4	<0.03	—	<0.03	—	<0.03	—
	厂房 2 号机组		v9	0.06	33	0.05	26	0.09	32							
	中控楼		v8	0.05	15	0.05	11	0.04	28							
	开关站		v7	0.05	15	0.03	14	0.04	20							
三期发电厂	厂房		v11	0.02	18	0.02	16	0.02	18							
	开关站		v12	<0.02	—	<0.02	—	<0.02	—							
调压井			v10	<0.05	—	<0.05	—	<0.05	—							

由表中所示的各测点振动速度与加速度峰值均小于《爆破安全规程》中规定的建（构）筑物安全允许标准，也小于设计规定的爆破安全允许标准值；表明这两次老坝爆破拆除不会对新建大坝、老坝保留坝体、坝后厂房、开关站等保护对象造成有害影响。

5.2.5　老坝拆除爆破对新坝的振动监测结果

老坝拆除爆破自 2018 年 12 月初开始至次年 6 月中旬结束。在大约半年时间里，采用爆破作业近百次，圆满完成老坝缺口拆除任务。

在老坝拆除爆破期间开展了对新坝振动影响在线监测工作，通过对质点振动速度、加速度和水中冲击波的测试及结果分析，时时调整爆破参数，严格控制拆除爆破对新坝的振动及水中冲击波影响在安全允许范围内。全程爆破振动和水中冲击波测试结果显示，老坝拆除爆破对新坝的爆破振动影响和水下爆破时水中冲击波对新坝影响均小于《爆破安全规程》中规定的建（构）筑物安全允许标准，也小于设计提出的爆破安全标准值；综合表明老坝爆破拆除没有对新建大坝、坝后厂房、开关站等保护对象造成有害影响。

在拆除缺口两端进行爆破时，在两侧保留坝段（5 号和 44 号坝段）上距拆除边界10m 处布置振动速度测点，个别爆次中坝顶实测振动速度封值高达 20.5～24.0cm/s（坝顶顺河向），但实际调查后原老坝裂缝张开度并无明显变化，说明老坝拆除爆破并未对临近的 5 号和 44 号坝段造成破坏影响。

5.2.6　老坝拆除爆破安全控制标准

5.2.6.1　老坝缺口拆除爆破振动控制安全允许标准

为减少老坝缺口拆除爆破施工影响，应采用分层钻孔、毫秒微差控制爆破施工，其爆破振动安全允许标准按照《爆破安全规程》（GB 6722—2014）中"表 2 爆破振动安全允许标准"的规定，参考既往工程经验，如三峡围堰拆除、沙溪口、岩滩、白山蓄能等工程实践经验，并结合前期新老坝相互影响研究成果，以及丰满重建工程的泄洪兼导流洞、新坝实际爆破开挖的观测和科研成果，综合分析确定了老坝拆除爆破振动安全允许标准，详见表 5.31。

表 5.31　　　　　　　　　老坝拆除爆破振动安全允许标准

防护对象名称	允许振速/(cm/s)	防护对象名称	允许振速/(cm/s)
上游坝踵、坝基	3.0	电站引水管进口、钢闸门	5.0
坝顶	10.0	开关站	2.5
厂房基础	5.0	廊道、洞室	5.0
帷幕灌浆区	1.5	止水结构	5.0
水电站及发电厂中心控制室设备	0.5		

5.2.6.2　老坝拆除爆破水击波或动水压力控制标准

按照《爆破安全规程》（GB 6722—2014）的规定，老坝拆除爆破水击波或动水压力控制标准见表 5.32。

表 5.32　　　　　　　老坝拆除爆破水击波或动水压力控制标准

部　　　位	允许动水压力/MPa	允许水击波压力/MPa	备　　　注
大坝迎水面	0.24	0.8	混凝土
引水口钢闸门	0.24	0.8	钢结构
止水结构	0.24	0.8	柔性结构

5.2.6.3　老坝拆除爆破最大单响药量控制

老坝缺口拆除根据爆破振动控制标准，具体结合每个爆破拆除坝段的周边建筑物距离和环境，主要控制因素为新坝帷幕灌浆。结合新坝、泄洪洞开挖爆破施工经验，采用《爆破安全规程》（GB 6722—2014）中的经验公式（萨道夫斯基公式）进行计算分析，最大单响药量应控制在 139kg 以下。

实际施工时，按照各具体开挖部位爆破设计进行详细分析每次爆破的最大单响药量，通过开展生产性试验和爆破振动监测成果，修订经验公式中的 K、a 数值，结合爆破毫秒分段控制，制定合理的每次爆破应控制的最大单响药量，确保爆破安全。

5.2.6.4　爆破施工允许安全距离

老坝缺口拆除爆破施工安全允许距离除爆破振动安全允许距离外，还涉及有：①水击冲击波及涌浪安全允许距离；②个别分散物安全允许距离；③外部电源与电爆网络的安全允许距离；④爆破安全警戒范围等。对于上述安全允许距离应结合爆破设计方案，严格按照《爆破安全规程》(GB 6722—2014)中"13 安全允许距离与环境影响的控制"中的相关规定执行。

5.3 个性化、精细化老坝爆破拆除方案

5.3.1 爆破方案的比选

根据工程施工特点，考虑拆除施工的周边条件，结合类似工程经验，拟订以下三个爆破拆除方案：

方案一：降水干地施工爆破设计方案。

该方案是在老坝拆除时期，逐步降低水库水位，分层干地采用钻孔爆破拆除，水位最低降至 242.00m。

方案二：水下深孔爆破设计方案。

该方案 251.00m 高程以上部分，采用方案一的施工方式进行施工；对于 251.00m 高程以下部分采用水下深孔梯段控制爆破进行拆除施工，水位最低控制在 250.00m。

方案三：水下爆破拆除倾倒与水下深孔爆破拆除相结合方案。

该方案主要参考三峡三期上游碾压混凝土围堰拆除方案，对厂房坝段及右岸挡水坝段进行一次水下爆破、倾倒拆除，对于溢流坝段和左岸岸坡挡水坝段采用干地施工，结合水下深孔爆破拆除方法，水位最低控制在 250.00m。

5.3.1.1 降水干地施工爆破设计方案（方案一）

该方案首先拆除启闭设备和闸门，拆除施工时，逐步降低库水水位，水位最低降至 242.00m，通过新机组、三期机组发电泄流和永久泄洪洞（兼导流洞）泄流进行水位控制。

拆除施工采用毫秒微差控制爆破，分层分块、逐层逐块、由上至下将原大坝混凝土爆破拆除。

（1）水位控制情况

该方案要求控制水库库水位，通过三期厂房及永久泄洪洞（兼导流洞）进行水位控制，拆除施工随着水库水位逐渐降低逐步进行，确保拆除部位施工工作面在库水位以上。坝体拆除期间丰满水库控制水位见表 5.33。

表 5.33 老坝缺口拆除水库控制水位表

时 间	控制水位/m	备 注
2018 年 10 月末	251.50	
2018 年 12 月末	250.50	水位控制在每层施工平台高程以下约 1.00m
2019 年 1 月末	246.50	
2019 年 2 月末	242.00	
2019 年 5 月中	242.00	

（2）钻爆设计

1）挡水坝段拆除爆破设计。

本次设计共需拆除 16 个挡水坝段，即 6～8 号、20 号、32～43 号坝段，挡水坝段最低拆除至 239.90m 高程。

①爆破参数。

孔深：本次设计台阶分层厚度按 4.00m（第六层为 3.70m）考虑，超深 0.50m，总孔深按 4.50m（第六层为 4.20m）设计。

孔距：钻孔直径选为 64mm，钻孔间距为 1.5m、排距为 1.2m，梅花形交错布置。

单位耗药量 K：参照已建工程的取值，取单位耗药量 $K = 0.4 \text{kg/m}^3$。

②炸药量计算。

为控制混凝土爆后的爆碴块度，保证各部位的药量均衡，在炮孔的药量分配中以深孔爆破的单孔炸药量公式进行计算：

$$Q = KWaH$$

式中：Q 为炮孔的装药量，kg；W 为炮孔的平均抵抗线，m；a 为炮孔的平均孔间距，m；H 为计算孔的孔深，m；K 为设计单位耗药量，kg/m^3。

③封堵和装药结构。

为保证爆破效果，炮孔需堵塞，堵塞长度选为 30 倍的钻孔直径，具体数值见计算成果表。堵塞材料为黏土，需人工捣实。同时为保证封堵效果，在封堵段设置封堵药包。采用不耦合连续装药。为避免留根，炮孔底部 0.5m 设置气垫。

④起爆次序和爆破网络。

每层每个坝段的每排为 1 响起爆，从迎水面侧第一排开始依次起爆；最大单响药量为 46.91kg；采用复式电爆网络、数码雷管，每段时间 25ms。

各层爆破参数计算成果详见表 5.34～表 5.40，工程量汇总详见表 5.41。

表 5.34　　　　　　　　第一层（267.70～263.70m）爆破参数计算成果表

项　目	单孔药量/kg	封堵药量/kg	炮孔堵塞段长度/m	总药量/kg
第 1 排孔～第 2 排孔	2.11	1.03	1.92	37.69×2
第 3 排孔	2.88	1.03	1.92	46.91
第 4 排上部孔	1.04	0.00	0.42	12.53
第 4 排下部孔	0.86	0.00	0.42	10.37
第 5 排孔～第 6 排孔	1.91	1.03	1.28	35.24×2
第 7 排孔	2.88	1.03	1.92	46.91
第 8 排孔	1.97	1.03	1.92	35.96
合　计		7.20	13.64	310.20

表 5.35　　　　　　　　第二层（263.70～259.70m）爆破参数计算成果表

项　目	单孔药量/kg	封堵药量/kg	炮孔堵塞段长度/m	总药量/kg
第 1 排孔	3.43	1.03	1.92	53.53
第 2 排孔～第 5 排孔	2.88	1.03	1.92	46.91×4

续表

项 目	单孔药量/kg	封堵药量/kg	炮孔堵塞段长度/m	总药量/kg
第6排孔	3.65	1.03	1.92	56.12
合 计		6.17	11.52	297.28

表 5.36   **第三层（259.70~255.70m）爆破参数计算成果表**

项 目	单孔药量/kg	封堵药量/kg	单孔堵塞段长度/m	总药量/kg
第1排孔~第6排孔	2.88	1.03	1.92	46.91×6
第7排孔	3.60	1.03	1.92	55.55
合 计		7.20	13.44	336.99

表 5.37   **第四层（255.70~251.70m）爆破参数计算成果表**

项 目	单孔药量/kg	单孔封堵药量/kg	单孔堵塞段长度/m	总药量/kg
第1排孔~第8排孔	2.88	1.03	1.92	46.91×8
第9排孔	3.12	1.03	1.92	49.79
合 计		9.26	17.28	425.04

表 5.38   **第五层（251.70~247.70m）爆破参数计算成果表**

项 目	单孔药量/kg	封堵药量/kg	单孔堵塞段长度/m	总药量/kg
第1排孔~第10排孔	2.88	1.03	1.92	46.91×10
第11排孔~第12排孔	2.59	1.03	1.92	43.45×2
合 计		12.35	21.12	555.97

表 5.39   **第六层（247.70~244.00m）爆破参数计算成果表**

项 目	单孔药量/kg	封堵药量/kg	单孔堵塞段长度/m	总药量/kg
第1排孔~第12排孔	2.66	1.03	1.92	44.31×12
第13排孔	2.58	1.03	1.92	43.25
第14排孔	2.31	1.03	1.92	40.05
合 计		14.40	26.88	615.08

表 5.40   **第七层（244.00~239.90m）爆破参数计算成果表**

项 目	单孔药量/kg	封堵药量/kg	单孔堵塞段长度/m	总药量/kg
第1排孔~第15排孔	2.95	1.03	1.92	47.77
第16排孔	2.53	1.03	1.92	42.75
第17排孔	2.26	1.03	1.92	39.51
合 计		17.49	32.64	798.82

表 5.41　　　　　　　　　　　　挡水坝段爆破工程量汇总表

项　目	拆除工程量 /m³	钻孔工程量 /m	封堵工程量 /m	封堵工程量 /m³	炸药量 /kg
第一层	11510	6653	2619	8.5	4963
第二层	10776	5184	2212	7.0	4757
第三层	11686	6048	2580	8.3	5392
第四层	13890	7776	3318	10.7	6801
第五层	17510	10368	4055	13.0	8896
第六层	19428	11290	5161	16.6	9841
第七层	24500	15146	6267	20.2	12781
合　计	109301	62464	26212	84.0	53430

2）厂房坝段拆除爆破设计。

爆破设计同挡水坝段，控制最大单响药量为 57.85kg。

工程量汇总详见表 5.42。

表 5.42　　　　　　　　　　　　厂房坝段爆破工程量汇总表

项　目	拆除工程量 /m³	钻孔工程量 /m(φ64)	封堵工程量 /m(φ64)	封堵工程量 /m³	炸药量 /kg
第一层	11061	4244	2561	8.3	4970
第二层	10361	4752	2534	8.1	5071
第三层	10736	4752	2534	8.1	5280
第四层	12037	5346	3041	9.8	6223
第五层	13774	6534	3548	11.4	5676
第六层	14494	4055	4055	13.1	6337
第七层	17185	7722	4562	14.6	7740
合　计	89647	37405	22836	73.0	41297

3）溢流坝段拆除爆破设计。

爆破设计基本同挡水坝段，对于闸墩拆除略有不同。其控制最大单响药量为 31.19kg。

溢流坝段闸墩部分工程量汇总详见表 5.43。

表 5.43　　　　　　　　　　　溢流坝段闸墩部分爆破工程量汇总表

项　目	拆除工程量 /m³	钻孔工程量 /m(φ64)	封堵工程量 /m(φ64)	封堵工程量 /m³	炸药量 /kg
第一层	4024	1768	856	2.8	1716
第二层	4169	1980	1056	3.4	2105
第三层	4750	1980	1267	4.1	2530
第四层	5174	2228	1478	4.7	2929

续表

项　目	拆除工程量 /m³	钻孔工程量 /m(φ64)	封堵工程量 /m(φ64)	封堵工程量 /m³	炸药量 /kg
第五层	6111	2723	1584	5.1	2365
第六层	5765	3003	1584	5.1	2640
第七层	6902	3218	1795	5.7	3225
合　计	36896	16899	9621	31.0	17510

溢流坝段溢流面部分工程量汇总详见表 5.44。

表 5.44　　　　　　　　　溢流坝段溢流面部分爆破工程量汇总表

项　目	拆除工程量 /m³	钻孔工程量 /m(φ64)	封堵工程量 /m(φ64)	封堵工程量 /m³	炸药量 /kg
第一层	5030	2476	1198	3.9	2402
第二层	5212	2772	1478	4.7	2947
第三层	1540				
第四层	319				
第五层	4604	2592	1289	4.2	2703
第六层	6139	2723	1831	5.9	3558
第七层	8627	3812	2398	7.7	3311
合　计	31470	14374	8194	26.0	14921

（3）坝体拆除施工工序及施工方法

1）坝体拆除施工。

首先在坝体拆除施工前，先行拆除闸门、启闭设备。然后进行 38 个坝段拆除。拆除时分层分块、逐层逐块、由上至下将原大坝混凝土爆破拆除，坝体表面钢筋的拆除随出渣同步进行。老坝拆除共分 7 层（层高约为 4.00m），每层 13（或 12）个坝段为一个工作面，全坝拆除共划分为 21 个工作面。本方案要求降低水库库水位最低至 242.00m，老坝拆除绝大部分工作面为水上施工。钻孔施工采用液压履带钻机（钻孔孔径为 48～89mm，钻混凝土生产率为 30～45m/h）为主、手风钻（钻孔孔径为 34～56mm，钻混凝土生产率为 9～12m/h）辅助；采用成品药卷人工装填。封堵选用黏土，人工封堵、捣实。

2）基本施工循环工序为：钻孔→装药→封堵、联网→起爆→装渣→运至弃渣场。

3）出渣方案。

根据本工程施工特点，考虑拆除出渣的边界条件，结合类似工程经验，拟定出渣方案如下：

第一层出渣方法：第一层坝体混凝土拆除由两头开始，向拆除坝段的中心同时进行拆除施工。为了便于出渣，分别在 6 号、7 号坝段和 42 号、43 号坝段保留一部分渣体，形成斜坡作为临时出渣道路。爆破的混凝土渣用 3m³ 反铲液压挖掘机装 20t 自卸汽车，经由 6 号、7 号坝段和 42 号、43 号坝段的斜坡运至弃渣场弃渣。

第二层出渣方法：第二层坝体混凝土拆除由两头开始，向拆除坝段的中心同时进行拆除施工。出渣方式与第一层相同，即 6 号、7 号、8 号坝段和 41 号、42 号、43 号坝段保留部分渣体形成临时出渣道路，爆破的混凝土渣用 3m³ 反铲液压挖掘机装 20t 自卸汽车运至弃渣场弃渣。

第三～第六层出渣方法：坝体混凝土拆除由两头开始，向拆除坝段的中心同时进行拆除施工。利用反铲挖掘机配合小型推土机将爆后的渣体推至新、老坝之间的空地，再用 3m³ 反铲液压挖掘机装 20t 自卸汽车运至弃渣场弃渣。为了便于施工交通，在老坝坝后，经由坝后压渣体上部搭设临时交通栈桥，连通新、老坝之间的临时施工道路和拆除缺口，施工人员及小型施工机械设备可经栈桥到达工作面。另外，在新坝迎水侧，设置防护设施，以防止老坝缺口石渣的破坏。

第七层出渣方法：第七层顶高程为 244.00m，底高程为 239.90m，第七层拆除施工时，水库水位为 242.00m。第七层拆除时，在老坝迎水侧预留一小部分坝体挡水，预留坎顶高程 244.00m，宽 4m，背水坡比 1：0.5。在预留坝体的保护下，爆破开挖其余部分，出渣方式与第三层相同。最后再一次性爆除预留的坝体。

老坝拆除爆破施工每个工作面的每个循环都是独立的，不考虑搭接（由于工作面宽度有限，避免相互干扰）。每个工作面钻孔需要 3 天，装药、封堵、联网爆破需要 1 天，出渣需要 3 天，共需要约 6 个月时间。

（4）方案特点

国内爆破拆除的围堰或岩坎，大都采用这种方法，设计、施工都有成熟经验可供参照，技术上的难度亦可克服。只需从爆破振动安全上论证，控制好最大单响药量，做好防护措施实施。

该方案特点为：

1）开挖、爆破、出渣可控性强，工艺简单，方法成熟，施工难度小，装药量小，对已建建筑物影响较小，能够保证施工安全、可实施性强。

2）施工工期为 6 个月，受施工工期限制，钻孔数量大，出渣量大，相对施工强度较大。

3）坝体拆除与坝体表明的钢筋及金属结构拆除同时进行，施工干扰大。

4）施工期间要求逐渐降低水库水位，水位最低降至 242.00m 高程，虽时间较短仅为 1～2 个月，但对于水库运行造成影响，并造成发电损失。

5.3.1.2　水下深孔爆破设计方案（方案二）

该方案首先拆除启闭设备和闸门，使得老坝前后水位连通；坝体拆除分为两部分进行，高程 251.00m 以上为一部分，该部位采用降低库水位、分层分块、逐层逐块、由上至下进行拆除，即采用方案一的施工方案。

对于高程 251.00m 以下部分，控制库水位不超过 250.00m 高程，保证 251.00m 高程干地作业，采用水下深孔梯段爆破、分段实施拆除，拆除底面采用上游低、下游高的倾斜面（与水平面夹角为 20°），充分利用爆破抛掷力和混凝土自重，便于将爆破后的坝体混凝土向上游库内滑动和抛掷。

通过新机组、三期机组发电泄流进行水位控制，水下深孔拆除施工期水库水位不超过 250.00m 高程。该方案高程 251.00m 以上部分坝体拆除量运至弃渣场，高程 251.00m 以下部分坝体抛掷到老坝前丰满库区 220.00m 高程以下后，再用挖斗进行挖除。

（1）水位控制情况

该方案要求控制水库库水位，通过新机组、三期机组进行水库水位控制，251.00m 高程以上部分拆除施工随着水库水位逐渐降低逐步进行，确保拆除部位施工工作面在库水位以上。坝体拆除期间丰满水库控制水位见表 5.45。

表 5.45　　　　　　　　　　　坝体拆除期间丰满水库控制水位

时　　间	水库水位/m	备　　注
施工至第六年 10 月末	259.80	
施工至第六年 11 月末	252.90	
施工至第六年 12 月末	250.00	
施工至第七年 1 月末	250.00	
施工至第七年 2 月末	250.00	

（2）钻爆设计

拆除范围同方案一；对于高程 251.00m 以上部分，钻孔布置同方案一；对于 251.00m 以下部分坝体采用水下深孔爆破一次拆除。根据挡水坝段、厂房坝段、溢流坝段的断面形式，布孔采用铅直孔与扇形孔结合方式。

1）挡水坝段布孔。

251.00m 高程施工平台宽 13.08m，高程 240.00m 水平宽 21.75m。底面为坡度 20°斜面，上游面采用 7 排铅直孔，最大孔深为 18.22m，最小孔深为 11.66m。铅直孔间距（沿水流方向）为 1.50m（抵抗线 $W=1.5$m）。下游面布置扇形孔布置为 5 孔，251.00m 施工平台扇形孔间距为 0.86m，底面扇形孔间距为 1.92m（斜面长）。铅直孔、扇形孔沿老坝轴线方向梅花形布置（或称交错布孔），间距为 2.00m。单断面布孔共计 12 孔，钻孔直径为 ϕ100mm。挡水坝段布孔详见图 5.14。

2）厂房坝段布孔。

251.00m 高程施工平台宽 16.63m，高程 240.00m 水平宽 22.67m。

底面为坡度 20°斜面，上游面采用 9 排铅直孔，最大孔深为 18.71m，最小孔深为 11.65m。铅直孔间距（沿水流方向）为 1.50m（抵抗线 $W=1.50$m）。下游面布置扇形孔布置为 5 孔，251.00m 高程施工平台扇形孔间距为 0.80m，底面扇形孔间距为 1.89m（斜面长）。铅直孔、扇形孔沿老坝轴线方向梅花形布置（或称交错布孔），间距为 2.00m。单断面布孔共计 14 孔，钻孔直径为 ϕ100mm。厂房引水坝段布孔详见图 5.15。

3）溢流坝段布孔。

251.00m 高程施工平台宽 8.53m，高程 240.00m 水平宽 22.47m。

为避免根部残留，底面为坡度 20°斜面。上游面采用 3 排铅直孔，最大孔深为 18.50m，最小孔深为 7.60m。铅直孔间距（沿水流方向）为 1.50m（抵抗线 $W=1.50$m）。下游面布置 11 排扇形孔，251.00m 高程施工平台扇形孔间距为 0.84m，底面扇形孔间距为 1.85m（斜面长）。铅直孔、扇形孔沿老坝轴线方向按梅花形布置（或称交错布孔），间距为 2.00m，闸墩布孔详见图 5.16，溢流坝段溢流面布孔详见图 5.17。

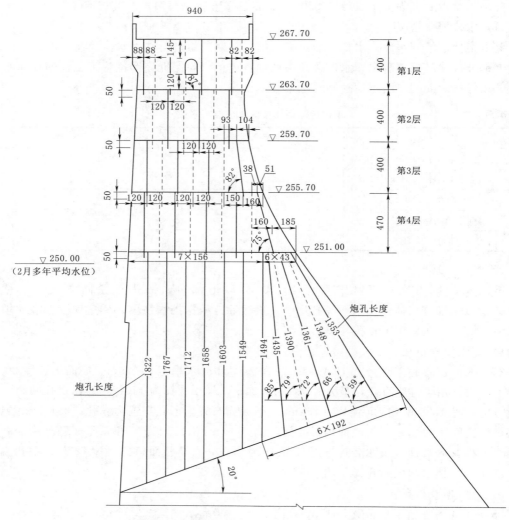

图 5.14　挡水坝段布孔示意图（高程：m，其他尺寸：cm）

4）封堵和装药结构。

同方案一。

5）起爆次序和爆破网络。

同方案一，最大单响药量为 417.05kg。

（3）施工工序及施工方法

1）坝体拆除施工。

水下深孔爆破采用底部斜面，使得实际施工的拆除量大于设计拆除量，并且考虑
251.00m 以下拆除混凝土抛掷于老坝前 220.00m 以下后，用抓斗挖除后，运至下游弃渣
场，干地拆除施工部分挖除后，用自卸汽车从坝体两侧运至弃渣场。

①251.00m 以上坝体混凝土的拆除施工。

251.00m 以上坝体混凝土的拆除采用降低库水位，分层分块、逐层逐块、由上至下进

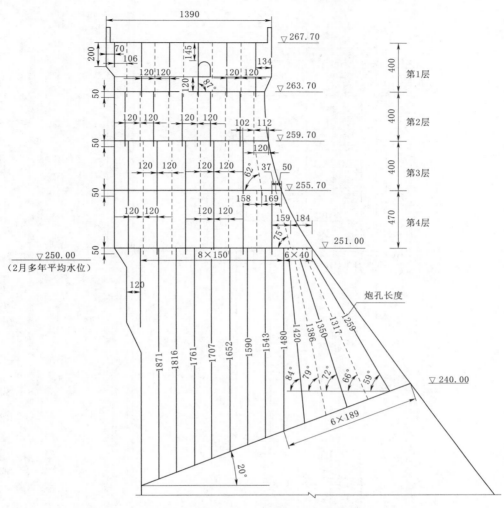

图 5.15 厂房引水坝段布孔示意图（高程：m，其他尺寸：cm）

行拆除，采用一般控制爆破技术，小台阶钻孔爆破拆除即可。即采用方案一的降水位、干地施工方案，分层高度、施工工艺、出渣同方案一。

②251.00m 以下坝体混凝土的拆除施工。

对于高程 251.00m 以下部分，控制库水位不超过 250.00m 高程，保证 251.00m 高程施工平台能够干地作业，采用水下深孔梯段爆破、分段实施拆除，全断面一次性炸碎拆除，拆除底高程采用上游低、下游高的倾斜面（与水平面夹角为 20°），充分利用爆破抛掷力和混凝土自重，便于将爆破后的坝体混凝土向上游库内滑动和抛掷，用抓斗挖除后，运至下游弃渣场。钻孔施工采用液压履带钻机为主、手风钻辅助；采用人工干地装药、封堵。

2）施工工序。

该方案在坝体混凝土拆除施工前，先进行闸门、启闭设备拆除→进行 251.00m 以上坝体混凝土的拆除施工→251.00m 以下的坝体混凝土施工。

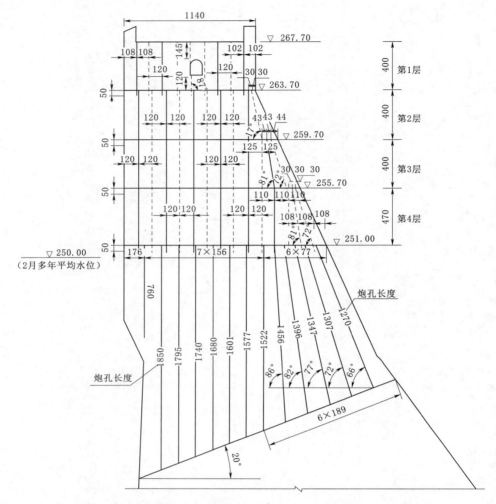

图 5.16　闸墩布孔示意图（高程：m，其他尺寸：cm）

水下深孔爆破拆除施工单循环基本工序：钻孔→装药→封堵、联网→起爆→出渣。

3）施工工期。

高程 251.00m 以上部分的拆除同方案一，完成时间为第七年 1 月初。高程 251.00m 以下部分，水下深孔爆破总钻孔约 1210.21m，钻孔施工采用 ROC712H/COP1036 液压履带钻机（钻孔孔径为 48~89mm，钻混凝土生产率为 30~45m/h），按三班制 11 台液压钻计算，共需钻孔时间 15d，装药、封堵及网络共需 15d。根据水下地形图，最低点高程为 187.00m，老坝建基高程为 175.00m 至 181.00m，水下挖除方量为 16.24 万 m，施工时可架设带设铰接浮桥，液压抓斗挖除水下爆破体，装自卸汽车运至弃渣场。架桥及爆破体挖除时间为 60d。该方案拆除施工时段为第六年 11 月至第七年 3 月，共 5 个月时间。

（4）方案特点

1）分部位拆除，拆除时控制库水位相对较高为 250.00m，基本不影响水库正常运行。

2）251.00m 高程以下混凝土，采用水下深孔梯段爆破拆除，减少了上部干地拆除的

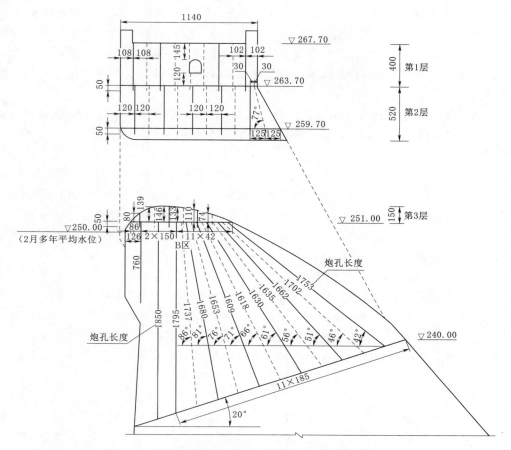

图 5.17 溢流面布孔示意图（高程：m，其他尺寸：cm）

坝体工程量，降低了干地出渣施工强度，增加了水下开挖施工工程量。

3）水下深孔的钻孔深度较深，要求钻孔精度高（尤其是扇形孔），炸药用量多，实际拆除混凝土量大于设计量。

4）由于 251.00m 高程以下拆除量需水下挖除，挖除工期不受限制，但铺设浮桥费用高，抓斗挖除时水深较大，施工较为困难。

5.3.1.3 水下爆破拆除倾倒与水下深孔爆破拆除相结合方案（方案三）

（1）与三峡三围混凝土围堰拆除工程类比

本工程的老坝拆除与三峡工程的三期混凝土围堰拆除类似，相关参数比较见表 5.46。

表 5.46 　　　　　丰满老坝拆除与三峡三期混凝土围堰拆除比较表

工程名称	坝顶宽 /m	下游侧 坡比	拆除高度 /m	拆除体底面宽 /m	拆除混凝土量 /万 m³	拆除长度 /m	下游坝脚距主坝 上游面/m
三峡三期混凝土 围堰拆除	8.0	1∶0.75	25.0	20	18.67	500	40
丰满老坝拆除	9.4～13.9	1∶0.75	27.7	22	28.46	684	60

从表 5.46 可见本工程的厂房坝段、挡水坝段的拆除断面与三峡三期碾压混凝土围堰拆除断面相近，拆除的断面、工程量稍大，根据三峡工程的成功经验，考虑采用三峡围堰的倾倒拆除方案。对于溢流坝段由于断面重心偏向下游，拆除高度为 12.0m，因此采用倾倒方案不适合。三峡三期围堰拆除时岸坡坝段也采用控制爆破分层拆除方法，因此考虑溢流坝段采用水下深孔爆破拆除方案。

三峡围堰施工前已预埋装药廊道，但本工程在拆除高程附近未设有可利用的交通廊道，因此需要在爆破实施前先行挖掘交通廊道和装药药室。

（2）拆除方案

本工程也考虑可实施性，对不同坝段采用不同的拆除方法。采用倾倒、水下深孔相结合的爆破方案。该方案将老坝拆除部位按平面位置分两个区，采用两种不同的方法进行爆破拆除。

1）左岸重力坝段及溢流坝段（6～19 号坝段）251.00m 以上部分采用毫秒微差控制爆破，分层分块、逐层逐块、由上至下将原大坝混凝土爆破拆除，251.00m 高程以下部分采用水下深孔爆破拆除，拆除方法、水位控制方式同方案二。

2）右岸厂房引水坝段、重力坝段及过渡坝段（20～43 号坝段）拆除部位采用一次爆破倾倒，使爆破体倾倒在上游库区内，同三峡围堰拆除方案。要求在倒块正前方底部炸出缺口，使其失稳，前侧翻落入水中。连接的根部用斜孔排炮将底部切割，并使坝体掀入水中，倾倒向坝体上游侧，即可避免飞石对新坝的破坏，又可减少涌浪对新坝坝前水位的影响。该方案要求预先在坝体内预挖装药廊道，并在廊道内完成药室开挖、钻孔、装药、封堵等施工。

（3）水位控制

该方案针对左岸重力坝段及溢流坝段（6～19 号坝段）要求控制水库库水位，其控制方式同水下深孔爆破方案，即方案二。对于右岸厂房引水坝段、重力坝段及过渡坝段（20～43 号坝段）的采用水下爆破倾倒方案，对水库水位基本不进行控制。

对于左岸重力坝段及溢流坝段（6～19 号坝段）拆除施工的水库水位，通过新机组、三期机组泄流进行控制，确保拆除部位施工工作面在库水位以上，能够干地施工。

（4）爆破设计

左岸溢流坝段、重力坝段的钻孔布置、爆破参数同方案二的论述。

右岸厂房引水坝段、重力坝段及过渡坝段倾倒爆破设计，参考三峡三期围堰倾倒爆破的成功经验，依据坝体断面重心位置，布置三个药室，分段延时起爆，爆后老坝上游面在 240.00m 高程左右形成爆破漏斗，顶部堰体靠自重向库内上游倾倒。

1）挡水坝段。

按图 5.18 所示布置 3 个药室，分别为 1 号、2 号、3 号，1 号药室水平间距为 2.2m，中心点高程为 239.00m，距上游坝面最近距离为 2.17m，每个坝段 8 个药室，共计 64 个药室；2 号药室水平间距为 4.5m，高程为 231.00m，距上游坝面 6.38m，每个坝段 4 个药室，共计 32 个药室；3 号药室水平间距为 3.6m，高程为 236.70m，距装药廊道侧墙 3.5m，每个坝段 5 个药室，共计 40 个药室。在装药廊道下游侧堰体内约 240.00m 高程处布置一略倾斜的断裂孔，断裂孔孔径 ϕ97mm，孔距 1.0m，孔深 14m，总计 144 孔。倾倒体的重心距坝面上游侧 7.27m，爆破后的倾倒支点距上游坝面 10.33m。

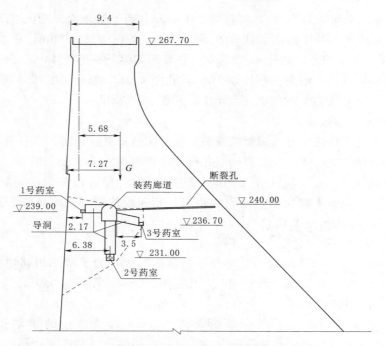

图 5.18 挡水坝段药室布置示意图（高程：m，尺寸：m）

2）厂房坝段。

按图 5.19 所示布置 3 个药室，分别为 1 号、2 号、3 号，1 号药室水平间距为 2.25m，中心点高程为 239.00m，距上游坝面最近距离为 3.00m，每个坝段 8 个药室，共计 88 个

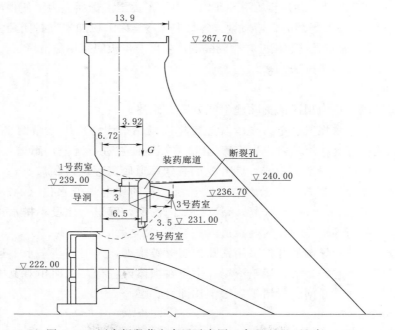

图 5.19 厂房坝段药室布置示意图（高程：m，尺寸：m）

药室；2 号药室水平间距为 4.5m，高程为 231.00m，距上游坝面 6.50m 每个坝段 4 个药室，共计 44 个药室；3 号药室水平间距为 3.6m，高程为 236.70m，距装药廊道侧墙 3.5m，每个坝段 5 个药室，共计 55 个药室。在装药廊道下游侧堰体内约 240.00m 高程处布置一略倾斜的断裂孔，断裂孔孔径 $\phi97$mm，孔距 1.0m，总计 198 孔。倾倒体的重心距坝面上游侧 6.72m，爆破后的倾倒支点距上游坝面 13.77m。

3）断裂孔爆破参数设计。

断裂孔线装药密度按常规预裂爆破线装药度的 4 倍来进行装药，其目的是保证上部倾倒堰体与下部堰体彻底分离。经计算断裂孔线装药密度为 1.5kg/m。断裂孔底部 3m 加强装药，线装药密度 6.0kg/m（采用 $\phi80$mm 成品药卷），保证该部位的混凝土充分炸碎，以形成倾倒支点。同时为防止相邻段发生殉爆，相邻段的断裂孔底部线装药密度调整为 2.0kg/m（采用 $\phi35$mm 成品药卷）。

4）切割孔爆破参数设计。

倾倒爆破设计每三个坝段为一个部分一同爆破倾倒，为了减小相邻坝段间的夹制作用，在每部分之间的坝体分缝处设切割孔。孔径为 91mm，孔距为 0.9m。每列布置 24 个孔，共布置 7 列计 168 个孔。

切割孔孔底距断裂孔正常装药段的距离为 1m，即该部位的切割孔孔底高程为 241.00m，其余部位的切割孔孔底高程为 240.20m。切割孔内装成品药卷，正常装药段的线装药密度 $q_{线} = 1.0$kg/m，采用 $\phi35$mm 成品药卷；孔底部加强为 4.2kg/m，采用 $\phi70$mm 成品药卷；根据孔深不同，加强段长 1.6～3.2m；每个切割孔内装 1 发数码雷管，堵塞长度为 2.0；堵塞段以下 2m 局部减弱为 0.5kg/m。

5）封堵。

将准备好的堵塞材料，输送至廊道斗车内，由斗车运至工作面。为了使得炸药能量能够充分利用，需提高药室及导洞的封堵质量。各集中药室均以木板加木方封闭药室，药室封闭木板后 1.0m 处采用编织袋（装满砂）垒砌隔墙，隔墙与木板间采用黏土堵实，人工捣实。

（5）施工工序及施工方法

1）坝体拆除施工。

左岸溢流坝段、重力坝段的拆除施工同方案二论述。

对于右岸厂房引水坝段、重力坝段及过渡坝段倾倒采用一次爆破倾倒水下拆除方案，需要先行挖掘装药廊道，可从右岸原有廊道 52 号坝段向左进行开挖，廊道长度 684.00m，与老坝廊道连接点底高程 237.30m，新开挖的装药廊道底高程也为 237.30m，该部位对老坝厂房进水口（高程 222.00m）无影响，低于新厂房的发电最低水位（242.00m）。初拟装药廊道尺寸为宽 2.5m×3.0m（宽×高）的城门洞型，廊道一侧设小排水沟。药室、导洞开挖、钻孔、装药等工作均在装药廊道内进行。

装药廊道、药室、导洞的开挖采用钻孔控制爆破施工，人工装斗车水平运输，利用左岸现有的斜廊道采用卷扬出渣，运至渣场。由于在坝体内进行，工期相对宽松，在爆破实施前完成，满足装药、联网、封堵等后续工作即可。

2）施工工序。

该方案倾倒坝段要求爆破实施前应完成引水闸门、启闭机、工作桥等相关设备的拆除。施工时左岸溢流坝段 251.00m 高程以上部位拆除，可以与右岸发电引水坝段、重力坝段平行施工，但在完成右岸发电引水坝段、重力坝段水下爆破倾倒后，再进行左岸溢流坝段 251.00m 高程以下部位水下深孔爆破施工。施工工期按可研阶段安排的工期内进行，但装药廊道、药室施工可以提前进行。

倾倒方案基本施工工序：装药廊道施工→药室开挖→钻孔→装药→封堵、联网→起爆。

（6）方案特点

1）左岸重力坝段及溢流坝段同水下深孔爆破拆除方案，水库控制水位与方案二相同。

2）爆破后，拆除的老坝全部倾倒在库区内，无法挖除。

3）倾倒方案爆破施工简单，药包作用方向明确，总装药量小，爆渣及堰体向上游抛洒及倾倒，倾倒坝段不需要控制水位，装药廊道、药室可先行开挖，不影响工期。并且装药、联网、封堵作业在坝体廊道内进行，不受水库水位的制约和影响。

4）装药廊道、药室开挖及廊道的钻孔施工条件较差，施工较困难，开挖量大，出渣只能选择小车出渣，工作效率较低，并且可能存在渗漏问题。混凝土坝体内廊道开挖断面不能太大，否则不利于坝体稳定。施工作业空间狭小，施工难度大。

5）倾倒方案中坝体 240.00m 处坝体最大水平宽度约为 22.67m，拆除高度为 27.70m，拆除部分宽度较大，不易翻倒。但原大坝上游侧 200.00～201.00m 的施工栈桥和进水口结构，对倾倒体的影响不大。

6）相对方案一、方案二而言，爆破采用倾倒拆除与水下深孔爆破相结合方式，使得爆破施工工序复杂。

5.3.1.4 方案比选

综合各方面因素对上述三个方案进行分析比较，以便于选择出最优的，对水库运行、周边环境影响最小的老坝拆除方案。

各种方案比较见表 5.47。

根据比较，从对水库运行影响上，方案二、方案三控制最低水位为 250.00m 高程，优于方案一控制最低水位 242.00m 高程。

表 5.47　　　　　　　　　　各 拆 除 方 案 比 较 表

内　容	方　案　一	方　案　二	方　案　三
	降水干地施工爆破设计方案	水下深孔爆破设计方案	水下爆破拆除倾倒与水下深孔爆破拆除相结合方案
拆除工期	第六年 10 月中至第七年 4 月中，工期 6 个月	第六年 11 月至第七年 3 月，工期 5 个月	
影响新机组发电工期	新机组按计划在第六年 8 月份发电，施工期间新机组可发电		
总装药量/t	143.03	199.49	153.20
拆除混凝土量/流向	26.64 万 m³/运至渣场	33.44 万 m³/运至渣场	30.86 万 m³/（19.66 万 m³ 弃于库区，11.20 万 m³ 运至渣场）

续表

内　容	方　案　一	方　案　二	方　案　三
	降水干地施工爆破设计方案	水下深孔爆破设计方案	水下爆破拆除倾倒与水下深孔爆破拆除相结合方案
优点	（1）施工工艺简单，方法成熟，可实施性强，难度相对较小； （2）装药量小，可控性强，对水库及其他建筑物影响小； （3）由于分层高度较小，对于坝体内复杂构造部位（金结埋件、钢筋等）等适应性强	1）最低控制水位 250.00m，基本不影响水库运行； 2）分部位拆除，施工强度低，施工难度小； 3）施工工序相对简单； 4）水下深孔爆破若留下的岩坎，可采用水上钻孔、装药爆破方式进行修整	1）最低控制水位 250.00m，基本不影响水库运行； 2）倾倒坝段廊道、药室施工在坝体内进行，不受库水位及工期的影响； 3）总装药量小，拆除外运渣量小，施工强度低
缺点	（1）控制水位低，为 242.00m 高程，降低水位会造成一定的发电损失，同时对水库运行造成影响； （2）钻孔数量大，出渣量大，施工强度大； （3）施工工期偏紧	1）炸药用量多，网络要求高。 2）实际拆除混凝土量较设计混凝土量大，需多拆除混凝土量为 4.98 万 m³。 3）钻孔的精度要求高，尤其是扇形孔。 4）由于坝体内有金属结构埋件、钢筋等，会影响爆破效果，可能会出现局部未爆除，其后续处理难度很大，该方案存在一定工程实施风险。 5）水下出渣难度较大，挖掘设备自重大，挖除水下爆破体施工难度大，浮桥铺设费用高	1）倾倒部分坝体无法水下挖除，造成库区弃渣。 2）采用爆破倾倒与水下深孔相结合方案，施工工序相对复杂，爆破网络复杂。 3）装药廊道、药室开挖及钻孔施工条件差，施工困难；倾倒方案装药、封堵、联网施工难度大，药室、钻孔施工精度要求高。 4）增加了实际开挖量。 5）坝体缺陷的不均一性，会影响爆破效果。并且倾倒方案一旦失利后，需要补救措施难度大，代价高。 6）老坝坝前留有当年施工 220.00m 高程施工栈桥，坝体倾倒可能会受阻，影响爆破效果，出现整体或局部未倾倒现象，其后果严重、难于处理，可见该方案工程实施风险大

从拆除工程量上，方案一工程量最小，方案二、方案三根据爆破设计需要增加坝体拆除量。

从爆破缺陷处理上，方案一的缺陷处理最为简单、易于施工，方案三的缺陷处理难度最大，方案二次之。

从拆除坝体弃渣的处理上，方案一基本上将坝体拆除渣料运至弃渣场，对水库影响最小，方案二采用水下捞渣，施工难度大、工程投资大，方案三直接弃渣于库内，不满足水保和环保的相关要求。

从施工工序、爆破施工难度上，方案一施工简单，但分层较多，施工循环次数多，实施风险小、爆破缺陷处理简单；方案二施工循环较少，但对钻孔精度、爆破网络要求高，工程实施风险和爆破缺陷处理难度同方案一相比较大；方案三采用深孔爆破与倾倒爆破相结合，施工工序相对复杂，工程实施风险和爆破缺陷处理难度同方案一、方案二相比更大。从老坝缺口拆除的施工安全可靠、施工难易程度，以及工程实施风险上，方案一具有明显的优势。

综上所述，推荐方案一降水干地施工爆破设计方案。

5.3.2　个性化、精细化爆破拆除方案研究

5.3.2.1　拆除爆破关键技术参数的选择

（1）老坝水下生产性爆破试验

1）试验目的。

根据丰满老坝拆除施工技术要求及周边爆破环境的实际情况，既要达到预期的爆破效果，又要将爆破的影响范围和危害作用严格地控制在允许限度之内，保证周边居民、被防护建（构）筑物的运行和使用安全，必须严格控制炸药爆炸能量的释放过程和坝体混凝土的破碎过程，对爆破效果和爆破危害效应同时进行双重控制。为此，承包人拟选择典型坝段进行现场爆破试验，以达到以下目的：

①通过在老坝选择典型坝段进行爆破试验，对爆破设计中采用的施工工艺、孔网参数与起爆网路进行校核优化，研究不同施工工艺与设计参数对相邻保留坝体混凝土的影响。

②爆破试验时进行振动监测，分析爆破振动对爆区周边需保护对象的影响，推导坝体及坝后基坑的振动衰减规律，结合对应的控制标准对爆破参数进行修正，为正式爆破拆除施工提供科学依据。

③大体积混凝土控制爆破必然产生一定数量的飞散物，老坝拆除需严格控制飞散范围及破碎程度，要求爆渣块体做到大体上"碎而不抛"，对此应根据爆破试验研究分析材料特性与火工材料性能对飞散物散布范围的影响。

④丰满老坝拆除爆破所产生冲击波对坝体顶部高耸构筑、金属结构等可能产生危害，产生的爆破噪声可能对下游居民群众日常生活产生干扰，可结合爆破振动监测对爆破冲击波和噪声进行测试，为拆除爆破的声环境保护提供依据。

⑤通过现场试验还能够检验起爆网路中各项火工器材的可靠性、坝体与保护对象防护措施的有效性以及各保护对象、振动敏感部位控制指标的合理性以及冬季严寒条件拆除作业的组织流程与施工工艺。

2）试验内容。

爆破试验内容包括：

①施工工艺试验：钻孔设备配置、钻孔、装药、堵塞、安全防护、安全警戒等施工组织与质量保证措施等。

②爆破参数测试：钻孔形式、孔排距、装药结构、雷管起爆网路、炸药单耗等。

③爆破器材试验：主要进行普通导爆管雷管延时测试和起爆网路模拟试验。

④爆破振动传播规律测试：通过分布于丰满老坝不同部位和高程的振动测点监测数据，回归计算符合坝体特性的场地参数 K、α 值。

⑤重点部位振动监测：验证爆破安全控制标准，研究确定最大允许单段药量。

⑥爆破效果分析：根据爆后调查成果，优化炸药单耗，调整孔网参数；根据爆破飞石情况调查，优化安全警戒和防护方案。

3）试验布置。

①试验地点。

为研究抵抗线长度、炸药单耗及网路起爆顺序对大体积钢筋混凝土结构的爆破效果和

有害效应影响，计划在 31 号坝段进行于孔网参数和炸药耗的对比试验。

试验爆破 31 号坝段，对象为坝体拆除第一分层，分两次进行，高程为 267.70～263.50m。

②试验道路布置。

试验坝段在 31 号坝段进行，根据施工情况，可利用老坝右岸坝面道路及右岸 YY3 号道路及右岸景观路，皆为现有主要施工道路，无须再设其他临时施工道路。

4）试验时间。

2018 年 11 月 27 日至 2018 年 12 月 2 日进行爆破试验，现场施工于 11 月 27 日至 11 月 30 日进行，试验成果资料整理及汇报于 12 月 1 日至 12 月 2 日进行。

5）试验方案。

①雷管与网路延时测试。

受火工品材料供应商生产工艺和质量控制的水平制约，不同厂家不同批次的普通导爆管雷管实际延时往往相差较大。而由普通导爆管雷管组成的起爆网路受到延时离散性影响，会导致后排炮孔的实际起爆时间与设计起爆时间产生较大误差。因此，需要进行雷管延时测试和起爆网路模拟测试，以检验普通导爆管雷管的延时误差及由此产生的起爆网路关键节点的延时误差。

单发雷管延时测试需要将设计起爆网路计划使用的各段别普通导爆管雷管分别抽取一定数量，通过专用检测仪器进行延时精度测试。理论上抽样数量越多，检测结果越精确。考虑统计精度、成本控制与试验难度，一般每段别雷管抽样数量不少于 10 发。

将每段别的检测雷管串联后均匀分列在直径 3.0m 的圆周上。将检测仪器布置在圆心处采集每发雷管的起爆信号（图 5.20），用于后续统计分析的延时精度，这种测试方法可达到 ±0.1ms 延时精度。

在获得各段别雷管的实际延时后，按式（5.7）、式（5.8）计算雷管的延期时间与误差，并计算准爆率。计算公式如下：

$$\overline{X} = \frac{1}{n}\sum_{i=1}^{n} X_i \tag{5.7}$$

计算公式为

$$S = \sqrt{\frac{1}{n-1}\sum_{i=1}^{n}(X_i - \overline{X})^2} \tag{5.8}$$

式中：X 为样品延期时间均值，ms；X_1 为第 i 发样品延期时间，ms；n 为被测雷管样品数量；s 为样品延期时间标准差。

②爆破试验。

丰满水电站老坝拆除爆破试验选在 31 号坝段进行，31 号坝段试验部位高程 263.50～267.70m，长度

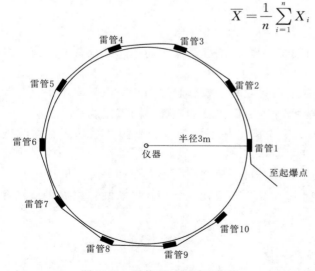

图 5.20　雷管延时测试示意图

19.5m，宽度 13.9m。先在中部爆破拆除 5m 宽的区域，后再进行二次钻孔爆破拆除剩余部分。

　　a. 试验参数。

　　爆破试验的爆破孔主要有主爆孔、缓冲孔和掏槽孔，孔径均为 $\phi90$mm。采用液压钻机钻孔。

　　31 号坝段试验部位的孔位布置为：31 号坝段试验部位高程 263.50～267.70m，长度 19.5m，宽度 13.9m。共 103 个孔，单孔深 1.30～4.50m，总孔深 365.40m，爆破方量为 1028.89m³。

　　在上游侧牛腿顶面布置 1 排孔深 2.00m 的炮孔，与相邻主爆孔排距 0.80m；在下游侧牛腿顶面布置 1 排孔深 3.20m 的炮孔，与相邻主爆孔排距 1.00m；在电缆井廊道上方布置 2 排孔深为 1.30m 的炮孔，与相邻主爆孔排距 1.20m，以加强两处混凝土的破碎效果。

　　在坝顶其余部位共布置 7 排 77 个主爆孔。主爆孔距为 1.50～2.00m，主爆孔排距为 0.80～1.50m。

　　第一次爆破试验，取每排第 5～8 个孔选行爆破开槽，共计 36 个孔；第一次爆破试验形成临空面后，再进行剩余其他爆破孔钻孔，共计 73 个孔，后再进行装药爆破试验。

　　爆破试验采用防水塑料包装的乳化炸药，本次试验使用的药卷直径为 $\phi60$mm。主爆孔采用 $\phi60$mm 药卷，单节质量 1.0kg，长度 0.35m。具体型号（药卷长度、总量）以供应商实际提供为准。

　　b. 装药结构。

　　主爆孔采用 $\phi60$mm 药卷连续装药。炮孔在装药段上部和下部各安装 1 发导爆管雷管。炮孔采用黄沙或黄泥作为堵塞材料，主爆孔堵塞长度为 0.80～1.20m。在需要进行间隔装药袋爆破孔采用毛竹片绑扎炸药，以达到更好的控制爆破效果。

　　31 号坝段第一次爆破试验主爆孔单孔药量为 1.5～11.0kg，单段药量 3.0～33.0kg。上下游面主爆孔（钢筋混凝土）设计单耗 1.02～1.25kg/m³，后排主爆孔（素混凝土）设计单耗 0.55～0.75kg/m³，设计总单耗 0.89kg/m³，31 号坝段第一次爆破试验拆除方量 236.10m³，爆破药量为 210.00kg。

　　31 号坝段第二次爆破试验主爆孔单孔药量为 1.5～11.0kg，单段药量 18.0～33.0kg。上下游面主爆孔（钢筋混凝土）设计单耗 0.90～1.25kg/m³，后排主爆孔（素混凝土）设计单耗 0.47～0.81kg/m³，设计总单耗 0.63kg/m³，31 号坝段第二次爆破试验拆除方量 792.79m³，爆破药量为 499.00kg。

　　c. 起爆顺序。

　　31 号坝段第一次爆破利用中部进水口闸门孔位临空面起爆，起爆顺序为从内向外进行。

　　31 号坝段第二次爆破利用第一次爆破形成的临空面起爆，起爆顺序为从中间分别向左右岸方向进行。

　　（2）爆破网络研究

　　1）爆破方案设计的指导思想。

要求网络是一种准爆可靠性高、连接简捷，分段数不受雷管段数限制，微差时间可以灵活选取的新型爆破网络。

施工期间，电站还在继续运行，要求爆破网络不受电场干扰。

能实施微差延时爆破，联网方便，操作简单、防水、防潮性能好。

网络便于检查，安全性能高。

成本低，经济效益高，具有缩短工期良好效果。

综合来看，能满足工程施工强度要求。

2）爆破网络方案设计。

按照方案设计的要求，塑料导爆管起爆网络最为理想，其基本形式大致可分为：孔内延迟和孔外延迟。

孔内延迟：对于小范围的区域，常使用 1～15 段雷管就可满足现场需要，使用方法与使用微差电雷管一样。由于有准确可靠性较高的特点，大多用于深孔台阶微差爆破，适用于要求分段数量不多（5～10 段）时采用。一般在新坝基础开挖中常用，要求雷管精度较高，否则易发生串段，导致爆破效果恶化。

孔外延迟：孔内装同一段的高段位雷管，地表排间用低段位雷管接力延迟，例如孔内装 8 段（250±20ms）孔外用 25ms（2 段）等间隔延迟，可以安排 10 排，（大斜线或 V 形同排）等间隔微差爆破，能保证孔外延迟传爆完成后，第一排孔才开始起爆；孔内装 14 段雷管（延时 840±50ms）排间用 3 段（50ms）作等间隔延时，可以安排 17 排等间隔微差爆破。当爆破现场范围较大时，炮孔较多时，可用孔外延迟。

孔外延迟操作起来简单，只用两个段位的微差雷管，不会发生起爆顺序错误，即发生错误也很容易检查出来，而且等间隔起爆从控制地震波强度与改善爆破效果上分析都更好一些。

3）网路的连接。

①对于浅孔基础开挖、范围不大的小区，常用簇连法连接，就是把每 10～20 个炮孔引出的非电导爆管作为一束，用 1～2 发即发的非电雷管引爆，再把 10～20 个引爆雷管的导爆管再作为一束用 1～2 发即发的雷管引爆。这种连接方法又叫"一把抓"，操作简单方便，但要求绑扎好。

②接力式起爆网路。在新坝基础开挖中，溢流坝段，引水坝段范围较大，可采用深孔台阶孔间顺序微差爆破，即所谓接力式起爆网络。一般采用传爆雷管串联，起爆雷管并联，以及前后排传爆干线，相互交叉搭接方式，从传爆上看，他的微差分段不受限制，同时不存在串联与重段现象发生。

这种网路操作也非常简单，为了保证地表延迟雷管传爆的可靠性，地表传爆雷管可设计成对使用。

③四通闭合网路。每个四通连两个导爆管雷管和两根连接用的导爆管，将若干炮孔形成一个闭合网路，若干闭合网路之间再用四通相连，连成一个大的环形网路，最后用一发雷管引爆大环形网路的任何一处非电导爆管都会把爆轰沿两个方向传播开去，将小环形网路引爆，小环形网路又是从两个方向传播爆轰，将网内炮孔引爆，由于他的保险，又节省材料，在爆破作业中使用的较多。

这三种网络连接形式，根据现场情况灵活使用。

根据开挖规划，采用有序微差爆破最为理想，其爆破网路如图 5.21 所示。

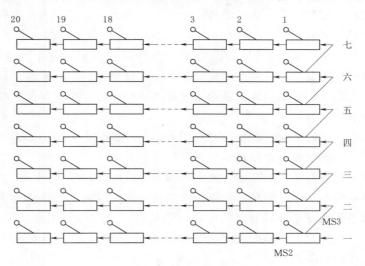

图 5.21　接力起爆网路

该网络共 7 排 140 孔，（每排各有 20 个炮孔）孔内采用高段位雷管（800ms），各排孔均用 MS2 段雷管（25ms）接力，相邻排间均采用 MS3 段雷管（50ms）接力。该网路当最后一个孔传爆雷管响时，第一个孔才开始起爆，则起爆网络的飞石不会砸坏传播网络，为了提高网路的可靠度可采用传爆雷管的搭接方式或采用复式交叉网络以增加其可靠性。

4）爆破网络的安全可靠度分析。

起爆网络能否正常工作一般由以下 4 个方面的因素所决定。

①起爆器材的可靠度。

②起爆网络设计可靠度。

③网络施工，操作工艺水平。

④网络工作时的偶然因素影响。

在上述 4 个方面的因素，要重点考虑网络正常设计，不考虑人为过失在内。

以典型网络为例，如图 5.21 所示，为某次孔间微差爆破，共有 7 排 20 列 140 个炮孔（每排各有 20 个炮孔），各排孔均用 MS2 段雷管接力，相邻排间均采用 MS3 段雷管接力。已知该批塑料导爆管雷管的可靠度为 95%，所有传爆节点采用二发塑料导爆管雷管（并联），在本例中，第 i 个分系统的可靠度为

$$R_i = 1 - (1 - 0.95)^2 = 0.9975$$

则设计可靠度为

$$R_d = 0.9975^{7+20-1} = 0.937 \approx 0.94$$

设计可靠度为 94%，基本上能满足需求。

要想提高设计可靠度，就需要提高单个雷管的自身的可靠度，或者增加节点上传爆雷管数。

例如取 $n = 3$（即并联 3 个雷管），则设计可靠度为

$$R_d = 0.9999875^{26} \approx 0.9968 = 99.68\%$$

设计可靠度提高较多，但成本却增加很多了。

为了提高设计可靠度还可采用排间搭接法，即采用复式交叉网络来提高 R_d 值。

5) 网络延时特性的分析。

起爆网路设计的基本要求之一，是不允许网络中各段起爆延时出现重段、串段现象，串联会造成爆破顺序的混乱，直接影响爆破效果；重段则增加了一响起爆药量，可能危及邻近被保护物的安全。因此对起爆网路的延时特性进行分析，找出其避免串、重段的技术措施是非常必要的。

孔内延时起爆网络的延时特性是由在孔内的不同段延时雷管决定的，一般只要采用秒量合格的延期雷管，网络就不会出现串、重段现象。

对于采用孔外分段的接力式起爆网络。根据其分段原理，在同一条接力传播支路上的各段间肯定不会发生串、重段现象。但由于多条传播支路组成的大区多排微差串、并联接力网络，由于每条传播支路都具有很强的延时累积性（其中包括误差累积），当他经过多段延时接力之后，使得其实际起爆时间与设计值有很大的差异，从而就有可能在前后传爆支路间发生串、重段现象。

因此，导致起爆网络发生串、重段根本原因是毫秒延期雷管自身延时偏差以及网络自身延时性。

为了避免多排接力式网络，串、重段的措施就得采用高精度雷管，以及网络中采用前后排搭接技术来避免串、重段。

设计所采用的典型网络为例，所有支干线上的传爆雷管均用同一段别，利用误差理论，可找出前后排可能出现串段部位，对应典型网络可得出前、后对应炮孔实际时差为

$$\Delta t = t_{dl} \pm \sqrt{2mt_0^2 - t_{0l}^2} \tag{5.9}$$

式中：t_{dl} 为前后排对应炮孔设计时差均值；t_{0l} 为前、后排对应炮孔设计时差值的偏差值；t_0 为各条传爆支路上传爆管的延时偏差值；m 为传爆支路上传爆管节点序号。

①前、后排炮孔可能出现串、重段部位确定。

由式 $\Delta t = t_{dl} \pm \sqrt{2mt_0^2 - t_{0l}^2}$，当 $\Delta t \leqslant 0$ 即得 $m \geqslant \dfrac{t_{dl}^2 - t_{0l}^2}{2t_0^2}$

该式用来判定串、重段部位，又名发生重、串段的判定方程。

当采用典型爆破网路，并用高精度雷管（$t_0 = 5\text{ms}$），各支路传爆雷管，均为 MS2 段（$t_0 = 5\text{ms}$）。前、后排支路间采用 MS3 雷管（$t_{dl} = 50\text{ms}$，$t_{0l} = 5\text{ms}$），进行延时，求前、后排间可能开始出现串段。

由　　　　　　　$$m \geqslant \frac{t_{dl}^2 - t_{0l}^2}{2t_0^2} = \frac{50^2 - 5^2}{2 \times 5^2} = 49.5$$

即从计算表明，对于这种典型网络的多排接力式网络，当支路接力传爆点达到 49 时就有可能发生串段，那么在这之前采取一次前、后排再同步之措施，就可避免串、重段。对于前文所提典型网络由于支路接力传爆点最多只有 20，故不会产生串段。

②交叉搭接雷管作用的分析。

交叉搭接雷管不但提高了网络设计的可靠度，而且在节点之前处延时同步作用，不发

生串、重段。同样提高了爆破网络的可靠性。

因此，在爆破网络设计中还需考虑到爆破网络的安全可靠度。

6）爆破网络可靠性试验。

在爆破施工前，需对所采用的爆破网路进行试验，以便检查火工器材和爆破网路的可靠性。

以往的试验是把雷管按照网络联结起来引爆，爆后检查有无拒爆的雷管，没有发生拒爆就认为爆破网络正确可靠，可以采用。这种方法比较粗糙，现今采用示踪法进行检测，即借助于高速摄影法把模拟每个支路雷管起爆时间测量出来，有效检验爆破效果。

①试验场地布置。

选择合适的平整场地作为试验场地，场地布孔按照爆破网络布置方式进行布孔，钻孔深度为 0.50m 左右，孔、排距均为 0.50m，布孔时先爆的排在后面，后爆的排在前面，避免图像的干扰。

②爆破网路铺设连接。

a. 首先把高段位 800ms 雷管装入各炮孔内作为引爆雷管。以后再往孔内投入石膏粉示踪用。

b. 把 MS2 雷管作为传爆雷管与各排炮孔之内的引爆雷管串联起来如网络图 5.22 所示。

c. 再用 MS3 雷管作为传爆雷管把相邻排间第一孔位的雷管串联起来如网络图 5.22 所示。

d. 进行网络连接的最后检查。

③安装测量毫秒延时装置。

在每排孔第 4 列 MS2 雷管安装上细金属丝与管壳外壁相连，用一节干电池（1.5V）作为信号源，连成信号系统接入数据采集仪上，当雷管起爆后形成断线信号，即可读出网路毫秒间隔时间（或延时时间）。

④测试成果。

由于当前条件尚不具备，只有放在第二阶段——技施设计阶段进行。

为了说明网络试验的可靠性，在本阶段列举在某工程进行网络试验成果，进行说明。

a. 断线法测量雷管毫秒延时时间。

a）测试方法。

该方法为精确测量雷管毫秒延时作用时间的一种方法。该测试系统示意图如图 5.22 所示。

b）测试成果。

雷管爆破后，炸断金属丝，测得雷管延迟时间如表 5.48 所示，波形图如图 5.23 所示。

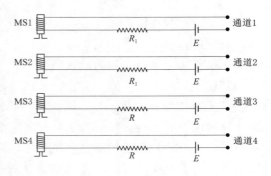

[E:电池　R:电阻]

图 5.22　断线法测试系统示意图

从波形图可以看到测量精度到±0.1ms。

表 5.48　　　　　　　　　　断线法所测电雷管延迟时间

编号	炮孔号	雷管段位	点燃时间/s	断线时间/s	雷管延时时间/ms
1	Ⅳ-1	MS-1	23.21910	23.22040	1.3
2	Ⅰ-4	MS-3	23.21910	23.27400	54.9
3	Ⅰ-1	MS-4	23.21880	23.28760	68.8
4	Ⅰ-7	MS-5	23.21880	23.30900	90.2

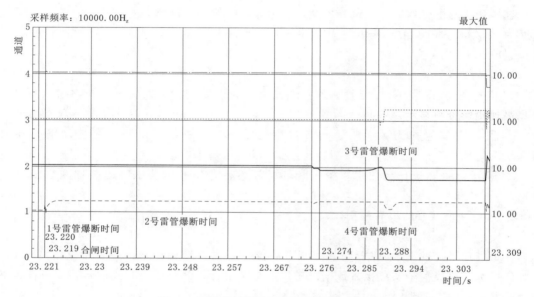

图 5.23　采集仪所绘制的试验过程波形图

b. 示踪法测试成果。

a）炮孔布置。

炮孔平面布置如图 5.24 所示。

b）测试方法。

为了从整体上观察雷管的起爆顺序，本次网络试验采用了示踪法显示雷管起爆时间，即辅助高速摄影的观测方式，来进一步观测各段别雷管的起爆顺序。本试验中采用高速摄影机，拍摄速度为每秒 200 张，因此，每张间隔时间为 5ms 左右，观测的精度达到 5ms 以内，能够区分开雷管段别。为了便于高速摄影观察，试验中在各孔孔口放入石膏粉，雷管爆炸时，将石膏粉抛起形成白色的烟柱，每孔开始出现白烟的时间代表该炮孔内雷管起爆时间（实际上真正起爆时间要提前若干毫秒，在本试验中应当提前 6ms）。试验证明，该种方法具有直观、观测数量大、形象、精确的优点，在影像、数据方面反映了网路试验的整个过程，为爆破网络试验提供了可靠的依据。

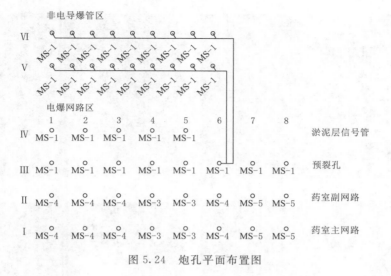

图 5.24 炮孔平面布置图

c）测试成果。

高速摄影资料显示（各时段影像见图 5.25），Ⅲ-8 炮孔 MS1 电雷管点燃非电导爆管（图上显示强烈白色亮光）作为零时，位于同一 MS1 电雷管段数的Ⅲ-4、Ⅲ-5、Ⅲ-6、Ⅲ-7、Ⅳ-4 炮孔在 6ms 开始冒白烟；在 11ms 时，Ⅲ-1、Ⅲ-3、Ⅳ-1、Ⅳ-3、Ⅲ-4、Ⅳ-5 炮孔开始冒白烟；在 16ms 时，Ⅲ-2、Ⅳ-2 炮孔开始冒白烟；50ms 时，Ⅰ-5 炮孔开始冒白烟；54ms 时，Ⅱ-5 炮孔开始冒白烟；59ms 时，Ⅰ-4、Ⅱ-4 炮孔开始冒白烟；在 68ms 时，Ⅰ-3、Ⅰ-6、Ⅱ-1、Ⅱ-3 诸炮孔开始冒白烟；在 73ms 时，Ⅱ-6 炮孔开始冒白烟；85ms 时，Ⅱ-2 炮孔开始冒白烟；90ms 时，Ⅰ-1、Ⅰ-2 炮孔冒白烟；在 95ms 时，Ⅰ-7、Ⅰ-8 炮孔开始冒白烟；在 111ms，Ⅱ-7、Ⅱ-8 开始冒白烟。整理各炮孔起爆时间如表 5.49 所示。

（3）试验小结

从爆破模拟网路试验观测成果可以看到爆破网路设计是可靠的，在实际运用中不会发生早爆或拒爆。

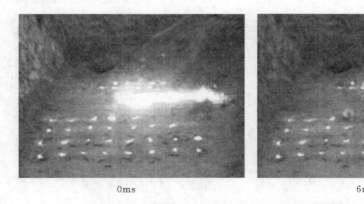

0ms   6ms

图 5.25（一）　高速摄影机记录的网路试验各时段影像

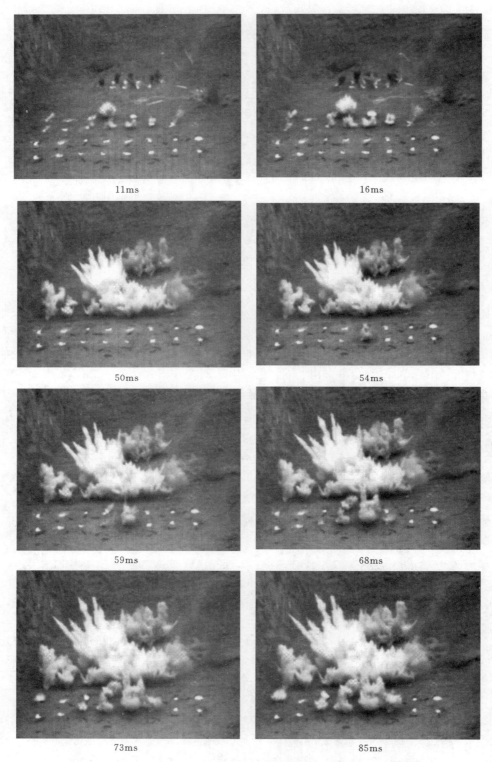

11ms

16ms

50ms

54ms

59ms

68ms

73ms

85ms

图 5.25（二）　高速摄影机记录的网路试验各时段影像

90ms

95ms

111ms

图 5.25（三）　高速摄影机记录的网路试验各时段影像

表 5.49　　　　　　　　　　　　　各炮孔雷管起爆时间

编号	部位	钻孔号	段别	开始冒白烟时间/ms	雷管起爆时间/ms	备注
第一支路	1 号药室	Ⅰ-1	4-MC	90	84	药室主网路
	2 号药室	Ⅰ-2	4-MC	90	84	
	3 号药室	Ⅰ-3	4-MC	68	62	
	4 号上药室	Ⅰ-4	3-MC	59	53	
	4 号下药室	Ⅰ-5	3-MC	50	44	
	5 号药室	Ⅰ-6	4-MC	68	62	
	6 号药室	Ⅰ-7	5-MC	95	89	
	7 号药室	Ⅰ-8	5-MC	95	89	
第二支路	1 号药室	Ⅱ-1	4-MC	68	62	药室副网路
	2 号药室	Ⅱ-2	4-MC	85	79	
	3 号药室	Ⅱ-3	4-MC	68	62	
	4 号上药室	Ⅱ-4	3-MC	59	53	
	4 号下药室	Ⅱ-5	3-MC	54	48	
	5 号药室	Ⅱ-6	4-MC	73	67	
	6 号药室	Ⅱ-7	5-MC	111	105	
	7 号药室	Ⅱ-8	5-MC	95	89	

续表

编号	部位	钻孔号	段别	开始冒白烟时间/ms	雷管起爆时间/ms	备注
第三支路	预裂孔网路	Ⅲ-1	1-MC	11	5	
		Ⅲ-2	1-MC	16	10	
		Ⅲ-3	1-MC	11	5	
		Ⅲ-4	1-MC	6	0	
		Ⅲ-5	1-MC	6	0	
		Ⅲ-6	1-MC	6	0	
		Ⅲ-7	1-MC	6	0	
		Ⅲ-8	1-MC		0	引爆导爆管
第四支路	淤泥层及信号网路	Ⅳ-1	1-MC	11	5	
		Ⅳ-2	1-MC	16	10	
		Ⅳ-3	1-MC	11	5	
		Ⅳ-4	1-MC	6	0	
		Ⅳ-5	1-MC	11	5	信号网路

　　示踪法采用高速摄影定性和定量分析图祯所记录爆破网路爆破过程中各种现象，是在爆破网路试验中大胆尝试，形象显示各部位起爆顺序，这说明用它检验爆破网路有一定实际使用价值。

　　由于断线法是采用快速数据采集仪进行记录，故其测量毫秒延时时间精度能达到0.1ms，比常规所用的方法精度要高。

　　采用断线法与示踪法相结合的方法进行爆破网路试验，在影像、数据方面反映了网路试验的整个过程，既形象又精确地记录了各部位雷管的起爆时间，较以往方法大幅度提高了试验的精度和可靠性。

5.3.2.2　爆破安全防护措施及体系研究

　　(1) 爆破振动效应控制

　　爆破振动对近邻建（构）筑物破坏主要表现在以下 3 个方面：①直接破坏，即爆破振动强度超过建（构）筑物的抗振能力，引起损伤破坏；②加速破坏，爆破振动加速建（构）筑物已有的疲劳损伤发展；③间接破坏，爆破振动导致建（构）筑物地基发生位移或结构体失稳，间接地导致破坏发生。老坝爆破振动的主要破坏形式为第 1 种，即爆破振动强度超过建（构）筑物的抗振能力，直接引起损伤破坏。为此从两方面控制爆破振动：第一，爆源处控制爆破振动能量的释放，即通过调整爆破参数，包括炸药种类、最大单段药量、时间间隔和爆破区域进行控制；第二，爆破振动传播过程控制，在振源与保护物之间设置隔振屏障，削弱爆破振动强度，或者加固保护物的基础。

　　1) 控制爆破振动能量的释放。选择波阻抗低于岩石波阻抗的低爆速、低威力炸药。根据徐淮场的工程地质环境，选择岩石乳化炸药。为了最大限度的发挥炸药效率，减小装药量，采取不耦合装药结构，减弱爆破振动强度的同时增加爆破作用时间，提高破碎质量。分散布置炮孔，采用对角式或波浪式布孔，并且由最小抵抗线一侧延时起爆，前排炮孔的起爆为后排炮孔提供临空面也可以减弱岩石的夹制作用。降低炸药总能量转化为爆破振动能量的比率，达到降低爆破振动强度的目的。

2）控制爆破振动能量的传递。以往爆破工程实践表明，在爆破振动波传播方向上遇到江河、深沟及断层时，爆破振动波发生折射、反射和绕射，削弱了爆破振动强度。所以，在靠近保护物一侧开挖沟槽，振动波体波和面波在沟槽处传播。但是这种防护措施受到施工环境制约，而且采取的安全防护措施已经使得在配电所处的振动强度处于安全范围内，所以不需要开挖减振沟。为了达到减振的效果也可以采取延时爆破结合预裂爆破的起爆方式。

根据工程经验，沿最小抵抗线方向的爆破振动强度最小，反向最大，侧向居中。然而最小抵抗线方向又是破碎块体和飞散物的主要抛掷方向，因此在进行爆破设计时，应将最小抵抗线方向避开保护对象，并尽可能增加临空面，以降低爆破振动的强度。

另外，选择慢爆速、低密度，小药径的炸药，采取不耦合间隔装药可以有效降低爆炸冲击波峰值压力和延长作用于介质的时间，在其他因素相似的情况下，也能有效降低爆破振动峰值。

根据爆破器材试验及工艺试验，进行科学合理的爆破设计，确定合理的抵抗线大小，起爆方向，选合理的孔网参数，严格控制最大单段药量。通过精细的爆破设计，控制炸药爆炸能量的释放过程和介质的破碎过程，将爆破振动效应危害作用严格地控制在允许限度之内。

在采取以上减振措施后，进行试爆和正常施工时，在附近建（构）筑物处设置振动监测点，监测结果显示的振动强度均在安全允许范围内。

（2）爆破飞散物防护

爆破飞散物是拆除爆破最严重的潜在安全事故因素，飞行方向难于预测，往往会给爆区附近的人员、建筑物及设备等带来严重的威胁。因此，如何更好地对爆破飞石进行有效控制和安全防护，减小飞石伤害事故的破坏损失显得尤为重要。

在炸药的作用下岩渣会向远处抛掷对近邻建（构）筑物和人员造成伤害。同时在爆破振动作用下高处危石可能滚落造成破坏。由于爆破在很短的时间内完成，所以需要在施工之前对爆破产生的飞石和滚石采取行之有效的安全防护措施。根据防护的重点不同分为主动防护和被动防护。

1）主动防护。

在保证爆破施工效果的前提下，从台阶、炮孔的布置以及炮孔装药等方面对爆破所产生的爆破飞石进行控制。

①选择台阶。最小抵抗线方向是爆破飞石的主要抛掷方向，振动较弱，背离最小抵抗线一侧则相反；两侧飞石和振动都相对较弱。所以可以通过调节抵抗线的方向达到控制爆破飞石影响的目的。调节抵抗线方向的方式有：a. 直接使抵抗线背离保护物；b. 开挖范围较大时，采取预留隔墙控制爆破技术。在远离保护物一侧进行拉槽爆破，预留靠近既有线一侧岩体，在开挖一定深度后将预留隔墙爆破拆除到安全高度后继续施工。

②加强薄弱部位防护。保证最小抵抗线满足设计要求。在台阶薄弱部位适当增加厚度，保证合理的最小抵抗线。炮孔填塞选择锁固性强的材料，并且不含有直径大于 30mm

的石块或者土块。

2）被动防护。

被动防护是指在爆炸发生后起作用的防护措施。根据飞石防护位置的不同，被动防护可以分为爆破近体防护和保护物防护两种。

①爆破近体防护。使用强度高、韧性好且能牢固连接成整体的覆盖物对爆破体进行覆盖，如汽车轮胎加工成的炮被、钢筋网或布鲁克网等。当炮被等不能有效防护爆破飞石时，在炮被上覆盖钢丝网和绳网，两侧采用锚杆固定形成封闭柔性防护体系。

②保护物防护。当受防护材料限制时，可以进行压渣爆破，即爆破后不立即清渣而是保留岩渣充作覆盖物，在下一台阶爆破时起到覆盖作用，抑制爆破飞石。压渣爆破可以降低岩渣块度，有利于后续出渣作业。

根据对爆破飞石的类型、产生的原因及其运动规律的分析，设计和施工中可以采取如下控制措施：

a. 优选爆破参数。选取适宜的孔距、排距、最小抵抗线等爆破参数，准确选取炸药单耗，并尽可能使产生飞石的主要方向避开重要保护对象及人员密集的方向。

b. 保证堵塞质量。堵塞要密实、连续，堵塞物中应避免夹杂碎石，并保证堵塞长度不小于最小抵抗线值。

c. 合理布置药包位置。根据被爆介质的性质和爆破要求，合理布置药包的位置，并严格控制药量，在设计和施工中切忌将药包布置在软弱夹层、裂隙、混凝土接触缝附近。

d. 对爆区附近，保护对象顶面采用"覆盖防护与近体防护相结合"的综合防护方案，在装药堵塞完成后放置砂袋，然后覆盖一层废旧轮胎并联的防护被（炮被），最后铺设一层防爆网（布鲁克网）并将其四周进行固定；老坝爆破拆除对象下游面采用橡皮帘子覆盖后再加一层防爆网（布鲁克网）后用膨胀螺丝进行固定，老坝爆破拆除对象上游面悬挂一层防爆网用膨胀螺丝进行固定，如图 5.26 所示。

在新坝和老坝之间的基坑内利用弃渣形成一道高度 3.00m 的挡墙，用于防止老坝拆除爆破过程中掉落基坑内的破碎块体滚落对新坝坝体造成损伤。挡墙见图 5.27。

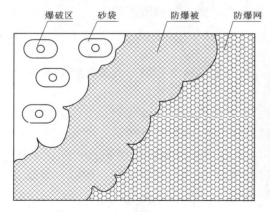

图 5.26　爆区飞石防护

图 5.27　新坝和老坝之间的基坑内挡墙布置图

（3）爆破噪声控制

伴随着爆破的进行，还会产生巨大的噪声，所以在紧邻人们生活聚居时，爆破噪声的影响不可忽视。影响爆破冲击波强度和噪声的因素主要有：施工环境、炸药参数、施工方式和天气条件。基于影响爆破冲击波和噪声的因素和二者的影响范围，一般从施工环境、爆源防护、冲击波的传播途径等进行防护，以削弱爆破冲击波和噪声的影响。

1）尽量避免大风天气施工，特别是在风向冲着建（构）筑物时，不得进行爆破。

2）爆源处防护措施。使最小抵抗线方向背离建筑物方向。确保爆破炮孔的填塞质量和最小抵抗线，防止出现薄弱部位。分散布孔并延时分段起爆，降低单段起爆药量，爆破产生的噪声相对集中装药或齐爆时较小。

3）传播途径防护措施。封闭岩体的地质软弱面，阻断爆破冲击波通道，减少薄弱部分的药量或调整装药结构，防止空气冲击波从节理、裂隙等薄弱处释放。确保炮孔的填塞质量，防止产生冲炮。自由面面向建（构）筑物时，在保护物方向预设阻波墙等外部措施削弱爆炸冲击波和噪声的强度。

4）人员和保护物防护。在施工之前向爆区周围居民发布公告，在起爆之前将周围建筑物的门窗打开并固定好，防止冲击波对门窗及其玻璃的破坏，并确定爆破区内没有人员活动。

爆破噪声控制主要措施为：

①采用毫秒延期分区爆破，最大限度降低最大单响药量。

②保证炮孔填塞质量，做好爆破部位防护工作。

③对传爆雷管接力点进行覆盖。

④个别飞散物的覆盖防护和近体防护措施可在一定程度上降低噪声强度。

（4）爆破冲击波控制

本工程为拆除爆破，装药点相对分散，且采用毫秒延期爆破，已最大限度降低了最大单响药量。爆破冲击波控制主要措施包括：

1）严格按设计抵抗线施工可防止强烈冲击波的产生。准确地开凿爆破钻孔可以保持设计抵抗线，防止钻孔孔位偏斜使爆炸物从薄弱部位过早泄漏而产生的较强冲击波。

2）对裸露地面的导爆索用砂、土掩盖。对炮孔口段采用 $(0.7\sim1.0)W$ 的填塞长度及保证填塞质量，能降低冲击波的强度影响。

3）注意爆破作业时的气候、天气条件，清晨、黄昏或夜晚应尽量避免爆破；在大风直吹建筑群情况下，爆破会增大空气冲击波的影响，也应予以注意。

5.3.2.3 老坝拆除渣料出渣施工工艺研究及拆除工期分析

（1）坝体缺口拆除采用降水干地施工方案

坝体拆除施工前，先行拆除闸门、启闭设备等。闸门、启闭设备拆除采用履带式或轮胎式起重机垂直起吊，平板车运输。

坝体缺口共拆除 38（6～43 号）个坝段，全长 686m。拆除时分层分块、逐层逐块、由上至下将原大坝混凝土爆破拆除。

老坝拆除共分 7 层（层高约为 4.0m），每层 13（或 12）个坝段为一个工作面，全坝拆除共划分为 21 个工作面。本方案要求降低水库库水位最低至 242.00m，老坝拆除绝大部分工作面为水上施工。钻孔施工采用液压履带钻机（钻孔孔径为 48～89mm，钻混凝土生产率为 30～45m/h）为主、手风钻（钻孔孔径为 34～56mm，钻混凝土生产率为 9～12m/h）辅助；采用成品药卷人工装填。封堵选用黏土，人工封堵、捣实。

钢筋、埋件切割施工：ϕ32mm 及以下的钢筋，采用便携式钢筋切断机切割拆除，ϕ32mm 以上的钢筋及金属埋件，采用乙炔割炬切割拆除，挖掘机及人工配合。

坝体表面的钢筋、埋件的拆除与出渣同步进行。

（2）基本施工循环工序

钻孔→装药→封堵、联网→起爆→装渣（埋件及钢筋切割）→运至弃渣场。

（3）出渣方案

根据本工程施工特点，考虑拆除出渣的边界条件，结合类似工程经验，拟定出渣方案如下：

第 1 层出渣方法：第 1 层坝体混凝土拆除由两侧开始，向拆除坝段的中心同时进行拆除施工。为了便于出渣，分别在 6 号、7 号坝段和 42 号、43 号坝段保留一部分渣体，形成斜坡作为临时出渣道路。爆破的混凝土渣用 3m³ 反铲液压挖掘机装 20t 自卸汽车，经由 6 号、7 号坝段和 42 号、43 号坝段的斜坡运至弃渣场弃渣。

第 2 层出渣方法：第 2 层坝体混凝土拆除由两侧开始，向拆除坝段的中心同时进行拆除施工。出渣方式与第 1 层相同，即 6 号、7 号、8 号坝段和 41 号、42 号、43 号坝段保留部分渣体形成临时出渣道路，爆破的混凝土渣用 3m³ 反铲液压挖掘机装 20t 自卸汽车运至弃渣场弃渣。

第 3 层～第 6 层出渣方法：坝体混凝土拆除由两侧开始，向拆除坝段的中心同时进行拆除施工。利用反铲挖掘机配合小型推土机将爆后的渣体推落至新、老坝之间的空地，再用 3m³ 反铲液压挖掘机装 20t 自卸汽车，经新、老坝体之间右岸的临时施工道路运至弃渣场弃渣。为了便于施工交通，在老坝坝后，经由坝后压渣体上部搭设临时交通栈桥，连通新、老坝之间的临时施工道路和拆除缺口，施工人员及小型施工机械设备可经栈桥到达工作面。另外，在新坝迎水侧，设置防护设施，以避免老坝缺口推落的石渣对新坝产生破坏。

第 7 层出渣方法：第 7 层顶高程为 244.00m，拆除底高程为 239.90m，第 7 层拆除施工时，水库水位为 242.00m。拆除施工时，在老坝迎水侧预留一小部分坝体挡水，预留坎顶高程 244.00m，宽 4m，背水坡比 1：0.5。在预留坝体的保护下，爆破开挖其余部分，出渣方式与第 3 层相同。最后爆除预留的坝体。

预充水及预留挡水坝体拆除方法：为防止预留挡水坝体大范围突然拆除，高速水流对新建大坝及其他结构产生不良影响，预留坝体拆除前，应使新、老坝间预充水，充水水位与库水位平。预留挡水坝体拆除前，在预留挡水坝体溢流坝段范围内，先行爆破拆除一个长 20m 的小缺口，缺口底高程 241.50m，利用小缺口预充水，充水时间约 3 天，充水完成后，再爆除剩余预留坝体。

（4）缺口护底混凝土及缺口两侧坝体表面混凝土浇筑

缺口护底混凝土及缺口两侧坝体表面混凝土大部分在第 7 层预留挡水坝体的保护下，

同时结合水库水位的回蓄控制，进行干地支模浇筑。混凝土来自拌和系统，缺口护底及两侧下部表面混凝土由 9m³ 混凝土搅拌运输车运至新老坝之间，采用混凝土泵车泵送入仓；对于两侧上部表面混凝土 9m³ 混凝土搅拌运输车运至缺口两侧坝顶，采用混凝土负压溜管（筒）入仓浇筑。

少部分缺口护底混凝土及缺口两侧坝体表面混凝土采用水下支模浇筑施工。混凝土来自混凝土拌合系统，用 3m³ 混凝土搅拌运输车运至老坝拆除缺口两端。在缺口水面布置混凝土浇筑辅助施工平台，利用驳船配合混凝土输送泵泵送入仓，水下浇筑混凝土。

（5）坝体拆除及缺口防护施工程序

坝体拆除及缺口防护施工程序见图 5.28。在预留坝体的保护下，配合水库水位控制，逐层进行坝体缺口拆除，见图中 Ⅰ 序施工部分；Ⅰ 序部分拆除施工完成后，进行缺口防护工程施工，见图中 Ⅱ 序部分；最后进行预留坝体 Ⅲ 部分拆除施工。

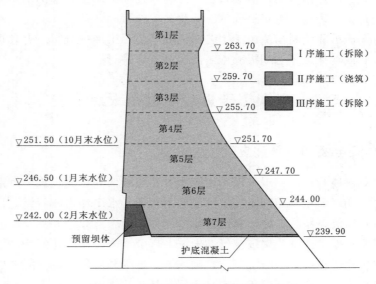

图 5.28 坝体拆除及缺口防护施工程序

坝体缺口拆除于 2018 年 10 月中旬开始，至 2019 年 3 月中旬结束，共 5 个月。2019 年 3 月中旬至 2019 年 4 月 10 日，为坝体缺口水下混凝土及侧墙混凝土浇筑及第 7 层预留挡水坝体拆除时间。具体工期安排如下：

2018 年 10 月中旬至 11 月中旬，拆除坝体缺口第 1、第 2 层，共拆除混凝土约 6.65 万 m³，日均拆除强度 2660m³/d。

2018 年 11 月中旬至 2018 年 12 月底，拆除坝体缺口第 3、第 4 层，共拆除混凝土约 6.37 万 m³，日均拆除强度 1699m³/d。第 3 层坝体表面钢筋及金属埋件拆除量加大，其拆除工作随混凝土拆除同步进行，亦在该时间完成。

2019 年 1 月至 3 月中旬，拆除坝体第 5、第 6、第 7 层，共拆除混凝土约 15.44 万 m³，日均拆除强度 2470m³/d。

2019年3月中旬至4月10日，水下浇筑缺口护底混凝土及缺口两侧坝体表面混凝土，最后拆除预留挡水坝体。

5.3.3 老坝爆破拆除方案研究结论

（1）根据工程施工特点，考虑拆除施工的周边条件，结合类似工程经验，对于老坝拆除拟定了降水干地施工爆破、水下深孔爆破及水下爆破拆除倾倒与水下深孔爆破三个爆破拆除方案，通过技术经济比选，最终选择降水干地施工爆破为丰满老坝拆除的推荐施工方案。

（2）通过老坝水下生产性爆破试验及爆破网络研究等工作，科学合理的确定了丰满老坝拆除的相关关键技术参数，为爆破拆除施工提供了有力的支持。

（3）通过对爆破振动效应控制、爆破飞散物防护、爆破冲击波及噪声等爆破安全方面的研究，明确了相关防护内容的重点和目标，并针对性地提出了相应的防护措施，有效地进行了爆破安全防护，确保了老坝拆除施工工程的安全可靠。

（4）通过对爆破拆除渣料出渣施工工艺的研究和施工工期的分析，合理确定了出渣路线和出渣强度，有效地保证了老坝拆除施工的顺利有序进行。

5.4 老坝爆破拆除全过程跟踪反馈

5.4.1 全过程安全监测体系建立的总体原则

全过程安全监测体系主要以爆破振动影响和对新坝结构和监测设施影响监测为主；在实施水下爆破时，还在新坝坝前和丰满水库库区内开展了水中冲击波测试。以此开展老坝拆除爆破的全过程监测体系。监测体系的总体原则如下：

（1）以爆破质点振动速度、爆破空气冲击波、爆破水击波以及建筑物的宏观调查分析为主，及时调整优化爆破参数和施工工艺，确保施工质量和保护建筑物的安全。

（2）监测应贯穿施工开挖全过程，满足监测数量和监测频次的要求。应对各主要部位的控制爆破效果及时检查、优化爆破工艺。

（3）测点布置应突出重点，包括关键工程部位、电力设施及设备、保留坝体、基础灌浆等；重点监测应结合随机监测进行，随机监测根据开挖进度和爆前爆后宏观调查和巡视检查结果定期进行布置监测。

（4）动态监测应与静态监测相结合，以便相互对比、印证。

（5）监测仪器应稳定可靠，监测方法应简便快速。

（6）动态监测仪器系统应定期经过省级及以上的法定部门检定。

（7）尽量避免和减少施工干扰是爆破施工监测中的难题，应尽量采用抗干扰能力强的仪表；尽量采取工程措施减少干扰。

（8）监测工作的重点是避免单响药量过大、爆破排数过多、预裂爆破未提前起爆或预留宽度过小、重段及串段、缺孔、钻孔深度过大、孔底大直径装药等。

5.4.2 老坝爆破拆除全过程安全监测

5.4.2.1 爆破 (炸) 期间动态监测

(1) 动态监测布置。

1) 振动测点布置。

在新坝的 13 号、23 号、32 号坝段的坝基廊道和坝顶处各布置 1 个振动测点，每个测点上分别布置 1 套三向质点振动速度传感器和 1 套三向质点振动加速度传感器，共计安装 6 套速度传感器和 6 套加速度传感器。

在新建开关站、中控室和发电厂房内各布置 1 个振动速度测点，每个测点上安装 1 套三向质点振动速度传感器；在三期的调压井口以及发电厂房、开关站内各布置 1 个振动速度测点，每个测点上各布置 1 套三向质点振动速度传感器；在老坝的 5 号、44 号坝段的坝基廊道和坝顶处各布置 1 个振动速度测点。共计安装 8 套速度传感器。

2) 水中冲击波测点布置。

水中冲击波测点主要布置在老坝上游库区内，当爆破梯段位于水下时进行测试。测试传感器沿直线布置，直线方位为自 43 号坝段附近向东偏南方向延伸，最近点距离 42 号坝段与 43 号坝段连接处大约 50m，最远点大约 250m，总计布置 6 个测点，按近密远疏的原则布置。

(2) 动态监测实施。

1) 爆破振动监测。

为有效管理爆破施工作业，避免人为因素造成的爆破振动破坏，整个爆破期间对部分关键振动速度测点开展连续的爆破振动监测——即在线监测。实施在线监测的测点包括 13 号、23 号、32 号坝段和老坝 44 号、5 号坝段的坝基廊道和坝顶处的全部质点振动速度测点，计 10 套振动速度传感器。其它测点的振动速度传感器和新坝内 6 个测点的加速度传感器，则在老坝每个开挖梯段爆破的初始阶段开展 2～3 次振动测试，如遇有其他科研爆炸试验，则应增加各次试验的振动观测。

根据以往工程案例和本工程开挖初期的爆破振动测试资料，分析各爆破区域的振动影响场特点，找出各区域内对爆破振动较为敏感的被保护建筑物（或设施），以此作为在线监测的控制保护对象；然后，将布置在这些重点监测目标上的振动传感器集中纳入到统一的爆破振动监测系统，系统内配置大容量存储设备及自动触发采集软件；对记录到的数据进行计算处理，将计算结果与对应的建筑物（或设施）的安全控制标准（即阈值）进行比较；如果测量值大于阈值，则控制计算机发出报警。根据爆破振动安全允许标准，各控制部位的爆破振动在线监测的预警指标取 0.8～0.9 倍的安全系数。

2) 水中冲击波测试。

水中冲击波压力测试仅在老坝缺口拆除爆破梯段处于水中爆破时进行观测，期间遇有其他水下爆炸时也应进行观测。

爆破振动及水中冲击波观测成果提交时，其检测报告应加盖 CMA 计量认证章。报告内容应包括测点振动幅值（和冲击波压力值）、频谱分析和安全允许值对比结果等业主及监理所需资料。

5.4.2.2　爆破（炸）期间新坝安全监测

老坝拆除爆破和库区爆炸试验期间，将新坝 8 个典型监测断面（9 号、13 号、19 号、23 号、26 号、29 号、32 号、40 号坝段）已投运的变形、渗流、应力应变及温度等常规安全监测设施，作为老坝拆除爆破和库区爆炸影响新坝的监测设施，详见表 5.50，对这些新坝的监测设施及时进行爆破（炸）前后观测，通过对新坝爆破（炸）前后监测数据进行比较分析，评价爆破（炸）对新坝各建筑物结构以及对已安装监测设施运行状况的影响。

表 5.50　　　　　　　　　　新坝典型监测断面爆破（炸）期间监测项目表

序号	建筑物	监测类别	监测项目	仪 器 名 称
一	碾压混凝土挡水建筑物	变形	坝基深部变形	振弦式多点位移计
			坝体横缝变形	振弦式测缝计
			建基面接缝变形	振弦式测缝计
			变态混凝土与碾压混凝土之间裂缝变形	振弦式裂缝计
		渗流	坝基扬压力	振弦式渗压计
			坝体渗透压力	振弦式渗压计
		应力应变及温度	坝体混凝土应力应变	差动电阻式五向应变计
				差动电阻式三向应变计
				差动电阻式无应力计
			预应力闸墩应力应变	振弦式三向应变计
				振弦式无应力计
				振弦式锚索测力计
				振弦式钢筋计
			引水钢管应力应变	振弦式测缝计
				振弦式钢筋计
				振弦式钢板计
			混凝土内部	热敏电阻式温度计
			基岩温度	热敏电阻式温度计
二	坝后式地面厂房	变形	接缝变形	振弦式测缝计
		渗流	扬压力	振弦式渗压计
		应力应变及温度	蜗壳周边混凝土结构应力应变及温度	振弦式三向应变计
				振弦式无应力计
				振弦式钢筋计
				振弦式钢板计
				热敏电阻温度计

5.4.3 爆破安全影响评价

老坝拆除爆破和库区爆炸试验期间，经过半年多精心控制、实施和管理，老坝缺口拆除任务圆满完成，未发生一起安全事故。

（1）爆破振动监测结果显示，丰满新坝、厂房及发电机组、开关站、闸门等建（构）筑物或设施未受开挖爆破影响，其质点振动速度实测值均在规范和设计要求的控制标准以内，对缺口两端的保留坝段也未造成破坏影响。

（2）新坝前和老坝上游库区内的水中冲击波测试结果表明，老坝拆除爆破产生的水中冲击波（动水压力）未对新建大坝以及库区船舶造成危害。

（3）通过对新坝爆破（炸）前后监测数据进行比较分析可知，坝基深部未发生异常变形，各部位接缝和裂缝测值未发生变化，各部位混凝土应力、钢筋应力、锚索应力、钢板应力和结构温度未发生异常变化，说明老坝拆除爆破和库区爆炸试验对新坝各建筑物结构以及对已安装监测仪器运行状况没有影响。

5.5 本 章 小 结

（1）老坝拆除施工时，新坝已修建完成，老坝的拆除势必对新建成的碾压混凝土坝、灌浆帷幕、厂房、机电设备等设施造成影响。老坝拆除爆破振动安全允许标准根据《爆破安全规程》（GB 6722—2014）中相关规定，同时参考国内、外已建工程经验，并结合了生产性试验监测数据结论最终确定，确保了该控制标准的科学合理性和可实施性。施工过程中，严格按照确定的控制标准对爆破施工进行控制，保证了新建大坝等相关建筑物及设备的安全。

（2）丰满水电站全面治理工程确定的老坝拆除爆破振动安全允许标准与其他工程相比较，确定的各部位允许振速更小、控制指标更严格，从而确保了新、老坝体、灌浆帷幕、机电设备等等相关建筑物和设施的安全。现坝基开挖及老坝拆除工作均已完成，施工过程中的爆破未对需保护的建筑物及设施造成破坏影响，也证明了提出的爆破振动控制标准是科学合理。从施工过程来看，该爆破控制标准也是易于实施的，具有普遍的可实施性。

（3）总之，该研究成果解决了百亿库容、百米高坝正常运行条件下，老坝拆除中的一系列关键技术难题，保证了老坝爆破拆除施工顺利进行，确保了丰满水库各项功能正常发挥，满足了下游供水等各业要求，实现了新老坝挡水运行的协调过渡，以及丰满重建工程新装 6×200MW 机组按时发电，带来的直接和间接效益巨大。老坝爆破拆除关键技术研究成果既为今后类似的坝体拆除提供了实践经验和借鉴，又为类似水库正常运行下病险坝体原址重建、新老坝协调过渡提供了坚实的技术支撑，也促进了混凝土复杂结构、多品种混凝土的爆破拆除技术的推广与应用。

第6章　运行期新老坝联合服役

在满足新坝泄洪和发电引水的前提下，为减少老坝拆除工程量，节约工程投资，仅需对老坝进行部分拆除。由于老坝拆除后剩余部分最高达64m，并矗立于库区和新坝坝前，老坝存在着巨大的再利用价值，并与新坝一起在运行期联合服役。

6.1　老坝缺口拆除规模研究

6.1.1　拆除原则

老坝缺口拆除需遵循以下几个原则：

（1）老坝缺口拆除时，为尽量减小对松花湖生态环境的影响，丰满水库降水水位应不低于死水位242.00m。

（2）老坝缺口拆除部位过流能力须满足新建电站厂房死水位工况下机组满发引用流量的要求，同时老坝缺口拆除部位上下游水位差不能过大。

（3）老坝缺口拆除部位过流能力须满足新建大坝泄洪要求，同时老坝缺口拆除部位上下游水位差不能过大。

此外，老坝缺口拆除范围应结合实际地形条件确定，使缺口高程不低于上下游地面高程。根据近坝肩区地形情况，可拆除老坝6～47号之间的坝段，相应最大拆除宽度为756m。

6.1.2　老坝缺口拆除范围研究

通过建立水力计算模型，计算老坝缺口在新建厂房死水位发电和溢流坝泄洪工况下的过流能力，并结合地形条件等确定老坝缺口拆除范围。

6.1.2.1　水力计算模型

根据缺口的过流情况，可采用堰流模型计算老坝缺口拆除部位的过流能力。

老坝缺口拆除部位水流属于具有自由表面、受局部侧向收缩或底坎垂直向收缩影响而形成的局部降落急变流，可以按堰流来计算。

根据底坎的形状和厚度，结合本工程实际情况，堰流又可分为：

$2.50 < \delta/H < 10$，为宽顶堰流；$0.67 < \delta/H < 2.50$，为折线型实用堰流。

式中：δ为堰顶厚度；H为堰前水头（不包括堰前行近流速水头），它是距上游堰壁（3～4）H处，从堰顶起算的水深。

由于老坝下游水位较深，影响了堰的泄流能力，拆除部位堰流为淹没堰流，计算时应考虑淹没系数。

淹没堰流的流量计算公式为：

$$Q = \sigma_s \sigma_c mb \sqrt{2g}\, H_0^{3/2} \tag{6.1}$$

式中：Q 为过堰流量；σ_s 为淹没系数，反映下游水位对堰的泄流能力的影响；σ_c 为侧收缩系数，反映闸墩（包括翼墙、边墩和中墩）对堰流的横向收缩的影响；m 为自由溢流的流量系数，与堰型、堰高等边界条件有关；b 为过流宽度；g 为重力加速度；H_0 为包括行近流速水头的堰前水头，可近似用堰前水头 H 代替。

（1）宽顶堰流

当上游水位较低时，老坝缺口拆除部位为进口边缘为直角的有底坎宽顶堰。

进口边缘为直角的有底坎宽顶堰流量系数由别列津斯基公式计算：

当 $0 < P/H < 3.0$ 时

$$m = 0.32 + 0.01 \frac{3 - P/H}{0.46 + 0.75 P/H} \tag{6.2}$$

当 $P/H \geqslant 3.0$ 时，$m = 0.32$。

式中：P 为上游堰高；H 为从堰顶算起的堰前水深。

有底坎宽顶堰的侧收缩系数由别列津斯基公式计算：

$$\sigma_c = 1 - \frac{\alpha}{\sqrt[3]{0.2 + P/H}} \sqrt[4]{\frac{b}{B}} \left(1 - \frac{b}{B} \right) \tag{6.3}$$

式中：b 为两墩间净宽；B 为上游引渠宽，对梯形断面，近似用一半水深处的渠道宽；α 为系数，闸墩墩头为矩形，宽顶堰进口边缘为直角时取 0.19。

上式适用条件：$b/B \geqslant 0.2$，$P/H \leqslant 3.0$。当 $b/B < 0.2$ 时，用 $b/B = 0.2$ 计算，当 $P/H > 3.0$ 时，用 $P/H = 3.0$ 计算。

（2）折线型实用堰流

当上游水位较高时，老坝缺口拆除部位为 I 型折线型实用堰。

折线型实用堰流量系数，一般介于宽顶堰与曲线型实用堰之间，其值约为 0.33～0.46，并随着相对堰顶厚度（δ/H）、相对堰高（P/H）和前后坡的不同而异。

折线型实用堰侧收缩系数采用曲线型实用堰计算公式：

$$\sigma_c = 1 - 0.2 \xi_k \times \frac{H_0}{b} \sigma_c = 1 - \frac{\alpha}{\sqrt[3]{0.2 + P/H}} \sqrt[4]{\frac{b}{B}} \left(1 - \frac{b}{B} \right) \tag{6.4}$$

式中：ξ_k 为边墩形状系数，直角形边墩取 $\xi_k = 1.0$；b 为过流宽度；H_0 为包括行近流速水头的堰前水头。

6.1.2.2 新建厂房死水位发电工况

计算时拟定了拆除高程分别为 235.00m、236.00m、237.00m、237.50m、238.00m、239.00m、240.00m、240.10m、240.20m、240.30m 等共计 10 种方案，老坝缺口拆除高程前后上下游水位差按照 0.20m 控制。由于新建厂房死水位发电时，堰前水头 H 较小，满足 $2.50 < \delta/H < 10$，故按宽顶堰流计算。经水力学计算，老坝缺口各拆除高程所需的最小拆除宽度见表 6.1。

表 6.1　　　　　　　　　　　　　老坝缺口拆除各高程所需拆除宽度

拆除高程/m	上下游水位差/m	过流量/(m³/s)	拆除宽度/m	缺口流速/(m/s)
235.00	0.20	2341.38	175.90	1.87
236.00	0.20	2341.38	201.70	1.90
237.00	0.20	2341.38	236.50	1.94
237.50	0.20	2341.38	260.30	1.96
238.00	0.20	2341.38	292.50	1.95
239.00	0.20	2341.38	387.40	1.95
240.00	0.20	2341.38	584.00	1.88
240.00	0.20	2415.50	630.00	1.77
240.10	0.20	2341.38	639.60	1.83
240.20	0.20	2341.38	677.30	1.82
240.30	0.20	2341.38	751.70	1.81

由于新建枢纽厂房坝段及溢流坝段前缘总宽度为338.00m，厂房坝段前缘至缺口的距离约为96m，考虑45°的水流扩散角和地形条件，老坝缺口拆除宽度不宜小于518.00m。为使老坝缺口满足堰流条件，老坝缺口拆除高程应高于坝前地面高程；根据坝前地形资料，老坝最多只能拆除6～47号坝段，即老坝缺口拆除宽度不应大于756.00m。由于拆除高程240.30m方案对应的拆除宽度接近756.00m，为留有一定的安全裕度不宜选用。根据老坝缺口拆除计算结果、缺口拆除施工方案、厂房坝段及溢流坝段过流条件、坝前地形条件，选择拆除高程在240.00～240.20m时均较合适。为尽可能提高下泄水温，老坝缺口拆除高程采用240.20m，所需要的最小拆除宽度为677.30m。

以上各拆除方案计算时，老坝缺口拆除高程前后上下游水位差是按照0.20m来控制的。实际上，上下游水位差取值不同时，老坝缺口拆除也对应不同的拆除宽度，其发电效益也是不同的。因此，针对老坝缺口拆除高程240.20m的方案，还对缺口拆除前后上下游水位差进行了敏感性分析。对缺口拆除前后上下游水位差分别选择15cm、20cm、30cm等共计三种情况分别进行水力学计算，计算所需的最小拆除宽度和发电效益损失。计算结果见表6.2。

表 6.2　　　　　　　　老坝缺口拆除前后上下游水位差敏感性分析

项　目	单位	数　值		
缺口前后水头差 Δh	m	0.15	0.20	0.30
过流量 Q	m³/s	2341.38		
缺口拆除宽度 B	m	766.7	677.3	563.3
缺口过流流速	m/s	1.61	1.82	2.19

由上述计算结果可以看出，当拆除部位上下游水位差为0.15m时，坝体拆除宽度大于最大允许拆除宽度；当拆除部位上下游水位差为0.30m时，拆除部位流速和水头损失又过大。综上分析，老坝缺口拆除上下游水位差按照0.20m控制，缺口拆除高程采用

240.20m 方案，所需要的最小拆除宽度为 677.30m。

6.1.2.3 溢流坝泄洪工况

根据新建电站厂房死水位工况下机组满发要求，老坝缺口拆除高程及范围经综合比较后采用拆除高程 240.20m 的方案。在此基础上，计算下泄设计流量 $Q_{设计}$ ＝7500m³/s 和下泄校核流量 $Q_{校核}$ ＝20830m³/s 时，老坝缺口的拆除宽度。由于校核下泄流量远大于设计下泄流量，因此只需要计算校核下泄流量 $Q_{校核}$ ＝20830m³/s 时的缺口拆除宽度即可。

校核洪水工况下，为满足溢流坝的泄洪要求，老坝缺口拆除前后必须要有一定的水位差才能满足过流要求。但若水位差选择的过大，就会加大库区水位壅高，影响库区安全。因此，对缺口拆除前后水位差分别选择 30cm、35cm、40cm、45cm、50cm 等共计五种情况分别进行水力学计算。由于溢流坝泄洪时，堰前水头 H 较大，满足 $0.67<\delta/H<2.50$，故按折线型实用堰流计算。经水力学计算，老坝缺口前后水位差不同时所需的最小拆除宽度见表 6.3。

表 6.3　　　　　　　　　　　校核洪水工况老坝缺口拆除宽度计算

项　目	单位	数　量				
缺口前水位 $Z1$（水库水位）	m	268.80	268.85	268.90	268.95	269.00
缺口前、后水头差 Δh	m	0.30	0.35	0.40	0.45	0.50
缺口后水位 $Z2$	m	268.50				
过流量 Q	m³/s	20830				
缺口拆除宽度 B	m	763.5	655.0	573.5	510.2	459.5
缺口过流流速	m/s	0.96	1.12	1.28	1.44	1.60

从以上计算结果可以看出，针对老坝缺口拆除高程 240.20m 的方案，拆除部位上下游水位差选择 0.35m 时，所需要的最小拆除宽度为 655.00m，与新建电站厂房死水位工况下机组满发要求的老坝缺口拆除宽度 677.30m 基本相等。拆除部位上下游水位差为 0.30m 时，坝体拆除宽度大于最大允许拆除宽度；拆除部位上下游水位差为 0.40m 及以上时，库区水位壅高偏大。

6.1.2.4 老坝缺口拆除范围方案选定

从新建电站发电和泄洪流量、新老坝布置及位置关系、坝前地形条件、发电效益损失、坝前水位壅高、施工难易程度、拆除工程量等方面综合分析，拆除高程在 240.00～240.20m 时方案均可满足要求。为便于施工及运行，拆除长度应为整数坝段，各拆除方案死水位发电及校核洪水位泄洪工况参数见表 6.4、表 6.5。

表 6.4　　　　　　　　　　　各拆除方案死水位六台机组发电工况参数

拆除方案		老坝库前水位 /m	新坝库前水位 /m	上下游水位差 /m	过流量 /(m³/s)	缺口流速 /(m/s)
缺口高程 /m	缺口宽度 /m					
237.50	594.00	242.00	241.932	0.068	2341.38	0.86
240.00	594.00	242.00	241.803	0.197	2341.38	1.88

续表

| 拆除方案 | | 老坝库前水位 /m | 新坝库前水位 /m | 上下游水位差 /m | 过流量 /(m³/s) | 缺口流速 /(m/s) |
缺口高程 /m	缺口宽度 /m					
240.00	630.00	242.00	241.812	0.188	2341.38	1.77
240.10	648.00	242.00	241.805	0.195	2341.38	1.81
240.20	684.00	242.00	241.806	0.194	2341.38	1.80

表 6.5　　　　　　　　　　　　各拆除方案校核洪水位泄洪工况参数

| 拆除方案 | | 老坝库前水位 /m | 新坝库前水位 /m | 上下游水位差 /m | 过流量 /(m³/s) | 缺口流速 /(m/s) |
缺口高程 /m	缺口宽度 /m					
237.50	594.00	268.869	268.50	0.369	20830	1.13
240.00	594.00	268.885	268.50	0.385	20830	1.23
240.00	630.00	268.863	268.50	0.363	20830	1.16
240.10	648.00	268.853	268.50	0.353	20830	1.13
240.20	684.00	268.835	268.50	0.335	20830	1.08

由表 6.4 可知，对于缺口拆除高程 237.50m 方案，死水位六台机组发电时老坝库前水位 242.00m，新坝库前水位 241.932m，老坝上下游水位差 0.068m。对于缺口拆除高程 240.20m 方案，死水位六台机组发电时老坝库前水位 242.00m，新坝库前水位 241.806m，老坝上下游水位差 0.194m。

由表 6.5 可知，各方案泄流能力均满足设计要求。对于缺口拆除高程 237.50m 方案，校核洪水泄洪时老坝库前水位 268.869m，新坝库前水位 268.50m，老坝上下游水位差 0.369m。对于缺口拆除高程 240.20m 方案，校核洪水泄洪时老坝库前水位 268.835m，新坝库前水位 268.50m，老坝上下游水位差 0.335m，即老坝库区水位壅高 0.335m，新坝库前水位仍为 268.50m，新坝溢流坝泄流能力不受影响。

同时，针对老坝拆除宽度和拆除高程对下泄水温的影响，选取平水年 5—8 月为典型月份，采用三维水温数值模型进行了研究。计算结果表明，老坝拆除高程是决定下泄水温的主要因素，拆除宽度对下泄水温影响甚微。正常运行工况下，缺口高程由 237.50m 上升至 240.00m，下泄水温温升为 0.1～0.6℃，由 240.0m 上升至 242.0m，下泄水温温升 0～0.2℃。总体而言，老坝拆除缺口高程越高对夏季低温水减缓效果越明显。

综合以上研究成果，确定老坝拆除范围为：老坝缺口拆除高程为 240.20m（实际拆除高程 239.90m，底面衬砌 0.3m 厚混凝土后最终高程为 240.20m），拆除宽度 684m（实际拆除宽度 686m，两侧各衬砌 1m 厚混凝土后最终宽度为 684m），拆除范围为 6～43 号共计 38 个坝段（16 个挡水坝段＋11 个溢流坝段＋11 个厂房坝段）。

6.1.3 三维水动力学数值分析

采用 Flow-3D 软件，主要研究在老坝选定拆除范围的前提下，新老坝联合作用下老坝缺口过流时的上下游水位差、流场情况等整体水力条件。所研究的水力学问题具有非恒定、三维、非压缩性及紊流特性，因此需采用的控制方程包括连续性方程、动量方程、紊动能 k 方程及紊动能耗散率 ε 方程。

根据研究任务确定模拟范围为老坝前 1000m 至新坝坝址位置。网格尺寸 0.5～7.5m，库区采用较大网格，坝体及新老坝之间采用较小网格，垂向上水面附近采用较小网格，库底位置采用较大网格。由于计算工况水位变化范围较大，为节约计算时间，需根据计算工况调整垂向网格分布。

6.1.3.1 死水位厂房发电工况上下游水位差

死水位发电工况下，坝前水位基本维持死水位不变，老坝缺口拆除部位过坝水流束窄程度相对较大，流速加大，水位降低，水位在坝顶尾部达到最低，特别是在拆除部位边缘位置和新坝厂房坝段对应位置水位跌幅最大，跌幅在 0.25～0.3m，水流过坝顶后，水位又沿程逐渐上升，新老坝之间水位跌幅基本在 0.2～0.25m。

取 5 号机组进水口中心线位置纵向水面线计算成果分析，如图 6.1 所示，水位最低值出现在老坝坝顶尾部位置，为 241.73m，之后水位略有回升，至电厂进水口前沿，水位可回升至 241.85m。

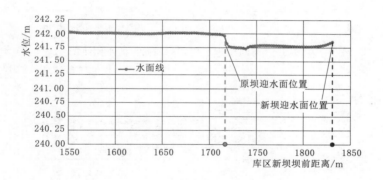

图 6.1 5 号机组进水口中心位置纵向水面线计算成果图

由上述分析可见，在死水位发电工况下，坝前水位跌幅较大，将对机组出力造成一定影响。

6.1.3.2 校核洪水位溢流坝泄洪工况上下游水位差

6 号溢流表孔中心断面的水面线计算结果如图 6.2 所示。当溢流表孔泄流时，由于下泄流量较大，溢流孔前新老坝之间水面降幅较大，距离新坝越近水面跌落越大，在溢流孔前缘水面最大可降落 1.0m，老坝上游库区水面坡降明显变缓，表明老坝对水流有一定阻水作用。

由厂房坝段 1 号机组进水口中心断面水面线计算结果图 6.3 可知，由于 1 号机组距离溢流坝段距离较近，受溢流孔泄流影响，其水流越过老坝后水面最大可降落 0.23m，之后

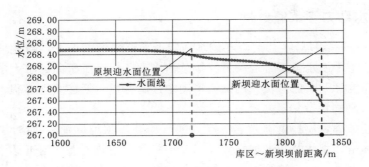

图 6.2　6 号溢流孔中心断面纵向水面线图

又开始上升。在距离溢流坝段位置较远的 6 号机组位置，新老坝之间水位最大降落可减小到 0.06m，如图 6.4 所示。

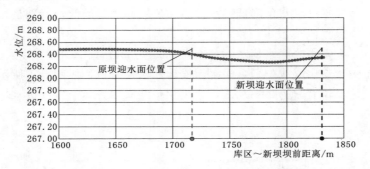

图 6.3　1 号机组进水口中心断面纵向水面线图

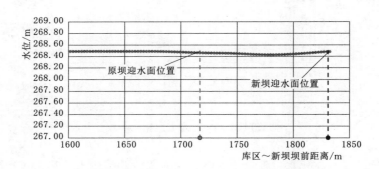

图 6.4　6 号机组进水口中心断面纵向水面线图

6.1.3.3　死水位厂房发电工况流场分布

首先取 5 号机组进水口中心纵向流速分布计算成果进行分析，如图 6.5、图 6.6 所示。库区流速大小垂向上自上而下逐渐减小，纵向上在老坝上游流速沿程增大，在老坝缺口拆除部位坝顶位置流速增至最大，流速可达 2～2.5m/s。水流越过坝顶后流速开始逐渐衰减，至进水口附近，受取水影响，流速又开始增大，在上层水流的带动及边界约束条件下，新老坝之间形成一个顺时针方向的不完整回流区。

在平面方向上取表层流速计算结果分析，如图 6.7 所示，水流平顺地越过老坝坝顶，

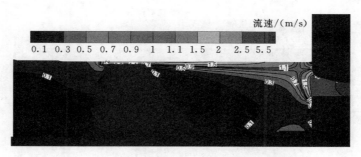

图 6.5　5 号机组进水口中心位置流速等值线图

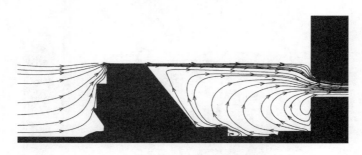

图 6.6　5 号机组进水口中心位置流线图

在电厂进水口取水的吸引下，过坝水流流线向厂房坝段弯曲。在老坝未拆除坝段两侧与新坝之间形成一对反向环流区域，强度不大。从流速大小分布上看，老坝缺口拆除部位坝顶流速最大，特别是在拆除部位边缘位置和新坝厂房坝段对应位置流速最大。

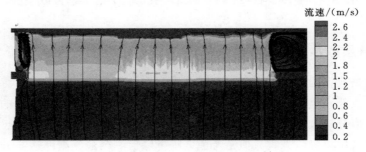

图 6.7　各计算单元表层流速等值线图

6.1.3.4　正常蓄水位厂房发电工况流场分布

从整体看，本工况库水位较高，老坝对过坝水流挤压作用相对微小，除进水口附近区域外（中层水流），新老坝之间水流流速基本低于 0.3m/s。取 5 号机组进水口中心纵向流速分布计算成果进行分析，如图 6.8、图 6.9 所示。库区流速大小垂向上自上而下逐渐减小，纵向上在老坝上游流速沿程增大，在老坝缺口拆除部位坝顶位置流速为 0.1～0.2m/s，水流越过坝顶后流速开始逐渐衰减，至进水口附近，受取水影响，流速又开始增大，在上层水流的带动及边界约束条件下，新老坝之间下层水流形成一个顺时针方向的回流区。

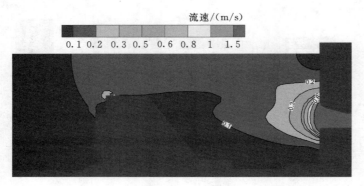

图 6.8　5 号机组进水口中心位置流速等值线图

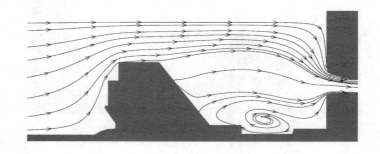

图 6.9　5 号机组进水口中心位置流线图

6.2　利用老坝拆除缺口实现分层取水研究

6.2.1　新坝分层取水方式

丰满水电站是典型的分层型水库。电站夏季下泄水温较低，将对坝下游鱼类繁殖和生长产生影响，下泄低水温也对松花江丰满电站下游两岸农田灌溉产生一定的不利影响。因此，需要考虑采取分层取水方式，减缓对水生生态环境的影响。

分层取水常采用叠梁门方式。但是考虑老坝拆除后剩余最大高度达 64m，会对下泄水流起到明显的前置挡墙作用，可以代替叠梁门方案达到分层取水的效果。

6.2.1.1　叠梁门分层取水

根据地形地质条件和枢纽布置的限制，进水口分层取水方案采用叠梁门型式的坝式进水口，共 6 座，为正向进流布置。进水口中心线方位角 NW336.6°，沿水流方向依次布置叠梁门段、拦污栅段和闸门段。为减少坝体变形对进水口的影响，在拦污栅段和厂房坝段上游面之间设置一道结构缝。叠梁门和拦污栅段底部采用钢筋混凝土支墩支撑在基岩上，闸门段布置在厂房坝段坝体内部。由于叠梁门节数较多，在厂房坝段右侧 26 号和 27 号挡水坝段前设置了叠梁门库。

叠梁门与拦污栅段位于厂房坝段上游侧，顺水流方向长度 22.20m，单个进水口垂直水流方向宽度 28.00m，布置 3 扇叠梁门，孔口宽度 7.00m，底板高程 220.00m，孔口顶高程 269.50m，与坝顶高程相同。叠梁门后布置拦污栅，拦污栅和叠梁门之间为三个独立竖井，竖井净宽为 7.00m，每个坝段进水口布置 3 孔拦污栅。闸门段设平板检修闸门和平板事故闸门各一道，检修门槽中心线与拦污栅槽中心线距离 10.90m。

叠梁门分层取水进水口布置见图 6.10、图 6.11。

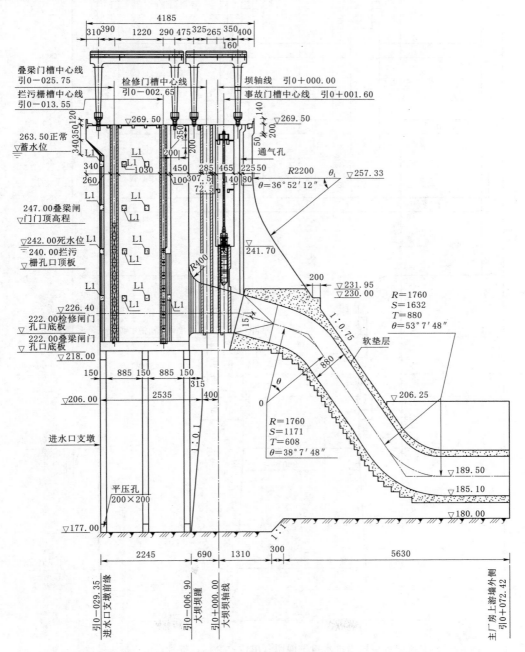

图 6.10　叠梁门分层取水进水口剖面图（单位：高程、桩号：m，其他尺寸：cm）

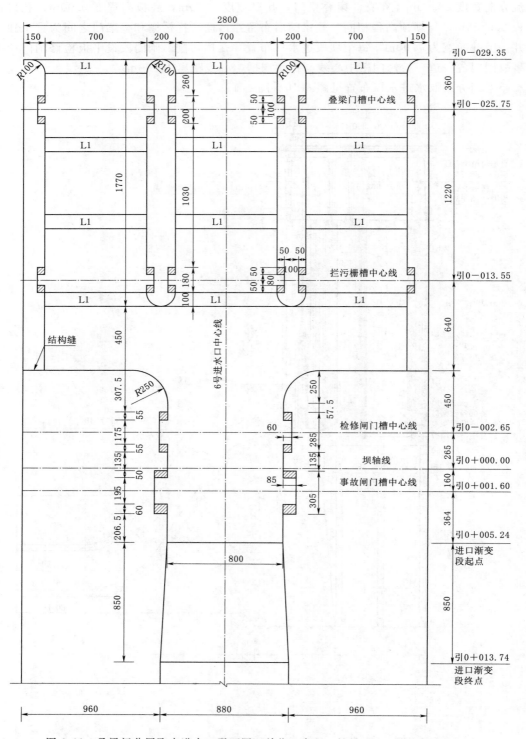

图 6.11　叠梁门分层取水进水口平面图（单位：高程、桩号：m，其他尺寸：cm）

6.2.1.2 老坝前置挡墙＋常规进水口分层取水

为利用老坝缺口拆除后剩余坝体的前置挡墙作用，需要合理确定老坝的拆除高程和拆除范围。根据6.1节研究成果，老坝拆除部位过流能力须满足新建电站厂房死水位工况下机组满发引用流量和新建大坝泄洪的要求，同时兼顾对下泄水温的影响。

根据老坝缺口拆除规模研究成果，最终确定衬砌后的老坝缺口范围为：衬砌后高程为240.20m，衬砌后总宽度为684m，涵盖6～43号共计38个坝段。

6.2.1.3 新坝分层取水方式确定

为评估老坝前置挡墙作用下，叠梁门与常规进水口对缓解夏季下泄低温水的影响，采用数值模拟计算与物理模型试验相结合的方法进行了比较分析。试验工作主要针对枯水年、平水年、丰水年，5—8月分层取水效果进行研究。

根据数值计算结果，丰水年、平水年及枯水年在5—8月，叠梁门进水口和常规进水口取水水温基本相同，24h内取水水温温差有正有负，但温差绝对值均不高于0.3℃，叠梁门进水口提取表层高温水的作用不甚明显。水温物理模型试验亦表明，与常规进水口相比，叠梁门进水口对于电厂取水水温的影响较小，在不同年份及各月典型水温分布条件下，叠梁门运行时取水水温变化幅度仅为0.1～0.2℃，叠梁门运行效果十分有限。以上结果表明，叠梁门进水口与常规进水口的取水水温温差小于0.3℃，老坝作为前置挡墙在一定程度上起到了叠梁门的功效，使得叠梁门进水口提取高层高温水的效果不甚明显。

综上所述，由于新老坝超近距离相邻，老坝为部分拆除，未拆除坝体具有明显的前置挡墙效应，使新老坝之间水温分布趋于均化，表底层水温温差大幅度减小，从而抑制了叠梁门的运行效果，说明老坝前置挡墙＋常规进水口方案可以取代叠梁门进水口方案，实现水库分层取水的目的。

6.2.2 老坝分层取水综合效应分析

6.2.2.1 选定方案与原叠梁门方案下泄水温比较

选取平水年5—8月为典型月份，采用三维水温数值模型，对选定方案（老坝6～43号坝段拆除至240.20m高程＋常规进水口）与原叠梁门方案（老坝6～38号坝段拆除至237.50m高程＋叠梁门进水口）2种方案的下泄水温进行了对比分析。

根据计算可知，选定方案较原叠梁门进水口方案，在平水年5—8月下泄水温温升为0～0.6℃，水温减缓措施变更后较原方案对夏季下泄水温影响基本相当。说明采用老坝前置挡墙分层取水方案代替叠梁门方案是合适的。

6.2.2.2 大坝重建前后下泄水温比较

由于大坝重建后老坝前置挡墙作用对下泄水温存在影响，因此，采用相同边界条件，利用全三维水温数值计算模型，对平水年夏季典型月（5—8月）条件下大坝重建后与重建前（无老坝阻隔）的下泄水温进行了对比分析。

根据计算结果，在平水年工况，重建后运行期下泄水温在夏季较重建前的偏高，5—8月月均水温平均偏高7.1℃，7月最大偏高10.5℃。可见，在相同运行工况下，大坝重建后，由于老坝阻隔作用，使电站发电取用表层水，夏季下泄水温升高明显。

6.2.2.3 大坝重建前后下游河道夏季水温比较

由于大坝重建后老坝前置挡墙作用使下泄水温升高，从而下游河道水温将发生变化。

采用相同边界条件，利用河道纵向一维水温模型，对平水年夏季典型月（5—8月）条件下大坝重建后与重建前（无老坝阻隔）的下游河道水温进行了对比分析。

根据计算结果，在平水年工况，重建后运行期下游河道水温在夏季较重建前偏高 1.3~10.4℃，其中雾凇岛 5—8 月月均水温平均偏高 5.3℃，7 月最大偏高 7.7℃。在每年 5、6 月份的灌溉季节，雾凇岛断面水温（平水年）可达到 10.0℃、17.6℃，较大坝重建前分别提高了 1.3℃和 6.1℃。灌溉季节下游河道水温的升高，可显著改善低温水对农作物的影响。

6.2.2.4　大坝重建前后下游主要鱼类产卵场水温比较

由于大坝重建后老坝前置挡墙作用使下泄水温升高，从而下游主要鱼类产卵场夏季水温将发生变化。采用相同边界条件，利用河道纵向一维水温模型，对平水年夏季典型月（5—8月）条件下大坝重建后与重建前（无老坝阻隔）的下游主要产卵场水温进行了对比分析。

根据计算结果，在平水年工况，重建后运行期下游主要鱼类产卵场水温在夏季（5—8月）较重建前偏高 1.1~7.7℃，其中鳌龙河口、十八盘、龙王庙和饮马河口等断面 5—8 月平均水温较大坝重建前分别高 5.3℃、3.7℃、2.8℃和 2.6℃。

下游河道主要鱼类产卵的起始水温，鳌、银鲴等为 16℃以上，鳜鱼、银鮈、蛇鮈、突吻鮈等为 17~18℃以上；青鱼、草鱼、鲢鱼为 18℃；鳙鱼为 20℃以上。计算结果表明，在春夏鱼类产卵繁殖季节，各产卵场的水温自上游向下游逐渐升高，其中饮马河口水温自 5 月开始已经适宜鳌、银鲴等鱼类产卵；进入 6 月，下游整个河段产卵场水温均在 17℃以上，可以满足鳜鱼、银鮈、蛇鮈、突吻鮈、青鱼、草鱼、鲢鱼等繁殖要求；进入 7—8 月份，下游河道鱼类产卵场水温完全满足所有鱼类繁殖要求。因此，运行期丰满水电站下游各主要产卵场断面在鱼类繁殖季节水温基本能够满足产卵要求，且越往下游区域受丰满下泄低温水影响越不明显。

6.2.3　老坝前置挡墙对冬季雾凇影响

影响吉林雾凇形成的条件很多，且主要为复杂的气象因素，丰满电站下泄水温、吉林市热电厂温排水、各类生活和生产排水等人类活动也会对雾凇产生影响。总体上，下游河道只要不结冰，其他气象条件适宜时就可以形成雾凇。

根据冬季枯水年 1 月份典型日不同工况的计算结果，若电站全部采用新机组运行，枯水年 1 月坝下零温断面出现在坝下 70km 附近，在"三期机组＋新机组"联合运行工况下，下游水温均有一定程度的升高，零温断面下移至雾凇岛下游，进一步保障了丰满坝下至雾凇岛范围河道不会出现封冻状态，满足雾凇保护要求。

2020 年 9 月 25 日，丰满重建工程全部机组投产发电。新机组和原三期机组联合发电，下泄水量大、水温高，保护了雾凇景观形成的条件。根据吉林市气象部门提供的资料，目前共有两个周期的雾凇监测数据，但均不完整。2019 年 11 月 21 日阿什哈达出现第一场雾凇，到 2020 年 1 月 24 日，共监测到 30 场雾凇，后由于新冠肺炎疫情影响监测中断，但相比于 2014—2019 年同期的 24.6d，有所增加。2020 年 11 月 23 日开始出现雾凇，截至 2020 年 12 月 24 日，共监测到 15 场雾凇，相比于 2014—2019 年同期的平均 7.8d，亦有所增加。

因此，通过新机组和原三期机组联合发电，缓解了由于老坝前置挡墙效应在冬季取用水库表层水对雾淞景观形成不利影响。

6.3 新坝上游坝面地震动水压力研究

在老坝下游 120m 处重建一座新的重力坝，再把原来的老坝进行部分拆除，这样就在新坝和老坝之间形成了一个半开放的有限区域，在地震动作用下，新坝的动力响应是一个及其具有理论和实践意义的研究课题。

为了得到新坝的动力响应，最大的难题就在于如何考虑新老坝之间的半开放库水在地震动作用下对新坝所产生的动水压力以及无限地基的动力特性。

传统的描述动水压力的方法就是 Westergaard 附加质量方法。该方法简单明了，可以直接对动水压力进行计算，但它是在假设库水不可压缩性，坝前水深不变并且延伸到上游无穷远处的顺河向地震激励的条件下，对直立刚性坝面得到的解析解。如果强加于丰满新坝的坝面上，可能得到比较保守的结果，原因在于新坝前面有限区域的形状发生了重大的变化。因此，合理地确定新坝上游坝面的动水压力是丰满新坝动力分析的重要内容。

本项研究基于一种新的数值计算方法—比例边界有限元方法，对动水压力进行了更为详细的推导和计算。比例边界有限元方法是基于边界元思想开发的一种半解析的数值方法，它具有边界元方法的优点，自动满足无穷远的辐射条件，但还不需要边界元的基本解，是一种解决有限域和无限域的新的计算方法。

针对丰满新老坝的特殊情况，在这里把新坝和老坝之间的区域作为一个有限域来考虑，通过有限域来计算动水压力。

6.3.1 有限域动水压力计算的比例边界有限元基本原理

6.3.1.1 有限域 SBFEM 的动水压力控制方程

有限域控制方程：

$$\nabla^2 p - \frac{1}{c^2}\ddot{p} = 0 \tag{6.5}$$

边界条件：

$$p_{,n} = -\rho\ddot{v}_n - q\dot{p} \tag{6.6}$$

式（6.6）表示库底和岸坡的边界条件，当 $q = 0$ 时表示坝面处的边界条件库表面，忽略表面波的影响：

$$p = 0 \tag{6.7}$$

虚拟边界（相对于无穷远边界的辐射条件）：

$$p_{,n} = -\frac{1}{c}\dot{p} \tag{6.8}$$

对于整个水域，利用虚功原理并考虑到边界条件，可得到：

$$\int_V w^{\mathrm{T}}\left(\nabla^2 p - \frac{1}{c^2}\ddot{p}\right)\mathrm{d}V - \int_S w^{\mathrm{T}}(p_{,n} + \rho\ddot{v}_n + q\dot{p})\mathrm{d}S - \int_S w^{\mathrm{T}}\left(p_{,n} + \frac{1}{c}\dot{p}\right)\mathrm{d}S = 0 \tag{6.9}$$

对式（6.9）进行分部积分可得：

$$\int_V \nabla^T w \, \nabla p \, \mathrm{d}V + \frac{1}{c^2}\int_V w^T \ddot{p} \, \mathrm{d}V + \rho\int_S w^T \ddot{v}_n \, \mathrm{d}S + q\int_S w^T \dot{p} \, \mathrm{d}S + \frac{1}{c}\int_S w^T \dot{p} \, \mathrm{d}S = 0 \quad (6.10)$$

对式（6.10）进行有限元的离散化可得：

$$\int_0^1 \{w\}^T[-[E^0]\xi^2\{p\}_{,\xi\xi} - (2\xi[E^0] + \xi[E^1]^T - \xi[E^1])\{p\}_{,\xi} - ([E^1]^T - [E^2])\{p\}$$

$$+ \xi^2[M^0]\{\ddot{p}\}]\mathrm{d}\xi + \{w\}^T([E^0]\xi^2\{p\}_{,\xi} + [E^1]^T)\xi\{p\} + [M^1]\{\ddot{v}_n\}$$

$$+ \left(q + \frac{1}{c}\right)[C^0]\{\dot{p}\})|_{\xi=1} = 0 \quad (6.11)$$

其中

$$[J] = \begin{bmatrix} X_\xi & Y_\xi & Z_\xi \\ X_\eta & Y_\eta & Z_\eta \\ X_\zeta & Y_\zeta & Z_\zeta \end{bmatrix} = \begin{bmatrix} 1 & & \\ & \xi & \\ & & \xi \end{bmatrix}[\hat{J}], \quad [J]^{-1} = [b^1 \quad b^2 \quad b^3] \quad (6.12)$$

而且

$$[E^0] = \int_{-1}^1\int_{-1}^1 [B^1]^T[B^1] \mid \hat{J} \mid \mathrm{d}\eta\mathrm{d}\varsigma \quad [E^1] = \int_{-1}^1\int_{-1}^1 [B^2]^T[B^1] \mid \hat{J} \mid \mathrm{d}\eta\mathrm{d}\varsigma$$

$$[E^2] = \int_{-1}^1\int_{-1}^1 [B^2]^T[B^2] \mid \hat{J} \mid \mathrm{d}\eta\mathrm{d}\varsigma \quad [M^0] = \frac{1}{c^2}\int_{-1}^1\int_{-1}^1 [N]^T[N] \mid \hat{J} \mid \mathrm{d}\eta\mathrm{d}\varsigma$$

$$[C^0] = \int_{-1}^1\int_{-1}^1 [N]^T[N]A\mathrm{d}\eta\mathrm{d}\zeta \quad [M^1] = \rho\int_{-1}^1\int_{-1}^1 [N]^T[N]A\mathrm{d}\eta\mathrm{d}\zeta$$

$$[B^1] = \{b^1\}[N] \quad [B^2] = \frac{1}{\xi}\{b_2\}[N]_{,\eta} + \frac{1}{\xi}\{b_3\}[N]_{,\zeta} \quad (6.13)$$

令

$$\{p\} = \{p(\xi)\}_{\xi=1} \quad (6.14)$$

由于 $w(\xi)$ 的任意性

$$[E^0]\xi^2\{p\}_{,\xi\xi} + (2\xi[E^0] + \xi[E^1]^T - \xi[E^1])\{p\}_{,\xi} + (\omega^2\xi^2[M^0] + [E^2] - [E^1]^T)\{p\} = 0$$

$$(6.15)$$

$$\left([E^0]\{p\}_{,\zeta} + [E^1]^T\{p\} + [M^1]\{\ddot{v}_n\} + i\omega\left(q + \frac{1}{c}\right)[C^0]\{p\}\right)\Bigg|_{\zeta=0} = 0$$

取

$$\{Q\} = [S(\omega,\xi)]\{p\} = [E^0]\xi^2\{p\}_{,\zeta} + \xi[E^1]^T\{p\} \quad (6.16)$$

对式（6.16）求导并代入式（6.15），可求出在边界上的动力刚度的表达式：

$$([S] - [E^1])[E^0]^{-1}([S] - [E^1]^T) + [S]_{,\xi} + \omega^2[M^0] - [E^2] = 0 \quad (6.17)$$

边界条件为

$$[S]\{p\} = -[M^1]\{\ddot{v}_n\} - i\omega\left(q + \frac{1}{c}\right)[C^0]\{p\} \quad (6.18)$$

对式（6.17）进行无量纲化处理，存在

$$\xi[S]_{,\xi} = [S] + \omega[S]_{,\omega} \quad (6.19)$$

回代入式（6.17）得

$$([S]-[E^1])[E^0]^{-1}([S]-[E^1]^T)+[S]+\omega[S]_{,\omega}+\omega^2[M^0]-[E^2]=0 \quad (6.20)$$

6.3.1.2 有限域动力刚度的求解

有限域动力刚度 $[S]$ 的求解采用连分式的方法进行逼近，该方法具有相当的精度。在这里仅列出编程计算中所需要的具体参数方程。

6.3.1.3 频域动刚度的有限域 *SBFEM* 控制方程

通过对有限域中库水动水压力的离散形式运用虚功原理进行加权余量处理，可以得到其控制方程：

$$([S]-[E^1])[E^0]^{-1}([S]-[E^1]^T)+[S]+\omega[S]_{,\omega}+\omega^2[M^0]-[E^2]=0 \quad (6.21)$$

6.3.1.4 频域动刚度的有限域 *SBFEM* 控制方程连分式求解过程

对方程 (6.21) 进行求解采用宋崇民教授提出的连分式方法。

令：

$$x=-\omega^2 \quad (6.22)$$

则式 (6.21) 可以转化为

$$([S]-[E^1])[E^0]^{-1}([S]-[E^1]^T)+[S]+2x[S]_{,x}-x[M^0]-[E^2]=0 \quad (6.23)$$

$$[S]=[K^b]+x[M^b]-x^2[S^{(1)}(x)]^{-1} \quad (6.24)$$

$$[S^{(i)}(x)]=[S_0^{(i)}]+x[S_0^{(i)}]-x^2[S^{(i+1)}(x)]^{-1} \quad (6.25)$$

其中 $[K^b]$ 为静力刚度矩阵，$[M^b]$ 为相应的质量矩阵，令 $x=0$，可以得到关于静力刚度矩阵的方程：

$$[K^b][E^0]^{-1}[K^b]-\left([E^1][E^0]^{-1}-\frac{1}{2}[I]\right)[K^b]-[K^b]\left([E^0]^{-1}[E^1]^T-\frac{1}{2}[I]\right)$$

$$-[E^2]+[E^1][E^0]^{-1}[E^1]^T=0 \quad (6.26)$$

式 (6.26) 为标准的 Riccati 方程，采用 Schur 分解的方法对其求解：

$$\begin{bmatrix} [E^0]^{-1}[E^1]^T-\frac{1}{2}[I] & -[E^0]^{-1} \\ -[E^2]+[E^1][E^0]^{-1}[E^1]^T & -[E^1][E^0]^{-1}+\frac{1}{2}[I] \end{bmatrix} \begin{bmatrix} [V_{11}] & [V_{12}] \\ [V_{21}] & [V_{22}] \end{bmatrix} = \begin{bmatrix} [V_{11}] & [V_{12}] \\ [V_{21}] & [V_{22}] \end{bmatrix} \begin{bmatrix} [S_{11}] & [S_{12}] \\ 0 & [S_{22}] \end{bmatrix}$$

$$(6.27)$$

其中 $[S]$ 矩阵按照特征值实部从小到大的顺序进行排列，则有：

$$[K^b]=[V_{21}][V_{11}]^{-1} \quad (6.28)$$

把式 (6.24) 回代入方程 (6.23) 并令 x 的一次项为 0，可以得到关于 $[M^b]$ 的方程：

$$\left((-[K^b]+[E^1])[E^0]^{-1}-\frac{3}{2}[I]\right)[M^b]+[M^b]\left([E^0]^{-1}(-[K^b]+[E^1]^T)-\frac{3}{2}[I]\right)+[M^0]=0$$

$$(6.29)$$

由方程 (6.27) 可得：

$$[E^0]^{-1}([K^b]-[E^1]^T)=-[V_{11}][S_{11}][V_{11}]^{-1}-0.5[I] \quad (6.30)$$

把式 (6.30) 代入式 (6.29) 可得

$$[M^b]=[V_{11}]^{-T}[m][V_{11}]^{-1} \quad (6.31)$$

方程 (6.31) 中的 $[m]$ 满足标准的 Lyapnunov 方程 (6.32)，可以使用现有的程序库 (Lapack) 进行求解。

$$([I]-[S_{11}]^{\mathrm{T}})[m]+[m]([I]-[S_{11}])=[V_{11}]^{\mathrm{T}}[M^0][V_{11}] \tag{6.32}$$

$$[M^b][E^0]^{-1}[M^b]-([K^b]-[E^1])[E^0]^{-1}[S^{(1)}(x)]^{-1}-[S^{(1)}(x)]^{-1}[E^0]^{-1}([K^b]-[E^1]^{\mathrm{T}})$$
$$-5[S^{(1)}(x)]^{-1}-x[M^b][E^0]^{-1}[S^{(1)}(x)]^{-1}-x[S^{(1)}(x)]^{-1}[E^0]^{-1}[M^b]$$
$$-2x([S^{(1)}(x)]^{-1})_{,x}+x^2[S^{(1)}(x)]^{-1}[E^0]^{-1}[S^{(1)}(x)]^{-1}=0 \tag{6.33}$$

方程 (6.33) 为 x 的高阶项，通过对方程 (6.33) 的求解，可以得到完整的动刚度求解公式。利用求逆的一般性公式以及方程 (6.30)，可对方程 (6.33) 进行化简处理，并假设在 $i=1$ 的情况下，可以得到：

$$[S^{(i)}(x)][c^{(i)}][S^{(i)}(x)]-[b_0^{(i)}][S^{(i)}(x)]-[S^{(i)}(x)][b_0^{(i)}]^{\mathrm{T}}$$
$$-x[b_1^{(i)}][S^{(i)}(x)]-x[S^{(i)}(x)][b_1^{(i)}]^{\mathrm{T}}+2x[S^{(i)}(x)]_{,x}+x^2[a^{(i)}]=0 \tag{6.34}$$

其中：

$$[a^{(1)}]=[E^0]^{-1} \tag{6.35}$$

$$[V^{(1)}]=[V_{11}] \tag{6.36}$$

$$[U^{(1)}]=2[I]-[S_{11}] \tag{6.37}$$

$$[b_0^{(1)}]=[V^{(1)}][U^{(1)}][V^{(1)}]^{-1} \tag{6.38}$$

$$[b_1^{(1)}]=[E^0]^{-1}[M^b] \tag{6.39}$$

$$[c^{(1)}]=[M^b][E^0]^{-1}[M^b] \tag{6.40}$$

把方程 (6.25) 代入方程 (6.34)，可以得到一个关于 x 的方程，其中包含其常数项、一次项和高次项。由于 x 的任意性，从而可以得到三个独立的方程。首先令其常数项为 0，即：

$$-[b_0^{(i)}][S_0^{(i)}]-[S_0^{(i)}][b_0^{(i)}]^{\mathrm{T}}+[S_0^{(i)}][c^{(i)}][S_0^{(i)}]=0 \tag{6.41}$$

对方程 (6.41) 前后各乘 $[S_0^{(i)}]^{-1}$，并把方程 (6.38) 代入即可对其进行求解，得到：

$$[S_0^{(i)}]^{-1}=[V^{(i)}]^{-\mathrm{T}}[Y_0^{(i)}][V^{(i)}]^{-1} \tag{6.42}$$

$$[Y_0^{(i)}][U^{(i)}]+[U^{(i)}]^{\mathrm{T}}[Y_0^{(i)}]=[V^{(i)}]^{\mathrm{T}}[c^{(i)}][V^{(i)}] \tag{6.43}$$

再令余项方程关于 x 的一次项为 0，可以得到：

$$(-[b_0^{(i)}]+[S_0^{(i)}][c^{(i)}])[S_1^{(i)}]+[S_1^{(i)}](-[b_0^{(i)}]^{\mathrm{T}}+[c^{(i)}][S_0^{(i)}])+2[S_1^{(i)}]$$
$$=[b_1^{(i)}][S_0^{(i)}]+[S_0^{(i)}][b_1^{(i)}]^{\mathrm{T}} \tag{6.44}$$

对方程 (6.44) 进行求解可得

$$[S_1^{(i)}]=[V^{(i+1)}]^{-\mathrm{T}}[Y_1^{(i)}][V^{(i+1)}]^{-1} \tag{6.45}$$

$$[V^{(i+1)}]^{-1}=[V^{(i)}]^{-1}[S_0^{(i)}] \tag{6.46}$$

$$([I]+[U^{(i)}]^{\mathrm{T}})[Y_1^{(i)}]+[Y_1^{(i)}]([I]+[U^{(i)}])$$
$$=[V^{(i+1)}]^{\mathrm{T}}([b_1^{(i)}][S_0^{(i)}]+[S_0^{(i)}][b_1^{(i)}]^{\mathrm{T}})[V^{(i+1)}] \tag{6.47}$$

最后令余项方程的高次项为零，可以得到系数更新矩阵。

$$[c^{(i+1)}]-[b_0^{(i+1)}]^{-\mathrm{T}}[S^{(i+1)}(x)]^{-1}-[S^{(i+1)}(x)]^{-1}[b_0^{(i+1)}]-x[b_0^{(i+1)}]^{-\mathrm{T}}[S^{(i+1)}(x)]^{-1}$$
$$-x[S^{(i+1)}(x)]^{-1}[b_1^{(i+1)}]-2x([S^{(i+1)}(x)]^{-1})_{,x}+x^2[S^{(i+1)}(x)]^{-1}[a^{(i+1)}][S^{(i+1)}(x)]^{-1}=0 \tag{6.48}$$

其中：

$$[a^{(i+1)}]=[c^{(i)}] \tag{6.49}$$

$$[V^{(i+1)}]=[S_0^{(i)}]^{-1}[V^{(i)}] \tag{6.50}$$

$$[U^{(i+1)}]=2[I]+[U^{(i)}] \tag{6.51}$$

$$[b_0^{(i+1)}]=[V^{(i+1)}][U^{(i+1)}][V^{(i+1)}]^{-1} \tag{6.52}$$

$$[b_1^{(i+1)}]=-[b_1^{(i)}]^{\mathrm{T}}+[c^{(i)}][S_1^{(i)}] \tag{6.53}$$

$$[c^{(i+1)}]=[a^{(i)}]-[b_1^{(i)}][S_1^{(i)}]-[S_1^{(i)}][b_1^{(i)}]^{\mathrm{T}}+[S_1^{(i)}][c^{(i)}][S_1^{(i)}] \tag{6.54}$$

按照上面的系数矩阵回代，则可以得到 $i+1$ 情况下的方程（6.34），即：

$$[S^{(i+1)}(x)][c^{(i+1)}][S^{(i+1)}(x)]-[b_0^{(i+1)}][S^{(i+1)}(x)]-[S^{(i+1)}(x)][b_0^{(i+1)}]^{\mathrm{T}}$$
$$-x[b_1^{(i+1)}][S^{(i+1)}(x)]-x[S^{(i+1)}(x)][b_1^{(i+1)}]^{\mathrm{T}}+2x[S^{(i+1)}(x)]_{,x}+x^2[a^{(i+1)}]=0 \tag{6.55}$$

在实际的计算过程中，在频率比较低的情况下，可以直接忽略余项的影响，实际计算结果表明影响不大；在频率高于一阶自振频率的情况下，对连分式只需取 5 阶上下即可以获得比较令人满意的精度。

6.3.2　计算分析结果

数值算例采用丰满新坝挡水坝段与老坝溢流坝段形成的有限区域进行新坝迎水面的动水压力计算（图 6.12）。

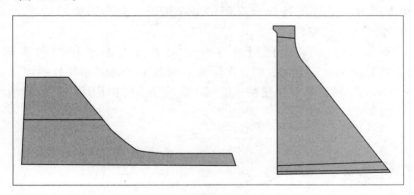

图 6.12　丰满新老坝体计算模型

计算结果如下：

考虑了丰满新坝前面老坝影响的动水压力频响曲线（假定坝面为刚性），见图 6.13。

其中横坐标表示无量纲频率，重力坝库水的一阶自振圆频率为 $\omega_1=\pi c/2H$，其中 c 为水中波速，H 为坝前水深。由于水库在运行过程中，坝前会有淤积泥沙，将会对地震波有一定的吸收作用，从而削弱地震动的强度。α 为库底反射系数，取值范围为 0 到 1 的闭区间，当其为 0 时表示地震动全部被吸收；而其为 1 时则表示库底全部反射地震动，α 与 q 的关系为 $q=\dfrac{1}{c}\dfrac{1-\alpha}{1+\alpha}$。从频响曲线中可以看出来库底反射系数对动水压力有及其重要的影响，即总体动水压力随着反射系数的增大而增大，如若为全反射情形，在水库的一阶自振频率稍大的地方出现了动水压力的第一个共振点，这是与理论分析相吻合的。偏大的主要原因是挡水坝面前面并不是真正的无限域，由于老坝的存在使坝前的有效水深变浅，

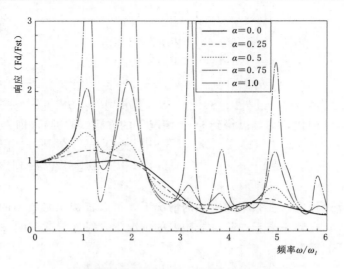

图 6.13　刚性坝面顺河向地震激励动水压力频响曲线

因此一阶自振频率必然会变大。

　　为了更直观地了解动水压力的分布情况，下面给出了坝面上的动水压力的竖直，可以直观地看出动水压力在这样的特殊情况下的分布情况，此外图中还给出了其与经典的 Westergaard 动水压力的比较。

　　从图 6.14 可以看出，采用比例边界有限元方法对动水压力的求解能得到比 Westergaard 方法较小的水压力，表明在实际库区形状不考虑频率特性的坝面动水压力是偏小的，即未拆除的丰满老坝对新建坝体起到一定的安全防护作用，而且其随坝面的分布情况也相对一致。

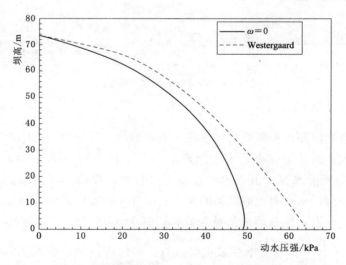

图 6.14　实际库区形状动水压力（$\omega=0$）与 Westergaard 解的比较

　　从无限域动水压力频响曲线（图 6.15）可以明显看出水库的前三阶自振频率与库底的吸收作用影响，相比实际库区形状，理想库区形状的频响曲线在低频阶段的竖直更大，说

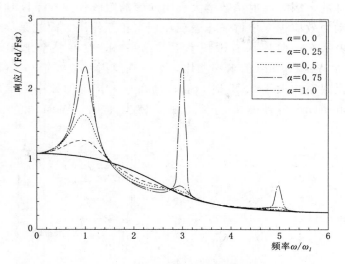

图 6.15　无限域动水压力频响曲线

明老坝对地震作用下动水压力有一定的正面影响。对比两条曲线，不难发现库区形状对动水压力有比较明显的影响。

从图 6.16 中可以明显地看出，在考虑库底吸收的情况下，反射系数为 0.5 时，激励频率小于库水的一阶自振频率的情况下，得到的动水压力的数值较小，基本低于规范的要求，若达到水库的一阶自振频率，则求解到较大的动水压力。在达到水库的二阶自振频率时，也就是 $\omega/\omega_1 = 3.0$ 时，动水压力急剧衰减，表明在高频激励下，坝面的动水压力减小。

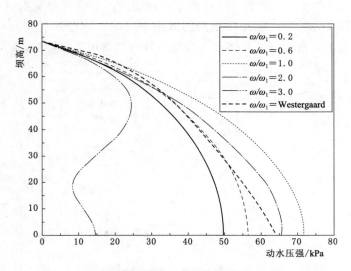

图 6.16　$\alpha = 0.5$ 时不同的激震频率下坝面动水压力分布（实际库区形状）

图 6.17 的计算结果研究了在相同的计算频率下，不同的库底的反射系数对动水压力的影响。从图中可以明显地看出来，随着反射系数的增加，动水压力的数值在不断增大，

这在理论上是合理的。因为反射系数增大表明库底的吸收作用在不断地减小，从而致使地震动对结构的动力效应进一步增强，表现在坝水相互作用方面就是促使坝面动水压力的增大。$\omega = \omega_1$ 表示在一阶库水自振频率下的结果，这是在整个地震动过程中较大的值，因此从图中与 Westergaard 的求解相比，只有在反射系数大于 0.25 时可以得到较大的结果，即使在反射系数大于 0.25 时，也只是在这一特定的频率范围之内得到的动水压力数值较 Westergaard 结果偏大，因此在总体上来说，Westergaard 结果是相对保守的。

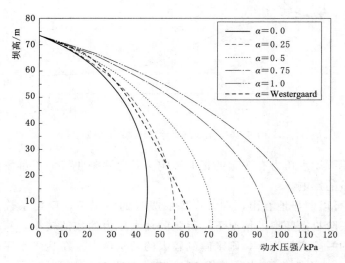

图 6.17　$\omega = \omega_1$ 时不同反射系数下动水压力分布（实际库区）

为了便于对比，图 6.18 和图 6.19 给出了在理想库区形状下的动水压力分布图，无论是在相同的反射系数情况下，还是在相同的激励频率下，理想库区形状结果在低频情况（$\omega < \omega_2$）都是偏大的，这也进一步体现了场地条件对动水压力的影响。

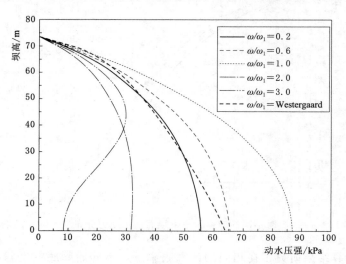

图 6.18　$\alpha = 0.5$ 时不同的激震频率下坝面动水压力分布（理想库区形状）

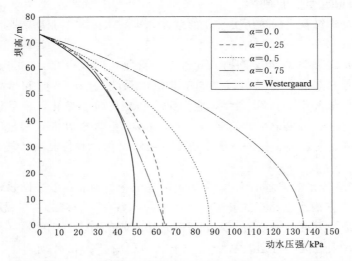

图 6.19 $\omega = \omega_1$ 时不同反射系数下动水压力分布图（理想库区）

综合以上研究，得出如下结论：

（1）通过比例边界有限元方法详细讨论了丰满新坝在拆除后剩余老坝情况下的动水压力计算结果，结果表明由于老坝的存在，降低了新坝在地震动作用下的动水压力的大小。

（2）本书研究也考虑了库底的吸收作用和水的可压缩性对动水压力的影响，库底的吸收作用降低了坝面的动水压力，使计算结果更加符合实际情况。

（3）本书研究给出了求解各种实际场地坝面动水压力的一种新的计算方法，只离散了坝面和相关场地的边界节点，大大减少了计算的自由度数目，计算结果也表明了这种方法的有效性。

6.4 老坝其他再利用价值研究

6.4.1 利用老坝实现新坝干地检修

新坝运行若干年后，特殊情况下需要检修或维护时，拆除后剩余的老坝所具有的先天挡水功能，在库水位降低至 240.20m 以下时，完美实现了不放空水库和不影响下游供水效益的前提下，使新坝完全具备干地检修的条件，经济效益和社会效益巨大。

6.4.2 老坝保留坝段历史文物价值

丰满水电站承载着一个时代的记忆，它是中国第一座大型水电站，被誉为"中国水电之母"。依据 1982 年 11 月 19 日公布的《中华人民共和国文物保护法》和 1984 年 1 月 5 日颁发的《城市规划条例》对保护城市历史建筑作出的规定，对在城市发展史、建筑史上有重要意义的历史建筑；代表城市发展某一历史时期具有特殊意义的建筑应予以保留进行保护。2018 年 1 月，丰满水电站入选中国第一批工业遗产保护名录。

6.4.2.1　老坝保留重要价值研究

（1）保护历史建筑就是保护历史文化的载体，丰满水电站工业遗产是人类文明和历史发展的见证

丰满水电站始建于 1937 年，当时乃亚洲第一高坝。时至今日，它仍是东北电网骨干电站之一，担负着向东北三省送电、保证东北电网系统调峰、调频和事故备用等重要任务。丰满大坝屹立于松花江上 80 余年，它见证了历史的沧桑变化，也见证了中国水利行业的不断发展。它是"历史记忆的符号"，一旦破坏，就再难以恢复和接续，其内在的文化内涵与历史痕迹是无法被替代的，记录历史，展示文化，载托灵魂，就是它存在的意义和价值。

（2）"不忘阶级苦，牢记血泪仇"，丰满老坝是纪念灵魂和启发爱国热情的实物

1937 年 4 月，丰满水电站正式开工。当时的技术条件十分落后，机械化普及率还很低下，工程之艰难是常人难以想象的。为了获得充足的劳动力，日本关东军到处抓壮丁，通过谎报做工地点、编造优厚待遇，从华北、东北地区骗招大量劳动力。为了防止劳工逃跑，日本人在松花江北设下了层层铁丝网，外有丰满警察署武装警察站岗把守，内有监工、大小把头负责盯梢。他们衣不蔽体，食不果腹，由于居住条件极其恶劣，瘟疫横行，壮者逐渐孱弱，弱者奄奄一息。曾经有两个工棚的劳工染上了肠道病，为了防止疾病扩散，日本人竟然在工棚外浇上汽油，活活烧死了 400 多名劳工。被打死、病死、累死、饿死、冻死、事故死亡和被镇压死亡的劳工有近万人之多。水电站的修建持续了 8 年多时间，日本侵略者用强抓、骗招、征集等手段，掠夺劳动力数万人。绝大部分的中国劳工在日本监工、特务、警察的残酷虐待下，每天进行繁重艰苦的劳动长达 10 多个小时。他们吃的是橡子面，住的是夏季潮湿闷热、冬季彻骨冰寒的半地下式工棚，近万劳工被折磨致死，吉林城南丰满劳工纪念馆内的层层白骨就是见证。1938 年 4 月，"江堤工场大暴动事件"发生，900 多名劳工不堪凌辱，和日本监工菊地发生冲突，菊地受重伤，三分之二监工被打。此次事件后，劳工的反抗运动此起彼伏，从未停止。今丰满劳工纪念馆附近一带的沟坡为死难劳工的埋葬区。那里有三条 100m 多长、6m 宽、4m 深的天然沟渠，扔弃和浅埋了无数的中国劳工。当年因死难劳工过多，这里白骨遍野，成为野犬吞尸的凄凉恐怖世界。

新中国成立后，为纪念死难劳工，人民政府建立了丰满劳工纪念馆。1964 年，在纪念馆前为死难者建起一座纪念碑，上镌刻"不忘阶级苦，牢记血泪仇"。1984 年，吉林省人民政府公布丰满万人坑为省级重点文物保护单位。

（3）丰满大坝代表了建成时的最高技术水准，也为后来的水利人提供了极高的科学研究价值

丰满水电站大坝坝高 91m，坝长 1080m，坝底宽 60m，坝顶宽 9～13.5m，坝体混凝土量 194 万 m³。设计泄洪量 9020m³/s，设计洪水位为 266m，形成的水库贮水面积 550km²，总库容 107.8 亿 m³。1942 年，大坝混凝土完成浇筑量的 59% 时即开始蓄水，于当年 10 月 17 日开始关闭截流闸门，到 11 月 7 日关闭了最后一扇，完成了截流任务，使亘古奔流不息的松花江断流，从此出现人造的松花湖。据资料记载，松花湖的贮水面积当时居世界第二。这些技术成就，对现有的水利专业人员，有着极大的启迪和借鉴作用。

（4）"一址双坝"奇观与国家 AAAA 级景区松花湖景区相融相衬，老坝的保留是发展旅游业的重要物质基础

随着生产的发展和物质生活水平不断的提高，人民对文化的需要将更为迫切。古建筑在新的时期又担当起文化娱乐休闲这样一个新的历史使命。古建筑资源本身拥有的巨大品牌效应，可提高远距离游客的到访率。随着我国对外开放力度的不断加大，这些名胜古迹吸引着越来越多的国内外友人纷纷前来参观游览，为促进城市旅游事业的发展创造了良好的条件。与此同时，也带动了城市公路交通和服务行业等相关部门的迅速发展。

丰满大坝建成后把松花江拦腰截断，形成了松花湖。松花湖是当时全国最大的人工湖，现为东北地区最大的人工湖。

松花湖风景名胜区是吉林省著名旅游景区，国家 AAAA 级景区（正申报 AAAAA 级）。位于吉林省吉林市丰满区南郊，距主城区 15km。水域辽阔，湖叉繁多，状如蛟龙。湖区面积 554km²，最大蓄水量 108 亿 m³，松花湖以得天独厚的地理位置、四季分明的气候条件、明媚秀丽的湖光山色吸引了大量国内外游客。著名诗人贺敬之游览松花湖后赋诗："水明三峡少，林秀西子无。此行傲范蠡，输我松花湖。"

丰满电站新老坝的"一址双坝"的人文奇观与松花湖景区优美的自然景色相得益彰，成为当地最重要的旅游资源。

6.4.2.2 老坝的保留再利用方案研究

1. 设立水电知识科普教育基地

通过老坝断面结构和保留设备的展陈，直观地对参观者进行水电科普。选取具有历史意义的设备进行保留和防腐处理，结合丰满电厂的典型历史事件串线展示；另保留一些具备观赏价值的设备（如避雷器、磁场变阻器、压流互感器、铁塔钢构等），艺术处理加工成景观小品的一部分，结合老坝遗址景观进行再利用。

2. 设立爱国主义教育基地

老坝观光结合万人坑遗址，设立爱国主义教育基地，免费向省内中小学开放，定期组织相关单位的爱国主义教育宣传活动，通过亲临现场遗迹、图片及影视资料等，将侵略者对我国劳工的剥削直观地展现在参观者面前。

3. 形成"一址双坝"奇观，结合松花湖开发电站旅游价值

80 余年前，丰满电站开闸放水，从大坝发电后下来的水是热的，冬天江水不冻，在一定气压、温度、风向等条件作用下，江面升起的雾气遇冷在江畔的垂柳上凝成了罕见的雾凇景观，这些年雾凇奇景已成为吉林市的城市旅游标志。

而今，保留部分丰满老坝，在遗址下游 120m 处一座新大坝已经投运，两座大坝横亘在松花江上，呈现出"一址双坝"的奇异景观，结合松花湖景区开展特色电站旅游将为吉林市增添新的旅游元素。

6.4.3 其他价值

剩余老坝还具有拦沙功能，减少了作用于新坝坝体的淤沙压力，增加了新坝的稳定安全性；老坝可以作为过鱼设施运鱼船码头，节约了过鱼设施的投资；老坝可以作为库水位

和水温监测的载体；同时，新老坝联合服役，可以提高整个工程抵御风险的能力。

6.5　本　章　小　结

（1）为满足新坝发电、泄洪等要求，需要对老坝进行局部缺口拆除。拆除方案应尽可能提高水库的下泄水温，减缓水库下泄低温水对下游鱼类和农作物的不利影响。根据三维数值计算和水温模型试验研究成果，老坝拆除 6～43 号坝段，缺口拆除高程为 240.20m 时，老坝剩余坝体产生的前置挡墙效应显著改变了新坝坝前区域的水温结构，有效提高了新坝的下泄水温，可以代替厂房坝段进水口叠梁门分层取水方案，大大节约了工程投资，同时还减少了进水口水头损失和后期运行管理费用。

通过新机组和原三期机组联合发电，缓解了由于老坝前置挡墙效应在冬季取用水库表层水对雾凇景观形成不利影响。2020 年 9 月 25 日，丰满重建工程全部机组投产发电。新机组和原三期机组联合发电，下泄水量大、水温高，保护了雾凇景观形成的条件。根据吉林市气象部门提供的资料，目前共有两个周期的雾凇监测数据，但均不完整。2019 年 11 月 21 日阿什哈达出现第一场雾凇，到 2020 年 1 月 24 日，共监测到 30 场雾凇，后由于新冠肺炎疫情影响监测中断，但相比于 2014—2019 年同期的 24.6d，有所增加。2020 年 11 月 23 日开始出现雾凇，截至 2020 年 12 月 24 日，共监测到 15 场雾凇，相比于 2014—2019 年同期的平均 7.8d，亦有所增加。

（2）老坝拆除后，剩余坝体与新坝之间形成了独特的半开放区域，通过比例边界有限元方法对新坝在地震动作用下的动水压力进行了深入研究，计算结果表明，在地震工况下，由于剩余老坝的存在，显著降低了作用在新坝坝体上动水压力值。

（3）剩余老坝具有显著的再利用价值，如特殊情况下，老坝剩余坝体可以为新坝干地检修提供有利条件；可以作为历史文物和爱国教育基地，实现一址双坝奇观；同时剩余老坝还具有拦沙、作为过鱼设施运鱼船码头、作为库水位和水温监测载体以及提高整个工程抵御风险能力等重要价值。

参 考 文 献

[1] 中水东北勘测设计研究有限责任公司.丰满水电站全面治理工程（重建方案）预可行性研究报告 [R].长春：中水东北勘测设计研究有限责任公司，2009.

[2] 中水东北勘测设计研究有限责任公司.丰满水电站全面治理（重建）工程可行性研究报告 [R].长春：中水东北勘测设计研究有限责任公司，2011.

[3] 中水东北勘测设计研究有限责任公司.丰满水电站全面治理（重建）工程建设期原大坝安全运行专题报告 [R].长春：中水东北勘测设计研究有限责任公司，2012.

[4] 中水东北勘测设计研究有限责任公司.丰满水电站全面治理（重建）工程建设期原大坝安全运行专题报告补充报告 [R].长春：中水东北勘测设计研究有限责任公司，2015.

[5] 中水东北勘测设计研究有限责任公司.丰满水电站全面治理（重建）工程施工期水库调度方案 [R].长春：中水东北勘测设计研究有限责任公司，2014.

[6] 中水东北勘测设计研究有限责任公司.丰满水电站全面治理（重建）工程老坝锚索加固实施方案研究专题报告 [R].长春：中水东北勘测设计研究有限责任公司，2015.

[7] 中水东北勘测设计研究有限责任公司.丰满水电站全面治理（重建）工程非常时期保下游供水措施研究综合报告 [R].长春：中水东北勘测设计研究有限责任公司，2016.

[8] 中水东北勘测设计研究有限责任公司.丰满水电站全面治理（重建）工程老坝缺口拆除专题报告 [R].长春：中水东北勘测设计研究有限责任公司，2018.

[9] 中水东北勘测设计研究有限责任公司.丰满水电站全面治理（重建）工程水温影响减缓措施变更设计报告 [R].长春：中水东北勘测设计研究有限责任公司，2018.

[10] 中水东北勘测设计研究有限责任公司.丰满水电站全面治理（重建）工程老坝缺口拆除关键技术研究报告 [R].长春：中水东北勘测设计研究有限责任公司，2020.